J.-C. Chottard, J.-C. Depezay, J.-P. Leroux

CHIMIE FONDAMENTALE

ÉTUDES BIOLOGIQUES ET MÉDICALES

II. Structure moléculaire

COLLECTION MÉTHODES

HERMANN, ÉDITEURS DES SCIENCES ET DES ARTS

JEAN-CLAUDE CHOTTARD, docteur ès sciences, ancien élève de l'École nationale supérieure de chimie de Paris, est professeur de chimie à l'Université René Descartes (Paris V). Il poursuit des recherches en chimie bioorganique : interactions entre l'ADN et les complexes du platine antitumoraux, mécanisme d'action et de modélisation du site actif de métalloprotéines à fer non hémique lipoxygénases et nitrile hydratases.

JEAN-CLAUDE DEPEZAY, docteur ès sciences, ancien élève de l'École normal supérieure de Saint-Cloud, agrégé de l'Université, est professeur de chimie l'Université René Descartes (Paris V). Il poursuit des recherches en chimi organique dans le domaine de la synthèse de composés d'intérêt biologique.

JEAN-PAUL LEROUX, docteur en médecine, est professeur de biochimie l'Université René Descartes (Paris V). Il poursuit des travaux de recherche su la biochimie hépatique : métabolisme énergétique et fonctions de détoxicatior

Nouvelle édition revue et corrigée.

ISBN 2 7056 6283 9

'able

VOLUME II
STRUCTURE MOLÉCULAIRE

hapitre 3. Molécules : constituants et structures

B. L'assemblage des atomes : la liaison chimique

C. Isomérie. Stéréochimie des édifices moléculaires

VOLUME I
ÉCHANGES D'ÉNERGIE ET ÉQUILIBRES

Chapitre 1. Échanges d'énergie

Chapitre 2. Réactions mettant en jeu des transferts de protons et d'électrons. Équilibres acido-basiques et d'oxydo-réduction

VOLUME III

RÉACTIONS ORGANIQUES ET ENZYMATIQUES

B. Les principales fonctions et leur réactivité

III. DÉVELOPPEMENTS BIOCHIMIQUES

N.B. — *Présentation des renvois dans le texte*

Dans le cas général les renvois sont présentés en spécifiant le chapitre, la partie s'il y a lieu, et le paragraphe auxquels le lecteur est invité à se reporter. Cette notation est limitée au *minimum nécessaire*, en fonction des positions relatives du paragraphe où apparaît le renvoi et du paragraphe auquel doit se reporter le lecteur.
Exemple. — On doit se reporter dans la première partie du chapitre 2 au paragraphe défini par II, 2.4.4., soit : ch. 2, 1re partie, II, 2.4.4.

Si le renvoi apparaît	*il est noté*
— *hors* du ch. 2	ch. 2, 1re partie, II, 2.4.4.
— *dans* le ch. 2, *hors* de la 1re partie	1re partie, II, 2.4.4.
— *dans* la 1re partie du ch. 2, *hors* du paragraphe II	II, 2.4.4.
— *dans* le paragraphe II, de la 1re partie du ch. 2 *hors* du paragraphe 2.4.4.	2.4.4.

Introduction

Cet ouvrage est issu d'une expérience de plusieurs années, menée en commun dans l'enseignement de la chimie et de la biochimie, au premier cycle des études médicales et dans le cadre du diplôme d'université préparatoire aux études de biologie humaine, à l'Université René-Descartes (UER d'Études Médicales et Biologiques, CHU Necker - Enfants Malades et Paris-Ouest).

L'enseignement de la chimie, dans la perspective des disciplines biologiques et médicales, a pour but essentiel de donner les bases nécessaires à l'étude de la biochimie. La chimie et la biochimie obéissant aux mêmes lois, il faut que l'étudiant puisse passer de l'une à l'autre sans changer de systèmes de référence et de modes de raisonnement fondamentaux. Dans ces conditions, l'enseignement de la chimie doit, lui-même, présenter le maximum d'unité et être illustré le plus possible par des exemples biochimiques. Les étudiants acquièrent d'autant mieux les notions fondamentales de chimie qu'ils y perçoivent la finalité qui les intéresse. Le recours à « l'outil chimique » est d'autant mieux souhaité et apprécié qu'il a pour but d'aborder et de traiter un problème biologique.

Les notions fondamentales de la chimie moléculaire sont présentées en quatre chapitres étroitement reliés par de fréquents renvois :

Échanges d'énergie Transferts de protons et d'électrons	} Volume I
Structure moléculaire	Volume II
Réactions organiques et enzymatiques	Volume III

Chaque chapitre comporte trois parties : Aspects biologiques, Notions de chimie, Développements biochimiques.

- La première partie est une introduction qui présente très succinctement un ou plusieurs faits biologiques appelant une approche chimique. Cette présentation n'utilise que les notions de chimie dont dispose l'étudiant arrivant au premier cycle universitaire.

- Dans la seconde partie, les notions de chimie fondamentale sont exposées avec pour but d'élaborer un « outil » approprié à l'étude de la chimie moléculaire et plus particulièrement à l'étude de la biochimie.

- Dans la troisième partie, « l'outil chimique » est utilisé pour l'interprétation de faits biologiques présentés en introduction ou pour d'autres développements biochimiques. En plus d'une justification de l'acquisition de la « maîtrise de l'outil chimique », cette dernière partie a pour but d'inciter l'étudiant à approfondir ses connaissances de chimie et de biochimie dans d'autres ouvrages de niveau supérieur.

Le souci de donner à l'étudiant des bases solides pour lui permettre l'acquisition d'une formation fondamentale dans des disciplines biologiques et médicales nous a conduits aux choix suivants :

- aller en thermodynamique jusqu'à l'approche des systèmes ouverts en état stationnaire de non-équilibre;
- mettre un accent particulier sur les modes de fonctionnement de systèmes tampons et de couples redox biologiques;
- donner une description des liaisons chimiques qui prépare à l'analyse de la réactivité moléculaire;
- apporter les notions de stéréoisomérie nécessaires pour aborder la stéréospécificité des réactions enzymatiques;
- donner une présentation simple des associations intermoléculaires;
- présenter la chimie organique en insistant, d'une part, sur les facteurs qui permettent de comprendre et prévoir la réactivité des fonctions et, d'autre part, sur les mécanismes des réactions organiques fondamentales et les divers modes de catalyse qui servent de base pour l'étude des mécanismes des réactions enzymatiques.

Afin de faire de cet ouvrage un livre de base et un outil de travail efficace, dans lequel l'étudiant puisse retrouver facilement les notions de chimie qui lui sont nécessaires, nous l'avons doté d'un index exhaustif. Il renvoie, pour chaque notion, à la page de l'ouvrage où elle est définie et aux pages où elle est utilisée. L'index comporte en outre, tous les noms des molécules et réactions présentées.

Cet ouvrage a bénéficié des critiques et suggestions de nos collègues le professeur Madeleine Jaffrain et les docteurs Philippe Guérin et Yves Le Merrer que nous remercions ici.

J. C. C., J. C. D. et J. P. L.

Avertissement

Ce volume est le dernier à paraître parmi les trois qui composent *Chimie fondamentale*. A cette occasion il nous semble utile de rappeler l'objectif de l'ensemble de l'ouvrage. *Chimie fondamentale* a pour but de présenter les notions de chimie nécessaires pour permettre à l'étudiant de passer du niveau d'une classe de terminale à celui requis pour la compréhension des ouvrages modernes de biologie, biochimie, physiologie ou pharmacologie. Le présent ouvrage est destiné aux premiers cycles scientifiques, médicaux, pharmaceutiques et aux classes préparatoires, mais il n'est pas limité à *un* programme de première année de premier cycle. Son utilisation dépend des études choisies : biologiques, médicales, pharmaceutiques, vétérinaires, agronomiques, chimiques à finalité biologique... Elle peut s'étendre sur plusieurs années et impliquer divers niveaux d'approfondissement. L'index et la multiplicité des renvois entre volumes et entre chapitres sont en particulier destinés à faciliter une telle utilisation en plusieurs temps.

CHAPITRE 3

Molécules : constituants et structures

I. ASPECTS BIOLOGIQUES. RELATIONS ENTRE STRUCTURE ET FONCTION DE MOLÉCULES BIOLOGIQUES

Les besoins en oxygène de l'organisme humain sont importants et peuvent augmenter considérablement pendant l'effort : la consommation totale d'oxygène d'un adulte de 70 kg est de 0,25 l . min^{-1} au repos, et peut atteindre 4 l . min^{-1} au cours d'un effort physique intense. Le plasma sanguin (sang à l'exclusion des globules rouges) dissout environ 3 ml d'oxygène par litre. Sachant que le débit cardiaque passe de 5 l . min^{-1} au repos à 20 l . min^{-1} pendant un effort intense, la quantité maximale d'oxygène transportée par le plasma sanguin serait de 15 ml . min^{-1} au repos et de 60 ml . min^{-1} pendant l'effort. Ces valeurs sont très inférieures aux besoins. Mais le sang contient, environ pour moitié en volume, des globules rouges, cellules très riches en une protéine, l'*hémoglobine*, capable de fixer l'oxygène de façon renversable. Grâce à l'hémoglobine, le sang total peut fixer environ 200 ml d'oxygène par litre, donc transporter entre 1 l (au repos) et 4 l (pendant l'effort) d'oxygène par minute, ce qui couvre les besoins.

Certains muscles consomment, pendant un effort, des quantités d'oxygène supérieures à celles qui peuvent être apportées par le sang. Pour faire face à ces besoins, ils disposent d'une réserve locale d'oxygène grâce à une autre protéine, la *myoglobine*. Il est intéressant de comparer les affinités respectives de l'hémoglobine et de la myoglobine pour l'oxygène. Comme le montrent les courbes de saturation de ces protéines par l'oxygène en fonction de la pression partielle d'oxygène (P_{O_2}) dans la phase gazeuse, (fig. I.-1), chacune d'elles apparaît parfaitement adaptée à sa fonction. A une P_{O_2} de 100 mmHg, celle des alvéoles pulmonaires, l'hémoglobine est presque saturée : le sang quitte donc les capillaires pulmonaires très enrichi en oxygène, puisqu'il transporte environ 97 % de sa capacité maximale. Dans les tissus

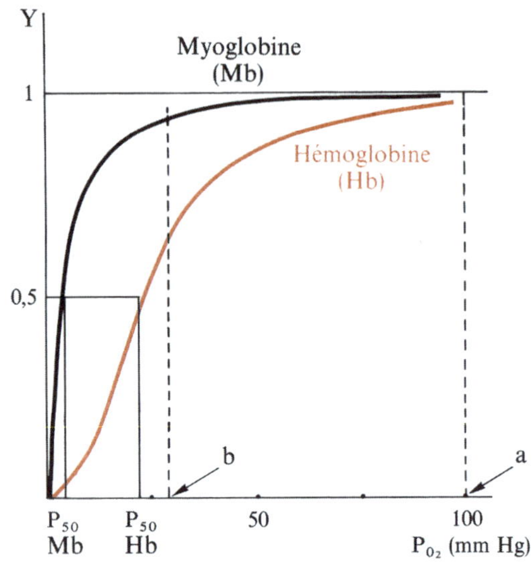

FIGURE I.-1

Courbes de saturation de l'hémoglobine et de la myoglobine par l'oxygène.

La fonction de saturation Y (page 4) est égale à la fraction d'hémoglobine (ou de myoglobine) ayant fixé de l'oxygène. On l'exprime souvent en pourcentage ($Y = 0,5$ correspondant à 50 % de saturation, $Y = 1$ à 100 %). P_{O_2} *est la pression partielle d'oxygène, c'est-à-dire la* P_{O_2} *qui serait celle d'une phase gazeuse en équilibre avec la solution considérée.* P_{50} *est la valeur de* P_{O_2} *qui correspond à 50 % de saturation. C'est un reflet de l'affinité de l'hémoglobine pour l'oxygène (une* P_{50} *plus élevée correspond à une affinité plus faible). Les flèches a et b désignent les valeurs de* P_{O_2} *dans le sang des capillaires respectivement pulmonaires ($\simeq$ 100 mm Hg) et des tissus périphériques tels que le muscle ($\simeq$ 30 mm Hg). La courbe obtenue expérimentalement est un arc d'hyperbole pour la myoglobine, de sigmoïde pour l'hémoglobine.*

périphériques de l'oxygène est consommé par les réactions chimiques tissulaires, et la P_{O_2} sanguine s'abaisse : ainsi, dans les capillaires musculaires, elle est de l'ordre de 30 mmHg. A cette pression partielle, la myoglobine présente une beaucoup plus grande aptitude que l'hémoglobine à fixer l'oxygène : ce dernier est transféré de l'hémoglobine à la myoglobine, donc du sang au muscle.

Il est intéressant de comprendre ce qui, dans la structure de ces deux protéines, détermine cette différence d'affinité de l'oxygène. L'une et l'autre sont des *hémoprotéines* dont la partie protéique est liée à un groupement *hème*, molécule organique complexe ayant un noyau porphyrinique qui contient du fer à l'état d'ion ferreux (Fe(II)). C'est le fer(II) qui, *sans s'oxyder*, fixe la molécule d'oxygène (cf. III.2). Il existe entre la myoglobine et l'hémoglobine une importante différence de structure : la myoglobine est constituée d'une seule chaîne peptidique liée à un groupement hème, tandis que l'hémoglobine comporte quatre chaînes peptidiques associées (la globine), qui contiennent chacune un groupement hème : la myoglobine est un monomère et l'hémoglobine un tétramère (fig. I.-2), et on appelle sous-unité de l'hémoglobine chacune des quatre chaînes peptidiques (l'hémoglobine comporte en fait deux sous-

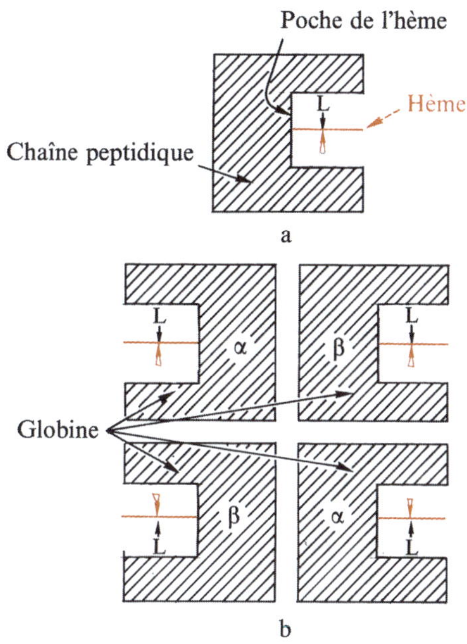

FIGURE I.-2

Hémoglobine et myoglobine.

a. Représentation schématique de la myoglobine, protéine monomérique. L'hème (en rouge) occupe un repli de la chaîne peptidique appelé « poche de l'hème ». L'hème est lié à la globine, en particulier, par un ligand axial du fer qui est le noyau imidazole d'une histidine de la protéine, indiqué L sur le schéma. La flèche ⇧ montre la position du second ligand axial du fer, qui est occupée par l'oxygène dans l'oxymyoglobine (cf. fig. I.-3 p. 6, 7 et III fig. 2.-2 p. 236).

b. Représentation schématique de l'hémoglobine, tétramère dont la partie protéique (la globine) est constituée de 4 chaînes identiques deux à deux : 2 chaînes α, 2 chaînes β.

unités de type α et deux de type β, qui diffèrent par la composition en aminoacides de leurs chaînes peptidiques). Il en résulte qu'une molécule de myoglobine peut fixer une seule molécule d'oxygène, tandis qu'une molécule d'hémoglobine fixe jusqu'à quatre molécules d'oxygène.

La fixation de l'oxygène sur la myoglobine obéit à l'équilibre :

$$Mb + O_2 \rightleftarrows MbO_2$$

où Mb représente la désoxymyoglobine et MbO_2 l'oxymyoglobine. La *constante de dissociation* s'écrit :

$$K_d = \frac{[Mb][O_2]}{[MbO_2]} \qquad (1)$$

Le degré de saturation de la myoglobine par l'oxygène (fig. I.-1) est :

$$Y = \frac{[MbO_2]}{[MbO_2] + [Mb]} \qquad (2)$$

En remplaçant, dans l'équation (2), $[MbO_2]$ par la valeur obtenue d'après l'équation (1), on a :

$$Y = \frac{\dfrac{[Mb][O_2]}{K_d}}{\dfrac{[Mb][O_2]}{K_d} + [Mb]} = \frac{[O_2]}{[O_2] + K_d}$$

On sait que la concentration d'oxygène dissous $[O_2]$ est proportionnelle à la pression partielle P_{O_2} :

$$[O_2] = k \,.\, P_{O_2}$$

D'où, en remplaçant $[O_2]$ par cette valeur :

$$Y = \frac{k \,.\, P_{O_2}}{k \,.\, P_{O_2} + K_d} = \frac{P_{O_2}}{P_{O_2} + K_d/k}$$

Si $Y = 0{,}5$, $P_{O_2} = K_d/k$. Cette valeur particulière, qui correspond à la demi-saturation (soit 50 % de saturation), est appelée P_{50} (cf. fig. I.-1).

L'équation devient donc :

$$Y = \frac{P_{O_2}}{P_{O_2} + P_{50}}$$

Sa courbe représentative est une hyperbole équilatère, conforme aux résultats de l'expérience.

Pour l'hémoglobine, si on admet que l'oxygène se fixe *simultanément* sur les quatre sous-unités, on peut écrire l'équilibre :

$$Hb + 4O_2 \rightleftarrows Hb(O_2)_4$$

où Hb représente la désoxyhémoglobine et $Hb(O_2)_4$ l'oxyhémoglobine.

La constante de dissociation s'écrit :

$$K_d = \frac{[Hb][O_2]^4}{[Hb(O_2)_4]} \tag{3}$$

Le degré de saturation de l'hémoglobine par l'oxygène est :

$$Y = \frac{[Hb(O_2)_4]}{[Hb(O_2)_4] + [Hb]} \tag{4}$$

En remplaçant, dans l'équation (4), $[Hb(O_2)_4]$ par la valeur obtenue d'après l'équation (3), on a :

$$Y = \frac{\dfrac{[Hb](O_2]^4}{K_d}}{\dfrac{[Hb][O_2]^4}{K_d} + [Hb]} = \frac{[O_2]^4}{[O_2]^4 + K_d}$$

et, en utilisant les pressions partielles comme ci-dessus :

$$Y = \frac{(P_{O_2})^4}{(P_{O_2})^4 + (P_{50})^4}$$

Là encore, P_{50} représente la pression partielle d'oxygène pour laquelle Y = 0,5 (soit 50 % de saturation).

La fonction Y est représentée par une sigmoïde qui n'est pas exactement superposable à la sigmoïde expérimentale (fig. I.-1); cette dernière répond à l'équation empirique :

$$Y = \frac{(P_{O_2})^h}{(P_{O_2})^h + (P_{50})^h}$$

où h est appelé coefficient de Hill. Sa valeur, déterminée expérimentalement, est de l'ordre de 3. La différence avec la valeur théorique de 4 provient du fait que, lorsqu'on augmente progressivement la P_{O_2}, quatre molécules d'oxygène ne se fixent *pas simultanément* sur les quatre sous-unités d'une molécule d'hémoglobine (ce point sera discuté en III, 4.).

En conclusion, la nature des courbes de fixation respectives de l'oxygène sur la myoglobine et sur l'hémoglobine s'interprète par le fait que la première de ces protéines est un monomère, et la seconde un tétramère. Chacune de ces courbes correspond de façon optimale aux fonctions biologiques de ces deux protéines : fixation tissulaire de l'oxygène pour la myoglobine, transport sanguin pour l'hémoglobine. Cet exemple illustre la *relation entre structure et fonction* d'une macromolécule biologique.

L'association de plusieurs sous-unités au sein d'une même protéine comme dans le cas de l'hémoglobine, définit la *structure quaternaire*. Les sous-unités étant toujours en petit nombre, on appelle *oligomères* (de la racine grecque *oligo* = peu) les protéines présentant une telle structure. L'association des sous-unités n'implique généralement pas de liaisons fortes. Il est aisé de les séparer par des procédés « doux ». Si on supprime ensuite l'agent dissociant, la structure quaternaire se reconstitue spontanément : les sous-unités s'assemblent de nouveau, toujours de la même façon, dans les mêmes conditions de milieu.

C'est la structure spatiale de chacune des sous-unités qui détermine leur arrangement dans l'espace au sein de l'oligomère. La structure spatiale de la sous-unité d'un oligomère, ou celle d'une protéine monomérique, est appelée *structure tertiaire*. L'examen de la structure tertiaire de la myoglobine (fig. I.-3) montre qu'elle résulte d'un repliement très complexe de la chaîne peptidique. Sur une fraction importante de sa longueur, la chaîne peptidique s'enroule de façon régulière en hélices : ces hélices constituent un exemple de ce que l'on appelle plus généralement *structure secondaire*, c'est-à-dire toute structure qui présente un motif répétitif dans son arrangement spatial. Entre ces hélices s'intercalent des zones de repliement apparemment non régulières, mais toujours disposées de la même manière dans une protéine donnée.

FIGURE I.-3 ▶

Structures primaire, secondaire et tertiaire des protéines
a. Schématisation de la structure primaire.
Les protéines résultent de l'enchaînement, par des liaisons peptidiques, d'acides aminés de structure générale $H_3N^+-\underset{\displaystyle R}{\underset{|}{CH}}-COO^-$ *qui ne se distinguent que par la nature du groupement R (la structure des 20 aminoacides couramment trouvés dans les protéines est précisée page 274). Par convention, l'acide aminé dont la fonction amine est libre est appelé N-terminal, celui dont la fonction carboxyle est libre est appelé C-terminal, et la structure primaire de la chaîne peptidique est écrite et numérotée en commençant par l'extrémité N-terminale à gauche : l'acide aminé N-terminal porte le n° 1, etc.*

b. Structures secondaire et tertiaire de la myoglobine (en rouge : l'hème).
La myoglobine, comme les chaînes α et β de l'hémoglobine de structure spatiale très proche, est constituée de segments hélicoïdaux appelés A, B, ... H, séparés par des zones de repliement non régulières notées AB, BC, ... Les aminoacides peuvent être numérotés comme indiqué ci-dessus (de 1, N-terminal, à 153, C-terminal). Mais, dans le cas de la myoglobine et des chaînes de l'hémoglobine, il est plus habituel de numéroter au sein de chaque segment hélicoïdal ou non hélicoïdal. Ainsi apparaissent des similitudes d'acides aminés placés à des positions fonctionnellement importantes de la molécule. A titre d'exemple, l'histidine dite proximale, dont l'imidazole est ligand axial du fer, porte des numéros différents dans la myoglobine et les chaînes α et β de l'hémoglobine lorsqu'on part de l'extrémité N-terminale, mais est dans tous les cas en position 8 de l'hélice F (indiquée F8 sur le schéma).

Si on déstabilise la structure secondaire et tertiaire d'une protéine monomérique ou d'une sous-unité d'un oligomère (opération appelée dénaturation III, 3.) dans des conditions suffisamment « douces », on constate qu'après élimination de l'agent dénaturant la structure spatiale se reconstitue spontanément. Cette structure spatiale est donc une conséquence de la *structure primaire*, c'est-à-dire de l'ordre d'enchaînement des aminoacides dans la chaîne peptidique (fig. I.-3).

Ainsi, tous les niveaux de la structure spatiale d'une protéine (secondaire, tertiaire et

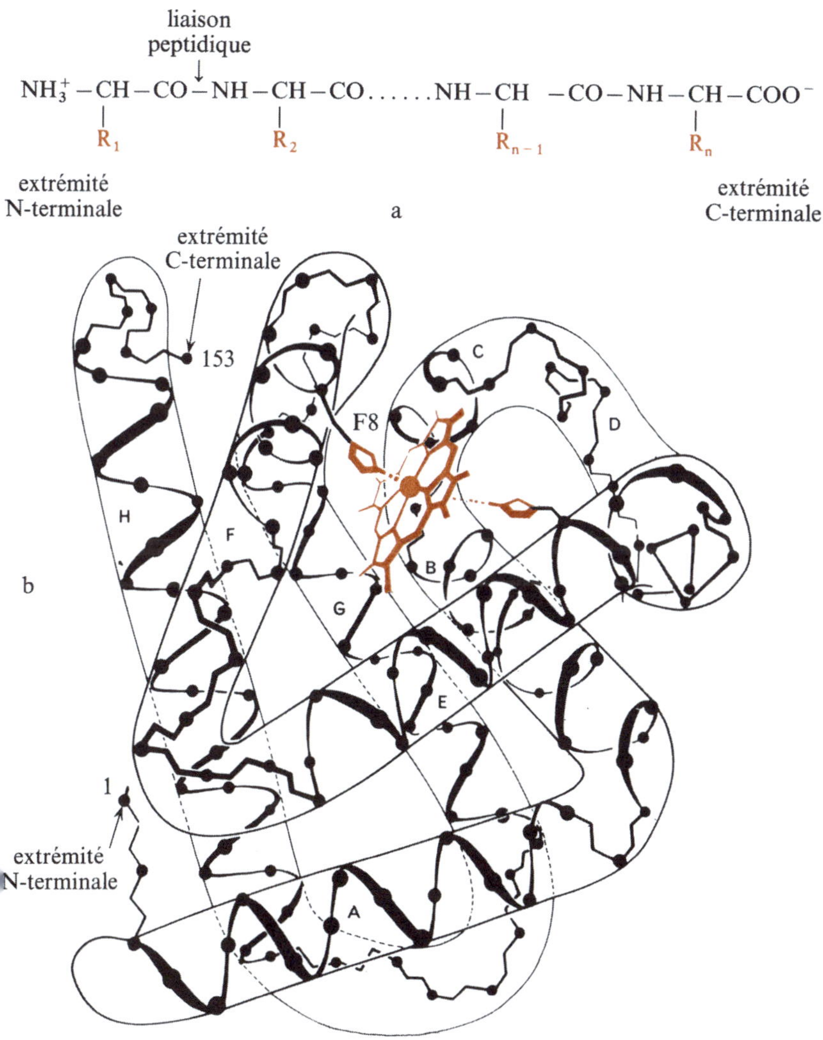

éventuellement quaternaire) sont déterminés par la structure primaire, et donc par la nature des chaînes latérales de la protéine. C'est le grand nombre d'interactions liantes (II, D) s'établissant entre ces chaînes latérales qui stabilise la structure tridimensionnelle des protéines et détermine l'arrangement spatial le plus stable de la macromolécule dans son milieu.

Ces chaînes latérales peuvent être neutres ou chargées au pH physiologique, suivant la nature des fonctions qu'elles portent (voir les formules p. 274). Dans le milieu aqueux biologique, les groupements R des aminoacides ayant de l'affinité pour l'eau, groupements polaires ionisés ou non, dits *hydrophiles* (II, D, 3.2.), tendent à s'orienter vers l'extérieur de la protéine repliée sur elle-même. Par contre, la partie interne des protéines est constituée essentiellement d'aminoacides présentant des chaînes latérales apolaires dites *hydrophobes*, dépourvues d'affinité pour l'eau : chaînes hydrocarbonées aliphatiques, groupes aromatiques (II, D, 3.3.). Ainsi, la poche de l'hème de l'hémoglobine ou de la myoglobine possède un caractère hydrophobe qui joue un rôle important dans les propriétés de ces protéines, en particulier dans leur aptitude à fixer l'oxygène et dans leur capacité à maintenir le fer à l'état ferreux (voir III, 2. et 4.).

Cette introduction a porté sur le cas particulier de protéines qui jouent le rôle de transporteurs d'oxygène. Cependant les considérations structurales sont valables pour toutes les protéines. Ainsi, les catalyseurs biologiques que sont les *enzymes* présentent également un repli où se fixe(nt) la (ou les) molécule(s) de substrat, dont l'enzyme catalyse la transformation en produit(s) (fig. I.-4). Ce repli, appelé *site actif*,

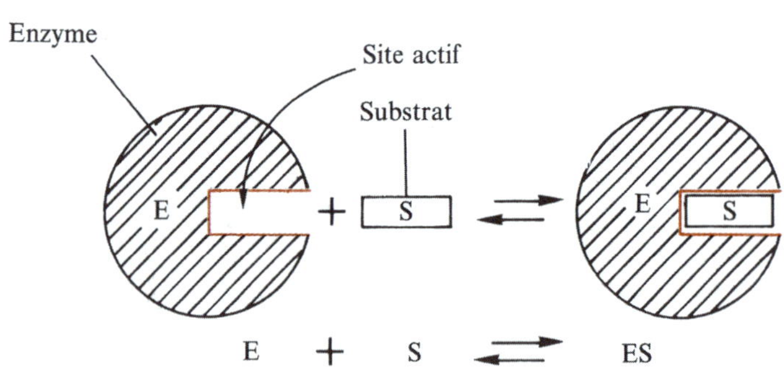

FIGURE I.-4

Fixation d'un substrat sur une enzyme.

Avant de catalyser la transformation de son substrat en produit, l'enzyme le fixe au niveau d'un repli de la chaîne peptidique appelé site actif. *Cette fixation spécifique met en jeu un grand nombre d'interactions liantes, faibles.*

présente le plus souvent un caractère hydrophobe qui influence la reconnaissance du substrat par l'enzyme, ainsi que la nature et la vitesse des réactions chimiques qui s'y déroulent (ch. 4, I, 2. et III, 1.2.4., 2.1., 2.4.).

Une enzyme donnée n'est capable de fixer à son site actif qu'un petit nombre de molécules ayant des caractères structuraux communs. Cette *spécificité* est plus ou moins rigoureuse suivant les enzymes, et implique généralement la reconnaissance d'un seul stéréoisomère du substrat lorsqu'il en existe plusieurs (ch. 4, I, 1.). La fixation spécifique et renversable d'un substrat par une enzyme met en jeu un très grand nombre d'interactions généralement faibles, de même nature que celles qui déterminent la structure tridimensionnelle des protéines.

D'autres reconnaissances intermoléculaires spécifiques d'une importance biologique considérable sont également régies par ces interactions faibles, dont la nature sera présentée dans la suite de ce chapitre : appariement des bases complémentaires au sein de l'ADN, codage de l'ordre d'enchaînement des aminoacides des protéines par celui des bases de l'ADN (III, 3.), reconnaissance d'un antigène par l'anticorps correspondant, d'une hormone par son récepteur cellulaire, etc...

II. NOTIONS DE CHIMIE

A. LES ATOMES CONSTITUANTS DE LA MATIÈRE

Dans ce chapitre, l'étude de l'atome est réduite au strict minimum nécessaire pour aborder la liaison chimique. En particulier, les expériences de mise en évidence et de caractérisation des particules élémentaires ne sont pas décrites*.

1. Particules élémentaires

Les particules élémentaires qui interviennent lors de l'étude des réactions chimiques sont le proton, le neutron et l'électron.
Les caractéristiques de ces particules sont les suivantes :

Particule	Symbole	Charge	Masse
électron	e^-	$-e = -1{,}602\,19 \cdot 10^{-19}$ C	$m_e = 9{,}109\,5\ 10^{-31}$ kg
proton	p	$e = 1{,}602\,19 \cdot 10^{-19}$ C	$m_p = 1{,}672\,648\ 10^{-27}$ kg
neutron	n	0	$m_n = 1{,}674\,954\ 10^{-27}$ kg

2. Structure et caractérisation de l'atome

2.1. Structure

Un atome est électriquement neutre et il est constitué :

– d'un noyau chargé positivement où est concentrée pratiquement toute la masse de l'atome. Ce noyau contient les protons et les neutrons appelés nucléons.
– autour du noyau, d'une région chargée négativement appelée « nuage » électronique.

Le noyau a un diamètre d'environ 10^{-5} nm, alors que celui de l'atome est de l'ordre de 0,1 nm. La quasi totalité de l'atome est « vide ».

* L'étude de la physique atomique et nucléaire a été abordée dans l'enseignement secondaire et se poursuit en premier cycle des études biologiques et médicales (physique et biophysique).

2.2. Numéro atomique Z

La charge positive du noyau d'un atome, exprimée en charges élémentaires (e), est égale à Z le numéro atomique. Tous les atomes qui ont le même numéro atomique Z sont représentés par le même symbole qui est le symbole de l'élément correspondant à Z. Pour tout atome, Z est égal au nombre de protons et en conséquence au nombre d'électrons.

2.3. Nombre de masse A

Pour un atome le nombre de masse A est égal au nombre qui exprime la masse du noyau en unités de masse atomique u (2.5.). L'unité de masse atomique est égale à 1,66056 10^{-27} kg et les masses du proton, du neutron et de l'électron sont alors respectivement : 1,0073 u; 1,0087 u; 0,00055 u. En faisant l'approximation $m_p \approx m_n \approx 1u$ on trouve que le nombre de masse A est égal à la somme du nombre de protons et du nombre de neutrons (nombre de nucléons). L'atome caractérisé par Z et A est noté : ${}^{A}_{Z}X$, X étant le symbole de l'élément.

2.4 Isotopes

Pour un élément donné tous les atomes ont le même numéro atomique Z, c'est-à-dire le même nombre de protons dans le noyau. Ils peuvent cependant différer par le nombre de neutrons, et donc par le nombre de masse. Ces atomes ayant des valeurs différentes de A sont des isotopes de l'élément de numéro atomique Z.

TABLEAU 2.4.-1

Isotopes de l'hydrogène, du carbone, de l'azote, de l'oxygène et du chlore

	Hydrogène			Carbone			Azote		Oxygène			Chlore	
s	${}^{1}_{1}H$	${}^{2}_{1}H = D$	${}^{3}_{1}H = T$ ★	${}^{12}_{6}C$	${}^{13}_{6}C$	${}^{14}_{6}C$ ★	${}^{14}_{7}N$	${}^{15}_{7}N$	${}^{16}_{8}O$	${}^{17}_{8}O$	${}^{18}_{8}O$	${}^{35}_{17}Cl$	${}^{37}_{17}Cl$
de s	0	1	2	6	7	8	7	8	8	9	10	18	20
	99,985	0,015	–	98,892	1,108	–	99,635	0,365	99,759	0,037	0,204	75,4	24,6

★ Éléments radioactifs utilisés pour faire des marquages et des datations.
★★ Il s'agit de pourcentages dans le mélange naturel des isotopes pour l'élément considéré.

2.5. Masse atomique

Par définition, la masse molaire atomique de ${}^{12}_{6}C$ est 12 g et le nombre N d'atomes contenus dans 12 g de ${}^{12}_{6}C$ est le nombre d'Avogadro : $N = 6{,}022045 \cdot 10^{23}$ mol^{-1}.

Pour un atome de nombre de masse A, la masse molaire atomique, exprimée en grammes, est égale à A. C'est la masse de N atomes qui contiennent chacun A (protons + neutrons).

Si au lieu de s'intéresser à une mole d'atomes on examine un atome, sa masse s'exprime en unités de masse atomique. Par définition l'unité de masse atomique est égale au douzième de la masse d'un atome de carbone $^{12}_{6}C$ d'où :

$$1\ u = \frac{1}{12}\frac{12}{N} \cdot 10^{-3} = \frac{10^{-3}}{N}\ kg \cdot mol^{-1} = 1{,}660\,56 \cdot 10^{-27}\ kg = \frac{1}{N}\ g \cdot mol^{-1}$$

A l'état naturel, de nombreux éléments se présentent comme un mélange de différents isotopes et la masse molaire atomique est la moyenne pondérée des masses molaires atomiques de chaque isotope du mélange. On a ainsi pour le chlore naturel, contenant 75,4 % de l'isotope ^{35}Cl et 24,6 % de l'isotope ^{37}Cl, une masse molaire atomique égale à :

$$\frac{75{,}4}{100} \times 35 + \frac{24{,}6}{100} \times 37 = 35{,}46\ g$$

Remarque : La masse molaire moléculaire d'un corps composé est la masse de N molécules. Elle s'exprime en grammes et elle est égale à la somme des masses molaires atomiques des éléments qui entrent dans la composition de la molécule.

En biologie, les macromolécules (protéines, acides nucléiques...) sont caractérisées par leur masse moléculaire plutôt que par leur masse molaire moléculaire. Les masses moléculaires sont exprimées en unités de masse atomique u appelées dans ce cas daltons. Les masses des molécules exprimées en daltons sont numériquement égales aux masses molaires moléculaires exprimées en grammes.

3. Structure électronique de l'atome

3.1 Atome d'hydrogène

3.1.1. « TRAJECTOIRE » DE L'ÉLECTRON

Le modèle de Bohr de l'atome d'hydrogène, qui représente l'électron décrivant des trajectoires circulaires bien définies autour du noyau d'hydrogène, repose sur les lois de la mécanique classique auxquelles ont été adjointes des conditions de quantification des niveaux d'énergie des différentes orbites décrites par l'électron. Ce modèle permet d'interpréter les spectres de raie de l'hydrogène, mais conduit à des résultats erronés en ce qui concerne la valeur du champ magnétique créé, sur le noyau d'hydrogène, par l'électron décrivant l'orbite de plus basse énergie*.

* Sur cette orbite, la vitesse de l'électron serait de 2,2 10^6 m . s^{-1} (1 % de la vitesse de la lumière) ce qui entraînerait que le champ magnétique soit d'environ 10^7 A . m^{-1}. On montre que le champ magnétique est nul au noyau d'hydrogène lorsque l'électron est sur le plus bas niveau d'énergie.

Une nouvelle conception de l'électron est apparue dans les années 1920. L'interprétation de phénomènes tels que les effets photoélectrique et Compton ayant nécessité d'associer une particule, le photon, à une onde électromagnétique, L. de Broglie suggéra en 1924, par analogie, qu'à un électron, et en général à toute particule matérielle en mouvement, soit associée une onde de matière.

C'est ainsi qu'à une particule en mouvement, caractérisée par une quantité de mouvement $p = mv$, est associée une onde de longueur : $\lambda = \frac{h}{p}$ (h constante de Planck). Les expériences de C. Davisson et S. Germer, en montrant en 1927 qu'un faisceau d'électrons donne lieu au même phénomène de diffraction qu'une onde électromagnétique, confirmèrent les hypothèses de L. de Broglie.

Tout corps présente la dualité onde-corpuscule; cependant, pour les objets de masse élevée, la longueur de l'onde associée est si faible que le caractère ondulatoire n'est pas décelable. Un objet de un kilogramme ayant une vitesse de $50 \text{ m} \cdot \text{s}^{-1}$ aura une longueur d'onde associée λ de $0{,}1324 \cdot 10^{-25}$ nm, ce qui ne donne pas lieu à des phénomènes observables. Par contre, un électron de masse 10^{-30} kg se déplaçant à la même vitesse a une longueur d'onde associée λ de 1 320 nm. A l'échelle atomique, où les dimensions des systèmes étudiés sont de l'ordre de grandeur des longueurs d'ondes associées aux particules en mouvement, la mécanique classique ne s'applique pas. Dans ce cas, pour rendre compte des propriétés ondulatoires de la matière, une nouvelle mécanique, la mécanique ondulatoire, a été créée à partir des hypothèses de L. de Broglie. La relation fondamentale de la dynamique est remplacée par une équation d'onde, l'équation de Schrödinger, qui régit le comportement des particules matérielles, telles que l'électron, et qui substitue à la notion classique de trajectoire (position, vitesse) d'une particule la notion de probabilité de présence dans une région de l'espace. Il n'est pas possible de connaître simultanément, avec précision, la position et la vitesse d'un électron en mouvement. Connaître la position nécessiterait de faire une mesure sous la forme d'une « visée » qui entraînerait une interaction entre un rayonnement électromagnétique et l'électron. L'énergie cinétique ($1/2 \, mv^2$) d'un électron dont la vitesse est $10^5 \text{ m} \cdot \text{s}^{-1}$ est de 10^{-19} J. Si le rayonnement utilisé avait une longueur d'onde de 300 nm (ultra-violet), l'énergie d'un photon de « visée » serait : $E = h\nu = 6 \cdot 10^{-19}$ J. Dans ce cas, la mesure qui implique une interaction photon-électron entraînerait une perturbation de l'énergie cinétique de l'électron et rendrait impossible une connaissance exacte de la vitesse de l'électron. Les *relations d'indétermination de Heisenberg* indiquent que pour une particule en mouvement, si Δx représente l'incertitude sur la coordonnée x et Δp_x l'incertitude sur la composante p_x suivant Ox de la quantité de mouvement p, on a : $\Delta x \cdot \Delta p_x \geqslant h$.

On applique cette relation à l'électron de l'atome d'hydrogène dont le diamètre est de l'ordre de 0,1 nm, en considérant que l'électron est « quelque part » dans l'atome sans préciser sa position; l'incertitude sur la position de l'électron selon l'axe x est alors égale au diamètre de l'atome : $\Delta x = 0{,}1$ nm.

Puisque $p_x = mv_x$, on a : $\Delta p_x = m \,.\, \Delta v_x$★ et la relation d'Heisenberg s'écrit : $\Delta x \,.\, \Delta p_x \geqslant h$ soit :

$$\Delta x \,.\, m\,\Delta v_x \geqslant h$$

$$\Delta v_x \geqslant \frac{h}{m \,.\, \Delta x}$$

$$\Delta v_x \geqslant 7 \,.\, 10^6 \text{ m} \,.\, \text{s}^{-1}$$

Cette incertitude sur la vitesse est importante puisqu'elle est de l'ordre de grandeur de la vitesse de l'électron sur l'orbite de plus basse énergie, dans le cadre du modèle de l'atome de Bohr. Si l'on précise la position de l'électron en diminuant Δx, cela entraîne que Δp_x augmente. Cette impossibilité de connaître simultanément la vitesse et la position de l'électron dans l'atome fait perdre tout sens physique au modèle de trajectoire électronique à l'intérieur de l'atome.

3.1.2. FONCTION D'ONDE, NOMBRES QUANTIQUES

D'une façon générale un électron ayant des propriétés ondulatoires, son comportement est décrit par une fonction d'onde $\psi(x, y, z, t)$, fonction des coordonnées d'espace x, y, z et du temps t. Dans l'atome l'onde associée à l'électron prend l'aspect d'une onde stationnaire où le temps n'intervient pas.

La fonction d'onde $\psi(x, y, z)$ qui peut être positive, négative ou imaginaire est appelée orbitale. En un point M(x, y, z) la densité de probabilité de présence de l'électron est égale à l'intensité de l'onde $|\psi(x, y, z)|^2$★★ et la probabilité dP de trouver l'électron dans le volume dV autour de M(x, y, z) est $dP = |\psi(x, y, z)_M|^2 \, dV$.

Pour un volume V la probabilité de présence est : $\int_V |\psi|^2 \, dV$ et la certitude de trouver l'électron dans tout l'espace se traduit par : $\int_{\text{tout l'espace}} |\psi|^2 \, dV = 1$ (condition de normalisation). L'équation de Schrödinger★★★ relie l'énergie d'un électron à sa fonction d'onde. Chaque fonction d'onde ψ, solution de cette équation d'onde, est associée à une valeur de l'énergie E. On obtient ainsi une suite discrète pour les valeurs de l'énergie et la quantification des niveaux d'énergie apparaît comme une conséquence de l'aspect ondulatoire de l'électron.

★ L'exemple est traité dans le cas, non relativiste, où la vitesse de l'électron est très inférieure à la vitesse de la lumière.

★★ D'une façon générale pour une fonction complexe ψ l'intensité de l'onde est égale à $\psi\psi^*$, ψ^* étant l'imaginaire conjugué obtenu en remplaçant, dans l'expression de ψ, i par − i. $\psi\psi^*$ est une grandeur réelle qui représente une densité de probabilité de présence de l'électron.

★★★ L'équation d'onde de Schrödinger s'écrit dans le cas de l'électron de l'atome d'hydrogène

Pour l'atome d'hydrogène qui possède un seul électron, les solutions de l'équation de Schrödinger, appelées fonctions propres, dépendent de 3 paramètres n, l, m, qui sont les nombres quantiques. A chaque fonction propre $\psi_{n,l,m}$, correspond une valeur de l'énergie ou valeur propre $E_{n,l,m}$.

n est le *nombre quantique principal*; il a une valeur entière égale à 1, 2, 3... La valeur de *n* est liée au volume de l'espace dans lequel il y a une grande probabilité de trouver l'électron. Lorsque *n* croît, ce volume augmente. La valeur de *n* définit le niveau d'énergie de l'électron appelé couche :

$n = 1$	couche K
$n = 2$	couche L
$n = 3$	couche M

l est le *nombre quantique secondaire*. La valeur de *l* dépend de celle de *n*. Pour *n* fixé, *l* peut prendre toutes les valeurs entières de 0 à $(n - 1)$

$$l = 0, 1, 2 \ldots (n - 1)$$

l est relié à la forme du domaine de l'espace dans lequel il y a une grande probabilité de trouver l'électron. *l* définit le sous-niveau d'énergie appelé sous-couche :

$l = 0$	sous-couche		s
$l = 1$	»	»	p
$l = 2$	»	»	d
$l = 3$	»	»	f

Le troisième nombre quantique m_l est le *nombre quantique magnétique* qui dépend de la valeur de *l*. Pour *l* fixé, m_l peut prendre les $2l + 1$ valeurs entières comprises entre $-l$ et $+l$

$$m_l = -l, \ldots, 0, \ldots, +l.$$

3.1.3. REPRÉSENTATION DES ORBITALES ATOMIQUES DE L'ATOME D'HYDROGÈNE

Les fonctions propres ψ_{n,l,m_l}, solution de l'équation de Schrödinger pour l'atome d'hydrogène, sont appelées orbitales de l'atome d'hydrogène et suivant la valeur de *l* on distingue :

$$\frac{\partial^2\psi}{\partial x^2} + \frac{\partial^2\psi}{\partial y^2} + \frac{\partial^2\psi}{\partial z^2} + \frac{8\pi^2 m}{h}\left(E + \frac{1}{4\pi\varepsilon_0}\frac{e^2}{r}\right)\psi = 0$$

ψ fonction d'onde; x, y, z coordonnées d'espace; m masse de l'électron; e charge de l'électron; h constante de Planck; E énergie de l'électron; r distance du point de coordonnées x, y, z au noyau.

$l = 0$	orbitale s
$l = 1$	» p
$l = 2$	» d
$l = 3$	» f

On appelle aussi orbitale, et c'est ce que l'on fera par la suite, le volume délimité par une surface d'isodensité de probabilité de présence à l'intérieur de laquelle on a par exemple 95 % de chance de trouver l'électron. Ce volume est le *domaine de probabilité de présence* de l'électron. On porte, sur chaque partie du domaine de probabilité de présence limitée par une surface fermée, un signe *plus* ou *moins*. Les signes sont différents pour deux parties d'une orbitale séparées par une surface nodale c'est-à-dire par une surface telle que $|\psi|^2$ est nulle en tous points. Ce signe, qui n'a qu'une valeur relative, est relié à la fonction d'onde ψ; il sera utile lors de l'étude des interactions entre orbitales atomiques pour former des liaisons chimiques (B.2).

— *Forme des domaines de probabilité de présence : orbitales*

Orbitales s : Elles correspondent à $l = 0$ et existent pour toutes les valeurs de n. Il y a une seule valeur possible pour m_l : $m_l = 0$. Pour chaque valeur de n il y a une seule orbitale s

$n = 1$ (couche K)	orbitale 1s
$n = 2$ (couche L)	orbitale 2s
...	

Les orbitales s sont de symétrie sphérique et le signe relié à la fonction d'onde est en tout point le même dans le domaine de probabilité de présence.

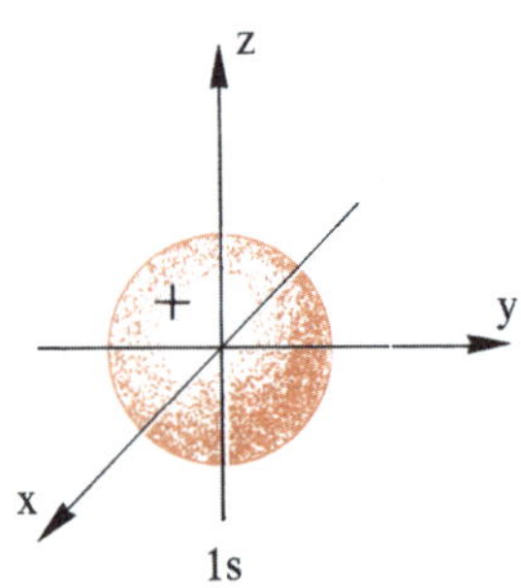

FIGURE 3.1.3.-1
Orbitale 1s

On peut pour une orbitale 1s, représenter d'une part la densité de probabilité de présence $|\psi|^2$ en fonction de la distance r au noyau et, d'autre part, la fonction de probabilité radiale $|\psi|^2 \frac{dV}{dr}$ qui représente la probabilité de trouver l'électron entre deux sphères de rayon r et r + dr en fonction de r. $\left(V = \frac{4}{3}\pi r^3 ; \frac{dV}{dr} = 4\pi r^2\right)$.

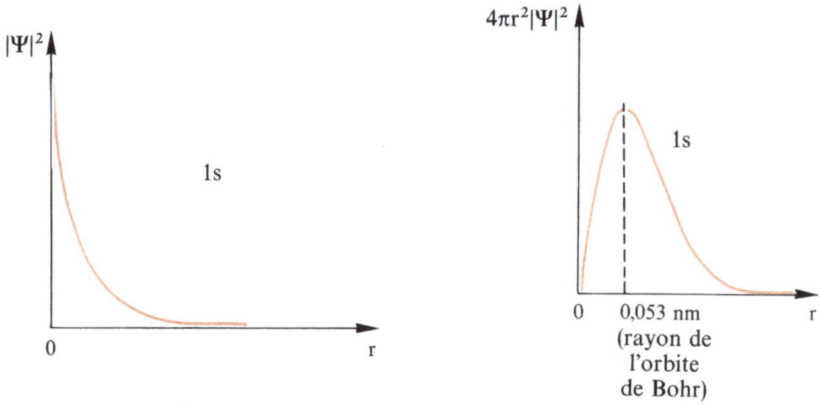

FIGURE 3.1.3.-2
Orbitale 1s : **Représentation de** $|\Psi|^2$ **et de** $4\pi r^2\ |\Psi|^2$ **en fonction de** r.

Orbitales p. Elles correspondent à $l = 1$ et existent pour chaque valeur de n à partir de $n = 2$. Il y a trois valeurs de m_l possibles : -1, 0, $+1$ et donc trois orbitales p qui ont toutes la même énergie et la même forme (2 lobes). Chaque orbitale p a un axe de révolution et les trois axes de révolution sont deux à deux orthogonaux.

Pour $n = 2$ (couche L), les trois orbitales p de même énergie (sous-couche p de la couche L) sont appelées $2p_x$, $2p_y$, $2p_z$ et sont représentées ci-dessous. Les deux lobes

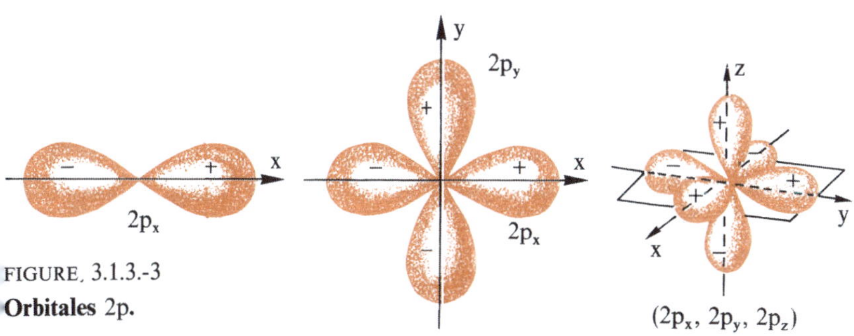

FIGURE. 3.1.3.-3
Orbitales 2p.

pour chaque orbitale portent des signes différents. Chaque orbitale p a un plan nodal. Pour l'orbitale $2p_x$, par exemple, il s'agit du plan yz. Ces orbitales 2p sont dites antisymétriques. En effet pour chaque orbitale p deux points symétriques par rapport au noyau O correspondent à des fonctions d'onde de même amplitude mais de signes contraires.

Dans le cas de l'orbitale $2p_z$ du carbone, les courbes d'isodensité de probabilité de

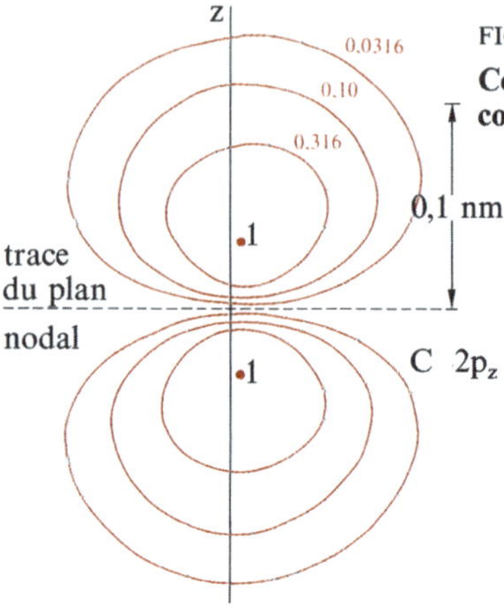

FIGURE 3.1.3.-4

Courbes d'isodensité de probabilité de présence correspondant à l'orbitale $2p_z$ du carbone.

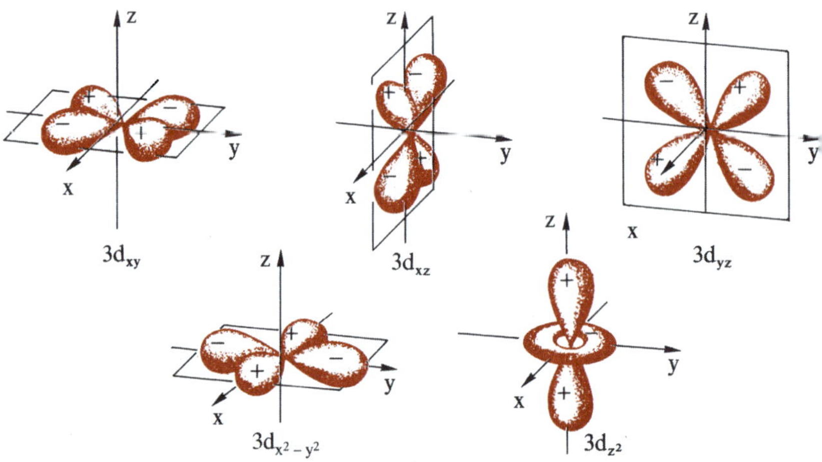

FIGURE 3.1.3.-5

Représentation des cinq orbitales 3d.

On peut interpréter la forme de l'orbitale $3d_{z^2}$ en la considérant comme une combinaison linéaire des deux orbitales $3d_{z^2-x^2}$ et $3d_{z^2-y^2}$ qui n'ont pas d'existence séparée.

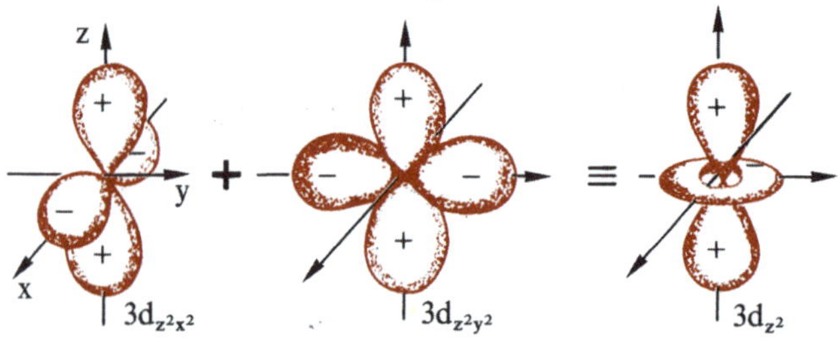

présence, appelées aussi courbes d'isodensité électronique, obtenues par intersection d'un plan passant par l'axe de révolution de l'orbitale avec les surfaces telles que $|\psi|^2 = C^{te}$ sont représentées figure 3.1.3.-4. Les valeurs portées sur ces courbes d'isodensité sont relatives au point de densité maximale auquel a été attribuée la valeur 1.

Orbitales d. Elles correspondent à $l = 2$ et existent à partir de $n = 3$. Il y a alors cinq valeurs possibles pour m_l : -2, -1, 0, $+1$, $+2$. Pour $n = 3$ les cinq orbitales 3d appelées $3d_{xy}$, $3d_{yz}$, $3d_{xz}$, $3d_{x^2-y^2}$, $3d_{z^2}$, sont représentées figure 3.1.3-5. Ces cinq orbitales ont la même énergie qui est celle de la sous-couche d de la couche M.

3.1.4. SPIN ÉLECTRONIQUE

L'interprétation d'observations spectroscopiques a conduit à attribuer à l'électron un moment magnétique qui, dans un champ magnétique, ne peut prendre que deux directions : parallèle ou antiparallèle au champ. A ces deux orientations possibles a été associé un nombre quantique, le quatrième, qui est le nombre de spin s pouvant prendre deux valeurs $+1/2$ ou $-1/2$. Chaque fonction d'onde et donc chaque domaine de probabilité de présence sont caractérisés par les trois nombres quantiques n, l, m_l. Le nombre de spin, appelé plus simplement spin, est en relation avec une propriété intrinsèque de l'électron. L'électron de l'atome d'hydrogène est alors caractérisé par quatre nombres quantiques.

3.2. Atomes à plusieurs électrons

On ne peut pas résoudre rigoureusement l'équation de Schrödinger pour les atomes ayant deux ou plusieurs électrons. Dans ce cas, les fonctions d'onde calculées pour l'atome d'hydrogène sont utilisées pour décrire la structure électronique de l'atome ayant plus d'un électron.

A cette approximation s'ajoute le *principe d'exclusion de Pauli* selon lequel dans un atome, deux électrons ont des états quantiques différents, c'est-à-dire qu'ils ne peuvent pas avoir leur quatre nombres quantiques identiques. Comme une orbitale est définie par les trois nombres quantiques n, l, m_l elle peut contenir au maximum deux électrons de spins opposés $+1/2$, $-1/2$.

On note schématiquement une orbitale à l'aide d'une case quantique □. Lorsque cette case contient deux électrons appariés (spins antiparallèles) on la note [↑↓].

Le principe d'exclusion de Pauli limite le nombre d'électrons à $2n^2$ dans chaque couche de nombre quantique principal n.

TABLEAU 3.2.-1

Nombre maximum d'électrons dans chaque couche de nombre quantique principal n

n	*l*	m_l	s	Nombre maximum d'électrons
1	0 (s)	0	+ 1/2, − 1/2	2 = 2 = 2 . 1^2
2	0 (s)	0	+ 1/2, − 1/2	2
	1 (p)	− 1, 0, + 1	+ 1/2, − 1/2	6 } = 8 = 2 × 2^2
3	0 (s)	0	+ 1/2, − 1/2	2
	1 (p)	− 1, 0, + 1	+ 1/2, − 1/2	6
	2 (d)	− 2, − 1, 0, + 1, + 2	+ 1/2, − 1/2	10 } = 18 = 2 × 3^2
4	0 (s)	0	+ 1/2, − 1/2	2
	1 (p)	− 1, 0, + 1	+ 1/2, − 1/2	6
	2 (d)	− 2, − 1, 0, + 1, + 2	+ 1/2, − 1/2	10
	3 (f)	− 3, − 2, − 1, 0, + 1, + 2, + 3	+ 1/2, − 1/2	14 } = 32 = 2 × 4^2

Pour déterminer la configuration électronique d'un atome dans son *état fondamental*, on remplit les orbitales selon l'ordre d'énergie croissante. Les énergies sont négatives, le zéro en énergie correspond à *n* infini. L'énergie la plus basse (la plus négative) correspond à la valeur minimale de *n* ($n = 1$) et l'énergie croît lorsque *n* croît. A l'intérieur d'une couche, c'est-à-dire pour une valeur de n déterminée, l'énergie des sous-couches croît dans l'ordre s, p, d, f. Lorsque l'on examine l'ensemble des niveaux énergétiques des couches et des sous-couches on constate qu'à partir de $n = 3$ apparaissent des imbrications entre les niveaux énergétiques des sous-couches de couches voisines et on a l'ordre suivant pour les énergies croissantes :

1s, 2s, 2p, 3s, 3p, 4s, 3d, 4p, 5s, 4d, 5p, 6s...

Lorsque, lors du remplissage, plusieurs orbitales de même énergie sont disponibles, l'état de plus basse énergie correspond à l'utilisation du nombre maximal d'orbitales, c'est la *règle de Hund*. Les électrons non appariés, appelés électrons célibataires, sont représentés avec des spins parallèles.

Exemples : *Carbone* C Z = 6.

La configuration électronique dans l'état fondamental est la suivante*

$$1s^2 \quad 2s^2 \quad 2p^2$$

La règle de Hund implique pour l'état fondamental la répartition électronique suivante.

$1s^2$	$2s^2$	$2p^2$
[↑↓]	[↑↓]	[↑ | ↑ |]

Azote N Z = 7

$1s^2$	$2s^2$	$2p^3$
[↑↓]	[↑↓]	[↑ | ↑ | ↑]

Oxygène O Z = 8

$1s^2$	$2s^2$	$2p^4$
[↑↓]	[↑↓]	[↑↓ | ↑ | ↑]

3.3. Configuration électronique des éléments

Le tableau 3.3.-1 indique le remplissage des couches et des sous-couches, c'est-à-dire la configuration électronique des éléments de l'hydrogène (Z = 1) au laurencium (Z = 103).

Pour un élément la couche électronique partiellement ou totalement remplie qui correspond à la valeur de n la plus élevée est appelée *couche externe.*

Le tableau 3.3.-1 semble présenter des anomalies lors du remplissage des couches et des sous-couches. On constate par exemple que si pour le vanadium (Z = 23) on a bien : $[Ar]3d^34s^2$, pour le chrome (Z = 24) on a : $[Ar]3d^54s^1$ et non pas : $[Ar]3d^44s^2$ comme le suggère le classement des sous-couches 4s et 3d par niveau d'énergie. Cette « anomalie » peut être attribuée au fait que, lorsqu'elle contient cinq électrons, la sous-couche 3d est particulièrement stabilisée et a un niveau inférieur à celui de la sous-couche 4s, car étant à demi occupée sa distribution électronique présente une symétrie sphérique. Cette stabilisation liée à une symétrie sphérique se rencontre aussi lorsqu'une sous-couche d est entièrement remplie et c'est ainsi que pour le nickel et le cuivre on a respectivement : Ni Z = 28 $[Ar]3d^84s^2$
Cu Z = 29 $[Ar]3d^{10}4s^1$
au lieu de $[Ar]3d^94s^2$

En fait, ces « anomalies » reflètent les limites de l'approximation du concept d'orbitale.

* Le nombre d'électrons contenus dans chaque sous-couche 1s, 2s, 2p... est noté en indice supérieur : 2 électrons dans la sous-couche 1s est noté $1s^2$, 3 électrons dans la sous-couche 2p est noté $2p^3$ etc...

TABLEAU 3.3.-1

Configuration électronique des éléments

Z	Élément	Configuration électronique	Z	Élément	Configuration électronique
1	H	$1s^1$	53	I	$[Kr]4d^{10}5s^25p^5$
2	He	$1s^2$	54	Xe	$[Kr]4d^{10}5s^25p^6$
3	Li	$[He]2s^1$	55	Cs	$[Xe]6s^1$
4	Be	$[He]2s^2$	56	Ba	$[Xe]6s^2$
5	B	$[He]2s^22p^1$	57	La	$[Xe]5d^16s^2$
6	C	$[He]2s^22p^2$	58	Ce	$[Xe]4f^15d^16s^2$
7	N	$[He]2s^22p^3$	59	Pr	$[Xe]4f^36s^2$
8	O	$[He]2s^22p^4$	60	Nd	$[Xe]4f^46s^2$
9	F	$[He]2s^22p^5$	61	Pm	$[Xe]4f^56s^2$
10	Ne	$[He]2s^22p^6$	62	Sm	$[Xe]4f^66s^2$
11	Na	$[Ne]3s^1$	63	Eu	$[Xe]4f^76s^2$
12	Mg	$[Ne]3s^2$	64	Gd	$[Xe]4f^75d^16s^2$
13	Al	$[Ne]3s^23p^1$	65	Tb	$[Xe]4f^96s^2$
14	Si	$[Ne]3s^23p^2$	66	Dy	$[Xe]4f^{10}6s^2$
15	P	$[Ne]3s^23p^3$	67	Ho	$[Xe]4f^{11}6s^2$
16	S	$[Ne]3s^23p^4$	68	Er	$[Xe]4f^{12}6s^2$
17	Cl	$[Ne]3s^23p^5$	69	Tm	$[Xe]4f^{13}6s^2$
18	Ar	$[Ne]3s^23p^6$	70	Yb	$[Xe]4f^{14}6s^2$
19	K	$[Ar]4s^1$	71	Lu	$[Xe]4f^{14}5d^16s^2$
20	Ca	$[Ar]4s^2$	72	Hf	$[Xe]4f^{14}5d^26s^2$
21	Sc	$[Ar]3d^14s^2$	73	Ta	$[Xe]4f^{14}5d^36s^2$
22	Ti	$[Ar]3d^24s^2$	74	W	$[Xe]4f^{14}5d^46s^2$
23	V	$[Ar]3d^34s^2$	75	Re	$[Xe]4f^{14}5d^56s^2$
24	Cr	$[Ar]3d^54s^1$	76	Os	$[Xe]4f^{14}5d^66s^2$
25	Mn	$[Ar]3d^54s^2$	77	Ir	$[Xe]4f^{14}5d^76s^2$
26	Fe	$[Ar]3d^64s^2$	78	Pt	$[Xe]4f^{14}5d^96s^1$
27	Co	$[Ar]3d^74s^2$	79	Au	$[Xe]4f^{14}5d^{10}6s^1$
28	Ni	$[Ar]3d^84s^2$	80	Hg	$[Xe]4f^{14}5d^{10}6s^2$
29	Cu	$[Ar]3d^{10}4s^1$	81	Tl	$[Xe]4f^{14}5d^{10}6s^26p^1$
30	Zn	$[Ar]3d^{10}4s^2$	82	Pb	$[Xe]4f^{14}5d^{10}6s^26p^2$
31	Ga	$[Ar]3d^{10}4s^24p^1$	83	Bi	$[Xe]4f^{14}5d^{10}6s^26p^3$
32	Ge	$[Ar]3d^{10}4s^24p^2$	84	Po	$[Xe]4f^{14}5d^{10}6s^26p^4$
33	As	$[Ar]3d^{10}4s^24p^3$	85	At	$[Xe]4f^{14}5d^{10}6s^26p^5$
34	Se	$[Ar]3d^{10}4s^24p^4$	86	Rn	$[Xe]4f^{14}5d^{10}6s^26p^6$
35	Br	$[Ar]3d^{10}4s^24p^5$	87	Fr	$[Rn]7s^1$
36	Kr	$[Ar]3d^{10}4s^24p^6$	88	Ra	$[Rn]7s^2$
37	Rb	$[Kr]5s^1$	89	Ac	$[Rn]6d^17s^2$
38	Sr	$[Kr]5s^2$	90	Th	$[Rn]6d^27s^2$
39	Y	$[Kr]4d^15s^2$	91	Pa	$[Rn]5f^26d^17s^2$
40	Zr	$[Kr]4d^25s^2$	92	U	$[Rn]5f^36d^17s^2$
41	Nb	$[Kr]4d^45s^1$	93	Np	$[Rn]5f^46d^17s^2$
42	Mo	$[Kr]4d^55s^1$	94	Pu	$[Rn]5f^67s^2$
43	Tc	$[Kr]4d^55s^2$	95	Am	$[Rn]5f^77s^2$
44	Ru	$[Kr]4d^75s^1$	96	Cm	$[Rn]5f^76d^17s^2$
45	Rh	$[Kr]4d^85s^1$	97	Bk	$[Rn]5f^97s^2$
46	Pd	$[Kr]4d^{10}$	98	Cf	$[Rn]5f^{10}7s^2$
47	Ag	$[Kr]4d^{10}5s^1$	99	Es	$[Rn]5f^{11}7s^2$
48	Cd	$[Kr]4d^{10}5s^2$	100	Fm	$[Rn]5f^{12}7s^2$
49	In	$[Kr]4d^{10}5s^25p^1$	101	Md	$[Rn]5f^{13}7s^2$
50	Sn	$[Kr]4d^{10}5s^25p^2$	102	No	$[Rn]5f^{14}7s^2$
51	Sb	$[Kr]4d^{10}5s^25p^3$	103	Lr	$[Rn]5f^{14}6d^17s^2$
52	Te	$[Kr]4d^{10}5s^25p^4$			

4. Classification périodique des éléments

La première classification des éléments proposée par Mendeleiev, en 1869, comportait 63 éléments classés par ordre de masse (atomique) croissante. Les éléments de propriétés chimiques voisines se trouvaient dans les mêmes colonnes sauf dans quelques cas qui semblaient anormaux. Les anomalies disparurent lorsque la classification périodique des éléments a pu être établie en fonction de leur numéro atomique Z.

TABLEAU 4.-1

Classification périodique des éléments

	1	2	3	4	5	6	7	8	9	10	11	12	13	14	15	16	17	18
	I	II											III	IV	V	VI	VII	VIII
1	H 1																	He 2
2	Li 3	Be 4											B 5	C 6	N 7	O 8	F 9	Ne 10
3	Na 11	Mg 12						ÉLÉMENTS DE TRANSITION					Al 13	Si 14	P 15	S 16	Cl 17	Ar 18
4	K 19	Ca 20	Sc 21	Ti 22	V 23	Cr 24	Mn 25	Fe 26	Co 27	Ni 28	Cu 29	Zn 30	Ga 31	Ge 32	As 33	Se 34	Br 35	Kr 36
5	Rb 37	Sr 38	Y 39	Zr 40	Nb 41	Mo 42	Tc 43	Ru 44	Rh 45	Pd 46	Ag 47	Cd 48	In 49	Sn 50	Sb 51	Te 52	I 53	Xe 54
6	Cs 55	Ba 56	* 57-71	Hf 72	Ta 73	W 74	Re 75	Os 76	Ir 77	Pt 78	Au 79	Hg 80	Tl 81	Pb 82	Bi 83	Po 84	At 85	Rn 86
7	Fr 87	Ra 88	** 89-	Unq 104	Unp 105	Unh 106	Uns 107	Uno 108	Une 109									

*	La 57	Ce 58	Pr 59	Nd 60	Pm 61	Sm 62	Eu 63	Gd 64	Tb 65	Dy 66	Ho 67	Er 68	Tm 69	Yb 70	Lu 71
**	Ac 89	Th 90	Pa 91	U 92	Np 93	Pu 94	Am 95	Cm 96	Bk 97	Cf 98	Es 99	Fm 100	Md 101	No 102	Lr 103

La première rangée ou *première période* s'achève avec l'hélium de configuration $1s^2$. Le niveau K (n = 1) est saturé.

La *seconde période* s'achève avec le néon Z = 10 ($1s^2 2s^2 2p^6$) pour lequel est atteinte la saturation du niveau L (n = 2).

La *troisième période* s'arrête à l'argon Z = 18 ($1s^2 2s^2 2p^6 3s^2 3p^6$). Le niveau M (n = 3) n'est pas saturé car il peut contenir au maximum 18 électrons ($3s^2 3p^6 3d^{10}$).

* Numérotation des colonnes recommandée par la commission de chimie inorganique de l'IUPAC.

Cependant l'argon présente une inertie chimique semblable à celle de l'hélium et du néon. Ceci peut s'interpréter, en considérant que tous les électrons de la sous-couche 3p sont appariés et que la distribution électronique autour du noyau est à symétrie sphérique.

Quatrième période. Le calcium Z = 20 ([Ar]$4s^2$) présente une analogie de propriétés avec le magnésium ([Ne]$3s^2$). A partir du scandium Z = 21 commence le remplissage de la sous-couche 3d qui sera complète pour le zinc Zn Z = 30 ([Ar]$3d^{10}4s^2$). Cette série du scandium au zinc est appelée première série de transition. Ses éléments qui ont une sous-couche 3d incomplète (Zn excepté) d'énergie voisine de celle de la sous-couche 4s, présentent des propriétés analogues. En particulier leurs cations (le plus fréquemment M^{++}) ont la propriété de former des composés de coordination (B, 4.). La quatrième période s'achève avec le krypton Kr Z = 36, de configuration [Ar]$3d^{10}4s^24p^6$. Comme pour l'argon c'est la sous-couche p, ici 4p, qui est saturée. (C'est une propriété générale des gaz rares d'avoir une sous-couche externe p saturée et de présenter une grande inertie chimique).

Cinquième, sixième et septième périodes. Le remplissage des sous-couches 4d (Z = 39 à Z = 48) et 5d conduit aux deuxième et troisième séries de transition. De plus, le remplissage de la sous-couche 4f à partir du cérium Z = 58 donne la famille des terres rares ou lanthanides, tandis que le remplissage de la sous-couche 5f à partir du thorium Z = 90 donne la famille des actinides dont un grand nombre d'éléments sont artificiels.

Dans la classification périodique des éléments on retrouve dans une même colonne appelée *groupe* les éléments qui ont des propriétés chimiques voisines, celles-ci étant liées au nombre et à la nature des électrons de la couche externe. On a par exemple, en dehors des éléments de transition, les groupes suivants :

Groupe I A	électrons ns^1	hydrogène + alcalins H, Li, Na, K...
Groupe II A	ns^2	alcalino terreux Be, Mg, Ca, Sr, Ba...
Groupe III A	ns^2np^1	famille du bore B, Al, Ga...
Groupe IV A	ns^2np^2	famille du carbone C, Si, Ge, Sn, Pb...
Groupe V A	ns^2np^3	famille de l'azote N, P, As, Sb...
Groupe VI A	ns^2np^4	famille de l'oxygène O, S, Se, Te...
Groupe VII A	ns^2np^5	halogènes F, Cl, Br, I...
Groupe VIII A	ns^2np^6	gaz rares He, Ne, Ar, Kr, Xe...

On distingue dans le tableau de la classification périodique les métaux dans la partie gauche et les non métaux dans la partie droite. La comportement chimique des métaux est caractérisé par leur tendance à perdre des électrons pour former des cations et acquérir la configuration électronique du gaz rare qui les précède ($Na \longrightarrow Na^+ + e^-$), tandis que les non métaux ont tendance à former des anions en gagnant des électrons pour acquérir la configuration du gaz rare qui les suit ($Cl + e^- \longrightarrow Cl^-$).

Remarques : 1) A un élément peuvent correspondre plusieurs isotopes (2.4) dont les propriétés chimiques sont identiques puisqu'ils ont la même configuration électronique.

2) La répartition entre 100 000 atomes, des principaux éléments de l'univers au corps humain, est indiquée dans le tableau 4.-2.

TABLEAU 4.-2

Répartition des principaux éléments★ ★★

Z		Univers	Terre	Couche terrestre	Eau des océans	Corps humain
H	1	92 714	120	2 882	66 200	60 563
C	6	8	99	55	1,4	10 680
N	7	15	0,3	7	---	2 440
O	8	50	48 880	60 425	33 100	25 670
Na	11	0,1	640	2 554	290	75
Mg	12	2,1	12 500	1 784	34	11
P	15	---	140	79	---	130
S	16	0,9	1 400	33	17	130
Cl	17	---	45	11	340	33
K	19	---	56	1 374	6	37
Ca	20	0,1	460	1 878	6	230
Si	14	2,3	14 000	20 475	---	---
Al	13	0,2	1 300	6 251	---	---
Fe	26	1,4	18 870	1 858	---	---

★ D'après R. Dickerson, *Pour la Science,* 1978 (13) p. 28.

★★ Les tirets indiquent une valeur inférieure à 0,1.

TABLEAU 4.-3

Éléments essentiels à la vie.

Les onze éléments ▇ représentent 99,9 % de la masse du corps humain. Les treize éléments ☐ sont essentiels, à l'état de traces, aux animaux supérieurs.

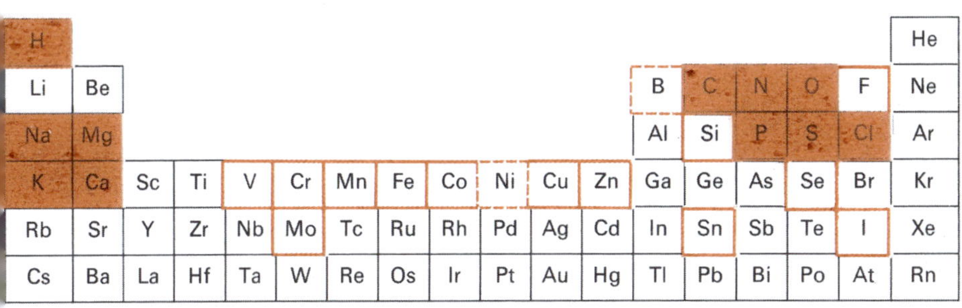

Les onze éléments suivants : C, H, O, N, S, P, Na, K, Mg, Ca, Cl, dont le numéro atomique ne dépasse pas 20, représentent 99,9 % de la masse du corps humain. Treize autres éléments (V, Cr, Mn, Fe, Co, Cu, Zn, Mo, Si, Sn, Se, F, I), en général plus lourds, sont essentiels pour les animaux supérieurs et présents en plus faibles proportions.

Pour un corps humain de 70 kg, les masses des éléments métalliques présents sont indiquées dans le tableau 4.-4.

TABLEAU 4.-4

Masses des éléments métalliques, en grammes, dans un corps humain de 70 kg

Élément	Ca	K	Na	Mg	Fe	Zn	Cu	Mn	Co	Cr Sn V
Masse g	1 050	245	105	35	3	2,3	0,1	0,02	0,005	- - - - - -

Les éléments métalliques qui jouent un rôle important dans les réactions enzymatiques ou sont présents dans les métalloenzymes, sont essentiellement des éléments de la première série de transition.

Le rubidium, qui représente 1,2 g, n'est pas considéré actuellement comme un élément essentiel à la vie.

5. Notation de Lewis

Les propriétés chimiques d'un élément sont liées au nombre et à la nature des *électrons de valence.* Ce sont les électrons en excès par rapport à la configuration électronique du gaz rare précédent. Seuls les électrons de valence peuvent participer à la formation de liaisons. Il s'agit en général des électrons de la couche externe. Pour les éléments n'appartenant pas aux séries de transition Lewis a proposé de représenter les atomes par leur symbole entouré des seuls électrons de leur couche externe. Chaque électron est représenté par un point. Une paire d'électrons appariés ou doublet peut être représentée par un tiret. Les éléments situés dans un même groupe sont écrits avec une représentation identique de leur couche externe.

Exemples :

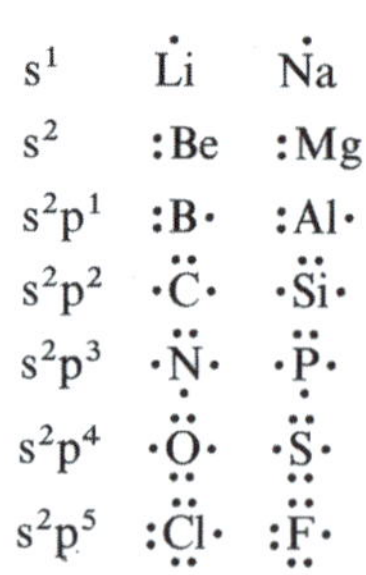

6. Quelques propriétés des atomes

Dans ce livre ne sont citées que quelques propriétés des atomes utilisées ultérieurement.

6.1. « Rayon » d'un atome et « rayon » ionique

Il est impossible de déterminer un authentique rayon atomique. Cependant des données expérimentales concernant la distance entre les noyaux d'atomes identiques, ou différents, dans diverses molécules diatomiques permettent de déterminer une valeur moyenne d'un rayon atomique appelé *rayon covalent.*

On a ainsi, pour les éléments de la deuxième période (tableau 6.1.-1) :

TABLEAU 6.1.-1

« Rayons » covalents des éléments de la deuxième période

Atome	Li	Be	B	C	N	O	F
Rayon covalent (nm)	0,134	0,125	0,090	0,077	0,075	0,073	0,071
Z	3	4	5	6	7	8	9

Dans une même période le rayon atomique diminue lorsqu'augmente la charge positive du noyau.

Dans un même groupe, le rayon atomique croît avec le nombre quantique principal de la couche externe.

Des données expérimentales obtenues par diffraction des rayons X permettent de déterminer la distance entre les noyaux des ions des structures cristallines et d'en déduire un rayon pour chacun des ions.

Le rayon d'un cation est inférieur à celui de l'atome neutre tandis que le rayon d'un anion lui est supérieur.

Pour un élément ayant plusieurs cations le rayon ionique diminue lorsque la charge croît

Fe^{2+} 0,076 nm
Fe^{3+} 0,064 nm

Pour les cations ayant la même configuration électronique le rayon décroît quand la charge croît; par exemple pour les ions $[Ne]3s^23p^6$, on a :

TABLEAU 6.1.-2

Influence de la charge sur le rayon de cations de même configuration électronique

Cation	K^+	Ca^{+2}	Sc^{+3}	Ti^{+4}
Rayon (nm)	0,133	0,099	0,081	0,068

6.2. Énergie d'ionisation

L'énergie d'ionisation, appelée aussi potentiel d'ionisation, est l'énergie qu'il faut *fournir* pour arracher un électron à un atome (considéré isolé à l'état gazeux)

$$Li_g \longrightarrow Li_g^+ + e^- \quad I_1 = 520 \text{ kJ . mol}^{-1}$$

Cette énergie s'exprime souvent en électron-volts.

TABLEAU 6.2.-1

Énergie de première ionisation I_1 des éléments de la deuxième période

Éléments	Li	Be	B	C	N	O	F	Ne
Configuration	$2s^1$	$2s^2$	$2s^22p^1$	$2s^22p^2$	$2s^22p^3$	$2s^22p^4$	$2s^22p^5$	$2s^22p^6$
I_1 (kJ . mol^{-1})	520	900	800 B^+	1 090	1 400	1 310 O^+	1 680	2 080

De gauche à droite l'énergie d'ionisation croît en général lorsque croît la charge positive du noyau. Cependant, il est plus facile d'arracher un électron 2p au bore qu'un électron 2s au beryllium, ou un électron 2p à l'oxygène qu'un électron 2p à l'azote.

Dans le cas du bore et de l'oxygène, l'arrachement d'un électron conduit à un ion dont la répartition électronique est à symétrie sphérique comme celles du beryllium et de l'azote.

Dans un même groupe, l'énergie d'ionisation décroît lorsque le nombre quantique principal de la couche externe croît.

Pour un même élément les énergies d'ionisation successives sont de plus en plus grandes en raison de la charge croissante du cation. Exemple du fer :

$$Fe \longrightarrow Fe^+ + e^- \quad I_1 = 759 \text{ kJ . mol}^{-1}$$
$$Fe^+ \longrightarrow Fe^{++} + e^- \quad I_{11} = 1\,561 \text{ kJ . mol}^{-1}$$
$$Fe^{++} \longrightarrow Fe^{+++} + e^- \quad I_{111} = 2\,957 \text{ kJ . mol}^{-1}$$

6.3. Affinité électronique

Il s'agit de l'énergie *libérée* lors de la capture d'un électron par un atome neutre. Une telle capture est favorable pour un élément dont la configuration électronique est proche de celle du gaz rare qui le suit :

$$:\underset{\cdot\cdot}{\overset{\cdot\cdot}{Cl}}\cdot_{g} + e^{-} \longrightarrow :\underset{\cdot\cdot}{\overset{\cdot\cdot}{Cl}}:_{g}^{-} \quad \Delta H = -355 \text{ kJ . mol}^{-1}$$

L'affinité électronique est $A = -\Delta H$, $A = 355$ kJ . mol^{-1}.

Pour la deuxième période on a le tableau suivant des affinités électroniques des éléments :

TABLEAU 6.3.-1

Affinité électronique des éléments de la deuxième période

Éléments	Li	Be	B	C	N	O	F
A (kJ . mol^{-1})	60	− 66	23	121	− 31	142	322

Les valeurs négatives pour le beryllium et l'azote indiquent qu'il faut fournir de l'énergie ($\Delta H > 0$) pour additionner un électron à l'atome pris à l'état gazeux. Ceci confirme la stabilité des éléments dont la distribution des électrons est à symétrie sphérique comme le béryllium ($2s^2$) et l'azote ($2s^2 2p^3$) (cf. 6.2.).

Dans une même période, l'affinité électronique croît avec le numéro atomique. Dans un même groupe, en particulier pour les atomes électronégatifs, l'affinité électronique décroît avec la valeur du nombre quantique principal.

6.4. Notion d'électronégativité

Dans une liaison covalente (B, 1.2.1.) entre deux atomes différents A et B, les noyaux des atomes n'attirent pas de manière identique les deux électrons de la liaison (B, 3.). On rend compte de cette aptitude par la notion d'électronégativité. Selon Mulliken, l'électronégativité d'un atome est la demi-somme de l'énergie de première ionisation et de l'affinité électronique.

$$\text{Électronégativité} = \frac{I_1 + A}{2}$$

Sur le tableau de la classification périodique, les éléments les plus électronégatifs sont placés en haut à droite et les moins électronégatifs (appelés aussi les plus électropositifs) en bas à gauche. Dans une période l'électronégativité croît de gauche à droite et dans une colonne elle croît de bas en haut comme l'indique le schéma ci-dessous :

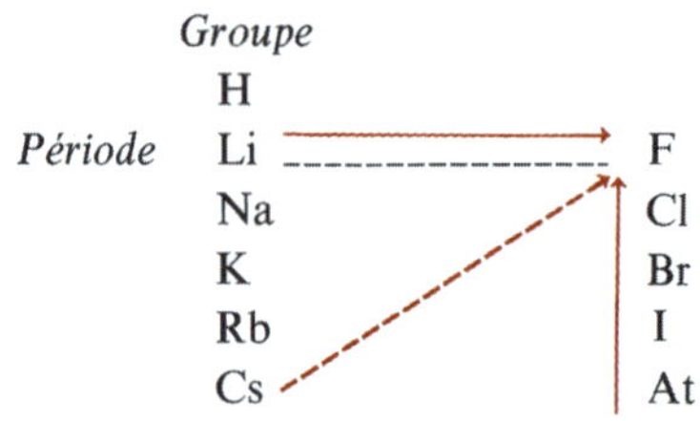

La notion d'électronégativité sera revue lors de l'étude de la polarisation des liaisons (B, 3.2.) où une nouvelle échelle, l'échelle de Pauling, sera présentée. (Les valeurs des électronégativités des éléments portées sur le tableau de la classification périodique des éléments p. 276 sont celles de l'échelle de Pauling).

B. L'ASSEMBLAGE DES ATOMES : LA LIAISON CHIMIQUE

Certains atomes comme l'hydrogène et le carbone s'unissent pour former des molécules H_2, CH_4, C_6H_6, tandis que d'autres éléments n'existent qu'à l'état atomique. Ainsi, pour l'hélium, la molécule He_2 n'existe pas.

Diverses méthodes physico-chimiques (diffraction des rayons X, spectroscopie de micro-onde...) permettent de connaître les positions relatives des atomes dans les molécules et de déterminer la géométrie de celles-ci. Dans la molécule de méthane CH_4, les quatre atomes d'hydrogène sont au sommet d'un tétraèdre régulier au centre duquel est situé le carbone. Dans la molécule de benzène C_6H_6 tous les atomes sont dans un même plan, les atomes de carbone étant situés aux sommets d'un hexagone régulier. L'interprétation à un niveau élémentaire de ces faits expérimentaux est présentée dans ce chapitre.

1. Liaison chimique. Structures de Lewis

1.1. Origine de la liaison

Deux atomes s'unissent pour former une molécule si, par suite d'une nouvelle répartition des densités électroniques, l'énergie de l'assemblage (molécule) est inférieure à la somme des énergies des deux atomes séparés. La différence entre l'énergie de la molécule et celle des atomes séparés est l'énergie de liaison; elle est toujours négative.

Si l'on considère deux atomes d'hydrogène et que l'on représente l'énergie potentielle $\in$ du système formé par ces deux atomes en fonction de la distance d des noyaux, on a la représentation suivante :

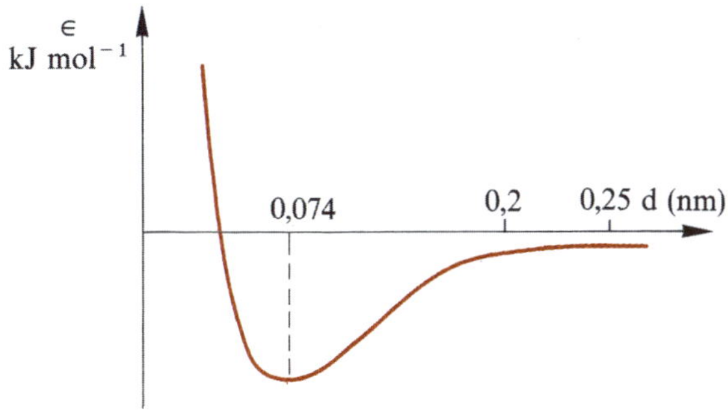

FIGURE 1.1.-1
Énergie potentielle du système formé par deux atomes d'hydrogène en fonction de leur distance d.

Les interactions entre les différentes particules sont les suivantes en appelant A et B les deux atomes d'hydrogène :

- attractions : proton (A) – électron (B) et proton (B) – électron (A)
- répulsions : électron (A) – électron (B) et proton (A) – proton (B)

l'énergie potentielle est la résultante de toutes les énergies d'interaction.

Partant des atomes très éloignés, les forces d'attraction deviennent importantes pour les distances inférieures à 0,2 nm qui correspondent à une interpénétration des domaines de probabilité de présence des électrons.

La valeur minimale $\in_{min}$ de l'énergie potentielle, pour une distance d = 0,074 nm, est égale à la valeur de l'énergie libérée par la formation de la liaison* entre les deux atomes d'hydrogène.

L'assemblage existant à ce minimum d'énergie est par définition la molécule d'hydrogène dont l'énergie de liaison pour une mole est -435 kJ . mol^{-1} et dont la longueur de liaison est d = 0,074 nm.

Pour d < 0,074 nm, l'accroissement brutal de l'énergie potentielle correspond à la prédominance de la répulsion entre les noyaux.

* L'énergie de la liaison H – H, qui correspond à la formation d'une mole de molécules d'hydrogène dans les conditions standard, a été définie précédemment (ch. 1, II, 1.2.4.3.) et est égale à $\Delta H_{H-H} = -435$ kJ . mol^{-1}.

La *liaison* qui a pris naissance, appelée *liaison covalente*, résulte de l'attraction entre la paire d'électrons et les charges positives des noyaux. On verra qu'au minimum de l'énergie potentielle il est apparu dans la molécule une nouvelle répartition de la densité électronique entre les deux noyaux (2.1.1.1.).

1.2. Structures de Lewis

Selon Lewis, une liaison covalente entre deux atomes résulte de la mise en commun d'une paire d'électrons. Seuls les *électrons de valence* d'un atome, c'est-à-dire les électrons en excès par rapport à la configuration du gaz rare qui précède l'élément, peuvent être impliqués dans la formation des liaisons. Pour les éléments des trois premières périodes il s'agit des électrons de la couche externe.

Partant de la notation de Lewis des atomes (A, 5.) on écrit les *structures de Lewis* des molécules en représentant par un trait chaque paire d'électrons de liaison.

Pour la molécule d'hydrogène H_2 on a :

$$\mathrm{H}\cdot + \cdot\mathrm{H} \longrightarrow \mathrm{H}:\mathrm{H} \qquad \mathrm{H}-\mathrm{H}$$

Lewis attribuait la stabilité de la molécule d'hydrogène au fait que dans celle-ci on peut considérer que chaque atome a deux électrons sur sa couche externe, ce qui lui confère la structure électronique du gaz rare le plus proche, l'hélium. Pour la molécule de fluor F_2 on a :

$$:\ddot{\underset{..}{\mathrm{F}}}\cdot + \cdot\ddot{\underset{..}{\mathrm{F}}}: \longrightarrow :\ddot{\underset{..}{\mathrm{F}}}:\ddot{\underset{..}{\mathrm{F}}}: \qquad \mathrm{F}-\mathrm{F}$$

Dans la molécule F_2 chaque atome de fluor peut être considéré comme ayant huit électrons sur sa couche externe, ce qui lui confère la structure électronique du néon. Parmi ces huit électrons il y a trois paires d'électrons *non liants*, c'est-à-dire d'électrons de valence qui ne sont pas intervenus dans la formation de la liaison. Dans une molécule la *couche de valence* d'un atome est constituée par l'ensemble des électrons mis en commun par l'atome et ses partenaires (électrons de liaison) et des électrons de valence non liants (électrons libres) de cet atome. Dans le cas de la molécule de fluor, la répulsion entre les paires non liantes affaiblit la liaison F−F dont l'énergie est de $-153\ \mathrm{kJ \cdot mol^{-1}}$ comparée à $-435\ \mathrm{kJ \cdot mol^{-1}}$ pour la liaison H−H.

Pour les éléments de la deuxième période, du lithium au fluor, l'assemblage des atomes dans les composés stables a lieu en remplissant leur couche de valence jusqu'à ce quelle ait huit électrons comme la couche externe $2s^2 2p^6$ du gaz rare de cette période, le néon. La stabilité d'un tel remplissage à huit électrons est due à la symétrie sphérique de la distribution électronique. Ceci est appelé *règle de l'octet*. Pour les éléments de la troisième période il y a simplement une tendance vers une couche de valence à huit électrons, comme la couche externe $3s^2 2p^6$ de l'argon; mais les orbitales 3d peuvent intervenir et permettre d'avoir plus de huit électrons dans la couche de valence, par exemple dix pour le phosphore dans PCl_5, douze pour le soufre dans SF_6. A partir de n = 4, la tendance est à 18 électrons dans la couche de valence, mais la très grande majorité des composés ne mettent en jeu que dix et douze électrons de liaison autour de l'atome central, car le nombre de liaisons est limité par les tailles respectives de l'atome central et des atomes qui lui sont liés.

En partant de la notation de Lewis des atomes on se propose d'écrire la structure de Lewis de molécules et d'ions.

1.2.1. LIAISONS SIMPLES

Tétrachlorure de carbone CCl_4 : $C 2s^2 2p^2$, $Cl 3s^2 3p^5$.

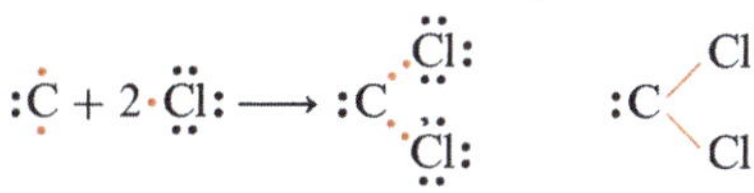

Si l'on considère que chaque liaison covalente met en jeu deux électrons *célibataires* appartenant chacun à un des atomes, on écrit la structure de Lewis 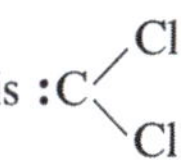 dans laquelle les atomes de chlore ont huit électrons dans la couche de valence, tandis que le carbone n'en a que six. Si la molécule de dichlorocarbène 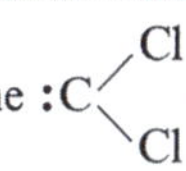 existe bien, elle est, à l'encontre du tétrachlorure de carbone très peu stable*.

On imagine, pour interpréter l'existence de CCl_4, un chemin thermodynamique impliquant un processus hypothétique d'« excitation » du carbone atomique :

$$2s^2 2p^2 \longrightarrow 2s^1 2p^3$$

Le carbone a alors quatre électrons célibataires qui sont mis en commun avec les quatre électrons célibataires de quatre atomes de chlore. Ainsi les atomes de carbone et de chlore dans CCl_4 ont huit électrons dans la couche de valence :

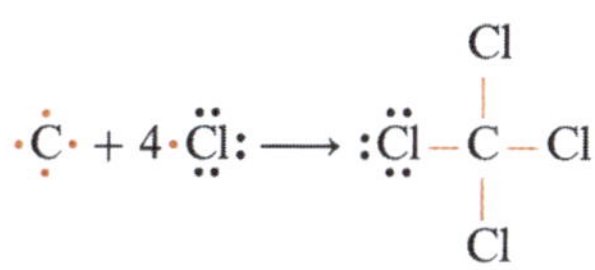

* $:CCl_2$ réagit de telle sorte que le carbone ait huit électrons dans sa couche de valence, ainsi le dichlorocarbène s'additionne sur les composés éthyléniques pour donner des dérivés dichlorocyclopropaniques :

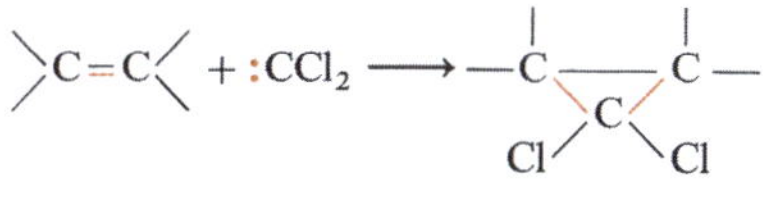

Dans le bilan énergétique du chemin hypothétique suivi, l'énergie libérée par la formation de quatre liaisons C–Cl compense très largement l'énergie nécessaire à l'« excitation » du carbone. La formation de deux liaisons supplémentaires C–Cl justifie la plus grande stabilité de CCl_4 par rapport à CCl_2.

Un raisonnement identique permet d'écrire la structure de Lewis suivante pour le méthane :

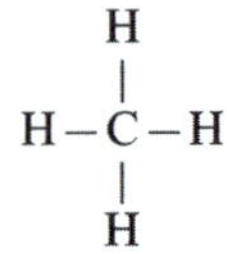

Ammoniac NH_3 : $N\,2s^2 2p^3$, $H\,1s^1$.

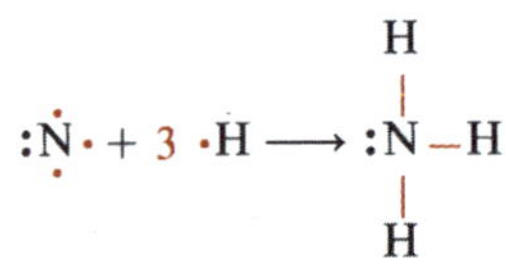

La molécule d'ammoniac comporte trois doublets de liaison et un doublet non liant sur l'atome d'azote.

Chlorure d'ammonium★ $NH_4^+ Cl^-$

$$:\ddot{\underset{..}{Cl}}\cdot + 1e^- \longrightarrow :\ddot{\underset{..}{Cl}}:^-$$

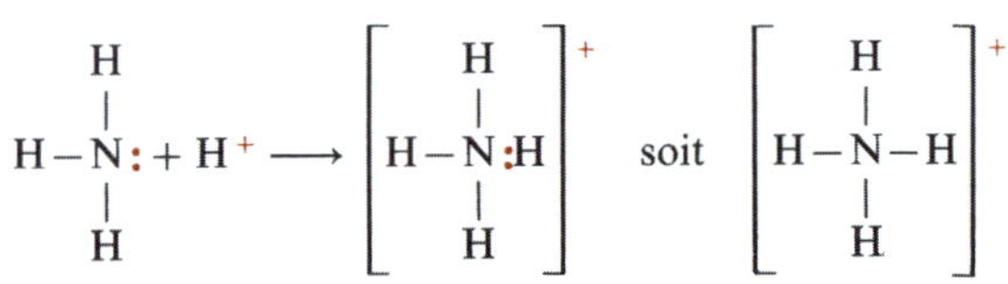

Il y a formation d'une liaison par mise en commun d'une paire d'électrons provenant d'un seul élément, l'azote. *Les quatre liaisons* N–H *de* NH_4^+ *sont équivalentes.* NH_4^+ est isoélectronique avec CH_4 et a même structure de Lewis. La charge positive du cation ammonium NH_4^+ est attribuée formellement à l'atome d'azote en procédant de la façon suivante :

A partir de la structure de Lewis 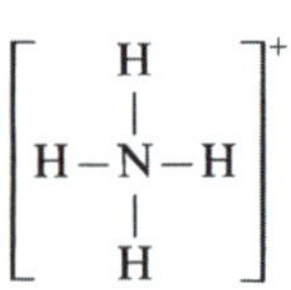 on rompt chaque liaison covalente en

★ Le suffixe *onium* indique que l'atome central a une valence supérieure à sa valence usuelle.

attribuant un électron à chaque partenaire et on compte alors pour chaque atome le nombre d'électrons de la couche externe. Si ce nombre est égal, supérieur ou inférieur à celui de l'élément, la charge attribuée à l'atome sera nulle, négative ou positive.

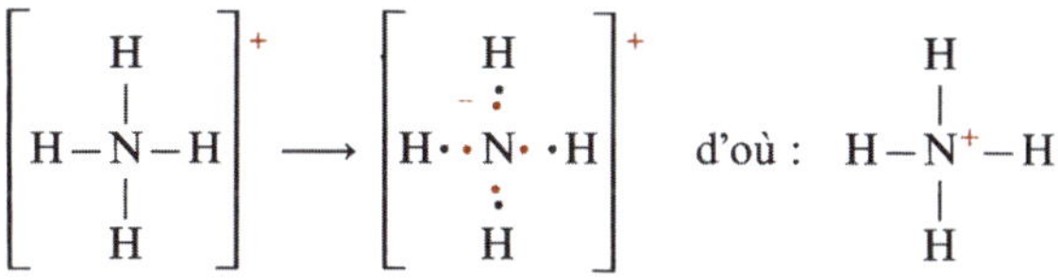

L'atome d'azote apparaissant, après le partage, avec quatre électrons au lieu de cinq, porte formellement la charge + 1.

Eau H_2O : $O\,2s^2 2p^4$, $H\,1s^1$.

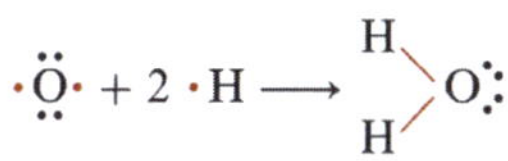

*Ion oxonium** H_3O^+ :

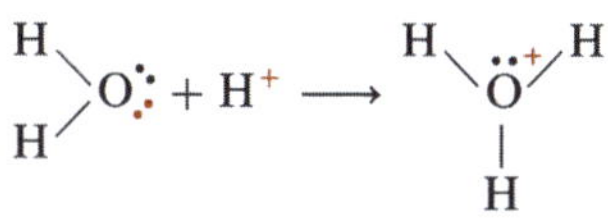

L'ion H_3O^+ est isoélectronique avec NH_3.
*Carbocation*** R_3C^+ : Un carbocation est un cation dont la charge positive est attribuée à un atome de carbone trivalent qui présente six*** électrons dans sa couche de valence. Cet atome a formellement perdu un électron par rapport à sa configuration électronique normale. La structure de Lewis du carbocation R_3C^+ est :

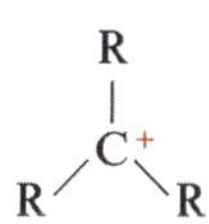

Carbanion R_3C^- : Un carbanion est un anion dont la charge négative est attribuée à un atome de carbone trivalent qui possède un doublet d'électrons libres. Avec huit électrons dans la couche de valence, cet atome de carbone trivalent a un électron supplémentaire par rapport à la configuration électronique de l'élément; le carbanion R_3C^- est isoélectronique avec NH_3. La structure de Lewis du carbanion est :

* Voir note bas de page précédente.
** Le carbocation CH_3^+ est appelé cation méthanyle ou méthanylium ou méthylium.
*** Le déficit de deux électrons par rapport à la règle de l'octet est parfois appelé lacune électronique et symbolisé par □ d'où l'écriture $R_3C□^+$.

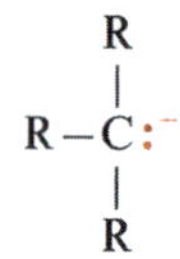

Remarque : Il faut noter que dans toutes les représentations précédentes, il n'est intervenu aucune considération de géométrie moléculaire (voir 1.2.4.).

1.2.2. LIAISONS MULTIPLES

Éthylène C_2H_4 :
A partir des configurations électroniques $2s^12p^3$ du carbone et $1s^1$ des atomes d'hydrogène, on construit les liaisons de la façon suivante :

Après avoir lié chaque carbone à deux atomes d'hydrogène et formé une première liaison entre les deux atomes de carbone, il reste sur chaque carbone un électron célibataire; ceux-ci sont mis en commun pour former une seconde liaison entre les atomes de carbone. Les liaisons C – H sont de simples liaisons, la liaison C = C est une *liaison double.*

Azote moléculaire N_2 : N $2s^2\,2p^3$

$$2\ :\dot{\underset{\cdot}{N}}\cdot \longrightarrow\ :N\vdots\vdots N: \longrightarrow\ :N\equiv N:$$

Les deux atomes d'azote sont liés par une *triple liaison.*

Acide cyanhydrique HCN et *ion cyanure* $^-$CN

L'ion cyanure est la base conjuguée de l'acide cyanhydrique HCN.

$$HCN + H_2O \rightleftarrows {}^-CN + H_3O^+$$

$$H\cdot + \cdot\dot{\underset{\cdot}{C}}\cdot + \cdot\dot{\underset{\cdot}{N}}: \longrightarrow H-C\equiv N:$$

$$H-C\equiv N: \longrightarrow H^+ + :\bar{C}\equiv N:$$

Lors de la rupture de la liaison C – H, les deux électrons de liaison vont sur le carbone. Sur les huit électrons de sa couche de valence cinq lui sont alors formellement attribués et il porte donc la charge négative de l'anion.

Remarque : Les structures de Lewis ne différencient pas les divers types de liaisons impliquées dans une liaison multiple. Ceci est examiné aux paragraphes 2.1.2. et 2.2.2.

1.2.3. FORMES DE RÉSONANCE

Ion nitrite : L'ion nitrite NO_2^- est la base conjuguée de l'acide nitreux HNO_2 :

$$HNO_2 + H_2O \rightleftarrows NO_2^- + H_3O^+.$$

L'acide HNO_2 a la structure de Lewis suivante★:

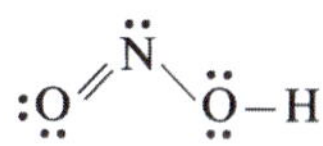

Après rupture de la liaison O – H, pour libérer un proton, on a l'anion NO_2^- que l'on peut écrire★:

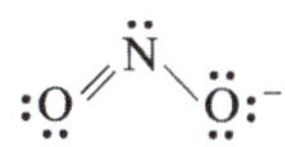

Mais les données expérimentales établissent que les deux liaisons azote-oxygène sont identiques et donc que les deux atomes d'oxygène sont équivalents. Il n'y a pas une simple et une double liaison dans la structure réelle de NO_2^-. Pour rendre compte de ceci on écrit les deux structures de Lewis suivantes, appelées *formes de résonance* et on les relie par une flèche à deux pointes :

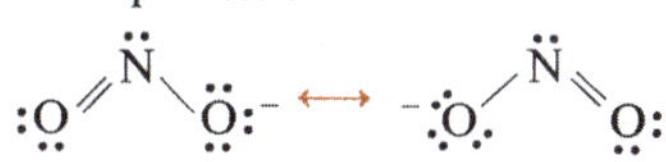

Il s'agit de deux représentations pour NO_2^-, chacune étant insuffisante pour traduire la structure réelle de l'ion. Cette structure correspond à une combinaison, avec la même contribution, des deux formes de résonance, appelées aussi formes limites (ou structures limites). La structure réelle peut être schématisée par :

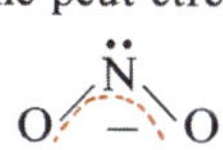

Le pointillé indique qu'il n'y a pas une double liaison localisée entre l'atome d'azote et *un* atome d'oxygène mais que chaque liaison NO présente le même caractère de double liaison (voir 2.2.3., 2.2.3.3.). Les formes de résonance ne représentent pas des structures réelles et le signe de la résonance ⟷ ne doit pas être confondu avec la double flèche ⇄ utilisée pour les réactions chimiques renversables.

Les formes de résonance n'affectent, dans la description de la molécule, que la répartition d'un doublet d'électrons par liaison multiple ou de doublets non liants. Il doit donc y avoir, pour ces formes, conservation des partenaires des différents atomes, ainsi que des positions respectives de ces atomes. En pratique, pour passer de l'écriture d'une forme de résonance à une autre, on imagine un déplacement de doublets électroniques que l'on schématise par des flèches courbes dont l'origine est à la position du doublet dans la forme initiale et la pointe est à la position du doublet dans la nouvelle forme.

★ On verra plus loin (1.2.4.) que la molécule HNO_2 et l'ion NO_2^- ne sont pas linéaires.

Ces flèches correspondent à un déplacement électronique *fictif* reliant les formes limites d'une structure réelle unique. (Ultérieurement (ch. 4, II, A, 1.2 et 3.), de telles flèches traduiront un déplacement électronique réel intervenant dans la description de la réaction chimique.)

Les charges sont attribuées pour chaque forme en comptant le nombre d'électrons autour de chaque élément, comme cela a été décrit pour NH_4^+.

Nitrométhane : CH_3NO_2

La description de cette molécule implique les deux formes de résonance suivantes :

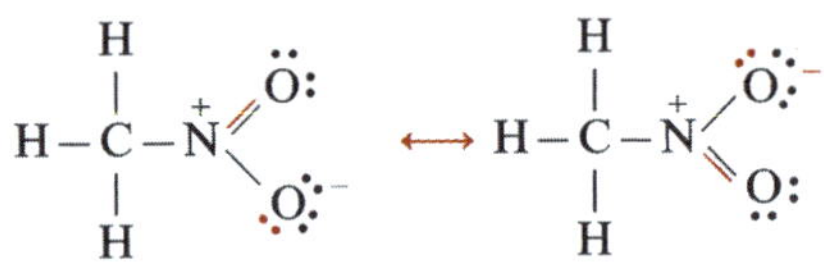

Ion sulfate $SO_4^=$. L'ion sulfate provient de l'acide sulfurique H_2SO_4.

Les notations de Lewis du soufre et de l'oxygène sont :

Deux atomes d'oxygène sont liés chacun à un atome d'hydrogène et à l'atome de soufre. En respectant la règle de l'octet pour l'oxygène, on peut alors former une liaison simple entre le soufre et chacun des atomes d'oxygène restant, le soufre apportant dans chaque cas une paire d'électrons.

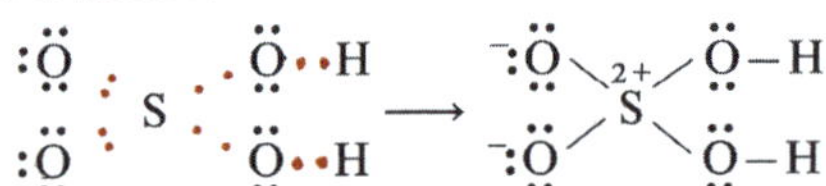

Dans cette structure, il y a huit électrons dans la couche de valence du soufre. Cet élément étant dans la troisième période, il lui est possible d'avoir plus de huit électrons dans sa couche de valence et de former des liaisons doubles avec les deux atomes d'oxygène porteur d'une charge formelle négative, pour conduire à une autre structure de Lewis :

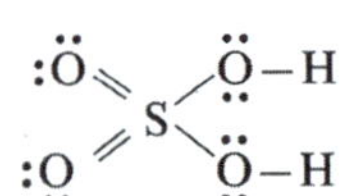

d'où résulte celle de SO_4^{2-} :

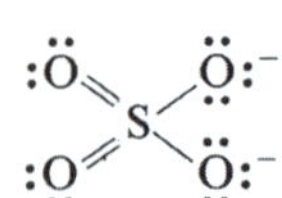

Le soufre a alors 12 électrons dans sa couche de valence. Ici se pose à nouveau la question de la validité d'une telle représentation, car dans SO_4^{2-} les quatre atomes d'oxygène sont équivalents; on doit faire appel à des formes de résonance pour traduire la réalité.

Les formes de résonance écrites ci-dessous sont celles qui ont la contribution la plus importante à la description de l'ion sulfate (2.2.3.3) :

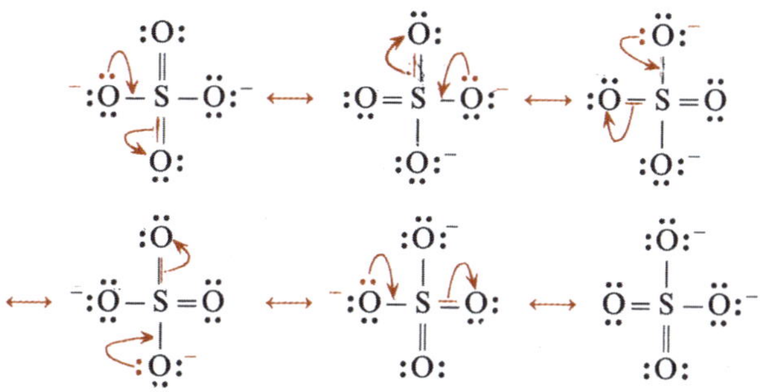

Ion phosphate PO_4^{3-}. On utilise le même raisonnement que pour SO_4^{2-}.

L'ion phosphate PO_4^{3-} provient de l'acide phosphorique H_3PO_4. Le phosphore comme le soufre appartient à la troisième période; il peut avoir plus de huit électrons dans sa couche de valence. On peut donc écrire les structures de Lewis suivantes pour H_3PO_4 et PO_4^{3-} (avec 10 électrons dans la couche de valence du phosphore).

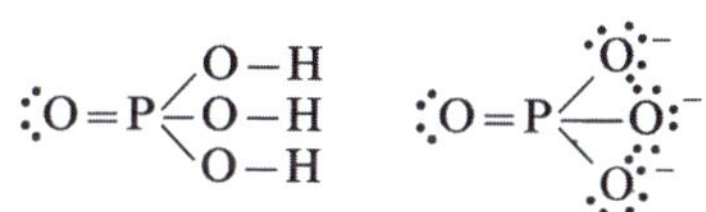

Dans l'ion phosphate, les quatre atomes d'oxygène sont équivalents. On traduit cette réalité en écrivant les formes de résonance suivantes :

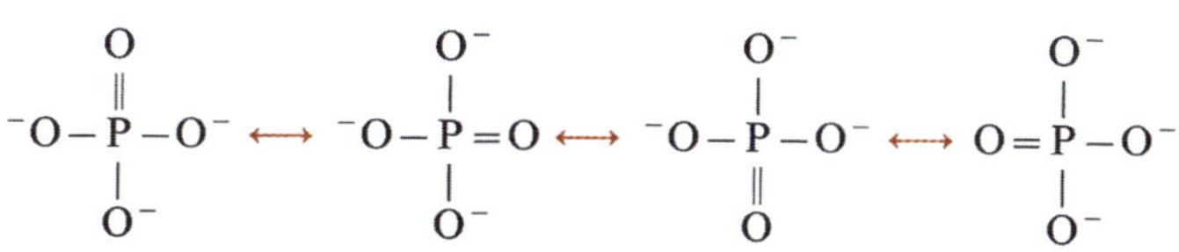

Remarques :

1) On verra (1.2.4) que les ions SO_4^{2-} et PO_4^{3-} sont tétraédriques.

2) Dans le cas de la molécule d'*oxyde de carbone* CO on fait appel à deux formes limites très différentes :

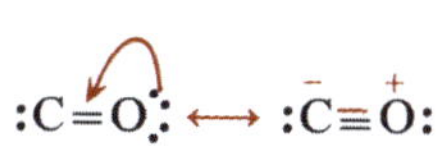

Une forme limite implique un atome de carbone n'ayant que six électrons dans la couche de valence, l'autre fait apparaître une charge positive sur un atome d'oxygène qui est électronégatif. Ces formes, qui pourraient a priori paraître peu satisfaisantes, puisque l'une ne respecte pas la règle de l'octet pour le carbone et que l'autre place une charge positive sur l'atome le plus électronégatif, permettent cependant de rendre compte de l'ensemble des propriétés de l'oxyde de carbone.

Par contre, le formalisme de Lewis se révèle insuffisant pour traduire la réalité physique de la molécule d'*oxygène*. En effet, on peut écrire pour la molécule d'oxygène la structure de Lewis suivante dans laquelle tous les électrons sont appariés :

$$:\ddot{O}=\ddot{O}:$$

Mais l'oxygène est un *composé paramagnétique*★ dans son état fondamental, ce qui signifie que la molécule comporte au moins un électron célibataire. On trouve expérimentalement qu'il y a deux électrons non appariés dans la molécule O_2. Ceci suggère d'utiliser la forme limite suivante :

$$:\dot{\underset{\cdot\cdot}{O}}-\dot{\underset{\cdot\cdot}{O}}:$$

Mais les déterminations de longueur et d'énergie de liaison sont compatibles avec une double liaison entre les deux atomes. La théorie des orbitales moléculaires (2.1.2.2.) conduira à une représentation de la molécule d'oxygène en accord avec ces données expérimentales.

1.2.4. THÉORIE DE LA RÉPULSION DES PAIRES ÉLECTRONIQUES DE LA COUCHE DE VALENCE

La représentation des molécules par les structures de Lewis n'a été accompagnée d'aucune considération de géométrie moléculaire. La théorie de la répulsion des paires électroniques de la couche de valence, dite théorie V.S.E.P.R. (Valence Shell Electron Pair Repulsion) permet, à partir des structures de Lewis, de prévoir la géométrie de molécules ou d'ions dans de nombreux cas simples.

Cette théorie repose sur le fait que les directions des liaisons autour d'un atome central dépendent de la disposition dans l'espace de toutes les paires électroniques de la couche de valence de cet atome, c'est-à-dire des paires d'électrons de liaison et des paires d'électrons de valence non liants (1.2.). L'arrangement le plus stable est celui qui minimise la répulsion entre les paires électroniques, c'est-à-dire qui les éloigne au

★ Une substance *paramagnétique* est attirée dans un champ magnétique. Le paramagnétisme résulte en général de la présence d'électrons non appariés dans les ions ou molécules. Ces ions ou molécules ont un moment paramagnétique qui existe en l'absence d'un champ magnétique externe. Une substance *diamagnétique* est repoussée par un champ magnétique. Le diamagnétisme résulte des moments magnétiques induits, qui n'existent pas en l'absence du champ externe et qui s'opposent à ce champ.

maximum. Dans le modèle utilisé pour traiter le problème, on considère en première approximation que les paires de liaison et les paires non liantes sont équivalentes et situées à une même distance du noyau de l'atome central. Il faut trouver la disposition des points, représentant chacun une paire électronique, situés à la surface d'une sphère centrée sur le noyau de l'atome central. Ces solutions sont représentées sur la figure 1.2.4.-1, en fonction du nombre de points. Le polyèdre qui admet les points pour sommets est inscrit dans la sphère et définit la géométrie de l'arrangement des paires électroniques.

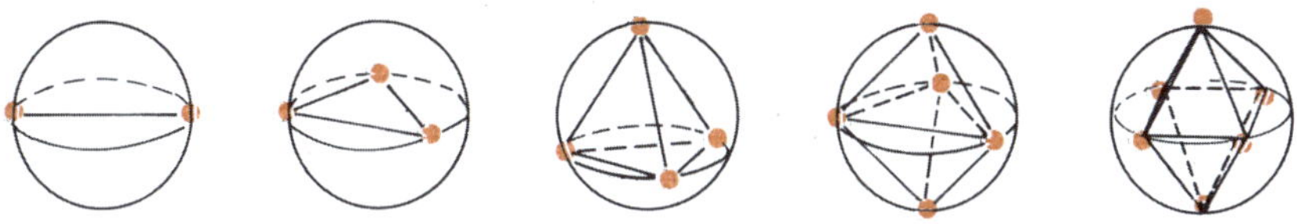

2	3	4	5	6*
forme linéaire	triangle équilatéral	tétraèdre	bipyramide trigonale	octaèdre

FIGURE 1.2.4.-1
Géométrie de l'arrangement des paires électroniques.

En joignant par une demi-droite l'atome central à chaque point situé sur la sphère, on obtient les directions des liaisons et des paires non liantes. Les angles entre les directions des liaisons sont appelés angles de valence (tableau 1.2.4.-1, page suivante).

La géométrie d'une molécule se déduit de l'arrangement des paires électroniques de la couche de valence de l'atome central et par conséquent des angles que font les directions des liaisons et des paires non liantes.

On étudie les cas où l'atome central A appartient à la deuxième ou à la troisième période de la classification périodique et, dans un premier temps, celui des molécules ou des ions comportant uniquement des liaisons simples.

A partir de la structure de Lewis d'une molécule, on détermine le nombre m de paires liantes correspondant aux liaisons entre l'atome A et les atomes liés X, et le nombre n de paires non liantes E. La formule type du composé est donc AX_mE_n et sa géométrie dépend de l'arrangement des (m + n) paires électroniques.

* Six est le nombre maximum de paires électroniques que peut comporter la couche de valence des atomes de la 3e période de la classification périodique dans les composés stables.

TABLEAU 1.2.4.-1

Arrangement spatial des directions des liaisons et des paires non liantes.

Nombre de paires d'électrons	Forme géométrique	Représentation* de l'arrangement spatial des directions des liaisons et des paires non liantes
2	linéaire	
3	triangle équilatéral	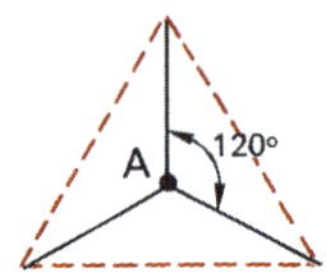
4	tétraèdre	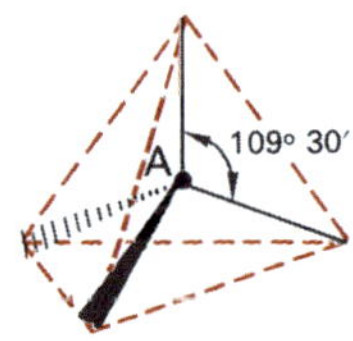
5	bipyramide trigonale**	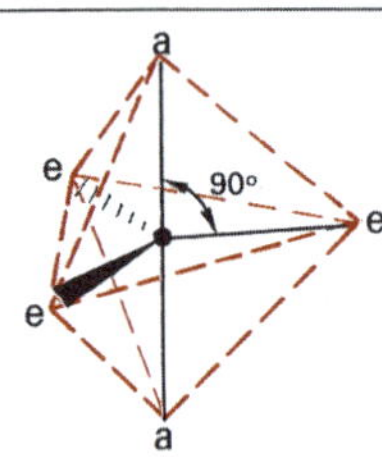
6	octaèdre**	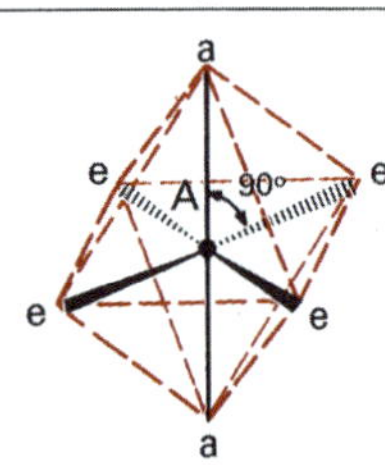

* Dans cette représentation les directions des liaisons et des paires non liantes sont représentées par un trait normal si elles sont dans le plan de la figure, par un trait épais si elles sont devant ce plan et par un trait hachuré si elles sont derrière ce plan.

** On distingue, pour la bipyramide trigonale et l'octaèdre, les directions équatoriales e situées dans un plan horizontal, des directions axiales a qui sont verticales.

TABLEAU 1.2.4.-2

Géométrie des molécules et des ions à liaisons simples présentant 2, 3, 4, 5 et 6 paires électroniques dans la couche de valence de l'atome central A.

Nombre de paires électroniques (m + n)	Type AX_mE_n	Géométrie de AX_mE_n	Géométrie de la molécule AX_m	Exemples
2	AX_2	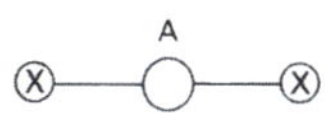	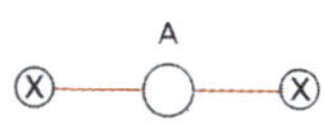	$BeCl_2$
3	AX_3	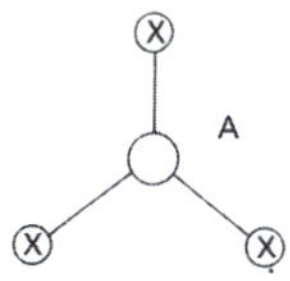	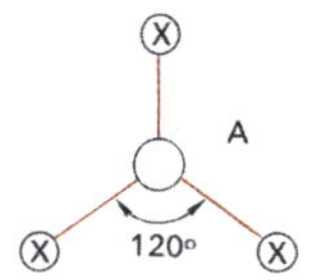 triangle équilatéral	BF_3 $^+CH_3$
	AX_2E	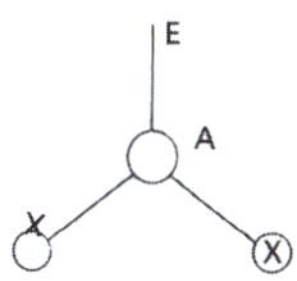	forme en V 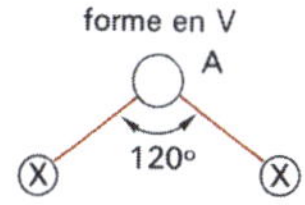	$:SnCl_2$
4	AX_4	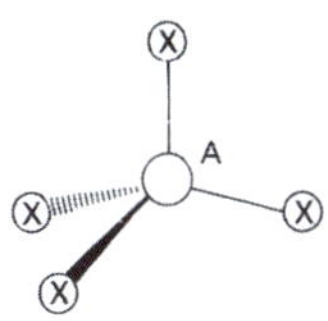	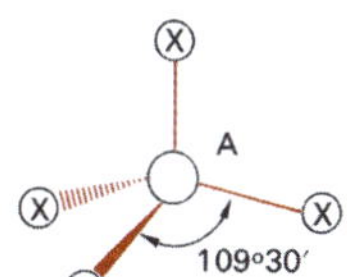 tétraèdre	$CH_4^{\star}$
	AX_3E	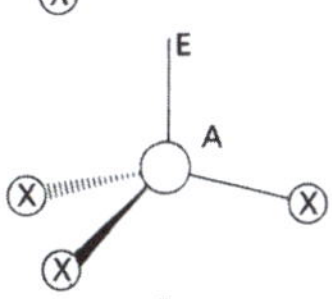	pyramide trigonale 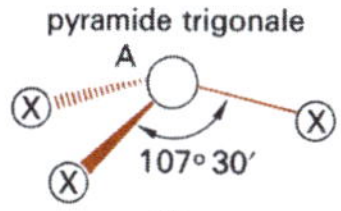	$:NH_3^{\star}$ $^-:CH_3$
	AX_2E_2	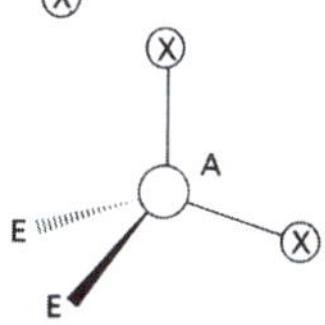	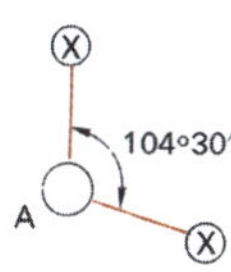	$H_2\ddot{O}^{\star}$

★ L'écart des angles des liaisons par rapport à la valeur théorique de 109°30′ est attribué à la non-équivalence des paires électroniques liantes et non liantes (voir texte).

TABLEAU 1.2.4.-2 (*suite*)

Géométrie des molécules et des ions à liaisons simples présentant 2, 3, 4, 5 et 6 paires électroniques dans la couche de valence de l'atome central A.

Nombre de paires électroniques $m + n$	Type AX_mE_n	Géométrie de AX_mE_n	Géométrie de la moécule AX_m	Exemples
5	AX_5	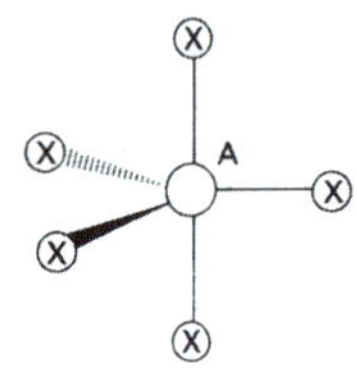	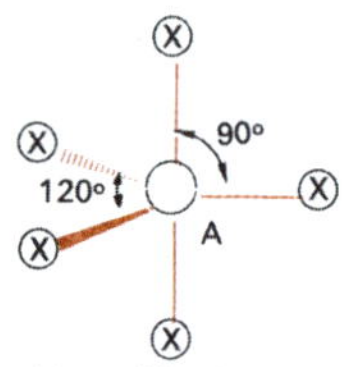 bipyramide trigonale	PCl_5
6	AX_6	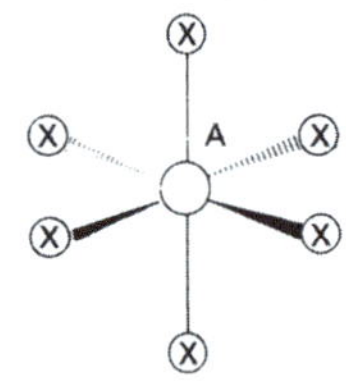	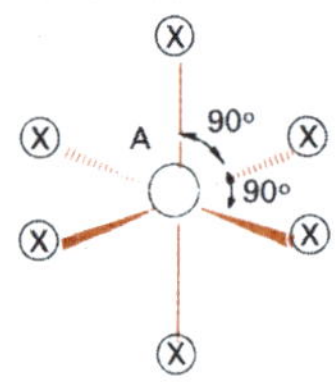 octaèdre	SF_6

Dans le modèle utilisé jusqu'alors on a supposé que toutes les paires électroniques étaient équivalentes; or on constate que l'augmentation du nombre de paires non liantes (AX_4, AX_3E, AX_2E_2) se traduit par une diminution des angles des liaisons. On considère que les paires non liantes exercent une répulsion plus importante vis-à-vis de leurs voisines que les paires de liaison.

Dans le cas des molécules ou ions comportant des doubles et triples liaisons, on considère en première approximation que l'ensemble des électrons de chaque liaison multiple se comporte comme un doublet de liaison unique en ce qui concerne la répulsion avec les autres paires électroniques de la couche de valence de l'atome central. L'effet d'une double ou triple liaison est ainsi considéré comme équivalent à celui d'une simple liaison.

Lorsqu'une molécule présente une liaison multiple et des liaisons simples autour de l'atome central, on constate une diminution de l'angle entre les liaisons simples que l'on interprète en considérant que les paires électroniques de la liaison multiple exercent, vis-à-vis des paires voisines, une répulsion plus importante qu'une simple liaison. Ainsi, dans le méthanal $\genfrac{}{}{0pt}{}{H}{H}\!>\!C{=}O$ l'angle des deux liaisons $C-H$ n'est pas de 120°, comme le suggère le type AX_3, mais de 116°, tandis que les angles HCO sont

TABLEAU 1.2.4.-3

Géométrie de molécules et ions contenant des liaisons multiples

Nombre de paires électroniques m + n	Type AX_mE_n	Géométrie de la molécule	Exemples		
2	AX_2	linéaire	CO_2 O=C=O	HCN H−C≡N	
3	AX_3	triangle équilatéral	SO_3 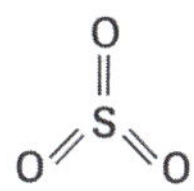	H_2CO 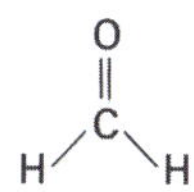	HNO_3★ 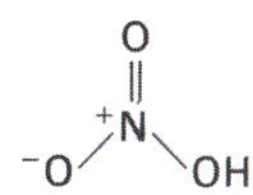
	AX_2E	forme en V	SO_2 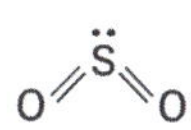	O_3★ 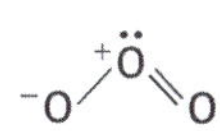	NO_2^-★ 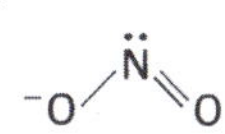
4	AX_4	tétraèdre	$SO_4^{=}$★ 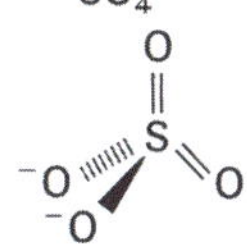	$PO_4^{\equiv}$★ 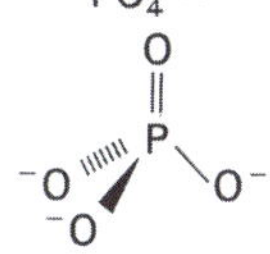	

★ Une seule forme de résonance est utilisée ici (1.2.3.) pour représenter ces molécules ou ions.

de 122°. Cette remarque ne s'applique pas au cas des molécules ou ions comme O_3, NO_2^-, SO_4^{2-}, PO_4^{3-}, dans lesquels toutes les liaisons sont équivalentes et qui doivent être représentés par un ensemble de formes de résonance.

2. Notions d'orbitales moléculaires

Les structures de Lewis sont insuffisantes pour interpréter l'existence de l'ion H_2^+, dans lequel une liaison est assurée par un seul électron, et pour expliquer le paramagnétisme de l'oxygène O_2. Dans aucun cas, elles n'apportent d'information sur les niveaux d'énergie des électrons dans les molécules ou les ions. Une description plus approfondie des liaisons, qui rend compte des propriétés électroniques des molécules, repose sur la *théorie des orbitales moléculaires.* On sait que pour un atome, un électron d'énergie donnée, dans le champ exercé par le noyau, est décrit par une fonction d'onde appelée orbitale atomique (A, 3.1.2.). La théorie des orbitales moléculaires considère que dans une molécule un électron est soumis au champ exercé par tous les noyaux liés entre eux et qu'il est décrit par une fonction d'onde appelée orbitale moléculaire, associée à tous ces noyaux. Chaque orbitale moléculaire correspond à un niveau d'énergie et peut décrire au maximum deux électrons de spins opposés. Les expressions des différentes orbitales moléculaires ne peuvent être déterminées rigoureusement que dans le cas d'un système diatomique monoélectronique (par exemple H_2^+). Dans les autres cas, on a recours à une approximation qui identifie une orbitale moléculaire à une *combinaison linéaire d'orbitales atomiques de valence* des atomes liés entre eux (méthode dite LCAO : « Linear combination of atomic orbitals »).

Les orbitales de valence d'un atome sont toutes les orbitales atomiques d'énergies voisines qui peuvent être mises en jeu quand l'atome atteint sa valence maximale (tableau 2.-1).

TABLEAU 2.-1

Orbitales atomiques de valence des éléments des quatre premières périodes

Période de l'élément	Orbitales atomiques de valence
1re période	1s
2e période	2s, 2p
3e période	3s, 3p, 3d *
4e période	4s, 3d, 4p, 4d*

* Certaines de ces orbitales d vides peuvent participer à la formation de liaisons avec des orbitales p pleines d'un ou plusieurs atomes liés à l'élément considéré, par exemple dans SO_4^{2-} et SeO_4^{2-} (1.2.3.)★.

Les orbitales atomiques de valence qui contribuent à la formation des orbitales moléculaires sont celles qui ont des *énergies voisines* et les *mêmes éléments de symétrie*; ce sont celles qui présentent un bon recouvrement de leurs domaines de probabilité de présence.

Dans le cas d'une molécule polyatomique, constituée d'un enchaînement des atomes A, B, C,... J, une orbitale moléculaire ψ_{mol} est ainsi obtenue par combinaison linéaire des orbitales atomiques en interaction $\psi_A, \psi_B, \psi_C, ..., \psi_J$:

$$\psi_{mol} = c_A\psi_A + c_B\psi_B + c_C\psi_C + ... c_J\psi_J$$

A partir de n orbitales atomiques de valence, pour l'ensemble des atomes de la molécule, on obtient n orbitales moléculaires.

La méthode LCAO revient à considérer qu'au voisinage du noyau de l'atome A un électron de l'orbitale moléculaire ψ_{mol} est décrit par $\psi_{mol} = \psi_A$ et au voisinage du noyau de B par $\psi_{mol} = \psi_B$ et ainsi de suite. Les coefficients c_i pondèrent la contribution des orbitales atomiques de valence en fonction des électronégativités des différents atomes.

★ Dans ces deux cas les orbitales $n(d_{xy}, d_{xz}, d_{yz})$ seront hybridées (2.2.1.) avec l'orbitale $(n + 1)$s hybridation sd^3, pour permettre le recouvrement avec les orbitales p des quatre atomes d'oxygène placés au sommet d'un tétraèdre.

2.1. Cas des molécules diatomiques

2.1.1. ORBITALES σ ET σ*

2.1.1.1. CAS DES IONS ET MOLÉCULES H_2^+, H_2 ET He_2^+

On considère le cas de l'ion moléculaire H_2^+ qui est la plus simple des molécules connues. Il comporte deux protons distants de $2a_0$ (a_0 est le rayon de l'atome de Bohr), et un électron. Lorsque les deux noyaux ne sont pas liés entre eux, soit l'électron appartient à l'atome d'hydrogène H_A et est décrit par ψ_{1s_A}, que l'on notera $1s_A$, soit il appartient à l'atome d'hydrogène H_B et est décrit par ψ_{1s_B}, que l'on notera $1s_B$. Dans l'ion moléculaire $H_AH_B^+$, l'électron est décrit par une orbitale moléculaire $\psi_{H_AH_B}$, combinaison linéaire des orbitales atomiques $1s_A$ et $1s_B$, telle que :

$$\psi_{H_AH_B} = \alpha \, . \, 1s_A + \beta \, . \, 1s_B$$

Les deux protons A et B jouant des rôles identiques, la densité de probabilité de présence de l'électron ne doit pas être modifiée si on permute A et B. Au voisinage du proton A la densité de probabilité de présence de l'électron est $\alpha^2(1s_A)^2$ et au voisinage du proton B $\beta^2(1s_B)^2$, d'où $\alpha^2 = \beta^2$ et $\alpha = \pm \beta$.

En combinant les *deux* orbitales atomiques $1s_A$ et $1s_B$, on obtient donc *deux* orbitales moléculaires, appelées σ_{1s} et σ_{1s}^*, qui peuvent décrire l'électron de $H_AH_B^+$. Elles correspondent à $\alpha = \beta$ et $\alpha = -\beta$, et ont pour expression :

$$\sigma_{1s} = N(1s_A + 1s_B)$$
$$\sigma_{1s*} = N^*(1s_A - 1s_B)$$

N et N* sont les coefficients de normalisation imposés par le fait que la probabilité de trouver l'électron dans tout l'espace est 1★. Si on ne tient pas compte de ces coefficients on a :

$$\sigma_{1s} = 1s_A + 1s_B$$
$$\sigma_{1s}^* = 1s_A - 1s_B$$

Pour analyser ce que représentent ces deux orbitales moléculaires en termes de densité de probabilité de présence de l'électron, il faut considérer $(\sigma_{1s})^2$ et $(\sigma_{1s}^*)^2$.

— *Orbitale moléculaire* σ_{1s}.

On a $\sigma_{1s} = 1s_A + 1s_B$ d'où :

$$(\sigma_{1s})^2 = (1s_A + 1s_B)^2 = (1s_A)^2 + (1s_B)^2 + 2 \times (1s_A \, . \, 1s_B)$$

★ Soit $1 = \int_{\text{tout l'espace}} (\sigma_{1s})^2 \, dV = \int_{\text{tout l'espace}} N^2(1s_A + 1s_B)^2 \, dV$, d'où $N = \dfrac{1}{\sqrt{\int (1s_A + 1s_B)^2 \, dV}}$.

$(1s_A)^2$ et $(1s_B)^2$ représentent respectivement la densité de probabilité de présence de l'électron autour du noyau de l'atome H_A et du noyau de l'atome H_B séparés.

Le terme $2 \times (1s_A \,.\, 1s_B)$ représente donc, dans l'ion $H_AH_B^+$, la contribution à la densité de probabilité de présence de l'électron qui est due à l'interaction de cet électron avec les deux protons A et B. Pour une orbitale atomique 1s, l'expression de la fonction d'onde est de la forme

$$1s = \text{cte} \times e^{-\frac{r}{a_0}}$$

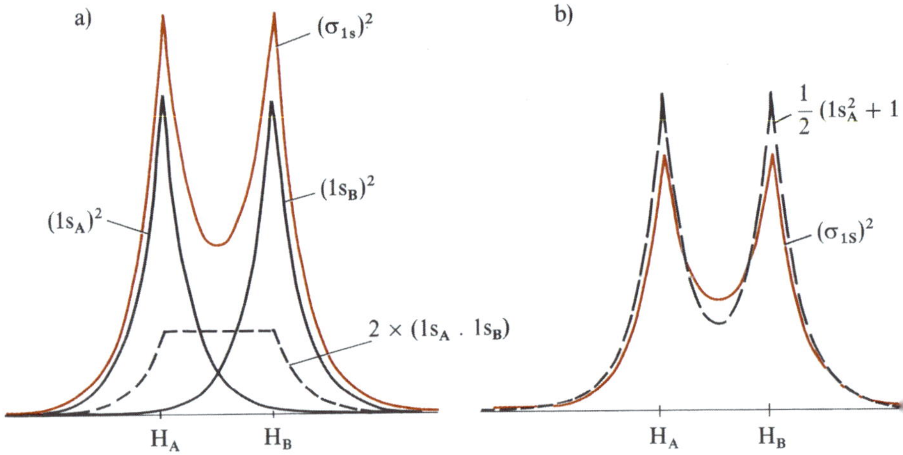

FIGURE 2.1.1.1.-1.

a) Représentation schématique de $(\sigma_{1s})^2$, le long de l'axe $H_A - H_B$, compte non tenu du coefficient de normalisation★.
$(\sigma_{1s})^2$ est la somme des trois courbes, $(1s_A)^2$, $(1s_B)^2$, $2 \times (1s_A \,.\, 1s_B)$.

b) Représentation schématique de $(\sigma_{1s})^2$ compte tenu du coefficient de normalisation★.
La probabilité de trouver l'électron dans σ_{1s} doit être égale à la probabilité totale de le trouver dans $1s_A$ ou $1s_B$, si H_A et H_B étaient juxtaposés sans interaction. On compare donc $(\sigma_{1s})^2$ à $\frac{1}{2}(1s_A{}^2 + 1s_B{}^2)$.

★ Les courbes a) et b) des figures 2.1.1.1.-1 et 2.1.1.1.-3 ont été programmées sur l'ordinateur Nicolet 1180 du spectromètre de résonance magnétique nucléaire du Laboratoire de Chimie de l'École Normale Supérieure par Monsieur C. Le Cocq. Elles reproduisent exactement les valeurs obtenues avec pour expression de la fonction orbitale 1s :

$$\psi_{1s}(r) = \frac{1}{\sqrt{\pi a_0^3}} e^{-\frac{r}{a_0}}$$

r étant la distance de l'électron au noyau et a_0 le rayon de l'atome de Bohr (3.1.3.). Donc le terme $2 \times (1s_A \cdot 1s_B)$ est de la forme

$$2 \times (1s_A \cdot 1s_B) = \text{cte} \times e^{-\frac{(r_A + r_B)}{a_0}}$$

Si on considère la densité de probabilité de présence de l'électron dans σ_{1s} le long de $H_A - H_B$, le terme $2 \times (1s_A \cdot 1s_B)$ est constant sur cet axe entre H_A et H_B ($r_A + r_B = \text{cte}$). Au delà de $H_A - H_B$, quand l'électron s'éloigne, r_A et r_B deviennent grands et le terme décroît exponentiellement. D'où le schéma de la figure 2.1.1.1.-1.

c)

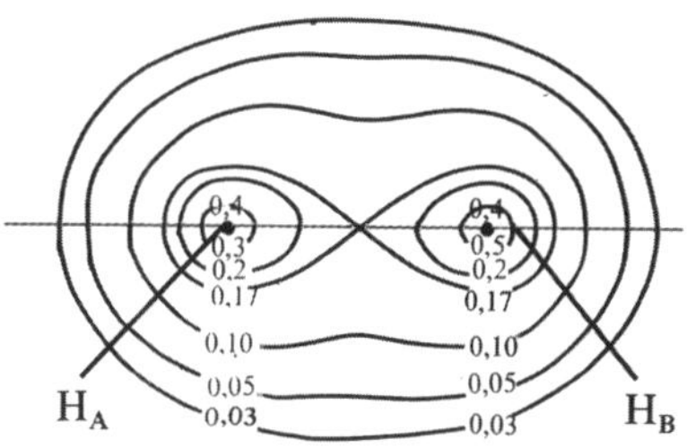

d)

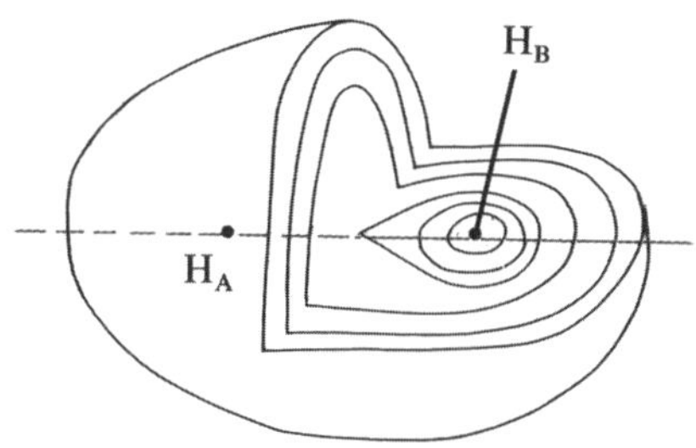

c) Schéma des courbes d'isodensité de probabilité de présence électronique (même valeur de $(\sigma_{1s})^2$) dans un plan passant par l'axe internucléaire $H_A - H_B$ *.

Ces courbes représentent les traces de surfaces d'isodensité de probabilité de présence dans le plan choisi (voir d). Les densités de probabilité sur l'axe $H_A - H_B$ sont celles de la courbe représentant $(\sigma_{1s})^2$ le long de $H_A - H_B$ sur le schéma b).

d) Deux coupes perpendiculaires du domaine de probabilité de présence d'un électron pour l'orbitale σ_{1s}.

Sur les plans de coupe sont représentées les traces de surfaces d'isodensité de probabilité de présence électronique.

* Les courbes c) des figures 2.1.1.1.-1 et 2.1.1.1.-3 sont issues de C. A. Coulson, *Valence*, Oxford University Press, Londres, 1961, p. 83.

Par rapport à la situation qui résulterait de la simple juxtaposition des deux atomes, le renforcement de la densité de probabilité de présence des électrons, entre H_A et H_B correspond à une *interaction liante* entre les deux orbitales atomiques. L'orbitale σ_1 est dite *orbitale moléculaire liante.*

Les orbitales moléculaires sont des fonctions d'onde mais, comme pour les orbitales atomiques, on appelle aussi orbitale moléculaire le domaine de probabilité de présence correspondant. Si on utilise la représentation graphique des domaines de probabilité de présence, vue précédemment (A, 3.1.3.), on peut représenter l'orbitale moléculaire σ_{1s} par un volume résultant du recouvrement des deux orbitales atomiques 1s. L'orbitale moléculaire possède une symétrie de révolution autour de l'axe $H_A - H_B$ (fig. 2.1.1.1.-2).

Les orbitales moléculaires qui admettent l'axe reliant les noyaux, ou axe internucléaire, comme axe de révolution sont appelées *orbitales* σ.

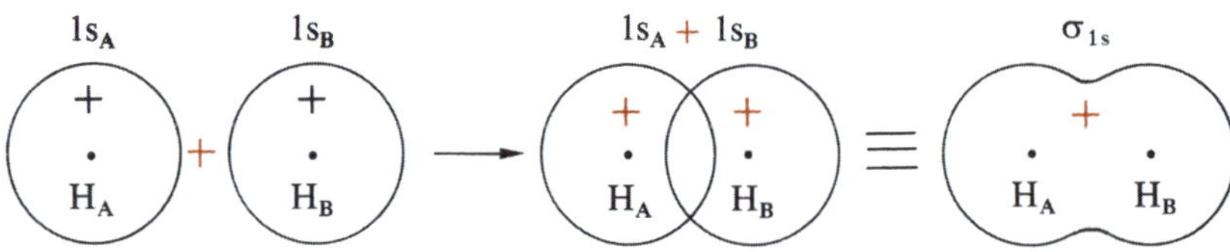

FIGURE 2.1.1.1.-2

Représentation schématique de la formation de l'orbitale moléculaire liante σ_{1s} par recouvrement des orbitales atomiques $1s_A$ et $1s_B$ des deux atomes d'hydrogène H_A et H_B

L'orbitale moléculaire liante σ_{1s} est caractérisée par la forte probabilité de présence d'un électron entre les noyaux.

— *Orbitale moléculaire* σ^*_{1s}

On a $\sigma^*_{1s} = 1s_A - 1s_B$, d'où l'expression de la densité de probabilité de présence d'un électron :

$$(\sigma^*_{1s})^2 = (1s_A - 1s_B)^2 = (1s_A)^2 + (1s_B)^2 - 2 \times (1s_A \, . \, 1s_B)$$

Il apparaît ici un terme soustractif $- 2 \times (1s_A \, . \, 1s_B)$. La densité de probabilité de présence d'un électron dans σ^*_{1s}, le long de $H_A - H_B$, est représentée figure 2.1.1.1.-3.

On voit sur le schéma de la figure 2.1.1.1.-3 que, par rapport à la situation qui résulterait de la juxtaposition des deux atomes, sans interaction, la densité de probabilité de présence est fortement diminuée dans la région comprise entre les deux noyaux. L'orbitale σ^*_{1s} présente un *plan nodal* à mi-distance entre H_A et H_B, en tout point duquel $(\sigma^*_{1s})^2 = 0$. L'orbitale σ^*_{1s} est dite *orbitale moléculaire antiliante.*

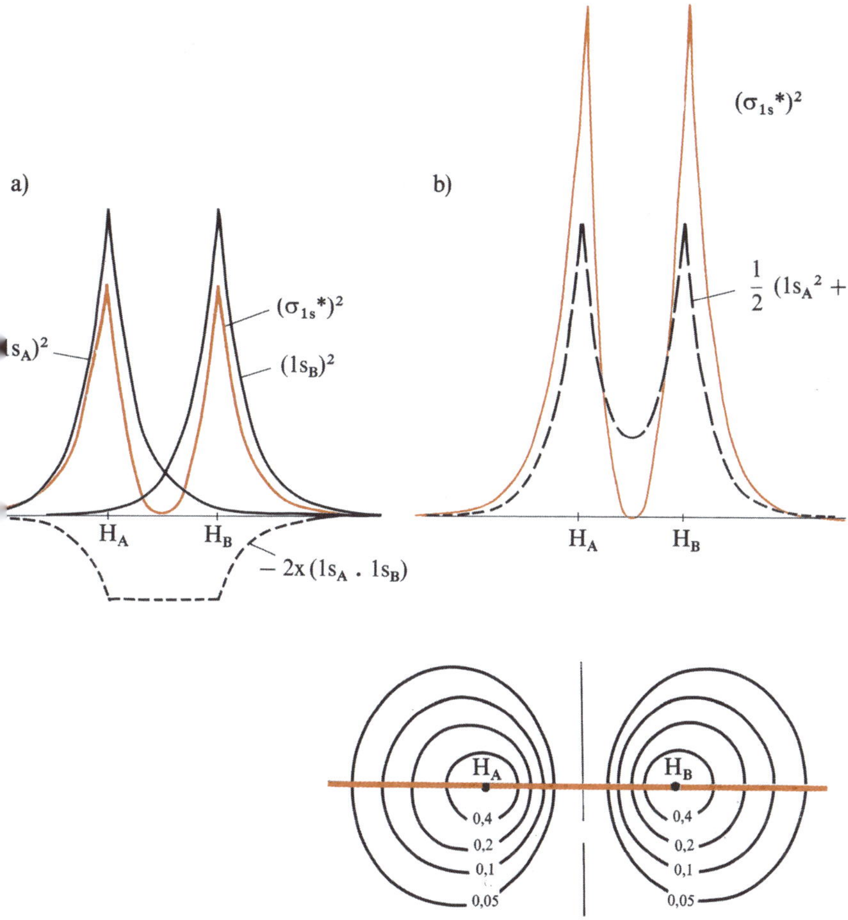

FIGURE 2.1.1.1.-3

a) Représentation schématique de $(\sigma^*_{1s})^2$ le long de l'axe $H_A - H_B$, compte non tenu du coefficient de normalisation ★.

b) Représentation schématique de $(\sigma^*_{1s})^2$ compte tenu du coefficient de normalisation ★.

Comme sur la figure 2.1.1.1.-1 on compare $(\sigma^*_{1s})^2$ à $\frac{1}{2}\,(1s_A{}^2 + 1s_B{}^2)$.

c) Schéma des courbes d'isodensité de probabilité de présence électronique (même valeur de *$(\sigma^*_{1s})^2$) dans un plan passant par l'axe internucléaire $H_A - H_B$* ★★ .

★ ★★ voir notes pp. 48-49.

On peut représenter schématiquement le domaine de probabilité de présence de l'orbitale moléculaire σ_{1s}^* résultant de la combinaison linéaire $1s_A - 1s_B$ (fig. 2.1.1.1.-4). L'orbitale moléculaire a encore une symétrie de révolution autour de l'axe $H_A - H_B$.

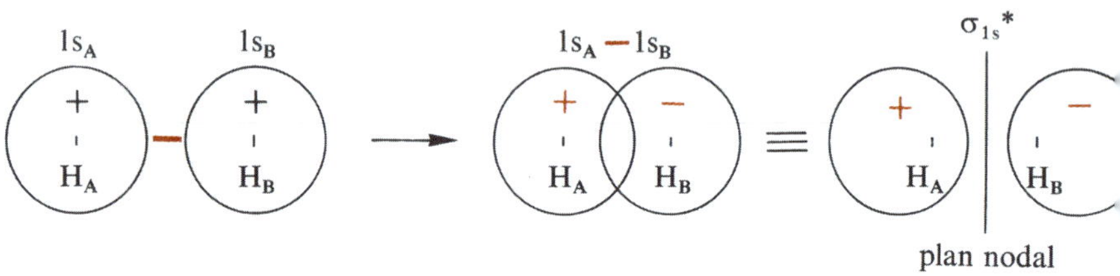

FIGURE 2.1.1.1.-4

Représentation schématique de la formation de l'orbitale moléculaire antiliante σ_{1s}^* pour la molécule $H_A - H_B$. *Noter l'existence du plan nodal dans lequel la probabilité de trouver un électron est nulle.*

L'orbitale moléculaire antiliante σ_{1s}^* est caractérisée par un plan nodal, médiateur de H_AH_B, dans lequel la probabilité de présence d'un électron est nulle.

– *Niveaux d'énergie des orbitales moléculaires σ_{1s} et σ_{1s}^*.*

La méthode LCAO permet d'obtenir les fonctions d'onde σ_{1s} et σ_{1s}^* et de déterminer les niveaux d'énergie correspondants. L'énergie de l'orbitale σ_{1s} est inférieure à celle des orbitales atomiques 1s de départ★. Par contre, l'orbitale σ_{1s}^* est d'énergie supérieure à celle des orbitales atomiques 1s. On peut montrer que les niveaux d'énergie des orbitales σ_{1s} et σ_{1s}^* sont symétriques par rapport à celui des orbitales 1s des atomes d'hydrogène séparés. Il est pratique de représenter, sur un même diagramme, les niveaux d'énergie des orbitales atomiques de valence des atomes séparés et des orbitales moléculaires liante et antiliante résultantes, pour une distance des noyaux égale à la longueur de la liaison. Un tel diagramme est schématisé figure 2.1.1.1.-5, dans le cas de la molécule $H_A - H_B$.

– *Diagrammes de niveaux d'énergie des orbitales moléculaires, configurations électroniques et stabilités des ions et molécules H_2^+, H_2, He_2^+.*

Disposant du diagramme des niveaux d'énergie, on représente la configuration électronique de la molécule en remplissant les orbitales moléculaires par ordre d'énergie croissante et en respectant le principe de Pauli (dans le cas de plusieurs orbitales moléculaires de même énergie, on applique aussi la règle de Hund).

Dans le cas de l'ion H_2^+, l'électron initialement 1s est dans l'orbitale moléculaire σ liante. L'ion H_2^+ est plus stable que l'atome H et l'ion H^+ séparés; il existe dans H_2^+

★ L'énergie de l'orbitale 1s de l'hydrogène est l'énergie d'ionisation de l'atome.

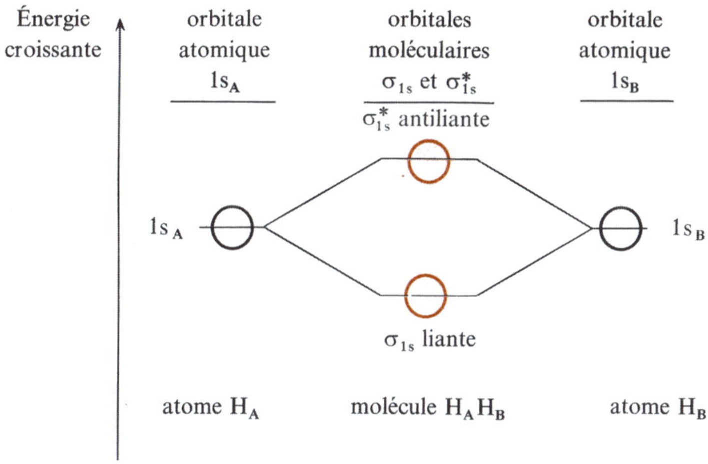

FIGURE 2.1.1.1.-5

Diagramme schématique des niveaux d'énergie des orbitales moléculaires σ_{1s} et σ^*_{1s} de la molécule $H_A - H_B$ et des orbitales atomiques 1s des atomes séparés H_A et H_B.

TABLEAU 2.1.1.1.-1

Diagrammes des niveaux d'énergie des orbitales moléculaires, configurations électroniques, énergies et longueurs des liaisons pour les ions et molécules H_2^+, H_2, He_2^+, He_2.

Diagramme des niveaux d'énergie	Molécule ou ion	Configuration électronique	Électrons liants	Électrons antiliants	Énergie de liaison kJ.mol^{-1}	Longueur de liaison nm	Ordre de liaison★
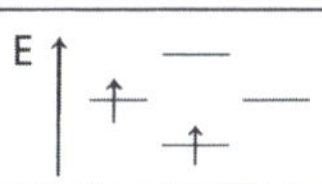	H_2^+	σ_{1s}^1	1	0	– 255	0,106	1/2
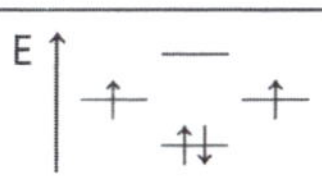	H_2	σ_{1s}^2	2	0	– 435	0,074	1
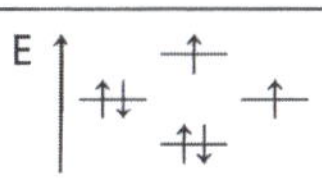	He_2^+	$\sigma_{1s}^2\sigma_{1s}^{*1}$	2	1	– 297	0,108	1/2
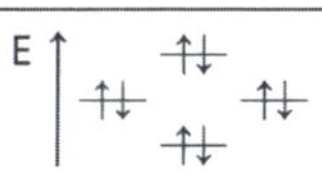	He_2	$\sigma_{1s}^2\sigma_{1s}^{*2}$	2	2	★★	★★	★★

★ Une liaison « complète » entre deux atomes implique deux électrons. On définit ce que l'on appelle l'*ordre de liaison* comme la moitié de la différence entre le nombre d'électrons liants et le nombre d'électrons antiliants.
★★ He_2 n'existe pas.

une liaison chimique qui résulte de la mise en commun d'un seul électron. Ce type de raisonnement permet de traiter les cas de H_2^+, H_2, He_2^+, et le tableau 2.1.1.1.-1 compare pour ces différents ions et molécules les structures électroniques, les énergies et longueurs de liaisons correspondantes.

Pour la molécule H_2, l'orbitale liante σ_{1s} décrit les deux électrons qui assurent la *liaison* dite *covalente* entre les deux atomes d'hydrogène. Pour l'ion H_2^+, la liaison n'est assurée que par un électron $\left(\text{ordre de liaison } \frac{1}{2}\right)$, ce qui explique sa plus faible énergie et sa plus grande longueur comparées à celles de la molécule H_2. Pour l'ion He_2^+, de configuration électronique $\sigma_{1s}^2\sigma_{1s}^{*1}$, il n'y a globalement qu'un seul électron liant : l'ordre de liaison est $\frac{1}{2}$, ce qui explique les caractéristiques voisines de He_2^+ et de H_2^+. Pour la molécule He_2, l'ordre de liaison serait nul, elle ne serait pas plus stable que les atomes séparés. He_2 n'existe pas.

Les données du tableau 2.1.1.1.-1 montrent que seuls contribuent à l'existence d'une liaison chimique les électrons de l'orbitale liante σ_{1s}; tandis qu'un électron de l'orbitale antiliante σ_{1s}^* annule l'effet liant d'un électron de σ_{1s}.

Il y a liaison chimique chaque fois que le nombre des électrons occupant les orbitales moléculaires liantes est supérieur à celui des électrons occupant les orbitales moléculaires antiliantes.

2.1.1.2. CAS DE LA MOLÉCULE HF

La molécule d'acide fluorhydrique HF contient deux atomes différents (molécule hétéronucléaire). On utilise, pour construire les orbitales moléculaires, les orbitales atomiques de valence de l'hydrogène et du fluor dont les énergies sont les suivantes :

H1s : -1314 kJ . mol^{-1};

F2s : -4469 kJ . mol^{-1}, F2p_x2p_y2p_z : $-1\,804$ kJ . mol^{-1}*

L'orbitale atomique 2p_x du fluor est antisymétrique par rapport au plan contenant les axes y et z (A, 3.1.3.), de même l'orbitale 2p_z est antisymétrique par rapport au plan contenant les axes x et y. Si on prend l'axe y comme axe internucléaire, les deux orbitales 2p_x et 2p_z du fluor ne peuvent être combinées avec l'orbitale atomique 1s de l'hydrogène qui est symétrique par rapport à l'axe internucléaire (recouvrement latéral globalement nul : fig. 2.1.1.2.-1.). Par contre les orbitales atomiques 2s et 2p_y du fluor, symétriques par rapport à l'axe internucléaire, peuvent être combinées avec l'orbitale atomique 1s de l'hydrogène, de même symétrie par rapport à cet axe (fig. 2.1.1.2.-1.).

* Il s'agit de l'énergie d'un électron occupant l'orbitale de valence considérée.

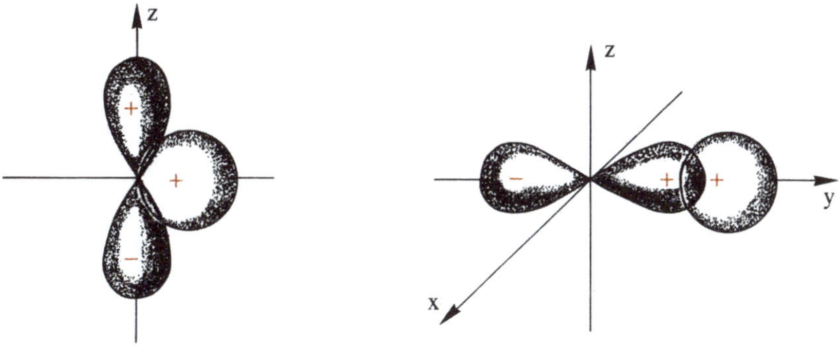

recouvrement latéral
$2p_z(F) + 1s(H)$
globalement nul

recouvrement longitudinal
$2p_y(F) + 1s(H)$

FIGURE 2.1.1.2.-1

Recouvrement latéral et longitudinal des orbitales atomiques 2p **du fluor et** 1s **de l'hydrogène.**

L'interaction de deux orbitales atomiques est d'autant plus forte qu'elles sont d'énergies plus voisines. On peut donc considérer, en première approximation*, la seule interaction entre l'orbitale atomique 1s de l'hydrogène et l'orbitale atomique $2p_y$ du fluor (puisque l'orbitale atomique 2s du fluor est d'énergie nettement inférieure à celle des orbitales atomiques 2p). Les deux orbitales moléculaires résultantes admettent l'axe internucléaire comme axe de révolution; elles sont de type σ. Les orbitales atomiques 1s(H) et $2p_y(F)$ étant d'énergies différentes, leur contribution dans l'expression des orbitales moléculaires σ liante et σ^* antiliante est pondérée différemment :

$$\sigma_y = 1s(H) + \lambda 2p_y(F) \qquad (\lambda > 1)$$
$$\sigma_y^* = 1s(H) - \lambda^* 2p_y(F) \qquad (\lambda^* < 1)$$

Les orbitales moléculaires σ_y et σ_y^* sont représentées sur la figure 2.1.1.2.-2.

En raison de l'électronégativité du fluor (A, 6, 4), la densité de probabilité de présence d'un électron de l'orbitale moléculaire σ_y est plus grande au voisinage de cet atome qu'au voisinage de l'hydrogène. Par contre, si l'orbitale σ_y^* était occupée, la densité électronique serait très faible entre les noyaux et surtout concentrée au voisinage de l'hydrogène. L'orbitale σ_y « ressemble » plus à l'orbitale atomique $2p_y(F)$ et l'orbitale σ_y^* à l'orbitale atomique 1s(H).

* Une autre description de la molécule HF fait intervenir la contribution de l'orbitale atomique 2s du fluor à la liaison entre H et F en utilisant une combinaison préalable des orbitales atomiques 2s et $2p_y$ du fluor appelée hybridation sp (voir 2.2.1.).

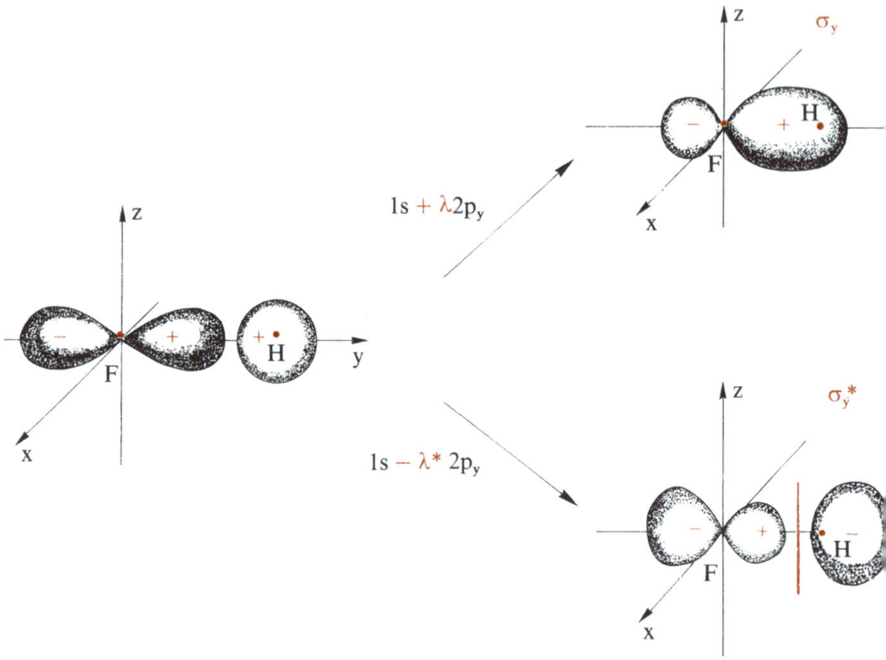

FIGURE 2.1.1.2.-2

Représentation schématique de la formation des orbitales moléculaires liante σ_y et antiliante σ_y^* de HF, à partir des orbitales atomiques 1s (H) et $2p_y$ (F).

Le diagramme de niveaux d'énergie pour la molécule HF est schématisé sur la figure 2.1.1.2.-3.⋆.

Le diagramme de la figure 2.1.1.2.-3 montre, et *ceci est une règle générale dans la théorie des orbitales moléculaires*, que l'orbitale moléculaire liante (ici σ_y) a une énergie voisine de celle de l'orbitale atomique de plus basse énergie qui lui a donné naissance (ici $2p_y$(F)) et que l'orbitale moléculaire antiliante (ici σ_y^*) a une énergie voisine de celle de l'orbitale atomique de plus haute énergie (ici 1s(H)). On dit que l'orbitale moléculaire σ_y a beaucoup de caractère $2p_y$(F), ce qui correspond à $\lambda > 1$ dans la combinaison linéaire des orbitales atomiques 1s(H) et $2p_y$(F). Les orbitales

⋆ Pour de tels diagrammes, les niveaux d'énergie des orbitales moléculaires sont calculés et confrontés, dans tous les cas où cela est possible, aux résultats de mesures spectroscopiques.

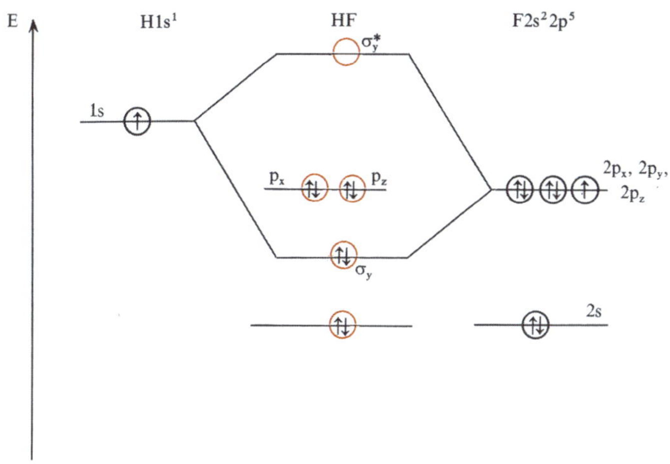

FIGURE 2.1.1.2.-3

Diagramme des niveaux d'énergie des orbitales de la molécule HF **et des orbitales atomiques de valence des atomes séparés** H **et** F.

atomiques $2p_x$ et $2p_z$ du fluor, qui ne participent pas à la liaison, restent inchangées sous forme d'orbitales non liantes.

Remarque. Dans le cas d'un composé diatomique hétéronucléaire A – B, plus la différence d'énergie entre les deux orbitales atomiques de valence participant à la formation de la liaison est grande et plus le niveau d'énergie de l'orbitale moléculaire liante σ_{AB} est proche de celui de l'orbitale atomique de plus basse énergie, par exemple ψ_B. A la limite ces deux orbitales s'identifient et le transfert d'un électron de ψ_A dans ψ_B, qui se traduit par le schéma de Lewis :

$$A^{\bullet} + B^{\bullet} \longrightarrow A^{+} + \ddot{B}^{-}$$

correspond à la formation d'une liaison « ionique » (3.1.) (fig. 2.1.1.2.-4).

D'une façon générale la description de la liaison chimique dans une molécule diatomique hétéronucléaire A – B est intermédiaire entre les deux cas limites suivants : – liaison dans une molécule diatomique homonucléaire, pour laquelle les deux orbitales atomiques de valence des atomes ont la même contribution à la

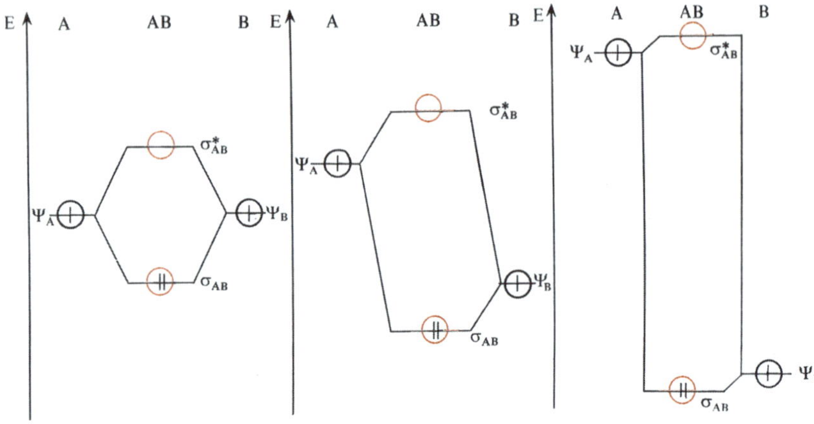

A et B sont de même électronégativité : liaison covalente non polarisée (cas de la liaison homonucléaire A–A).

B est plus électronégatif que A : liaison covalente polarisée.

B est très électronégatif, A est très faiblement électronégatif : cas limite de la liaison « ionique ».

FIGURE 2.1.1.2.-4

Évolution des niveaux d'énergie des orbitales atomiques ψ_A et ψ_B et des orbitales moléculaires σ_{AB} et σ^*_{AB} en fonction de l'accroissement de la différence d'électronégativité entre B et A. Dans le cas limite de la liaison « ionique » σ_{AB} s'identifie à ψ_B.

formation de l'orbitale moléculaire liante (cas de la liaison covalente non polarisée) – liaison dans une paire d'ions A^+B^- pour laquelle l'orbitale moléculaire liante s'identifie à l'orbitale atomique de valence de B (cas de la liaison « ionique »).

2.1.2. ORBITALES π ET π^*

2.1.2.1. CAS DE LA MOLÉCULE D'AZOTE

L'atome d'azote a la configuration électronique de valence $2s^2 2p^3$. Si on considère, en première approximation, que l'orbitale atomique 2s, d'énergie plus basse que les orbitales atomiques 2p, ne participe pas à la liaison entre les deux atomes d'azote, la description de la triple liaison dans la molécule d'azote, de structure formelle **:**N≡N**:**, doit être effectuée à partir des seules orbitales 2p. Si on choisit l'axe y comme axe internucléaire, les deux orbitales $2p_y$, qui ont la symétrie de révolution autour de cet

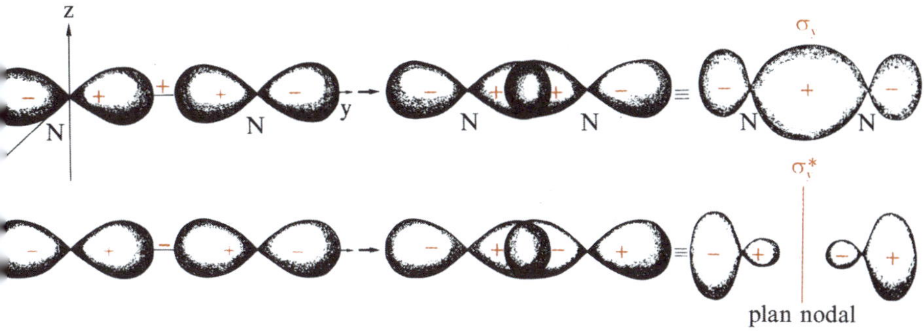

FIGURE 2.1.2.1.-1

Représentation schématique de la formation des orbitales moléculaires σ_y et σ_y^* à partir des deux orbitales atomiques $2p_y$.

axe, donnent par interaction longitudinale deux orbitales moléculaires σ_y liante et σ_y^* antiliante schématisées sur la figure 2.1.2.1.-1.

Restent alors les couples d'orbitales atomiques $2p_x$ et $2p_z$. Les deux orbitales $2p_z$ sont antisymétriques par rapport au plan contenant les axes x et y, de même les deux

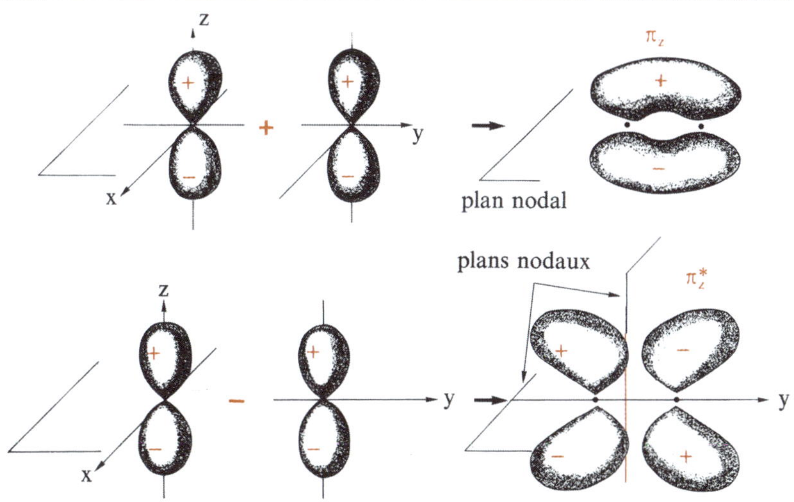

FIGURE 2.1.2.1.-2

Représentation schématique de la formation des orbitales moléculaires π_z et π_z^* par interaction latérale des deux orbitales atomiques $2p_z$.

a) π_z liante présente le même plan nodal que les orbitales $2p_z$.

b) π_z^* antiliante présente un second plan nodal, orthogonal à l'axe internucléaire.

orbitales $2p_x$ sont antisymétriques par rapport au plan contenant les axes y et z. Chaque couple d'orbitales 2p de même symétrie donne, par interaction latérale de ces orbitales, deux orbitales moléculaires π liante et π^* antiliante schématisées sur la figure 2.1.2.1.-2 (dans le cas des orbitales atomiques $2p_z$).

Les orbitales moléculaires qui ont un plan nodal passant par l'axe internucléaire sont appelées orbitales π.

Aux orbitales $2p_z$, π_z et π_z^* correspond le diagramme de niveaux d'énergie de la figure 2.1.2.1.-3.

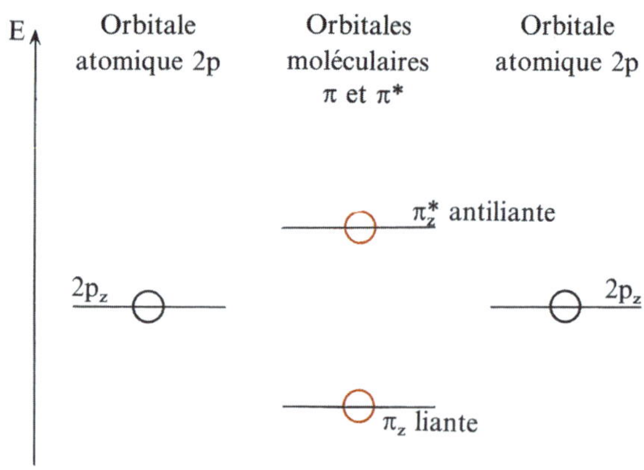

FIGURE 2.1.2.1.-3
Représentation schématique des niveaux d'énergie des orbitales $2p_z$, π_z **et** π_z^*.

La différence entre les niveaux d'énergie des orbitales π_z et $2p_z$ est égale à celle entre les niveaux de π_z^* et $2p_z$. L'ordre d'énergie est $\sigma_y < \pi_z < \pi_z^* < \sigma_y^*$.

De la même façon, la combinaison des deux orbitales atomiques $2p_x$ conduit aux orbitales moléculaires π_x et π_x^*, orthogonales à π_z et π_z^*. Ainsi, dans la description choisie pour la molécule d'azote, les trois orbitales 2p de chaque atome ont conduit aux trois orbitales moléculaires liantes σ_y, π_x et π_z et aux trois orbitales antiliantes σ_y^*, π_x^* et π_z^*. Chaque orbitale liante contient deux électrons correspondant à une liaison. En fait, dans le cas de la molécule d'azote, des résultats expérimentaux s'interprètent en faisant intervenir une contribution des orbitales atomiques 2s et $2p_y$ dans la formation des orbitales moléculaires σ_y et σ_y^*★. Ceci complique le diagramme de niveaux d'énergie que l'on ne donne pas pour cette raison. Il n'en est pas ainsi pour la molécule d'oxygène qui est étudiée au paragraphe suivant.

★ La différence d'énergie entre les orbitales 2s et 2p n'est pas suffisante pour que les orbitales moléculaires qui en dérivent puissent être considérées indépendamment.

2.1.2.2. CAS DE LA MOLÉCULE D'OXYGÈNE

On se souvient de la difficulté rencontrée pour décrire, avec des structures de Lewis, la molécule d'oxygène qui doit présenter des électrons non appariés (substance paramagnétique) et dont la distance interatomique suggère une double liaison (1.2.3.). Pour décrire cette molécule par la théorie des orbitales moléculaires, on classe par ordre d'énergie croissante, sur la base de données expérimentales, les orbitales moléculaires σ, σ^*, π et π^* construites comme ci-dessous, et on procède à leur remplissage en obéissant au principe de Pauli et à la règle de Hund (fig. 2.1.2.2.-1).

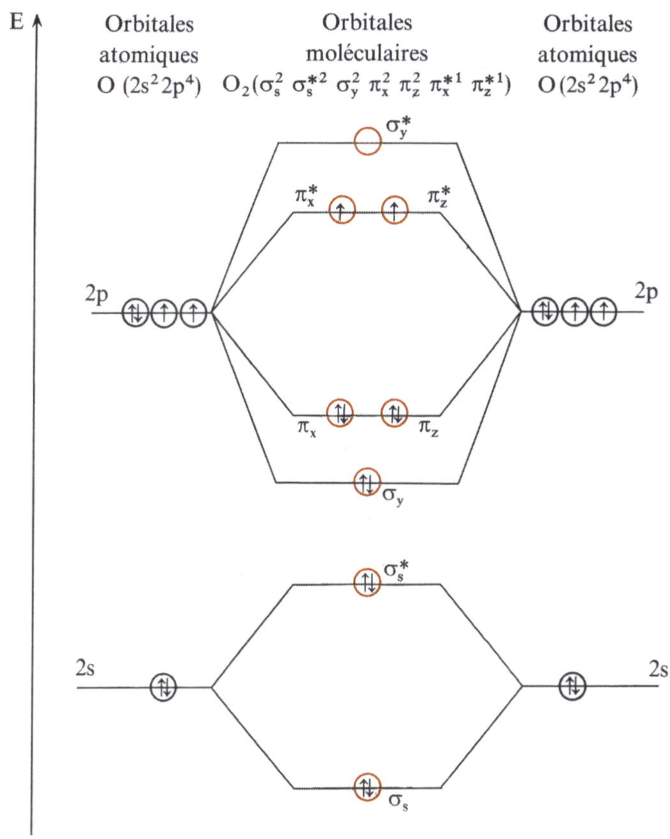

FIGURE 2.1.2.2.-1

Diagramme de niveaux d'énergie et structure électronique de la molécule d'oxygène.

Il y a deux électrons célibataires dans les orbitales antiliantes π_x^* et π_z^* de la molécule d'oxygène dans son état fondamental : $\sigma_s^2\sigma_s^{*2}\sigma_y^2\pi_x^2\pi_z^2\pi_x^{*1}\pi_z^{*1}$. Ceci rend compte du paramagnétisme observé pour l'oxygène. L'ordre de liaison, pour la molécule O_2 (1/2 ($8e^-$ liants − $4e^-$ antiliants)) (2.1.1.1.) est égal à 2, ce qui est en accord avec la distance interatomique de 0,121 nm qui correspond à une liaison double entre les deux atomes*.

2.2. Cas des molécules polyatomiques

La méthode des orbitales moléculaires (2.) décrit chacun des électrons de valence de la molécule en le considérant soumis à l'action du champ exercé par tous les noyaux liés entre eux. Chaque orbitale moléculaire est associée à tous les atomes de la molécule et délocalisée sur l'ensemble de celle-ci. Dans l'approximation LCAO, ces *orbitales moléculaires délocalisées* sont considérées comme des combinaisons linéaires des orbitales atomiques de valence des atomes liés : *à partir de n orbitales atomiques de valence on obtient n orbitales moléculaires*. Si n est pair, n = 2a, on obtient a orbitales moléculaires liantes et a orbitales moléculaires antiliantes. Si n est impair, n = 2a + 1, on obtient a orbitales moléculaires liantes, une orbitale moléculaire non liante et a orbitales moléculaires antiliantes. Ces orbitales moléculaires sont classées par ordre d'énergie croissante. L'état fondamental de la molécule est obtenu en plaçant les électrons de valence dans les orbitales moléculaires de plus basse énergie. Chacune d'elles contient au maximum deux électrons.

On représente schématiquement, à simple titre d'exemple, les combinaisons linéaires des orbitales atomiques 2s, $2p_x$, $2p_y$, $2p_z$ du carbone et 1s de chaque hydrogène qui conduisent aux quatre orbitales moléculaires liantes du méthane (fig. 2.2.-1), auxquelles s'ajoutent quatre orbitales moléculaires antiliantes.

L'atome de carbone possède quatre électrons de valence ($2s^2$, $2p^2$) et chaque hydrogène un électron de valence ($1s^1$). Il y a donc huit électrons de valence à répartir. Chaque orbitale moléculaire σ liante, délocalisée, contient deux électrons.

Il apparaît immédiatement qu'une telle description à l'aide d'orbitales moléculaires délocalisées ne représente pas quatre « liaisons C−H » équivalentes associant chacune l'atome de carbone à un atome d'hydrogène, avec mise en jeu de deux

* Le tableau ci-dessous compare les ordres de liaison et les longueurs de liaison pour la molécule d'oxygène et les ions dérivés :

molécule et ions	O_2^+	O_2	O_2^-	O_2^{2-}
ordre de liaison	2,5	2	1,5	1
longueur de liaison (nm)	0,112	0,121	0,126	0,149

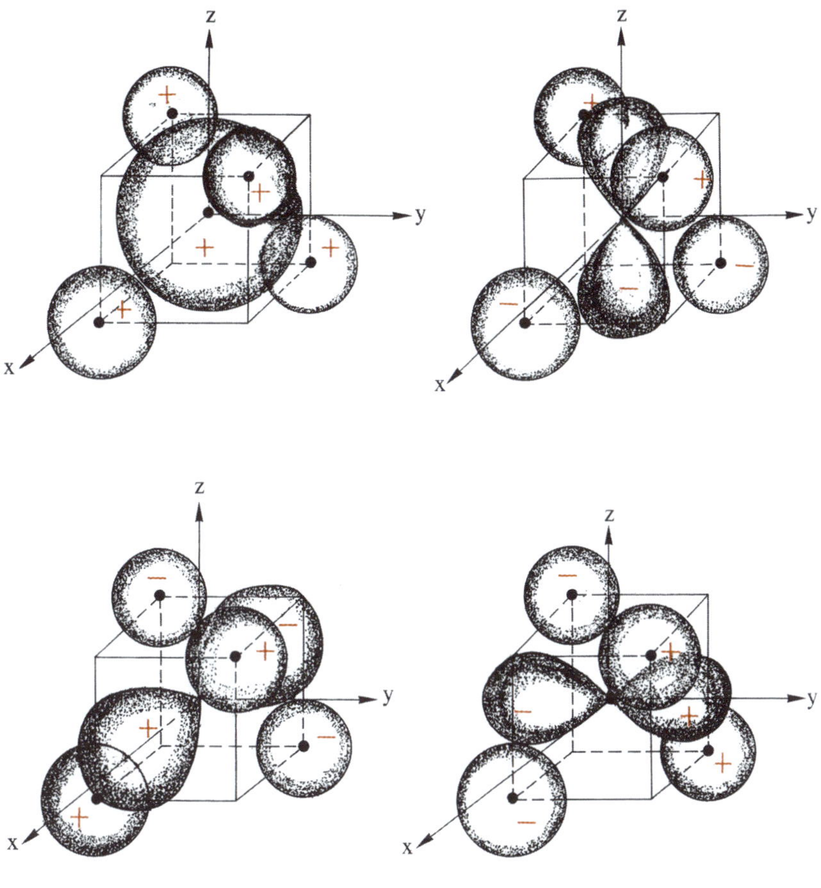

FIGURE 2.2.-1

Représentation schématique des combinaisons linéaires des orbitales atomiques de valence du carbone et des quatre atomes d'hydrogène donnant les quatre orbitales moléculaires σ liantes du méthane. (les quatre orbitales moléculaires σ* antiliantes ne sont pas représentées).

électrons. Or cette notion de liaison entre atomes, pris deux à deux, illustre bien une réalité physique. On sait en effet que pour deux atomes A et B, liés entre eux dans différentes molécules, la longueur de la liaison A – B, son énergie, ses fréquences de vibrations, sont relativement peu sensibles aux atomes voisins liés eux-mêmes à A et B, et sont caractéristiques de cette liaison A – B. Il apparaît donc souhaitable de décrire les molécules polyatomiques à l'aide d'*orbitales moléculaires localisées*.

2.2.1. ORBITALES MOLÉCULAIRES LOCALISÉES ET HYBRIDATION DES ORBITALES ATOMIQUES. THÉORIE DE LA LIAISON DE VALENCE

Les orbitales moléculaires localisées sont obtenues, pour chaque liaison, par combinaison linéaire de *deux* orbitales atomiques de valence de même symétrie et d'énergies voisines, appartenant aux deux atomes liés. Cette description est celle de la *théorie de la liaison de valence*, dans laquelle une liaison s'identifie à une orbitale moléculaire localisée liante, résultant du *recouvrement maximum* de deux orbitales atomiques de valence, et contenant deux électrons. Il apparaît dans certains cas une difficulté, dans l'utilisation du recouvrement maximum des orbitales atomiques de valence, pour proposer une description de la molécule qui soit en accord avec ses caractéristiques structurales accessibles expérimentalement. Par exemple, si l'on considère la molécule d'eau H_2O, qui présente deux liaisons O—H identiques faisant un angle de 104° 30′, on voit qu'une simple description qui ferait appel à deux orbitales 2p de l'oxygène, chacune en interaction avec une orbitale 1s d'un atome d'hydrogène, conduirait à deux orbitales moléculaires liantes localisées, faisant un angle de 90°, en désaccord avec l'expérience (fig. 2.2.1.-1).

La même approche pour le méthane conduirait à une description utilisant trois orbitales moléculaires σ issues du recouvrement maximum de chacune des trois orbitales atomiques 2p du carbone avec une orbitale 1s d'un hydrogène, et une orbitale moléculaire σ résultant du recouvrement de l'orbitale atomique 2s du carbone avec l'orbitale 1s du quatrième hydrogène. Les trois premières orbitales moléculaires seraient équivalentes et orthogonales. La quatrième, sans orientation privilégiée a priori, serait choisie équidistante des précédentes pour minimiser son énergie d'interaction avec elles. Dans ces conditions les trois premières liaisons C—H seraient égales et perpendiculaires entre elles. La quatrième liaison C—H serait d'une longueur différente des précédentes (car résultant de l'interaction de l'orbitale atomique 2s du carbone avec l'orbitale 1s d'un hydrogène) et ferait un angle d'environ 125° avec les trois premières (fig. 2.2.1.-2).

Cette description ne convient pas pour la molécule de méthane dont les quatre liaisons C—H sont équivalentes et dont la géométrie est celle d'un tétraèdre régulier (1.2.4.).

Hybridation des orbitales atomiques

Pour rendre compte de la structure géométrique des molécules, par recouvrement maximum des orbitales atomiques de valence des atomes liés, il faut « préparer » ces orbitales atomiques de telle sorte que leurs domaines de probabilité de présence soient préalablement orientés dans les directions de liaison. Cette « préparation », appelée

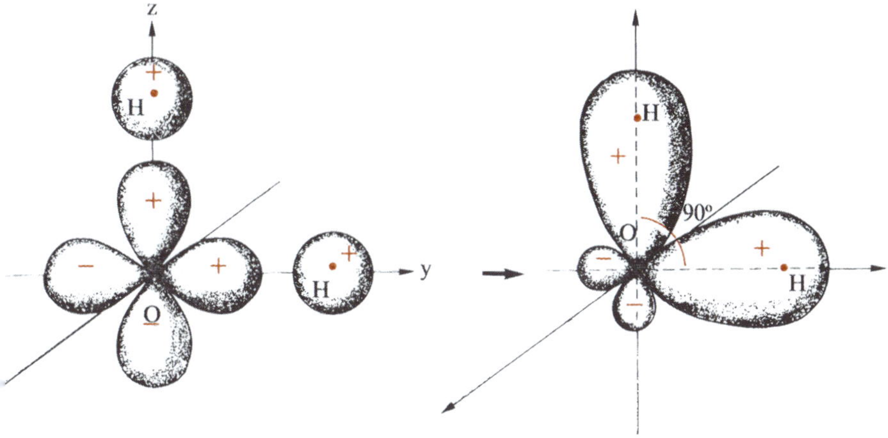

FIGURE 2.2.1.-1

Orbitales moléculaires localisées σ liantes, qui seraient obtenues pour la molécule H_2O **par recouvrement maximum de deux orbitales atomiques** 2p **de l'oxygène avec les orbitales atomiques** 1s **des deux atomes d'hydrogène.**

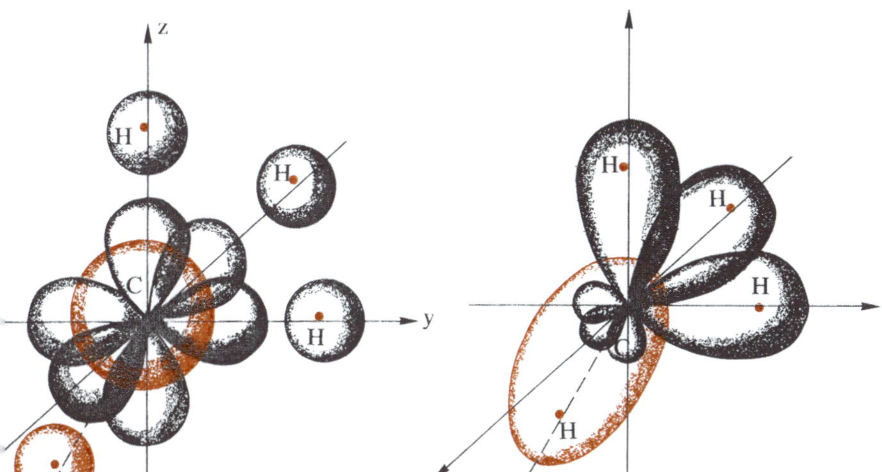

FIGURE 2.2.1.-2

Géométrie qui serait obtenue pour la molécule de méthane si on utilisait le recouvrement maximum des orbitales atomiques $2p_x$, $2p_y$, $2p_z$ **et** 2s **du carbone avec les orbitales** 1s **de quatre atomes d'hydrogène, pour construire les quatre liaisons** C – H.

hybridation des orbitales atomiques, est obtenue par diverses combinaisons linéaires des orbitales atomiques de valence des atomes isolés. Pour que cette nouvelle description corresponde à une énergie aussi proche que possible de celle de l'atome, il faut que les combinaisons linéaires affectent des orbitales atomiques d'énergie voisines (par exemple 2s et 2p ou 3d, 4s et 4p). *L'hybridation de n orbitales atomiques d'un atome donné conduit à n orbitales atomiques hybrides de cet atome.*

Étant principalement intéressé par les molécules organiques mettant en jeu les éléments C, N et O, on étudie les modes d'hybridation des orbitales atomiques 2s et 2p, conduisant à des *orbitales atomiques hybrides équivalentes*. On considère d'abord le cas le plus simple de l'hybridation d'une orbitale atomique 2s avec une orbitale atomique 2p (ici $2p_y$) d'un même atome A. Cette hybridation de *deux* orbitales atomiques donne *deux* orbitales atomiques hybrides équivalentes, dites sp (hybridation d'une s avec une p). Cette hybridation est schématisée figure 2.2.1.-3, à l'aide de la représentation des domaines de probabilité de présence électronique.

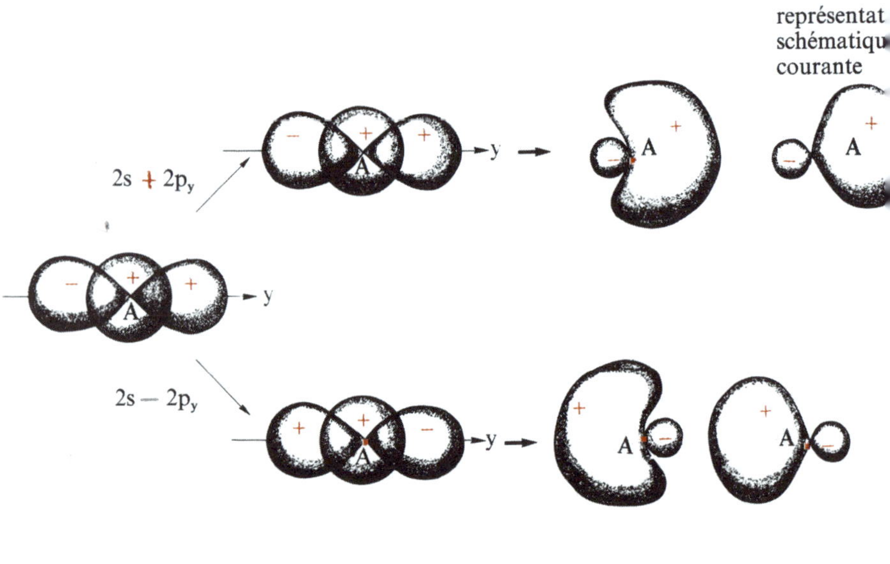

FIGURE 2.2.1.-3

Schéma de l'hybridation d'une orbitale atomique 2s **avec une orbitale atomique** 2p**, pour un atome** A **: obtention de deux orbitales atomiques hybrides** sp.

Pour les atomes tels que C, N, O, on peut hybrider l'orbitale atomique 2s avec une orbitale atomique 2p : *hybridation sp*, avec deux orbitales atomiques 2p : *hybridation* sp^2, et enfin avec les trois orbitales atomiques 2p : *hybridation* sp^3. Dans chaque cas les orbitales hybrides obtenues sont équivalentes.

Les orbitales atomiques hybrides sp, sp^2 et sp^3 ont chacune un axe de révolution passant par le noyau. Les directions de ces axes et les formes des orbitales sont indiquées sur le tableau 2.2.1.-1. Dans chaque cas la géométrie des orbitales hybrides correspond au minimum de répulsion possible entre les électrons qui les occuperont.

TABLEAU 2.2.1.-1

Hybridations sp, sp^2 **et** sp^3 **des orbitales atomiques**
2s **et** $2p_x$, $2p_y$, $2p_z$ **d'un même atome.**

Hybridation	Forme et géométrie des orbitales atomiques hybrides	Orbitales atomiques non hybridées
une s + une p : deux hybrides sp	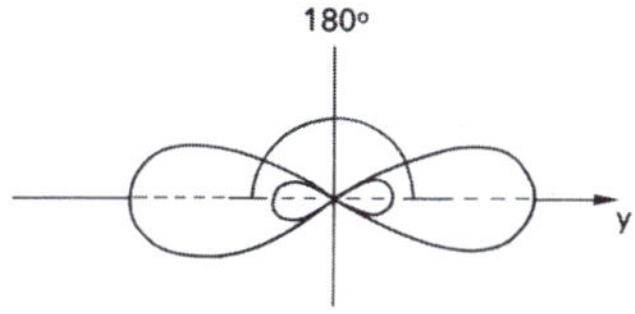 (Hybridation digonale)	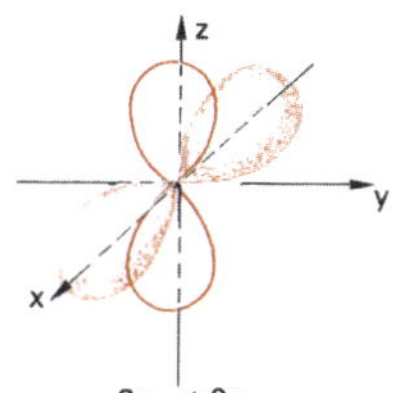 $2p_x$ et $2p_z$
une s + deux p : trois hybrides sp^2	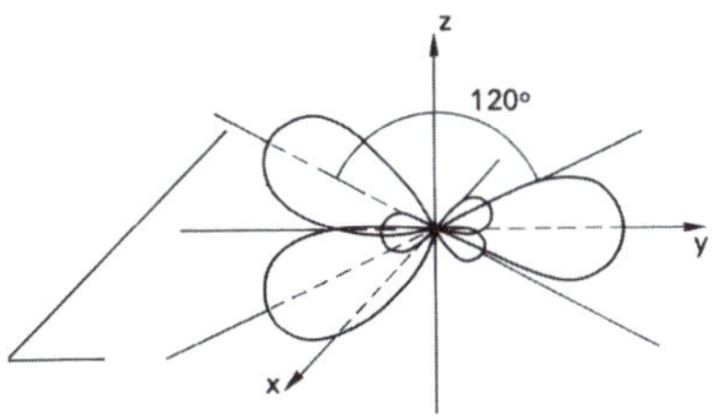 (Hybridation trigonale)	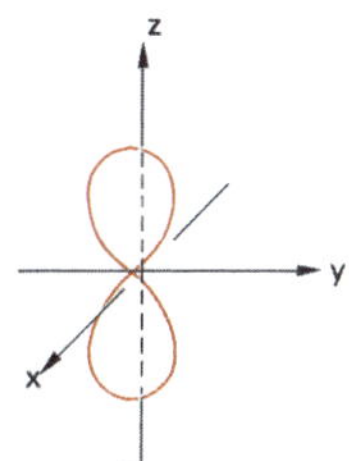 $2p_z$
une s + trois p : quatre hybrides sp^3	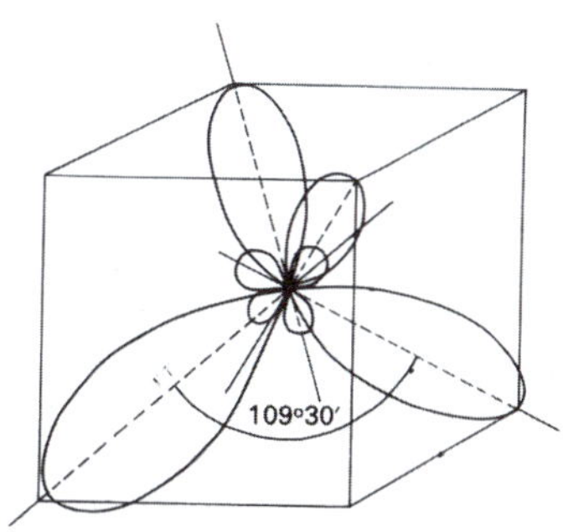 (Hybridation tétraédrique)	aucune
Bilan	pourront donner des orbites moléculaires localisées σ	pourront donner des orbitales moléculaires localisées π

2.2.2. LIAISONS σ ET π ET ÉLECTRONS NON LIANTS

Description des molécules CH_4, NH_3, H_2O, C_2H_4, C_2H_2 *et* HCN

Disposant d'orbitales de valence qui sont des orbitales atomiques hybrides, on peut former des orbitales moléculaires localisées entre atomes pris deux à deux, par recouvrement maximum des orbitales atomiques concernées (chaque combinaison de deux orbitales atomiques donnant toujours deux orbitales moléculaires, l'une liante, l'autre antiliante). Un tel recouvrement est schématisé sur la figure 2.2.2.-1 entre une orbitale atomique hybride sp^3 d'un atome de carbone et l'orbitale atomique 1s d'un atome d'hydrogène.

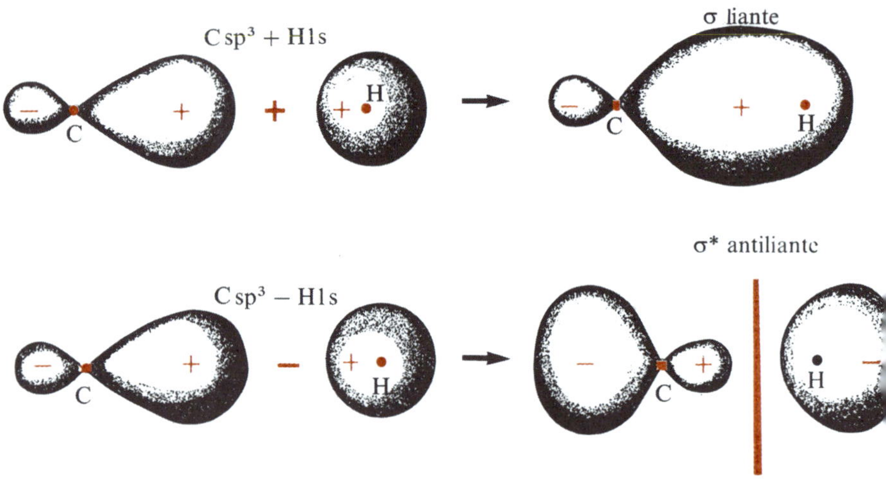

FIGURE 2.2.2.-1

Schéma de formation des deux orbitales moléculaires σ et σ* par combinaison linéaire d'une hybride sp^3 **du carbone avec une orbitale atomique** 1s **de l'hydrogène.**

2.2.2.1. HYBRIDATION sp^3 – CH_4, NH_3, H_2O.

CH_4. La molécule de méthane a une structure tétraédrique. Les quatre liaisons C–H, qui font entre elles un angle de 109° 30′, ont les caractéristiques suivantes : longueur 0,109 nm, énergie de liaison $\Delta H_{(CH)}$ – 435 kJ . mol^{-1}.

Compte tenu des données structurales, on utilise, pour représenter le méthane, un atome de carbone hybridé sp^3. Les quatre orbitales hybrides ont leurs axes dirigés vers les sommets d'un tétraèdre régulier dont le centre est l'atome de carbone. Elles donnent avec les quatre orbitales 1s des atomes d'hydrogène, placés aux sommets du tétraèdre, quatre orbitales moléculaires σ liantes et quatre orbitales moléculaires σ^* antiliantes.

L'hybridation sp^3 du carbone s'inscrit dans un chemin thermodynamique *formel* (cf. 1.2.1.) qui conduit de l'atome de carbone et des quatres atomes d'hydrogène à la molécule de méthane. La « préparation » de l'atome de carbone (de configuration électronique $2s^2\ 2p^2$) pour aboutir à quatre orbitales atomiques hybrides sp^3 contenant chacune un électron, correspond aux transformations *formelles* suivantes :

$$\underset{\text{fondamental}}{\underset{\text{état}}{C\ 2s^2 2p^2}} \longrightarrow \underset{\text{excité}}{\underset{\text{état}}{2s^1 2p_x^1 2p_y^1 2p_z^1}} \longrightarrow \underset{\text{hybridé}}{\underset{\text{état}}{(sp^3)^1\ (sp^3)^1\ (sp^3)^1\ (sp^3)^1}}$$

« L'excitation » de l'atome de carbone, pour parvenir à l'état hybridé, ne correspond à aucun processus physique réel. Sur le chemin thermodynamique choisi, l'énergie nécessaire à l'excitation du carbone est largement compensée par l'énergie libérée lors de la formation des *quatre liaisons* σ_{CH}, qui s'identifient aux quatre orbitales moléculaires σ liantes contenant chacune deux électrons (fig. 2.2.2.1.-1).

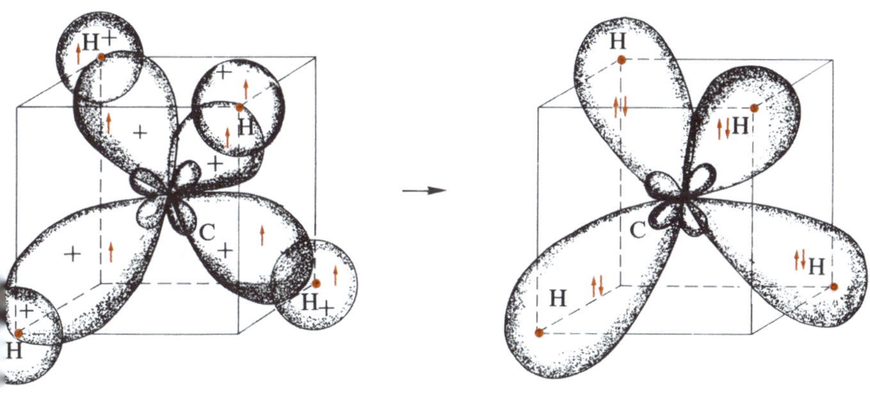

FIGURE 2.2.2.1.-1
Description de la molécule de méthane à l'aide d'orbitales moléculaires localisées.

La description de la molécule d'éthane C_2H_6 (H_3C-CH_3) utilise aussi l'hybridation sp^3 pour chaque atome de carbone. Pour un carbone, trois orbitales atomiques sp^3 donnent les trois liaisons $C-H$ du groupe méthyle CH_3, par recouvrement avec les orbitales atomiques 1s de trois atomes d'hydrogène. La quatrième orbitale sp^3 du carbone considéré, donne la liaison C–C par recouvrement longitudinal avec l'orbitale sp^3 du carbone voisin admettant l'axe C–C comme axe de symétrie. Dans les hydrocarbures aliphatiques les valeurs moyennes pour la liaison C–H sont : longueur 0,108 nm, énergie de liaison $\Delta H_{(CH)}$ – 414 kJ . mol^{-1}, et pour la liaison C–C : longueur 0,154 nm, énergie de liaison $\Delta H_{(CC)}$ – 347 kJ . mol^{-1}.

NH_3. La molécule d'ammoniac à la forme d'une pyramide trigonale. Les trois liaisons N–H, qui font entre elles un angle de 107°30′, ont les caractéristiques suivantes : longueur 0,101 nm, énergie de liaison $\Delta H_{(NH)}$ – 460 kJ . mol^{-1}.

Pour décrire cette molécule on utilise l'atome d'azote (de configuration électronique $2s^2\ 2p^3$) dans l'état d'hybridation sp^3, de configuration : $(sp^3)^2\ (sp^3)^1\ (sp^3)^1\ (sp^3)^1$. Trois orbitales atomiques sp^3 permettent de faire les trois liaisons N–H par recouvrement avec les orbitales atomiques 1s des trois atomes d'hydrogène. La quatrième orbitale sp^3, qui reste inchangée, contient le doublet d'électrons non liants de l'azote (fig. 2.2.2.1.-2). La valeur expérimentale de 107°30′ pour l'angle entre deux liaisons N–H est inférieure à celle de 109°30′ correspondant à la structure du tétraèdre régulier. Cette différence est attribuée à la non équivalence entre les paires électroniques liantes et non liantes; la répulsion entre un doublet non liant et un doublet liant étant considérée comme supérieure à celle entre deux doublets liants (1.2.4.).

H_2O. La molécule d'eau est une molécule angulaire. Les deux liaisons O–H, qui font entre elles un angle de 104°30′, ont les caractéristiques suivantes : longueur 0,096 nm, énergie de liaison $\Delta H_{(OH)}$ – 497 kJ . mol^{-1}. Pour décrire cette molécule on utilise

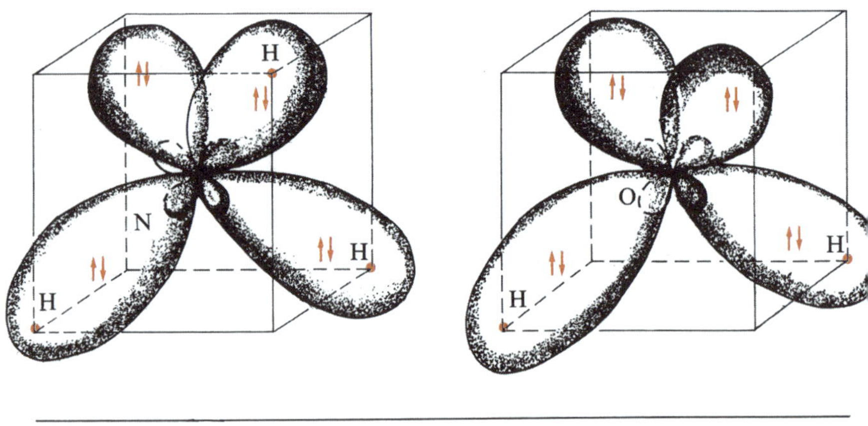

FIGURE 2.2.2.1.-2

Représentation schématique des molécules NH_3 et H_2O à l'aide d'orbitales moléculaires localisées.

l'atome d'oxygène (de configuration électronique $2s^2\ 2p^4$ dans l'état d'hybridation sp^3, de configuration : $(sp^3)^2\ (sp^3)^2\ (sp^3)^1\ (sp^3)^1$. Deux orbitales atomiques sp^3 permettent de faire les deux liaisons O—H par recouvrement avec les orbitales atomiques 1s des deux atomes d'hydrogène. Les deux autres orbitales sp^3 contiennent les deux doublets d'électrons non liants de l'oxygène (fig. 2.2.2.1.-2). La valeur de 104°30′ pour l'angle des deux liaisons O—H, est inférieure aux 109°30′ du tétraèdre régulier. Cette diminution est attribuée à la présence des deux doublets non liants dont la répulsion mutuelle est considérée comme supérieure à celle entre un doublet non liant et un doublet liant, elle-même supérieure à celle entre deux doublets liants (1.2.4.).

2.2.2.2. HYBRIDATION sp^2 — C_2H_4

La molécule d'éthylène (C_2H_4) est une molécule plane dans laquelle chaque atome de carbone est lié à deux atomes d'hydrogène et doublement lié à un atome de carbone (1.2.2.). Les angles entre les liaisons sont voisins de 120° et les caractéristiques de la double liaison C=C sont : longueur 0,135 nm, énergie de liaison $\Delta H_{(C=C)}$ — 719 kJ . mol^{-1}. (Dans les composés éthyléniques les valeurs moyennes pour la liaison C=C sont : longueur 0,134 nm, $\Delta H_{(C=C)}$ — 615 kJ . mol^{-1}).

Pour décrire la molécule d'éthylène on utilise l'hybridation sp^2 pour chaque atome de carbone. Les trois orbitales hybrides sp^2 ont leurs axes de révolution orientés à 120° les uns des autres dans un même plan, par exemple celui des axes x et y, et l'axe de l'orbitale atomique $2p_z$, non hybridée, est perpendiculaire à ce plan (tableau 2.2.1.-1). Dans cet état d'hybridation sp^2, la configuration électronique de chaque carbone est $(sp^2)^1\ (sp^2)^1\ (sp^2)^1\ (2p_z)^1$. Les trois orbitales sp^2 servent à former les deux liaisons σ_{CH} et la liaison σ_{CC}, par recouvrement longitudinal avec les orbitales 1s des deux atomes d'hydrogène et avec l'orbitale sp^2 du carbone voisin admettant l'axe C—C pour axe de symétrie (fig. 2.2.2.2.-1). Il reste alors une orbitale atomique $2p_z$ sur chaque atome de carbone.

La molécule d'éthylène étant plane, les deux orbitales $2p_z$, de même symétrie par rapport au plan moléculaire, donnent par recouvrement latéral une orbitale moléculaire π_z liante et une orbitale moléculaire π_z^* antiliante (2.1.2.1.) (fig. 2.2.2.2.-1).

Dans l'état fondamental de la molécule d'éthylène, les douze électrons de valence (8 des atomes de carbone, 4 des atomes d'hydrogène) sont répartis comme suit : dix électrons dans les cinq orbitales moléculaires σ liantes qui correspondent à la liaison σ_{CC} et aux quatre liaisons σ_{CH}, deux électrons dans l'orbitale moléculaire π liante qui correspond à la liaison π_{CC}.

Remarques

1) L'orbitale σ_{CC} est plus fortement liante que l'orbitale π_{CC} qui admet un plan nodal passant par les atomes liés (2.1.2.1.). Les énergies des orbitales moléculaires σ et π sont dans l'ordre schématisé sur la figure 2.2.2.2.-2.

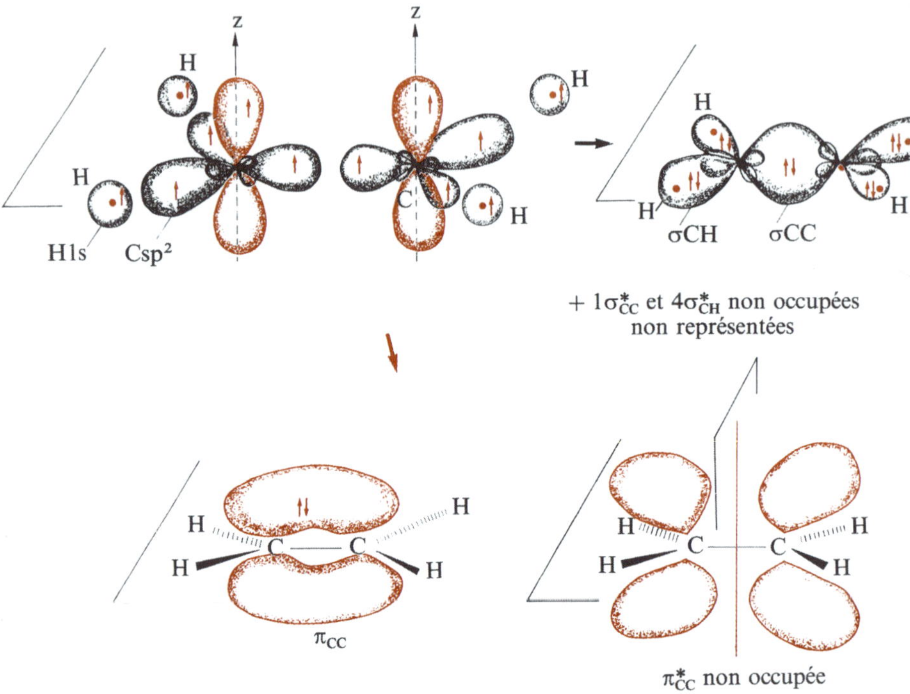

FIGURE 2.2.2.2.-1

Représentation schématique de la formation des liaisons σ et π de la molécule d'éthylène C_2H_4.

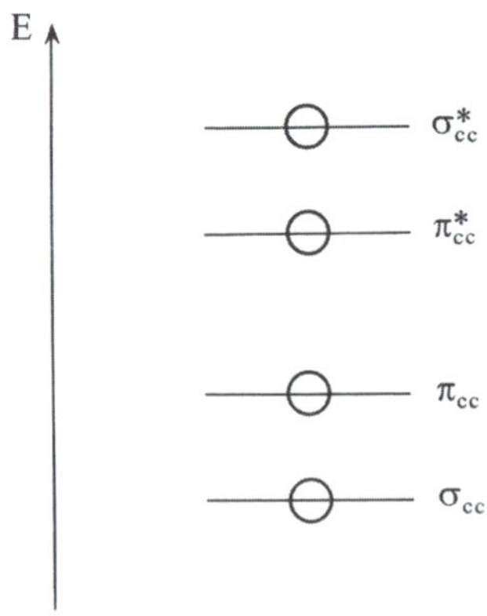

FIGURE 2.2.2.2.-2

Schéma des énergies relatives des orbitales moléculaires σ et π de l'éthylène.

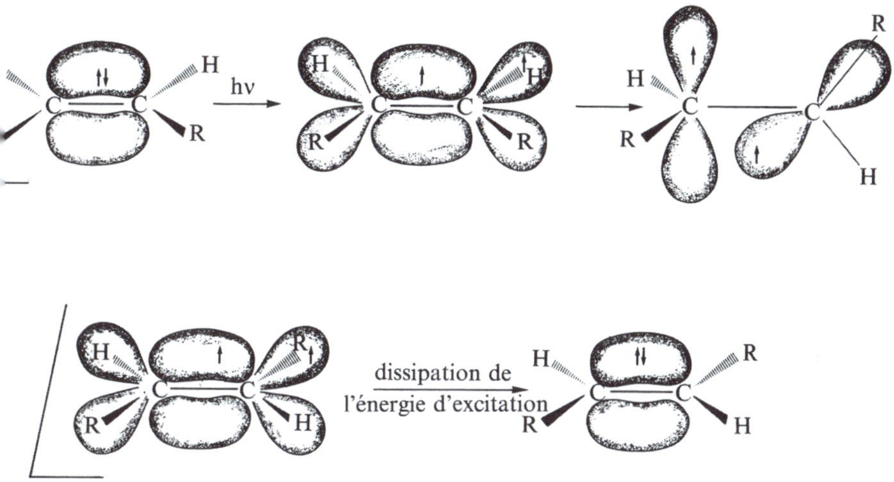

FIGURE 2.2.2.2.-3

Schéma de l'isomérisation photochimique *cis-trans* d'un composé éthylénique.
Ce phénomène est à la base du processus de la vision (C,2.3.2.1.2.).

2) La configuration électronique de l'état fondamental d'une double liaison éthylénique est $(\sigma_{CC})^2$ $(\pi_{CC})^2$. La liaison π empêche toute libre rotation autour de la liaison σ_{CC}. Cependant les composés éthyléniques peuvent absorber l'énergie associée à un rayonnement électromagnétique, si l'énergie du photon incident est telle que $E = h\nu = E(\pi^*_{CC}) - E(\pi_{CC})$. L'absorption de cette énergie conduit à une excitation de la molécule pour laquelle un électron π est promu dans l'orbitale moléculaire π*, ce qui donne la configuration électronique $(\sigma_{CC})^2$ $(\pi_{CC})^1$ $(\pi^*_{CC})^1$. Dans ces conditions l'ordre de liaison CC est $\frac{1}{2}(3e^-$ liants $- 1e^-$ antiliant$) = 1$ (2.1.1.1.). « L'effet liant » de l'électron π est annulé par « l'effet antiliant » de l'électron π*. Ceci supprime le « verrouillage » de la structure moléculaire par la liaison π et permet la libre rotation autour de la liaison σ_{CC} qui peut conduire à l'*isomérisation* du composé éthylénique, c'est-à-dire au passage d'une configuration à l'autre (C, 2.3.2.1.2.) avant que la molécule ne retourne à l'état fondamental par dissipation de son énergie d'excitation (fig. 2.2.2.2.-3).

3) Pour les composés comportant des doubles liaisons *conjuguées*, c'est-à-dire des doubles liaisons alternant avec des simples liaisons ($-\overset{|}{C}=\overset{|}{C}-\overset{|}{C}=\overset{|}{C}-$), l'absorption d'un rayonnement électromagnétique peut avoir lieu dans le domaine de longueur d'onde du spectre de la lumière visible★ (400-700 nm). Le composé est alors coloré et sa couleur correspond à la partie du spectre qui n'est pas absorbée.

2.2.2.3. HYBRIDATION sp – C_2H_2, HCN

La molécule d'acétylène est une molécule linéaire dans laquelle chaque atome de carbone est lié à un atome d'hydrogène et triplement lié à un atome de carbone. Les caractéristiques de la triple liaison C≡C sont : longueur 0,120 nm, énergie de liaison

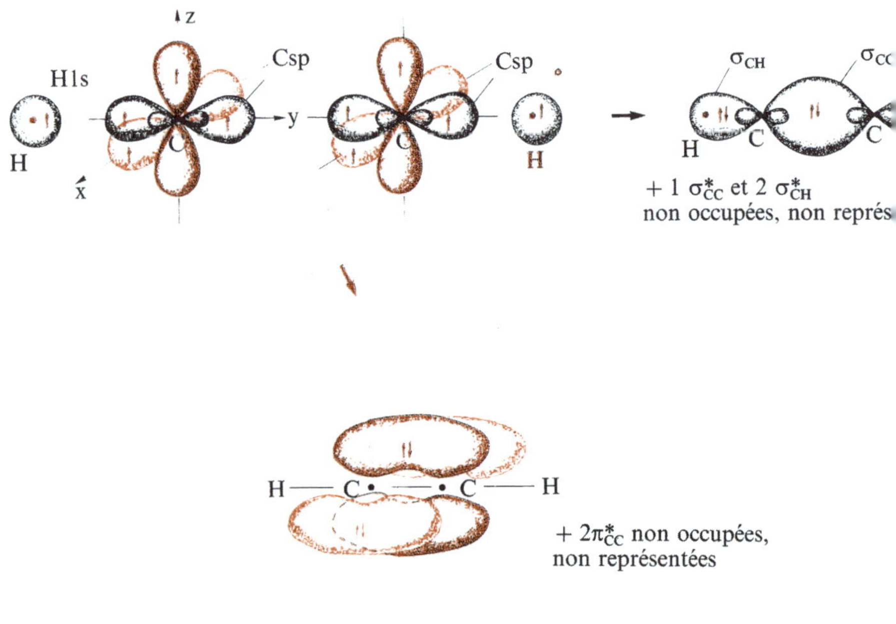

FIGURE 2.2.2.3.-1

Représentation schématique de la formation des liaisons σ et π de la molécule d'acétylène C_2H_2.

★ Ceci est le cas du cis-rétinal dans le processus de la vision (C, 2.3.2.1.2.).

$\Delta H_{(C\equiv C)}$ – 961 kJ . mol^{-1}. (Dans les composés acétyléniques les valeurs moyennes sont, pour la liaison C≡C : longueur 0,120 nm, $\Delta H_{(C\equiv C)}$ – 811 kJ . mol^{-1}).

Pour décrire la molécule d'acétylène on utilise l'hybridation sp pour chaque atome de carbone (tableau 2.2.1.-1.). Dans cet état d'hybridation sp, la configuration électronique de chaque carbone est $(sp)^1 (sp)^1 (2p_x)^1 (2p_z)^1$. Les deux orbitales sp servent à former les liaisons σ_{CH} et σ_{CC}, par recouvrement longitudinal avec l'orbitale 1s de l'atome d'hydrogène et avec l'orbitale sp du carbone voisin suivant la direction de l'axe CC. Il reste alors deux orbitales atomiques 2p non utilisées sur chaque atome de carbone. Ces quatre orbitales atomiques 2p, de même symétrie deux à deux par rapport à deux plans perpendiculaires passant par l'axe CC, donnent par recouvrement latéral deux orbitales moléculaires π liantes orthogonales et les deux orbitales moléculaires π^* antiliantes correspondantes (fig. 2.2.2.3.-1).

Dans l'état fondamental de la molécule d'acétylène, les dix électrons de valence (8 des atomes de carbone, 2 des atomes d'hydrogène) sont répartis comme suit : six électrons dans les trois orbitales moléculaires σ liantes qui correspondent à la liaison σ_{CC} et aux deux liaisons σ_{CH}, quatre électrons dans les deux orbitales moléculaires π liantes qui correspondent aux deux liaisons π_{CC}.

On utilise, pour la molécule d'acide cyanhydrique HCN et pour l'ion cyanure $^-$CN, le même type de description basé sur l'hybridation sp des atomes triplement liés. Dans les deux cas le doublet libre de l'atome d'azote est localisé dans l'orbitale sp non liante de cet atome. Dans l'ion cyanure, l'orbitale sp non liante de l'atome de carbone, porteur de la charge négative, contient le doublet libre localisé sur cet atome (fig. 2.2.2.3.-2).

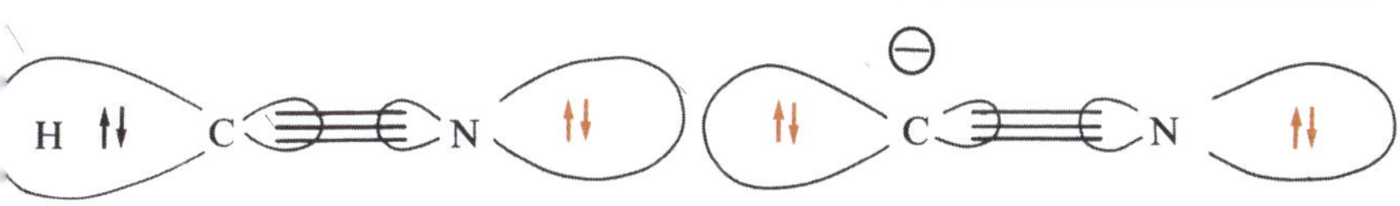

FIGURE 2.2.2.3.-2

Représentation schématique de la localisation des paires d'électrons non liants de HCN **et de** $^-$CN **à l'aide de l'hybridation** sp.

2.2.3. MOLÉCULES CONJUGUÉES, RÉSONANCE, AROMATICITÉ

Les molécules conjuguées sont des molécules qui contiennent des liaisons multiples (doubles ou triples liaisons) alternant avec des liaisons simples, ou des liaisons multiples et des atomes porteurs d'une paire d'électrons non liants alternant avec des liaisons simples (fig. 2.2.3.-1).

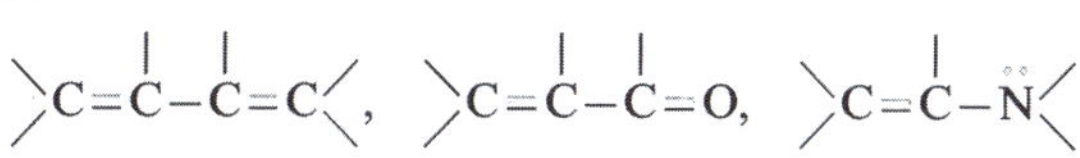

L'ensemble des liaisons σ de la molécule est appelé *squelette σ*. L'ensemble des liaisons π et des paires d'électrons non liants en conjugaison est appelé *système π*.

Les molécules conjuguées ont les propriétés suivantes :

– le squelette σ, auquel est associé le système π, est plan★;
– les orbitales π et p★ du système π ont la même symétrie par rapport au plan du squelette σ et présentent une interaction latérale entre elles (fig. 2.2.3.-1).

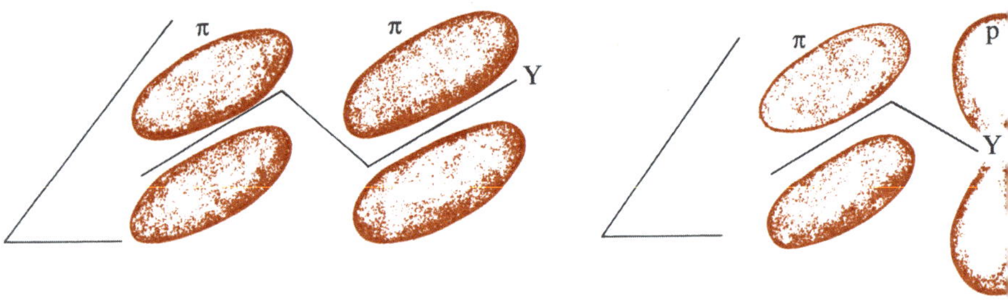

FIGURE 2.2.3.-1
Schémas de deux types de systèmes conjugués.
Pour le premier type Y **peut être :** C, N, N^+, O, O^+.....
Pour le second type Y **peut être :** C^-, C^+, N, N^-, O, O^-.....

Il existe aussi des ions pour lesquels une orbitale p pleine (cas d'un anion) ou vide (cas d'un cation) est en conjugaison avec une ou plusieurs orbitales π (fig. 2.2.3.-1).

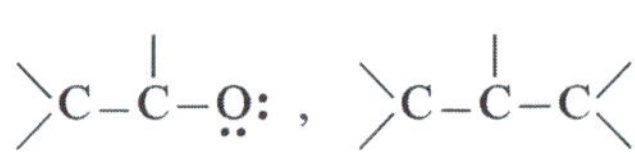

Les caractéristiques structurales des molécules et ions conjugués montrent que le système π n'est pas correctement décrit à l'aide d'orbitales moléculaires π localisées et d'orbitales non liantes *indépendantes*. La description du système π des molécules et ions conjugués doit rendre compte de la délocalisation des électrons π et p★ sur l'ensemble des atomes du système.

★ A cause de la planéité du squelette σ, tous les atomes qui en font partie sont décrits dans l'état d'hybridation sp^2. Les doublets libres participant à la conjugaison sont donc considérés comme appartenant à des orbitales atomiques p, d'où leur appellation d'électrons « p ».

2.2.3.1. BENZÈNE

La molécule de benzène, C_6H_6, est une molécule plane que l'on peut représenter par la structure de Lewis suivante :

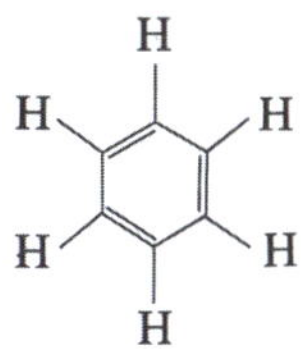

Cependant, dans cette molécule conjuguée, les six liaisons CC sont équivalentes et leur longueur, 0,139 nm, est intermédiaire entre celle d'une liaison simple C – C (entre deux atomes de carbone sp^3), 0,154 nm, et celle d'une double liaison C = C isolée, 0,134 nm. Les angles entre les liaisons CC et les liaisons CC et CH sont de 120°. La représentation de la molécule de benzène, par la structure de Lewis ci-dessus, n'est donc pas entièrement satisfaisante. On peut décrire cette molécule de deux façons : soit à l'aide d'orbitales moléculaires délocalisées pour le système π, soit à l'aide d'orbitales moléculaires localisées pour toutes les liaisons, en utilisant la méthode de la résonance.

Dans la première description, le squelette σ est représenté avec des orbitales moléculaires localisées, en considérant chaque atome de carbone dans l'état d'hybridation sp^2. Pour chaque carbone, parmi les trois orbitales atomiques sp^2, deux participent à la formation de deux liaisons σ_{CC} et la troisième à la formation de la liaison σ_{CH}. Il reste alors, sur chaque carbone, une orbitale atomique 2p non utilisée. Pour la molécule entière, il existe ainsi six orbitales atomiques 2p, adjacentes et perpendiculaires au plan de la molécule, qui présentent une interaction latérale. Les combinaisons linéaires de ces six orbitales 2p donnent six orbitales moléculaires, trois liantes et trois antiliantes, délocalisées sur les six atomes de carbone de la molécule de benzène. Ces six orbitales moléculaires admettent le plan de la molécule pour plan nodal et les domaines correspondants de probabilité de présence des électrons sont de part et d'autre de ce plan. La figure 2.2.3.1.-1 représente schématiquement la formation des six orbitales moléculaires.

Le diagramme des niveaux d'énergie des orbitales moléculaires relatif au seul système π (fig. 2.2.3.1.-2) classe les six orbitales moléculaires par ordre d'énergie croissante. Les deux orbitales Ψ_2 et Ψ_3 qui présentent le même nombre de nœuds (deux) ont le même caractère liant global et sont de même énergie (dégénérées). Il en est de même des deux orbitales moléculaires Ψ_4 et Ψ_5 antiliantes.

On peut montrer que l'énergie négative qui correspond à la stabilisation d'un électron, due à son interaction avec plusieurs noyaux, est deux fois plus grande dans l'orbitale moléculaire Ψ_1 que dans les orbitales Ψ_2 et Ψ_3. Pour ces deux dernières, cette stabilisation est égale à celle d'un électron 2p placé dans l'orbitale π liante d'une double liaison C = C isolée de longueur 0,139 nm.

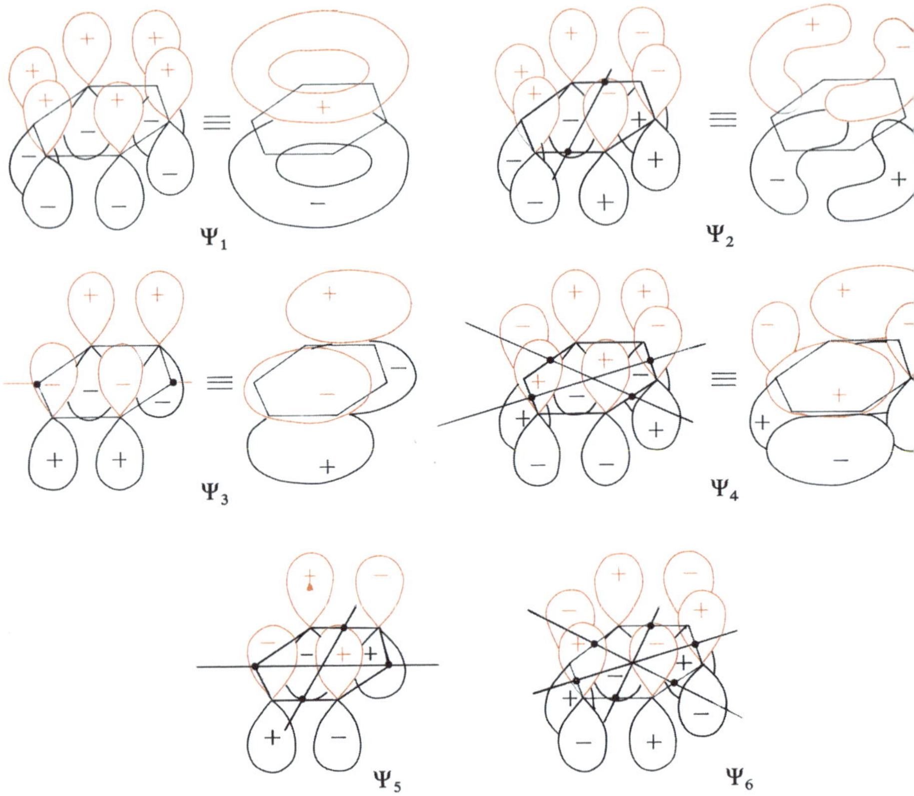

FIGURE 2.2.3.1.-1

Représentation schématique de la formation des six orbitales moléculaires du système π de la molécule de benzène.

Dans l'état fondamental de la molécule de benzène, les six électrons de valence 2p, appartenant aux six atomes de carbone sp^2, sont répartis dans les trois orbitales moléculaires liantes Ψ_1, Ψ_2 et Ψ_3.

L'autre description de la molécule de benzène, à l'aide d'orbitales moléculaires π localisées (chacune entre deux atomes de carbone) pose le même problème que celui rencontré précédemment lors de l'écriture des ions nitrite (NO_2^-), sulfate (SO_4^{2-}) et phosphate (PO_4^{3-}) (1.2.3.). En effet, les six liaisons CC du benzène étant équivalentes, on doit faire appel aux deux formes de résonance suivantes (dites formes de Kékulé) :

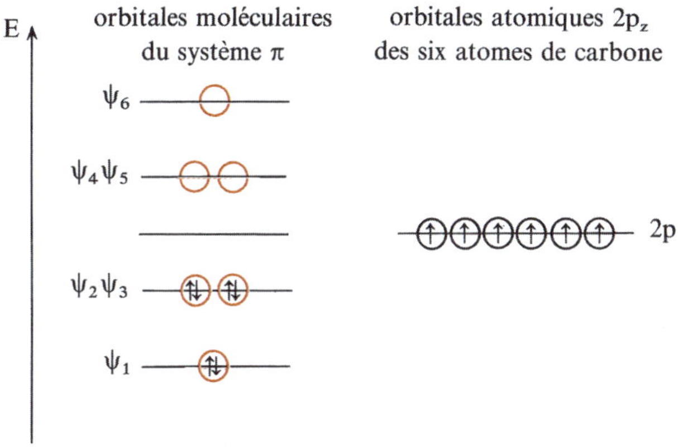

FIGURE 2.2.3.1.-2

Diagramme des niveaux d'énergie des orbitales moléculaires pour le système π du benzène.

pour rendre compte des données expérimentales. Aucune de ces formes n'a de réalité physique, pas plus que celles, dites de Dewar, représentées ci-dessous. La molécule réelle ne peut être représentée que par l'ensemble des formes de résonance, les deux formes de Kékulé équivalentes ayant la meilleure contribution à cette description. Pour illustrer la délocalisation des électrons π et éviter l'écriture de plusieurs formes limites, on représente souvent la molécule de benzène en schématisant la délocalisation électronique par un cercle :

Il est possible d'évaluer la différence d'énergie qui existe entre une forme de Kékulé et la molécule réelle de benzène. Cette différence est appelée *énergie de résonance*. On peut, par exemple, prendre comme valeur de l'énergie de résonance la différence entre l'enthalpie d'hydrogénation calculée★ du cyclohexatriène-1, 3, 5,

★ Les enthalpies d'hydrogénation déterminées expérimentalement, pour le butène-1 ($CH_3-CH_2-CH=CH_2$) et l'hexadiène-1,5 ($CH_2=CH-CH_2-CH_2-CH=CH_2$) dans lequel les doubles liaisons sont isolées, sont respectivement de – 127 et – 253 kJ . mol^{-1}. Ceci permet de calculer une enthalpie d'hydrogénation de – 357 kJ . mol^{-1} pour le cyclohexatriène – 1, 3, 5 dans lequel les trois doubles liaisons seraient considérées comme isolées.

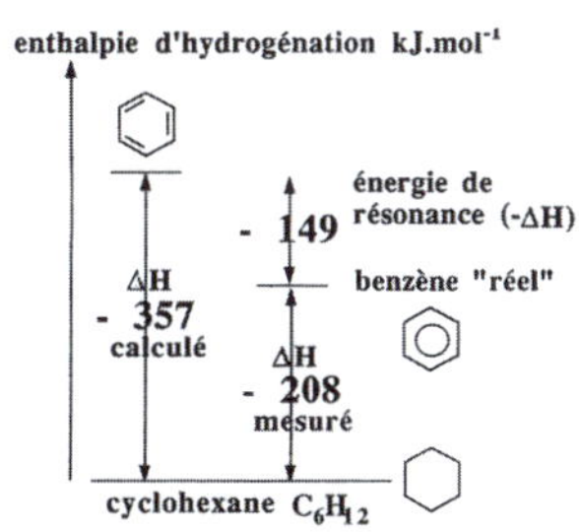

hypothétique (forme de Kékulé dans laquelle les trois liaisons π seraient indépendantes) et l'enthalpie d'hydrogénation du benzène, déterminée expérimentalement. L'énergie thermique libérée par l'hydrogénation du benzène est de l'ordre de 150 kJ . mol^{-1} inférieure à celle calculée pour l'hydrogénation du cyclohexatriène – 1, 3, 5. Cette différence, ou énergie de résonance, qui traduit une stabilité plus grande de la molécule réelle comparée à celle de la structure hypothétique de Kékulé, est souvent identifiée au gain de stabilité dû à la délocalisation des électrons π.

2.2.3.2. BUTADIÈNE

La molécule de butadiène, C_4H_6, est une molécule acyclique que l'on peut représenter par la structure de Lewis suivante :

$$\underset{1}{C}H_2=\underset{2}{C}H-\underset{3}{C}H=\underset{4}{C}H_2$$

Cependant, dans cette molécule, la longueur de la liaison centrale C_2C_3, 0,148 nm, est comprise entre celle d'une liaison simple C–C (entre deux atomes de carbone sp^3), 0,154 nm, et celle d'une double liaison isolée C=C, 0,135 nm. Elle est plus grande que la longueur des liaisons CC du benzène, 0,139 nm. Les angles entre les liaisons CC et les liaisons CC et CH sont tous voisins de 120°. Dans son état le plus stable, la molécule de butadiène adopte une conformation plane (C,2.2.) représentée ci-dessous :

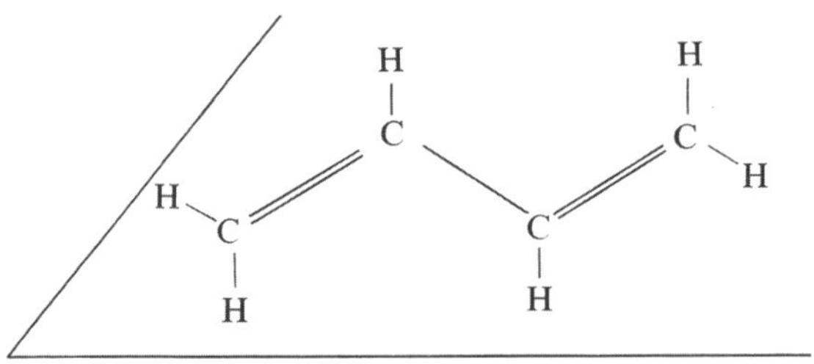

Comme dans le cas du benzène, on peut décrire cette molécule de deux façons.

Si on fait appel à des orbitales moléculaires délocalisées pour décrire le système π, celles-ci sont construites à partir des quatre orbitales atomiques 2p, non utilisées pour la formation des liaisons σ_{CC} et σ_{CH}, qui sont disponibles sur les quatre atomes de carbone décrits dans l'état d'hybridation sp^2. Les combinaisons linéaires de ces quatre orbitales atomiques 2p requièrent la *planéité* de la molécule. Elles donnent quatre orbitales moléculaires, deux liantes et deux antiliantes (fig. 2.2.3.2.-1).

Le diagramme des niveaux d'énergie des orbitales moléculaires relatif au seul système π classe les quatre orbitales moléculaires par ordre d'énergie croissante (2.2.3.2.-2).

L'orbitale moléculaire ψ_1, liante sur les quatre atomes de carbone de la molécule, est

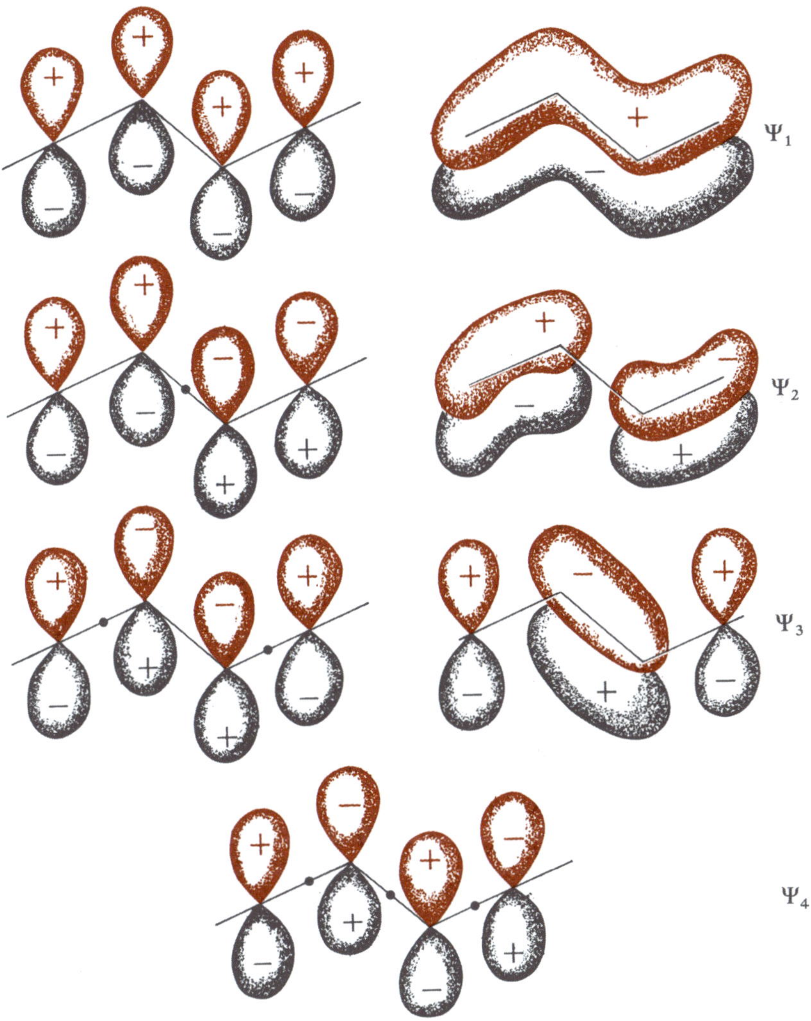

FIGURE 2.2.3.2.-1

Représentation schématique de la formation des quatre orbitales moléculaires du système π de la molécule de butadiène.

d'énergie plus basse que l'orbitale moléculaire ψ_2 liante entes les atomes C_1C_2 et C_3C_4 mais antiliante entre les atomes C_2C_3 (fig. 2.2.3.2.-1).

Dans l'état fondamental de la molécule de butadiène, les quatre électrons de valence 2p, appartenant aux quatre atomes de carbone sp^2, sont placés dans les deux orbitales moléculaires liantes ψ_1 et ψ_2.

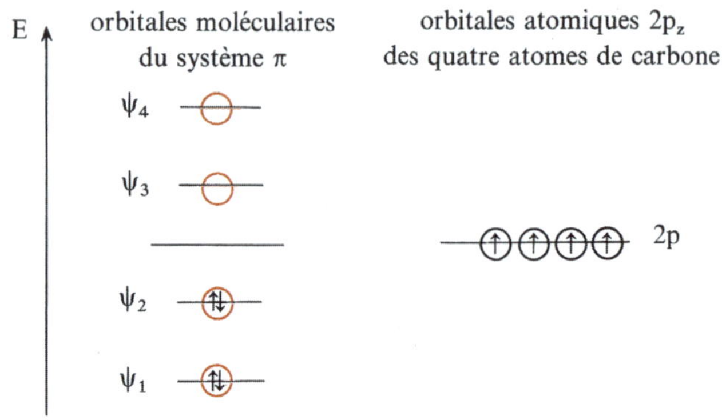

FIGURE 2.2.3.2.-2

Diagramme des niveaux d'énergie des orbitales moléculaires pour le système π du butadiène.

La description de la molécule de butadiène, utilisant deux orbitales moléculaires π localisées, nécessite l'écriture de formes de résonance destinées à rendre compte de la longueur de la liaison C_2C_3 (inférieure à celle d'une liaison simple C – C) et de la conformation plane privilégiée de la molécule. Ceci est parfois appelé le « caractère de double liaison » de la liaison C_2C_3. On peut écrire les trois formes de résonance suivantes :

$$\underset{b}{\overset{+}{C}H_2 - CH = CH - \overset{-}{C}H_2} \longleftrightarrow \underset{a}{CH_2 = CH - CH = CH_2} \longleftrightarrow \underset{c}{\overset{-}{C}H_2 - CH = CH - \overset{+}{C}H_2}$$

La contribution de la forme *a*, qui n'implique pas de séparation de charges de signes opposés, est supérieure à celle des formes *b* et *c* pour la description de la molécule de butadiène (voir 2.2.3.3.).

L'énergie de résonance entre la structure limite *a* du butadiène et la molécule réelle peut être évaluée à 12,5 kJ . mol^{-1}. Cette faible valeur, comparée à celle du benzène, montre que la structure hypothétique *a* est une assez bonne représentation de la molécule de butadiène. Le gain de stabilité dû à la délocalisation des électrons π est beaucoup plus faible dans le butadiène que dans le benzène.

2.2.3.3. RÈGLES DE LA MÉTHODE DE LA RÉSONANCE

La méthode de la résonance complète la théorie de la liaison de valence pour la description des molécules. Il y a résonance lorsque, pour traduire une réalité expérimentale, la description d'une molécule, ou d'un ion, nécessite le recours à plusieurs formes limites qui ne diffèrent que par la localisation d'électrons π et p, *les noyaux du système π considéré étant fixes et dans un même plan.* Ces diverses formes de résonance sont représentées par des structures de Lewis (1.2.3., 2.2.3.1., 2.2.3.2.).

En chimie organique, les formes de résonance vont permettre de décrire facilement la délocalisation des électrons π et p dans les molécules et les intermédiaires réactionnels. L'utilité de cette représentation réside dans le fait que la répartition des électrons π et p gouverne en grande partie la réactivité chimique des systèmes conjugués.

L'application qualitative de la méthode de la résonance repose sur un certain nombre de règles.

1) Quand la représentation d'une molécule ou d'un ion peut faire intervenir plusieurs formes de résonance, cette molécule ou cet ion ne sont correctement représentés que par l'ensemble des formes limites. La contribution de chaque forme doit être pondérée pour que la description rende le mieux compte possible de la réalité expérimentale.

2) – Les formes limites qui contribuent le mieux à la représentation des molécules sont celles qui impliquent le maximum de liaisons.

Par exemple, pour le butadiène (2.2.3.2.), parmi les trois formes suivantes :

$$\underset{b}{\overset{+}{C}H_2-CH=CH-\overset{-}{C}H_2} \longleftrightarrow \underset{a}{CH_2=CH-CH=CH_2} \longleftrightarrow \underset{c}{\overset{-}{C}H_2-CH=CH-\overset{+}{C}H_2}$$

la forme limite *a*, avec deux liaisons π, est celle qui contribue le mieux à la description de la molécule.

– Dans le cas des ions, les meilleures formes limites sont celles qui localisent la charge en accord avec les électronégativités relatives des atomes.

Par exemple, pour l'anion en α du carbonyle de l'acétone (3.4.; 3.5.2.2.), représenté par les deux formes suivantes :

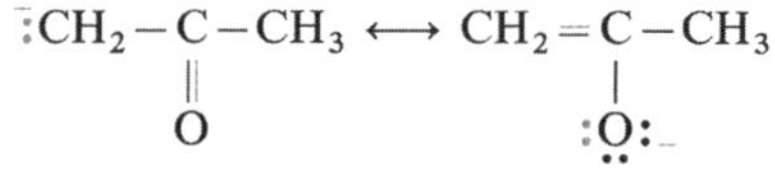

forme limite carbéniate *a* — forme limite énolate *b*

la forme énolate *b*, qui localise la charge sur l'atome d'oxygène, a la contribution la plus importante à la description de l'anion. *En chimie organique cet anion est fréquemment appelé « anion énolate ».*

– Les formes limites qui font apparaître une séparation de charges de signes opposés (sans diminution du nombre de liaisons π) contribuent moins que les formes sans charges à la représentation de la structure réelle.

Par exemple, pour l'acétate de méthyle et l'éther de méthyle et de vinyle, on peut écrire dans chaque cas deux formes de résonance :

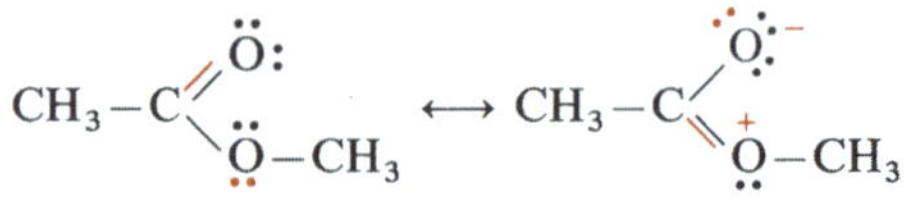

a *b*

a *b*

mais à chaque fois la forme *b* contribue très faiblement à la description de la molécule (d'autant plus que, dans les deux cas considérés, elle localise une charge positive sur un atome d'oxygène électronégatif).

— Les formes limites qui font apparaître une séparation de charges au détriment d'une liaison π doivent localiser la charge négative sur l'atome le plus électronégatif.

Par exemple, pour l'acétone, parmi les trois formes suivantes :

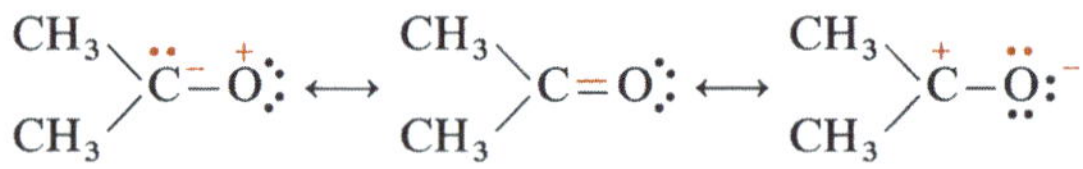

b *a* *c*

seules les formes *a* et *c* rendent compte des propriétés de la molécule.

— Dans tous les cas les déplacements formels d'électrons π et p doivent respecter le nombre maximum de huit électrons de valence pour les atomes de la deuxième période.

Par exemple, il n'est pas possible d'écrire les formes de résonance *b* dans les deux cas suivants :

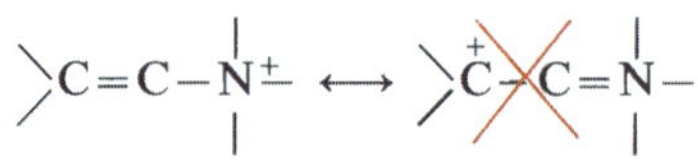

a *b*

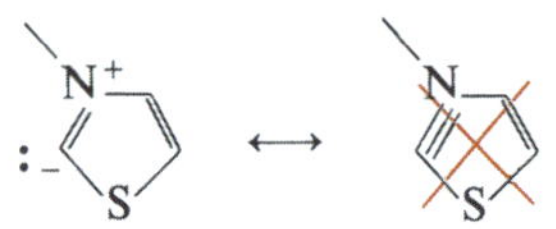

(ch. 4, III, 2.7.)

a *b*

3) En général, l'énergie de résonance est la plus grande lorsque toutes les formes limites d'une molécule ou d'un ion sont équivalentes*.

* Ceci n'est pas valable pour les systèmes dits antiaromatiques (cf. 2.2.3.4.).

Ainsi pour le benzène, représenté par les deux formes de Kékulé (2.2.3.1.) :

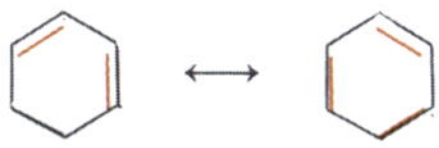

et pour l'anion acétate, représenté par les deux formes suivantes :

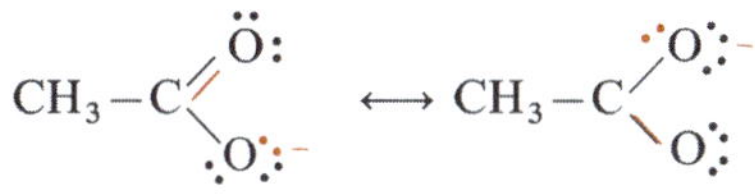

l'énergie de résonance est élevée et reflète l'importance de la délocalisation des électrons π et p dans les structures réelles. Cette délocalisation est souvent schématisée de la façon suivante :

 (2.2.3.1.) et 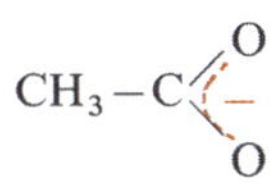

La nécessité d'utiliser plusieurs formes de résonance pour représenter une molécule est généralement associée à une plus grande stabilité de cette molécule comparée à la molécule hypothétique qui correspondrait à la plus stable des formes limites*. Cependant le simple dénombrement des formes de résonance de molécules différentes n'est pas un critère d'évaluation des stabilités relatives de ces molécules si on ne tient pas compte de la qualité de ces formes pour la représentation des structures réelles.

2.2.3.4. AROMATICITÉ

La théorie des orbitales moléculaires permet de montrer que les composés conjugués (molécules ou ions), *monocycliques* plans, ayant un système π à $4n + 2$ électrons (avec $n = 0, 1, 2, ...$) (règle de Hückel), présentent une grande énergie de résonance. Ces molécules ou ions, qui peuvent comporter des hétéroatomes (O, N, S), sont dits *aromatiques*, et leur propriété de présenter une grande énergie de résonance, due à la délocalisation des électrons du système π, est appelée *aromaticité*. La molécule de benzène ($n = 1$) (2.2.3.1.) est l'exemple type d'une molécule aromatique**.

---

* Même note que page 84.

** Le cas $n = 0$ correspond au cation cyclopropényle

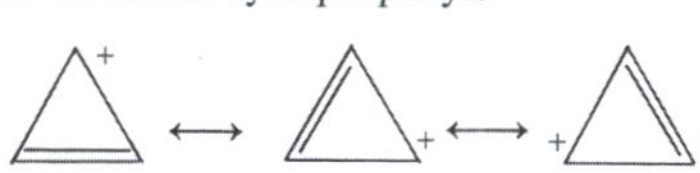

De tels cations, portant divers substituants sur les atomes de carbone du cycle, ont été préparés et présentent une stabilité supérieure à celle des carbocations allyliques linéaires (2.2.3.3.).

$n = 1$:

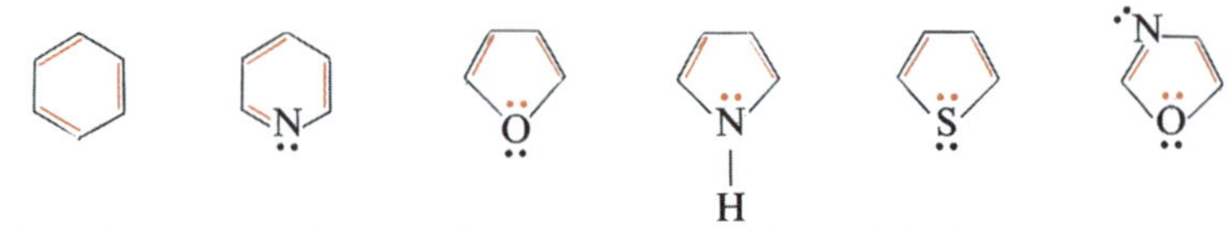

benzène pyridine furanne pyrrole thiophène oxazole

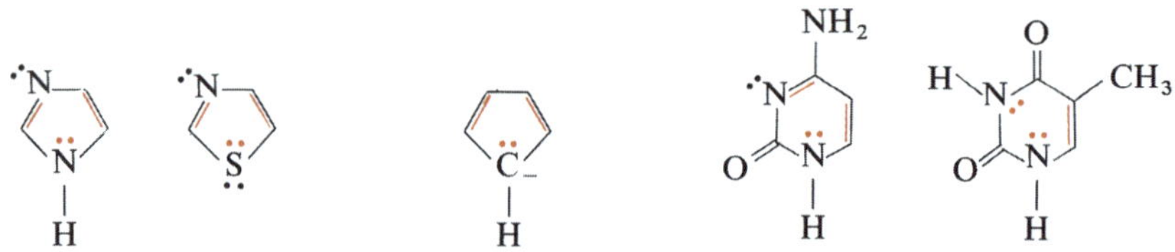

imidazole thiazole anion cyclopentadiényle cytosine* thymine*

$n = 2$:

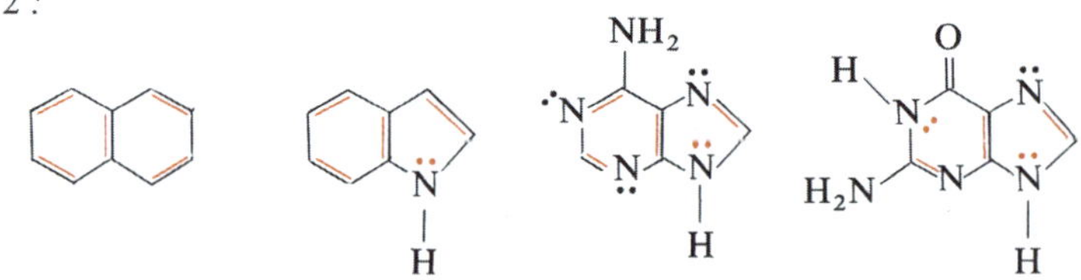

naphtalène indole adénine* guanine*

FIGURE 2.2.3.4.-1

Exemples de molécules aromatiques ayant (4n + 2) **électrons** π **et** p **en conjugaison avec** n = 1 **et** n = 2.

L'énergie de résonance du naphtalène, qui comporte dix électrons en conjugaison, est de 255 kJ . mol^{-1}*. Elle est supérieure à celle du benzène, 150 kJ . mol*$^{-1}$*, qui correspond à la délocalisation de six électrons π.*

Les énergies de résonance de la cytosine, de la thymine, de l'adénine et de la guanine sont respectivement de 171, 154, 292 et 288 kJ . mol^{-1} **, *c'est-à-dire de l'ordre de grandeur de celles des molécules aromatiques comparables.*

---

* Cette forme de résonance correspond à une seule forme tautomère de la molécule (C, 1.2.).

** Ceci met en évidence la contribution des formes de résonance suivantes à la description de ces molécules :

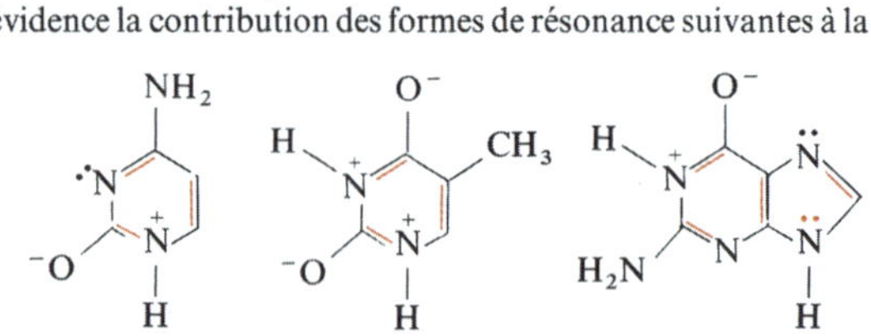

La même théorie des orbitales moléculaires indique que les composés conjugués, monocycliques plans, ayant un système π à 4n électrons, présentent au contraire un phénomène de déstabilisation par rapport à la meilleure forme de résonance de la molécule, appelé *antiaromaticité*. Il en est ainsi pour le cyclobutadiène :

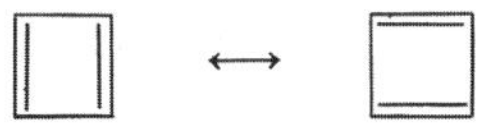

Certaines molécules *polycycliques* comportant 4n + 2 électrons π et p en conjugaison, présentent une grande énergie de résonance et peuvent être considérées comme aromatiques.

On donne ci-contre des exemples de molécules aromatiques possédant six et dix électrons π et p conjugués (n = 1 et 2). Ces molécules sont représentées à l'aide de leur forme de résonance de plus basse énergie (fig. 2.2.3.4.-1).

Les composés aromatiques sont plans, ce qui permet la délocalisation de tous les électrons du système π. Ceci impose que chaque atome du cycle soit décrit dans un état d'hybridation sp^2. Ainsi les doublets libres de la pyridine, du furanne, du thiophène, de l'oxazole, de l'imidazole, etc... qui ne sont pas engagés dans la résonance, sont localisés dans des orbitales atomiques sp^2 dont l'axe de révolution est dans le plan du cycle aromatique.

Les porphyrines sont un autre exemple de composé aromatique polycyclique (fig. 2.2.3.4.-2). Ces molécules, d'une très grande stabilité, coordinent très efficacement les ions des métaux de transition, par exemple l'ion ferreux Fe^{2+} dans l'hème de l'hémoglobine (I; III, 2.).

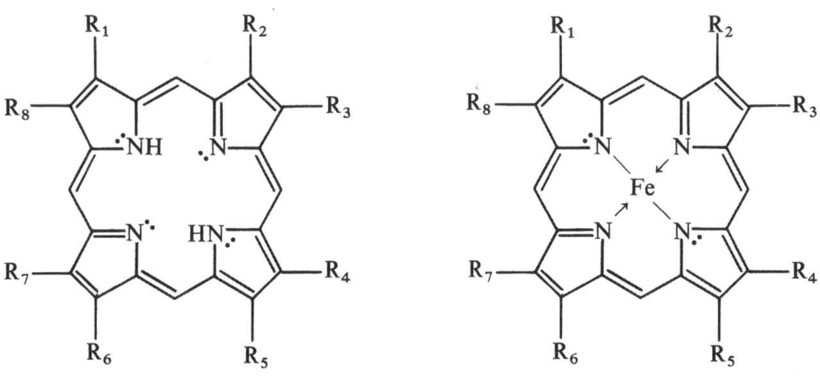

FIGURE 2.2.3.4.-2.

Schéma d'une porphyrine et de son complexe du fer (II).

Dans les deux cas le cycle porphyrinique est aromatique.
Les diverses porphyrines diffèrent par la nature des substituants R sur les noyaux pyrroliques (III, 2.).

3. Polarisation des liaisons. Effets inductif et mésomère

3.1. Moment dipolaire. Cas limite de la liaison « ionique »

La molécule d'acide fluorhydrique HF possède un moment dipolaire électrique permanent, mesurable. On dit que la liaison H – F est *polarisée*. Ceci se traduit par une description de la molécule dans laquelle la densité de probabilité de présence des électrons dans l'orbitale moléculaire σ_{H-F} est plus grande au voisinage du fluor que de l'hydrogène. Sur le diagramme des niveaux d'énergie des orbitales moléculaires de HF, l'orbitale σ_y est plus proche de l'orbitale atomique $2p_y$ du fluor que de l'orbitale 1s de l'hydrogène (2.1.1.2.).

Connaissant la distance d des deux atomes de fluor et d'hydrogène, on peut formellement leur attribuer les charges partielles respectives $-\delta$ et $+\delta$, qui ainsi localisées donneraient le moment dipolaire expérimental :

$$\mu = \delta \times d$$

La molécule HF est alors représentée par $\overset{+\delta}{H} - \overset{-\delta}{F}$.

Le moment dipolaire, grandeur vectorielle, est orienté, en chimie★, de la charge $+\delta$ vers la charge $-\delta$.

$$\underset{\mu}{\overset{\text{H}-\text{F}}{\longmapsto}}$$

Dans le système d'unités international, le moment dipolaire est exprimé en C × m. Cette unité est très mal adaptée à l'atomistique et on utilise en pratique le debye (D), $1\ D = 3{,}33 \times 10^{-30}\ C \cdot m$.

Pour deux charges + e et – e (exprimées en C) distantes de 0,1 nm (1 Å) on a : $\mu = 1e \times 0{,}1 = 4{,}8\ D$, d'où, pour une charge partielle δ exprimée en coulombs et une distance interatomique d exprimée en nm : $\mu = 48 \times \frac{\delta}{e} \times d$. Pour HF on a $\mu = 1{,}82\ D$, avec d = 0,092 nm (0,92 Å).

Pour une liaison polarisée, on définit le *caractère ionique partiel* de la liaison. Par exemple, dans le cas de HF, le caractère ionique partiel est égal au rapport (exprimé en %) entre le moment dipolaire expérimental μ_{exp} de $\overset{+\delta}{H} - \overset{-\delta}{F}$ et le moment dipolaire théorique qui correspondrait au transfert total de l'électron de l'hydrogène sur le fluor,

★ La convention d'orientation inverse est utilisée en physique.

c'est-à-dire à $\mu_{H^+F^-}$ de $H^+ \cdots F^-$, les deux ions étant toujours distants de 0,092 nm.

$$\left\{\begin{matrix}\text{caractère ionique partiel}\\ \text{de HF}\end{matrix}\right\} = \frac{\mu_{HF_{exp}}}{\mu_{H^+F^-}} \times 100 = \frac{1,82}{48 \times 1 \times 0,092} \times 100 = 42\ \%$$

D'une façon générale, le moment dipolaire d'une molécule polyatomique est la résultante des moments dipolaires dus aux liaisons polarisées entre atomes d'électronégativités différentes.

Les molécules apolaires ont un moment dipolaire nul, soit parce que leurs liaisons ne sont pas polarisées, soit parce que les moments dipolaires de liaison ont une résultante nulle, comme dans le cas du tétrachlorure de carbone CCl_4★.

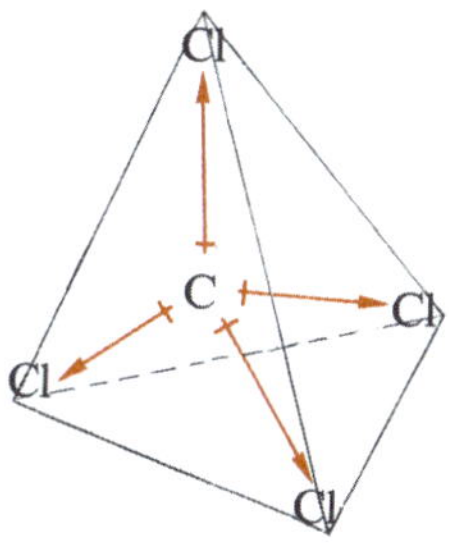

Les molécules polaires ont un moment résultant différent de zéro. Ainsi, la molécule d'eau a un moment dipolaire de 1,85 D, résultant des moments dipolaires des deux liaisons O – H★★:

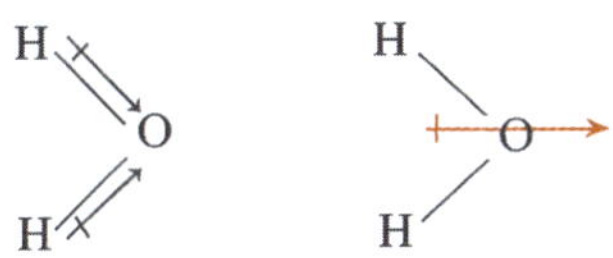

Le tableau 3.1.-1 donne les moments dipolaires de quelques liaisons, groupes d'atomes et molécules.

Cas limite de la liaison « ionique »

Le fluorure de sodium, à l'état de vapeur, est constitué de molécules NaF dont la liaison entre les atomes de sodium et de fluor a un caractère ionique partiel évalué à 90 %. Ceci correspond à une liaison très fortement polarisée.

La situation limite est rencontrée, par exemple, pour le fluorure de sodium ou le chlorure de sodium, à l'état solide, pour lesquels on ne peut plus distinguer de

★ Compte tenu des vibrations des liaisons, le moment dipolaire instantané d'une molécule de CCl_4 n'est pas nul car les liaisons n'ont pas toutes rigoureusement la même longueur à chaque instant. Cependant la valeur moyenne du moment dipolaire mesuré pour une mole est nulle.

★★ Dans le moment dipolaire de chaque liaison O – H est englobée la contribution des deux paires d'électrons libres de l'atome d'oxygène.

TABLEAU 3.1.-1

Valeurs en debyes de quelques moments dipolaires de liaisons, de groupes d'atomes et de molécules en phase gazeuse.

Liaisons ⟼	μ(1)	Groupes ⟼	μ(1)	Molécules ⟼	μ(2)
H–C	0,4	$H_3C-\ddot{O}-$	1,3	H–F	1,82
C–Cl	1,46	$H_2\ddot{N}-$	1,2	H–I	0,44
C–I	1,19	$-C(=O)OH$	1,7	$H_3N:$	1,47
C–N	0,22	$H_3C-C(=O)-$	2,7	H_2O	1,85
C–O	0,74	$-\overset{+}{N}(=O)O^-$	3,1	$:\overset{+}{O}\equiv C:^- \longleftrightarrow :\ddot{O}=C:$	0,11
C=O	2,3	$-\ddot{N}(-)-C(=O)-$	3,7	$H_2C=O$	2,33
		$-C\equiv N$	4,0	$H-C(=O)OH$	1,41
				$H-C\equiv N$	2,98
				$CH_3-\overset{+}{N}(=O)O^-$	3,46
				$CH_3-C\equiv N$	3,92

(1) Valeurs issues de : C. P. Smyth, *Dielectric behavior and structure*, Mc Graw-Hill, New York, 1955, p. 202-392.
(2) *Handbook of Chemistry and Physics*, 56e éd. CRC Press 1975-1976, p. E-63, E-65.

molécule. Ces composés se présentent sous forme d'un réseau cristallin d'ions Na^+ et F^- ou Cl^-, disposés de telle manière que leur attraction électrostatique soit maximale. Ainsi, dans le cas de NaCl, chaque ion est entouré de six ions de charge opposée (fig. 3.1.-1).

La liaison purement électrostatique entre ions de charges opposées, appelée liaison « ionique », responsable de la stabilité des édifices cristallins ioniques, est un cas extrême de la liaison covalente polarisée (2.1.1.2.).

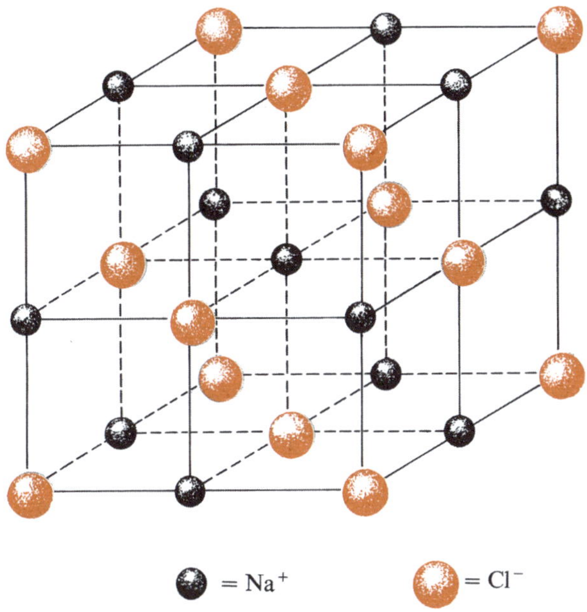

FIGURE 3.1.-1

Un exemple de réseau cristallin pour un composé ionique : cas du chlorure de sodium NaCl.
Le schéma représente la maille unitaire du réseau cristallin. La taille des ions est réduite dans un but de clarté. En réalité, dans le cristal, les ions de charges opposées sont au contact.

3.2. Échelle d'électronégativité de Pauling

On a vu précédemment la notion d'électronégativité et l'échelle d'électronégativité de Mulliken (A, 6.4.). Une autre échelle d'électronégativité, proposée par Pauling, est basée sur un raisonnement que l'on applique ici à la détermination de l'électronégativité de l'hydrogène χ_H, connaissant les énergies de dissociation de H_2, F_2 et HF :

$$\Delta H_{diss\,H_2} = -\Delta H_{H_2} = |\Delta H_{H_2}| = 435\,kJ.mol^{-1};\ \Delta H_{diss\,F_2} = |\Delta H_{F_2}| = 153\,kJ.mol^{-1};$$
$$\Delta H_{diss\,HF} = |\Delta H_{HF}| = 568\ kJ\ .\ mol^{-1}.$$

La suggestion de Pauling est que si les atomes H et F avaient la même électronégativité et « partageaient » également les deux électrons de la liaison σ_{HF}, $|\Delta H_{HF}|$ serait la moyenne géométrique de $|\Delta H_{H_2}|$ et $|\Delta H_{F_2}|$ soit :

$$|\Delta H_{HF}| = \sqrt{|\Delta H_{H_2}| \times |\Delta H_{F_2}|} = 258 \text{ kJ . mol}^{-1},$$

valeur très différente de la valeur expérimentale : $|\Delta H_{HF}| = 568$ kJ . mol^{-1}. Pauling attribue le supplément d'énergie Δ' de la liaison H−F, par rapport à 258 kJ . mol^{-1}, à la composante électrostatique de cette liaison, due à son caractère ionique partiel, soit :

$$\Delta' = |\Delta H_{HF}| - \sqrt{|\Delta H_{H_2}| \times |\Delta H_{F_2}|} = 310 \text{ kJ . mol}^{-1}$$

et il relie de façon empirique la différence d'électronégativité entre F et H à $\sqrt{\Delta'}$. Les électronégativités étant exprimées en eV et Δ' en kJ . mol^{-1}, on a :

$$\chi_F - \chi_H = 0{,}10\sqrt{\Delta'}$$

L'électronégativité du fluor, χ_F, a été choisie comme référence et prise égale à 4. De là on peut calculer l'électronégativité de l'hydrogène dans l'échelle de Pauling :

$$\chi_H = 4 - 0{,}10\sqrt{310} = 2{,}2$$

On peut procéder de la même façon pour les autres atomes (voir les électronégativités des éléments dans la classification périodique p. 276).

Les deux échelles de Mulliken et Pauling conduisent à des valeurs numériques différentes, mais elles sont en bon accord en ce qui concerne les électronégativités *relatives* des atomes.

3.3. Effet inductif

Lorsque deux atomes d'électronégativités différentes sont liés par une liaison σ dans une molécule ou un ion, cette liaison est polarisée. Ce phénomène est mis en évidence par l'existence d'un moment dipolaire de liaison (3.1.). Il est interprété par un accroissement de la densité de probabilité de présence des électrons de liaison à proximité de l'atome le plus électronégatif (2.1.1.2.).

L'effet de polarisation des liaisons σ par des atomes ou groupes d'atomes est appelé effet inductif.

Cet effet peut se transmettre de proche en proche sur le squelette σ, mais pas de façon notable au-delà de trois liaisons. On peut symboliser l'effet inductif d'un atome électronégatif Z, sur les structures de Lewis des molécules, par la pointe d'une flèche placée sur la liaison σ et orientée vers l'atome le plus électronégatif :

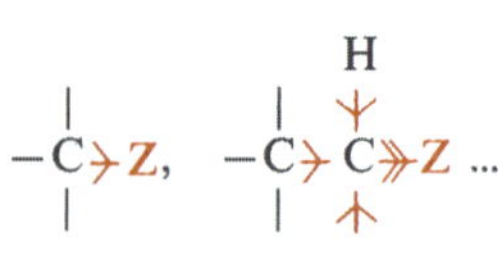

Les effets inductifs des atomes ou groupes d'atomes Z, liés par une liaison σ −C−Z, à un atome de carbone hybridé sp^3, sont classés d'après la comparaison de la polarisation de cette liaison σ avec celle de la liaison −C−H correspondante prise comme référence. Si l'atome ou groupe d'atomes « attire » plus le doublet de liaison σ que l'atome d'hydrogène, il est dit exercer un *effet inductif attracteur* et est qualifié *d'atome ou groupe inductif attracteur*. Dans le cas contraire, on dit que l'atome ou groupe d'atomes exerce un *effet inductif donneur* et il est qualifié d'*atome ou groupe inductif donneur*.

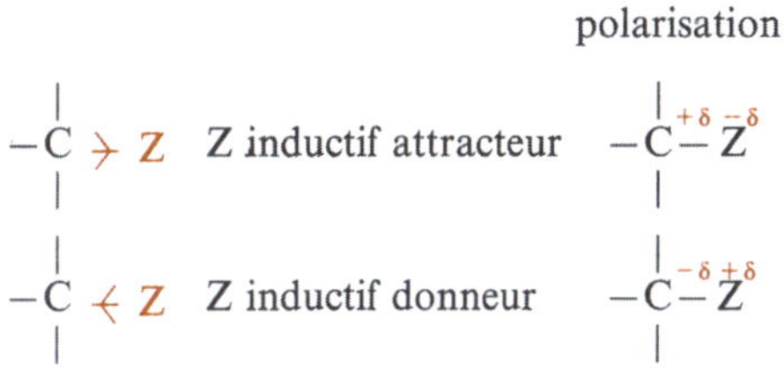

Un classement qualitatif des atomes ou groupes d'atomes, en fonction de leur effet inductif, est le suivant :

Atomes ou groupes inductifs attracteurs

alkyloxonium* alkylammonium* alkylsulfonium*

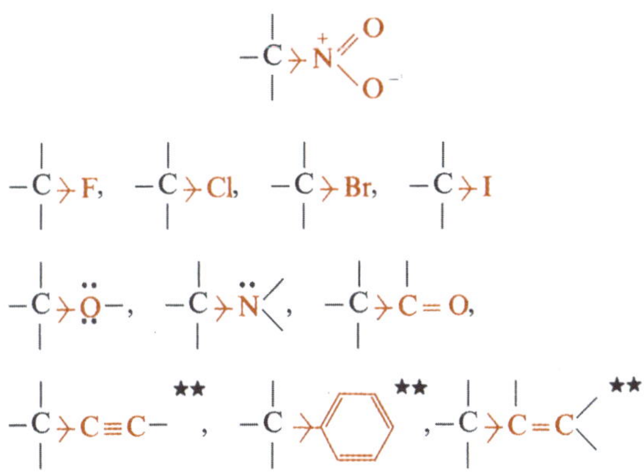

---

* Le suffixe *onium* est employé pour un groupe dont un atome comporte une liaison de plus que sa valence usuelle et porte une charge positive (1.2.1.).

** L'effet inductif attracteur des liaisons multiples CC reflète la plus forte attraction qu'exercent,

Atomes ou groupes inductifs donneurs

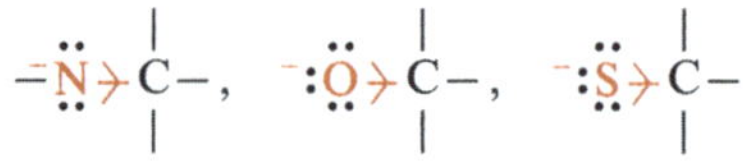

Les groupes alkyles : méthyle $-CH_3$, éthyle $-CH_2-CH_3$,... (ch. 4, II, B, 1.1.) ont un faible effet inductif donneur. Il peut cependant être déterminant pour la stabilité d'intermédiaires ayant une forte déficience électronique comme les carbocations (1.2.1.; ch. 4, II, B, 2.2.2.3. et 3.2.2.1.). L'interprétation de cet effet, souvent appelé *hyperconjugaison*, ne sera pas analysée dans ce livre.

La polarisation des liaisons σ d'une molécule, par des atomes ou groupes d'atomes, contribue à déterminer la réactivité et les sites réactionnels de cette molécule vis-à-vis de divers réactifs. Par exemple, dans une molécule comme le bromure de méthyle CH_3-Br, la liaison C−Br est polarisée par l'effet inductif attracteur du brome, et ce en dehors de toute interaction avec le milieu :

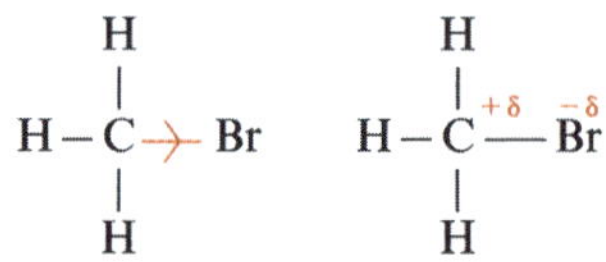

Cette polarisation fait qu'un réactif ayant un atome porteur d'un doublet d'électrons libres, appelé *réactif nucléophile** (ch. 4, II, A, 1.2.), pourra attaquer le bromure de méthyle sur l'atome de carbone porteur d'une charge positive partielle, par exemple :

$$H\ddot{\underset{\cdot\cdot}{O}}:^- + H_3\overset{+\delta}{C}-\overset{-\delta}{Br} \longrightarrow H_3C-OH + :\ddot{\underset{\cdot\cdot}{Br}}:^-$$

Lors de l'approche du réactif nucléophile, la polarisation de la liaison C−Br va s'accroître pour aboutir à la rupture de cette liaison, selon le schéma (ch. 4, II, A, 3.1.) :

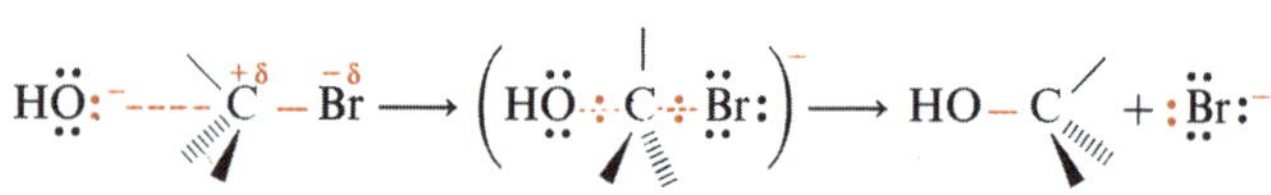

sur le doublet d'électrons de la liaison σ, les atomes de carbone hybridés sp et sp^2 comparés à un carbone sp^3. Ceci est attribué au « caractère s » croissant des orbitales atomiques hybrides dans l'ordre $sp^3 < sp^2 < sp$. Pour une même valeur du nombre quantique principal n, l'attraction électron-noyau est plus forte dans une orbitale s que dans une orbitale p. Elle est donc plus forte dans une orbitale atomique hybride sp, ayant 50 % de « caractère s », que dans une orbitale sp^3, ayant 25 % de « caractère s ».

* Les réactifs nucléophiles réagissent avec les sites portant une charge positive entière ou partielle. Ce sont soit des molécules neutres ayant un hétéroatome qui porte au moins un doublet d'électrons libres, soit des ions chargés négativement.

On constate que cette réaction est plus rapide lorsque le bromure de méthyle est remplacé par l'iodure de méthyle CH_3I (ch. 4, B, 2.2.2.2.). Cependant l'effet inductif attracteur de l'iode est inférieur à celui du brome. La plus grande vitesse de réaction est attribuée à la plus grande *polarisabilité* de la liaison C—I, c'est-à-dire à sa polarisation plus facile sous l'effet de l'approche du réactif HO^-. Cette polarisabilité supérieure est due à ce que l'iode est un atome de la cinquième période dont le noyau exerce une attraction moins forte sur les électrons de valence que celui de l'atome de brome qui appartient à la quatrième période.

3.4. Effet mésomère

Si on compare les moments dipolaires du nitrométhane, du nitrobenzène et de la para-nitroaniline

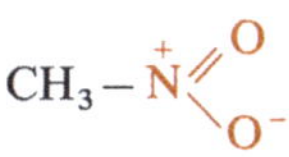
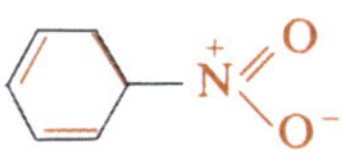

μ 3,5D 4,2D 6,1D

il apparaît que les effets inductifs attracteurs des groupes nitro et amino, concernant essentiellement les liaisons simples σ $C-NO_2$ et $C-NH_2$, ne permettent pas de rendre compte des résultats expérimentaux. En particulier l'effet inductif attracteur du groupe amino ne permet pas d'interpréter le très fort accroissement du moment dipolaire de la para-nitroaniline par rapport à celui du nitrobenzène. Les moments dipolaires des liaisons $C-NO_2$ et $C-NH_2$ sont d'orientations opposées dans cette molécule et devraient donc se retrancher. Les molécules de nitrobenzène et de para-nitroaniline comportent des doubles liaisons et des doublets d'électrons non liants en conjugaison qui constituent un système π (2.2.3.). Pour interpréter les résultats donnés, on est amené à invoquer une polarisation de ce système π sous l'influence des groupes NO_2 et NH_2.

L'effet de polarisation d'un système π par des atomes ou groupes d'atomes est appelé effet mésomère.

La polarisation du système π correspond à une délocalisation des électrons des liaisons π et des paires non liantes, dont on ne peut rendre compte par l'écriture d'une seule structure de Lewis. Il est donc nécessaire d'appliquer la méthode de la résonance (2.2.3.3.).

Ainsi, pour représenter le nitrobenzène, on doit écrire les formes de résonance suivantes :

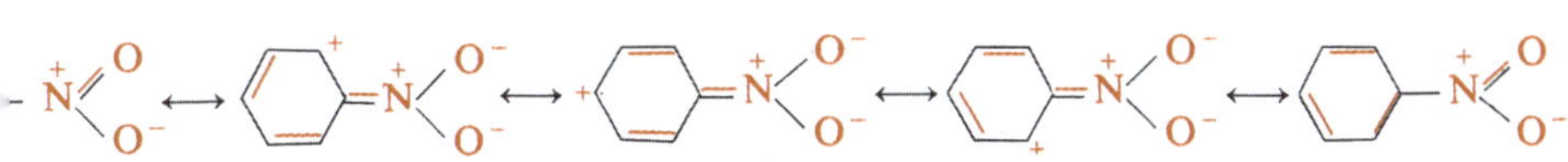

1 **2** **3** **4** **5**

Elles traduisent le fait que les électrons π du noyau aromatique sont en partie délocalisés sur le groupe nitro. Ceci correspond à une diminution de la densité électronique sur le cycle, comparée à celle de la forme de résonance **1**★. Cette diminution est en accord avec la plus grande valeur du moment dipolaire du nitrobenzène par rapport à celle du nitrométhane. *Par référence à la forme de résonance* **1**, on peut considérer que le groupe nitro, dans le nitrobenzène, « attire » les électrons π. On dit que le groupe nitro exerce un *effet mésomère accepteur* et on le qualifie de *groupe mésomère accepteur*.

La représentation de la para-nitroaniline nécessite d'écrire les formes de résonance suivantes :

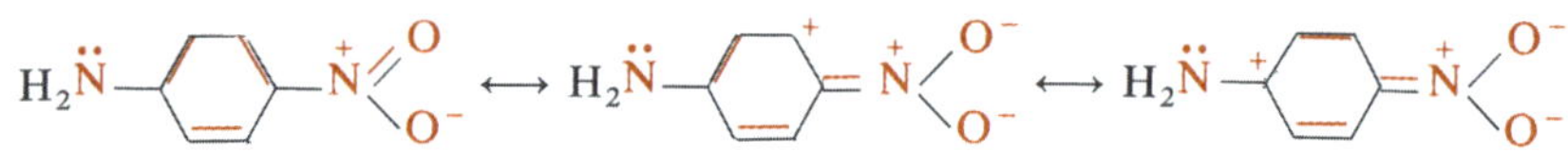

1 **2** **3**

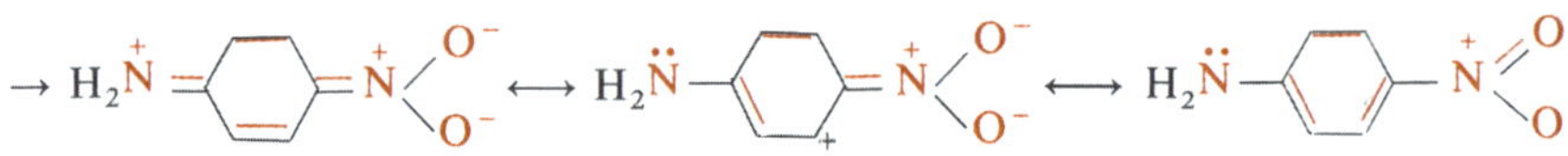

4 **5** **6**

Elles traduisent le fait qu'en plus de la délocalisation des électrons π du noyau, déjà présente dans le nitrobenzène, il y a une délocalisation du doublet non liant de l'azote du groupe amino. Comparée à la forme **1**, la forme de résonance **4** montre que la polarisation s'étend jusqu'au groupe amino et permet d'interpréter la plus grande valeur du moment dipolaire de la para-nitroaniline par rapport à celle du nitrobenzène. *En se référant à la forme de résonance* **1**, on peut considérer que le groupe amino dont le doublet libre est « déplacé » en direction du groupe nitro (via le noyau), présente un *effet mésomère donneur*. Le groupe amino est qualifié de *groupe mésomère donneur*. Les électrons des liaisons π et non liants sont plus mobiles que les électrons des liaisons σ. Pour cette raison les effets mésomères peuvent s'étendre sur une

★ On peut montrer expérimentalement (résonance magnétique nucléaire du ^{13}C) que la diminution de la densité électronique sur le cycle affecte plus fortement les positions *ortho* et *para*★★ par rapport au groupe nitro. Les formes limites **2, 3** et **4** rendent bien compte de ce fait. Il n'est pas possible d'écrire une forme limite équivalente qui localiserait la charge positive en position *méta* par rapport au groupe nitro.

★★ Les positions *ortho, para, méta,* par rapport à un substituant Z sur un noyau phényle, sont indiquées par o, p et m sur le schéma suivant :

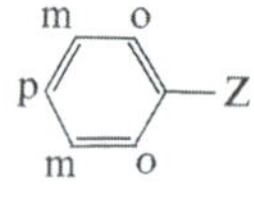

molécule entière, conjuguée, alors que les effets inductifs sont très vite amortis sur le squelette σ.

Il est à noter que si les polarisations dues aux effets inductif et mésomère sont orientées dans le même sens pour le groupe nitro, elles sont de sens opposés pour le groupe amino. Dans la para-nitroaniline, l'amplitude de l'effet mésomère du groupe NH_2 qui affecte le système π, est supérieure à celle de l'effet inductif, qui affecte essentiellement la liaison σ $C-NH_2$.

Afin de compléter cette présentation des effets mésomères et leur illustration à l'aide de la méthode de la résonance, on examine les cas suivants :

3.4.1. CAS DU GROUPE CARBONYLE DANS LES COMPOSÉS α, β-ÉTHYLÉNIQUES

Le groupe carbonyle d'un aldéhyde ou d'une cétone est décrit par les deux formes de résonance suivantes :

dont l'ensemble rend compte de la polarisation de la liaison π_{CO}, due à la plus grande électronégativité de l'oxygène comparée à celle du carbone ($\mu_{C=O} = 2{,}3$ D). La seconde forme contribue moins à la description du carbonyle que la première. En effet, elle implique une séparation de charges de signes opposés au détriment d'une liaison π; cependant elle localise bien la charge négative sur l'atome le plus électronégatif (2.2.3.3.). Cette polarisation du carbonyle est en accord avec son caractère *électrophile*★ (ch. 4, II, A, 1.2.) qui se traduit par le fait que le groupe carbonyle réagit, au niveau du carbone, avec des réactifs nucléophiles (ch. 4, II, A, 1.2. et B, 4.2.1.).

Si on considère un composé carbonylé α, β-éthylénique, représenté par la structure de Lewis **1** :

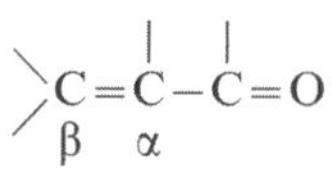

1

on peut montrer que la molécule adopte une conformation (C, 2.2.) plane privilégiée, que l'on attribue à la stabilisation résultant de la délocalisation électronique dans le système π (2.2.3.2.). De plus, on peut mettre en évidence une polarisation du système π qui correspond à une diminution de la densité électronique sur l'atome de carbone en β du carbonyle et à un accroissement de cette densité sur l'atome d'oxygène du

★ Les réactifs électrophiles sont soit des entités chargées positivement, soit des molécules neutres possédant une lacune électronique ou une charge positive partielle due à des effets inductifs attracteurs ou mésomères accepteurs. Ils réagissent avec les nucléophiles (3.3.).

carbonyle, *si on se réfère à la structure limite* **1**, *non polarisée*. On rend compte de ces résultats à l'aide des trois formes de résonance suivantes :

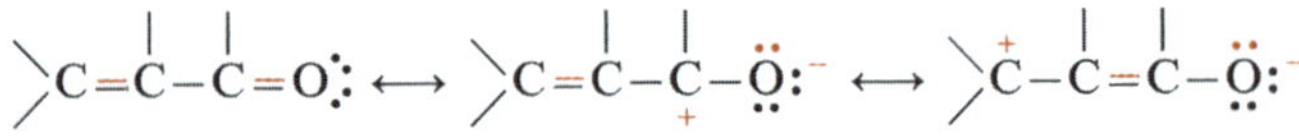

1 **2** **3**

L'intervention de la forme **3** est en accord avec le fait que vis-à-vis de certains réactifs nucléophiles le carbone en β du carbonyle joue le rôle de centre électrophile. Par exemple :

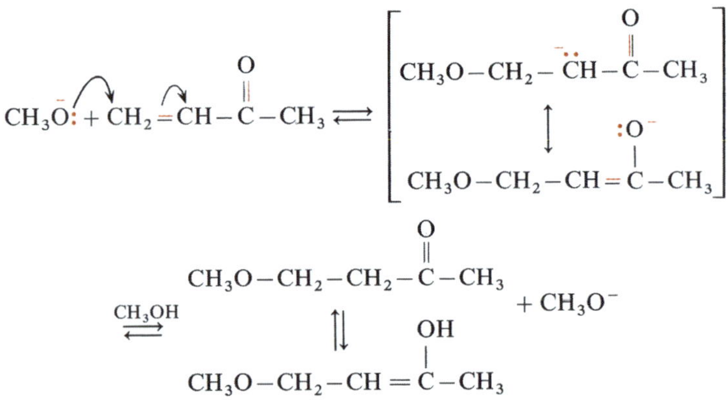

Cette addition nucléophile conduit à un anion énolate stabilisé par la délocalisation électronique (3.5.2.2.). L'addition nucléophile sur le carbone en β du carbonyle est appelée *addition conjuguée* ou *addition 1,4* (voir aussi 3.5.2.1.) ou encore *réaction de Michael* quand le nucléophile est un carbanion.

En se référant à la forme de résonance **1**, on peut considérer que le groupe carbonyle « attire » les électrons π de la double liaison adjacente et on dit qu'il exerce un *effet mésomère accepteur*.

La protonation du groupe carbonyle sur l'oxygène :

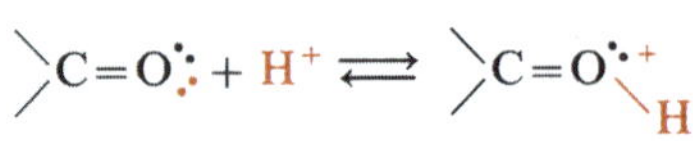

accroît son caractère électrophile (ch. 4, II, B, 4.2.1.2.). Le carbonyle protoné est décrit par les formes de résonance suivantes :

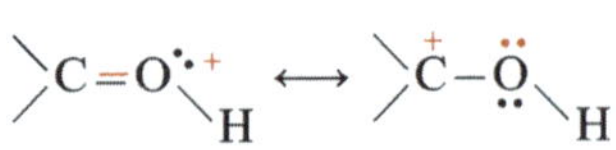

La contribution de la seconde forme de résonance est plus importante que dans le cas du carbonyle non protoné, car elle ne fait pas intervenir de séparation de charges de signes opposés et elle localise la charge positive du cation sur l'atome le moins électronégatif (2.2.3.3.).

On constate aussi que la protonation du carbonyle d'un composé carbonylé α, β-éthylénique accroît l'électrophilie de ce composé. Pour représenter le composé protoné on doit écrire les trois formes de résonance suivantes :

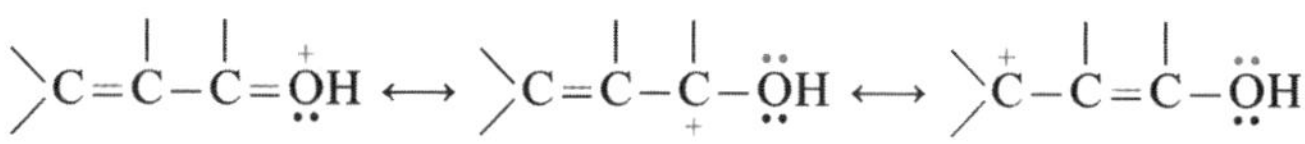

1 **2** **3**

La contribution des deux formes de résonance **2** et **3** est plus importante que celle des formes homologues du composé non protoné car elles ne font pas intervenir de séparation de charges de signes opposés et elles localisent la charge positive du cation sur le carbone du carbonyle et sur le carbone en position β du CO, moins électronégatifs que l'oxygène (2.2.3.3.).

En se référant aux formes de résonance **1**, pour le composé carbonylé α,β-éthylénique et le même composé protoné, on dit que *le carbonyle et le carbonyle protoné sont des groupes mésomères accepteurs.*

Pour l'écriture des formes de résonance du composé carbonylé α,β-éthylénique, à partir de la forme limite **1**, il est possible d'imaginer des déplacements *formels* des paires d'électrons π et de les représenter par *une flèche pour chaque paire d'électrons déplacée :*

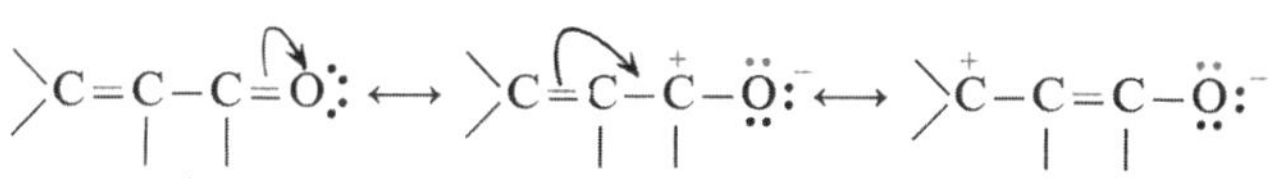

1

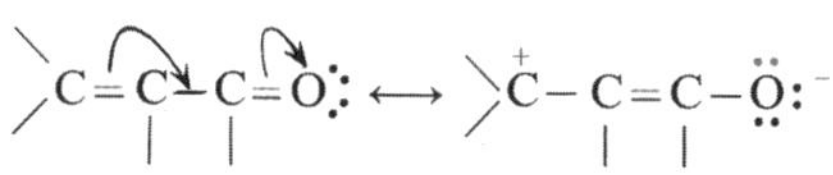

Il faut bien se rappeler que ces déplacements de paires d'électrons n'ont aucun sens physique puisqu'ils font se correspondre des formes limites sans existence réelle, dont seul l'ensemble rend compte de la molécule réelle (1.2.1.).

En chimie organique ce symbolisme est couramment employé, parfois pour éviter l'écriture de plusieurs formes de résonance. Ainsi les caractères mésomères accepteurs du carbonyle et du carbonyle protoné peuvent être symbolisés de la façon suivante :

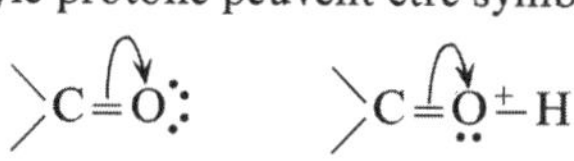

3.4.2. CAS DU GROUPE CARBONYLE ADJACENT À UN CARBANION*

On verra plus loin qu'il est possible d'arracher par une base forte un proton en α du carbonyle des aldéhydes et des cétones et de créer ainsi un anion, ou carbanion, comme intermédiaire réactionnel (3.5.2.2.; ch. 4, II, B, 4.2.3.2.) :

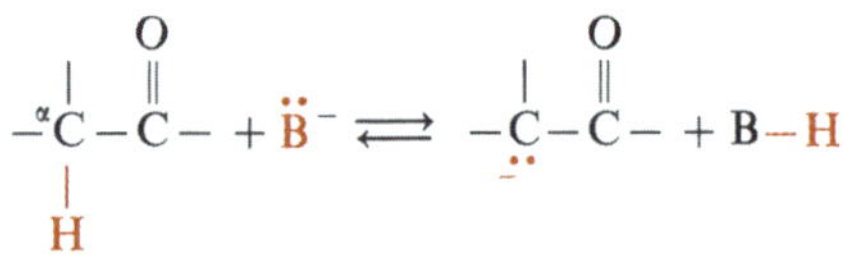

Cet anion se protone soit sur le carbone en α du carbonyle, pour redonner le composé carbonylé, soit sur l'oxygène du carbonyle, pour donner l'énol correspondant :

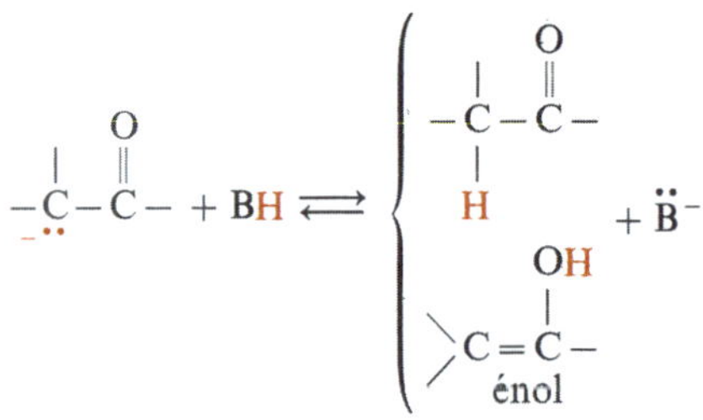

(ch. 4, II, B, 4.2.3.)

On interprète ce résultat par la délocalisation du doublet libre du carbanion, dans le système π qu'il constitue avec le carbonyle adjacent. Ceci est représenté par les formes de résonance suivantes :

1	**2**
forme limite carbéniate	forme limite énolate

En se référant à la forme limite **1**, on peut considérer que le carbonyle « attire » le doublet libre du carbanion en α. Comme précédemment on dit que le carbonyle exerce un *effet mésomère accepteur*.

* Définition : voir 1.2.1.

3.4.3. CAS DE L'ATOME D'OXYGÈNE DANS LES ÉNOLS, LES ÉTHERS D'ÉNOLS ET LES ÉNOLATES

On a vu ci-dessus que la protonation du carbanion en α d'un carbonyle peut conduire à un énol.

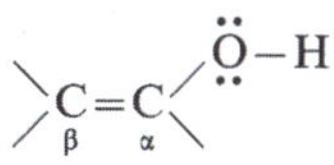

1

La présence du groupe hydroxyle modifie grandement les propriétés de la double liaison CC des énols par rapport à celle des hydrocarbures éthyléniques. Les énols sont plus nucléophiles (ch. 4, II, A, 1.2.), c'est-à-dire qu'ils réagissent plus vite que les éthyléniques avec des réactifs électrophiles présentant un centre « déficient en électrons » (ch. 4, II, B, 4.2.3.1.). Cette propriété reflète une densité électronique plus forte pour la liaison π de l'énol, représenté par la forme **1**, que pour la liaison π d'une double liaison CC isolée. On interprète ceci par la délocalisation d'un doublet libre de l'atome d'oxygène représentée par les formes de résonance suivantes :

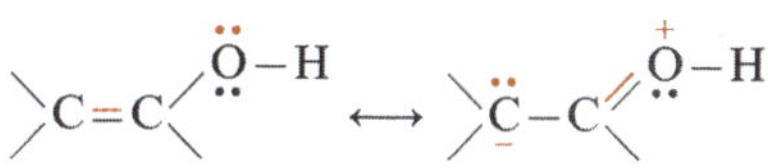

1 **2**

En se référant à la forme limite **1**, on peut considérer que l'atome d'oxygène du groupe hydroxyle exerce un *effet mésomère donneur.*

Pour passer de la forme de résonance **1** à la forme **2**, il est possible d'imaginer un déplacement *formel* de doublets d'électrons que l'on représente de la façon suivante :

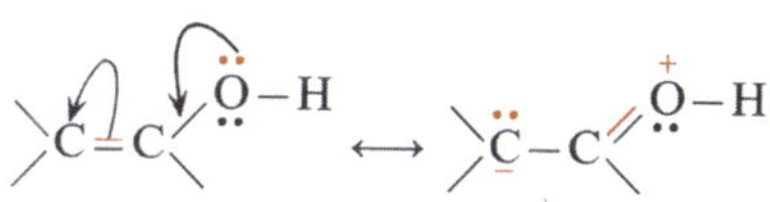

1 **2**

L'effet mésomère donneur de l'atome d'oxygène peut être symbolisé par :

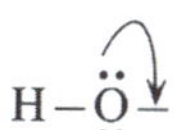

Comme les énols, les éthers d'énols sont plus nucléophiles que les composés éthyléniques. On rend compte de cette propriété par la délocalisation d'un doublet non liant de l'atome d'oxygène du groupe alcoxy -OR, représentée par les formes de résonance suivantes :

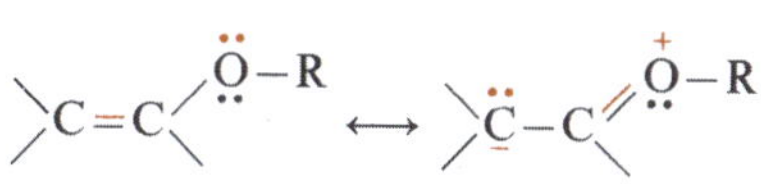

1 **2**

En se référant à la forme limite **1**, on dit que l'atome d'oxygène de l'éther d'énol exerce un *effet mésomère donneur.*

Si on considère à nouveau le cas de l'anion créé en α d'un carbonyle (3.4.2.), on sait qu'il doit être représenté par les deux formes de résonance suivantes :

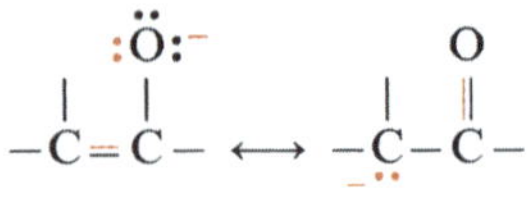

1 **2**

En se référant à la forme limite **2** (carbéniate), on a précédemment qualifié le groupe carbonyle de groupe mésomère accepteur. *Si on se réfère à la forme limite* **1** (énolate), on peut qualifier l'atome d'oxygène d'*atome mésomère donneur.*

Les principaux atomes et groupes d'atomes mésomères accepteurs et mésomères donneurs, utiles pour interpréter et prévoir la réactivité des molécules en chimie organique, sont présentés ci-dessous :

Groupes mésomères accepteurs :

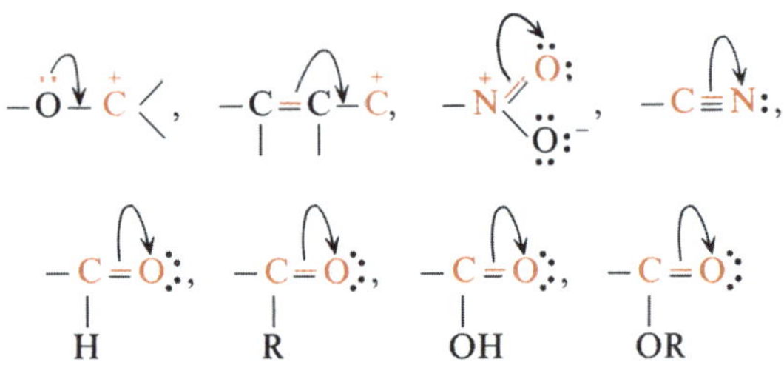

Atomes et groupes mésomères donneurs :

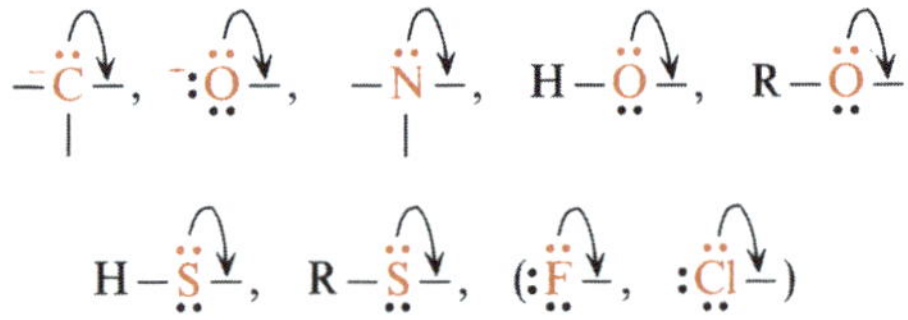

Une analyse quantitative des effets mésomères de divers atomes ou groupes d'atomes repose sur des données expérimentales dont la présentation dépasse le cadre de ce livre. On peut, par exemple, comparer les pK_a de toute une série d'acides benzoïques en fonction de la nature des atomes ou groupes d'atomes placés en position *para* sur le noyau aromatique :

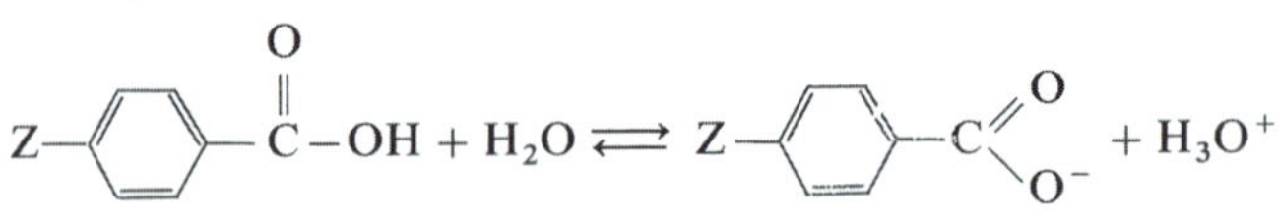

Remarques.

1) Pour les atomes d'azote, d'oxygène et de soufre présentant à la fois un effet mésomère donneur et un effet inductif attracteur, l'effet mésomère est prédominant.

2) Pour les *halogènes* (F, Cl*), atomes très électronégatifs, la participation d'un doublet non liant à un effet mésomère donneur n'est à prendre en considération que si ces atomes sont adjacents à une forte déficience électronique (par exemple un carbocation**), sinon l'effet inductif attracteur prédomine. Ainsi, on peut montrer que l'orientation du moment dipolaire de la molécule de chlorobenzène est en accord avec l'effet inductif attracteur du chlore. Mais si on étudie la nitration du chlorobenzène, qui est une réaction de substitution électrophile sur le noyau aromatique (ch. 4, II, B, 3.2.2.1.), on fait deux constatations :

– le chlorobenzène est désactivé par rapport au benzène, c'est-à-dire qu'il réagit plus lentement avec l'électrophile NO_2^+***;
– la nitration est orientée exclusivement en position *ortho* ou *para* du chlore.

La désactivation de la molécule est attribuée à l'effet inductif attracteur du chlore. L'orientation de la substitution électrophile est attribuée aux stabilités relatives des carbocations intermédiaires qui résultent de l'addition de NO_2^+ (ch. 4, II, B, 3.2.2.1.4.). On interprète la stabilisation des *carbocations* résultant de l'attaque en position *ortho* ou *para*, par la contribution de l'effet mésomère donneur du chlore, schématisée ci-dessous :

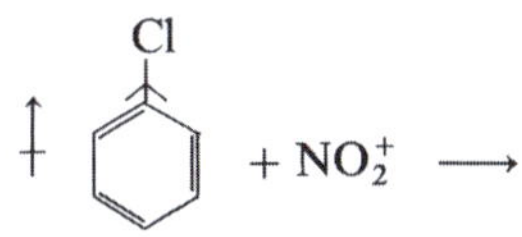

– attaque *ortho* (seules deux formes de résonance sont représentées) :

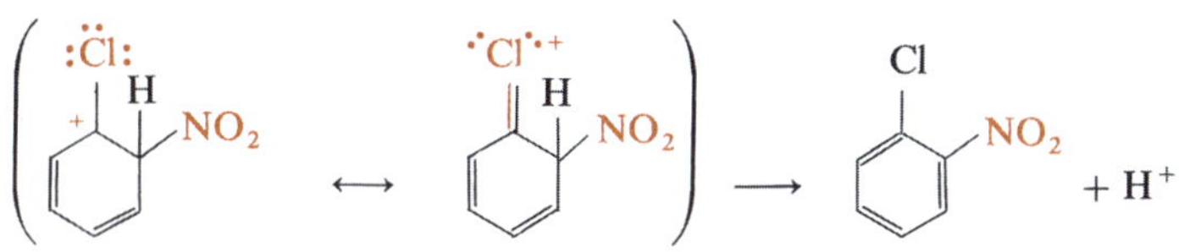

* En raison de leurs tailles, les orbitales 4p et 5p du brome et de l'iode ne permettent pas une bonne délocalisation des électrons avec les systèmes π constitués d'orbitales 2p d'éléments de la deuxième période (C, N, O). On ne considère donc pas les effets mésomères donneurs du brome et de l'iode.

** Définition : voir 1.2.1.

*** La nitration est réalisée par un mélange d'acides nitrique et sulfurique. L'entité électrophile résulte de la réaction :

$$HNO_3 + 2H_2SO_4 \rightleftharpoons NO_2^+ + H_3O^+ + 2HSO_4^-.$$

– attaque *para* (seules deux formes de résonance sont représentées) :

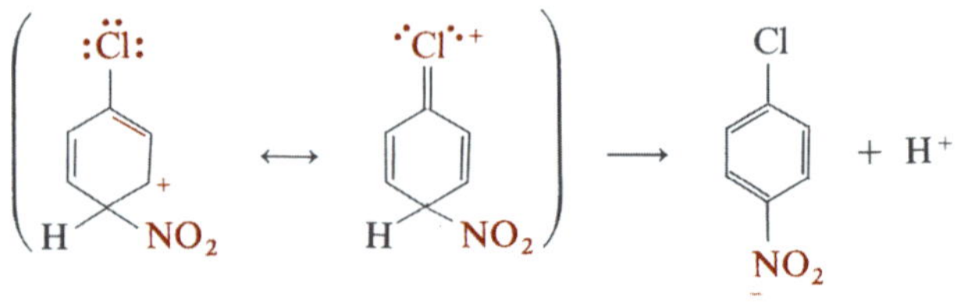

– attaque *méta* :

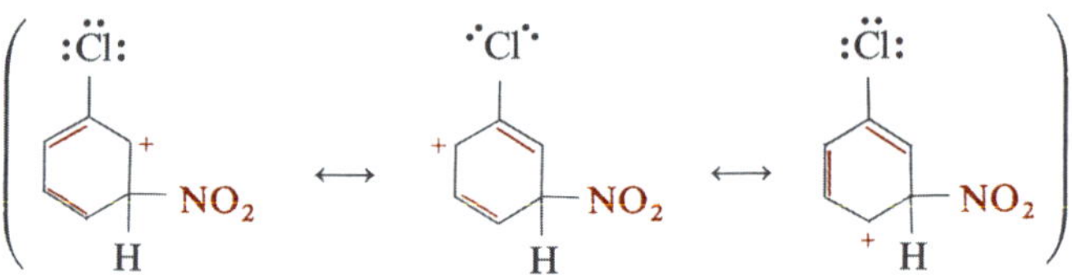

l'atome de chlore ne peut participer à la stabilisation du carbocation intermédiaire par délocalisation d'un de ses doublets p, cette attaque ne se produira pas, le complexe activé conduisant à ce carbocation étant trop haut en énergie.

3) Les effets mésomères traduisent une polarisation des systèmes π de molécules ou d'ions « au repos ». Cette polarisation, qui oriente les réactions de la molécule ou de l'ion vis-à-vis des réactifs nucléophiles ou électrophiles (ch. 4, II, A, 1.2.), s'accroît en général lors de l'approche de ces réactifs et ce d'autant plus que les « nuages » électroniques π sont plus *polarisables*.

3.5. Quelques applications des effets électroniques à l'interprétation de la stabilité relative des molécules et des ions

3.5.1. pK_a DE COUPLES ACIDO-BASIQUES ORGANIQUES

La constante d'acidité K_a d'un couple acido-basique AH/A^- est la constante de l'équilibre de dissociation :

$$AH + H_2O \rightleftarrows H_3O^+ + A^- \qquad (1)$$

$$K_a = \frac{[H_3O^+][A^-]}{[AH]}$$ (ch. 2, 1re partie, II, 2.1.).

L'échelle de pK_a des couples acido-basiques est rapportée au couple de référence H_3O^+/H_2O (ch. 2, 1re partie, II, 2.2.), (tableau p. 262). La valeur de la constante d'équilibre K_a dépend de la variation d'enthalpie libre standard, ΔG°, de la réaction de dissociation de AH (ch. 2, 1re partie, II, 2.1.). La relation $\Delta G^\circ = -RT \ln K_a$ montre que dans les conditions standard, la diminution de une unité du pK_a d'un couple AH/A^- diminue la valeur de la variation d'enthalpie libre de dissociation de AH de 5,7 $kJ \cdot mol^{-1}$.

La variation d'enthalpie libre standard de la réaction s'exprime aussi en fonction des potentiels chimiques standard des réactifs et des produits :

$$\Delta G^\circ = \Sigma\mu^\circ_{produits} - \Sigma\mu^\circ_{réactifs} \quad \text{(ch. 1, II, 1.4.3.3.)}$$

ΔG° dépend, d'une part des propriétés *intrinsèques* des produits et des réactifs : nature des atomes, des liaisons, de la géométrie moléculaire ... qui mettent en jeu les *effets électroniques*, d'autre part des *interactions* des molécules et des ions *avec le milieu* qui mettent en jeu la *solvatation* de ces espèces en solution (D, 3.).

Il faut donc dès maintenant noter que les interprétations et prévisions basées uniquement sur les effets électroniques, ne tenant pas compte de l'influence du milieu, ne seront valables que pour des séries de composés analogues considérés dans des conditions identiques.

3.5.1.1. pK_a DE DIVERS ACIDES CARBOXYLIQUES

Avant de comparer divers acides carboxyliques entre eux, il est intéressant d'interpréter pourquoi ces acides carboxyliques $R-\underset{\underset{O}{\|}}{C}-OH$ sont, à l'équilibre dans l'eau, beaucoup plus dissociés que les alcools $R-CH_2-O-H$. Les pK_a des couples correspondants sont : $R-CO_2H/R-CO_2^-$, $pK_a \approx 5$ et $R-CH_2OH/R-CH_2O^-$, $pK_a \approx 18$.

Dans tous ces composés, la liaison O – H est polarisée à cause de l'électronégativité de l'oxygène. Pour le couple $R-CH_2OH/R-CH_2O^-$, le groupe alkyle $R-CH_2-$, qui n'exerce qu'un très faible effet inductif donneur (3.3.), a très peu d'influence sur la polarisation de la liaison O – H. De plus, ce groupe alkyle ne peut diminuer la forte densité électronique portée par l'atome d'oxygène dans la base conjuguée $R-CH_2O^-$, et ne peut donc stabiliser l'anion alcoolate.

Par contre, pour le couple $R-CO_2H/R-CO_2^-$, l'effet inductif attracteur du carbonyle accroît la polarisation de la liaison O – H, ce qui favorise sa rupture. Ceci correspond à une déstabilisation de cette liaison :

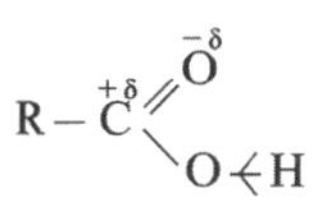

On doit aussi considérer les formes de résonance suivantes pour le groupe carboxyle :

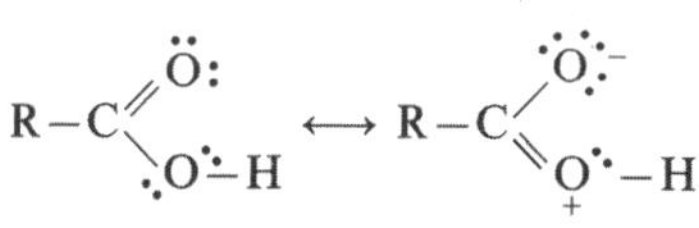

mais la seconde a une très faible contribution à la description de la molécule (2.2.3.3.) et cette résonance ne reflète donc pas une stabilisation du groupe carboxyle.

Pour la base conjuguée RCO_2^-, on doit écrire les deux formes de résonance suivantes :

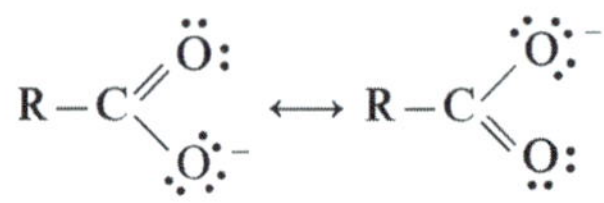

Dans ce cas, les deux formes limites sont *équivalentes*, ce qui correspond à une très forte énergie de résonance (2.2.3.3.). Elle reflète une importante stabilisation de l'anion, due à la dispersion de la charge qui résulte de la délocalisation des électrons p et π.

On peut illustrer ce type de raisonnement par le schéma de la figure 3.5.1.1.-1., qui compare les variations d'enthalpie libre standard de la réaction :

$$R-CO_2H + H_2O \rightleftarrows R-CO_2^- + H_3O^+$$

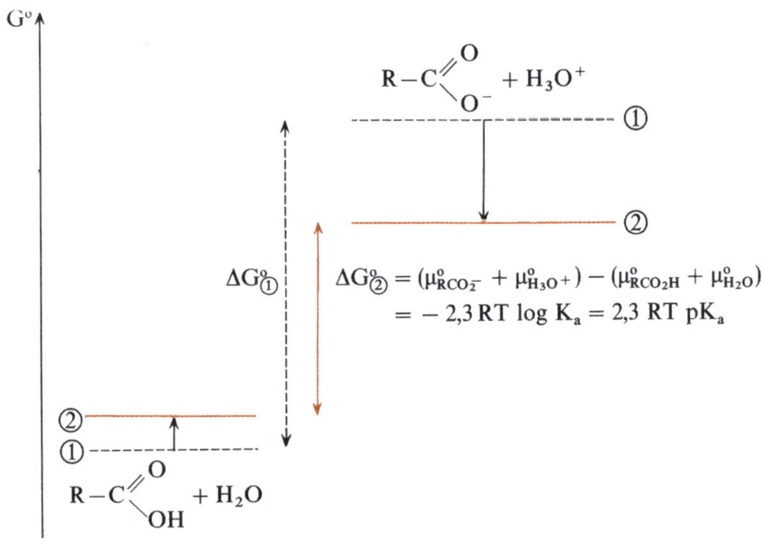

FIGURE 3.5.1.1.-1.

Schéma illustrant l'influence du carbonyle sur le ΔG° de la réaction de dissociation de la liaison O – H des acides carboxyliques $R-\underset{\underset{O}{\|}}{C}-OH$.

① *Cas* hypothétique *où le carbonyle n'exercerait* aucune *influence sur les stabilités du groupe hydroxyle et de l'anion correspondant.*

② *Cas* réel *faisant intervenir l'influence du carbonyle sur les potentiels chimiques standard de l'acide* RCO_2H *et de la base conjuguée* RCO_2^-.

dans les deux cas suivants : – ① Le cas *hypothétique* où le carbonyle n'exercerait *aucun* effet sur le groupe hydroxyle et l'anion correspondant. – ② Le cas *réel* qui fait intervenir, d'une part l'accroissement du potentiel chimique standard de l'acide, dû à la déstabilisation de la liaison $O-H$ par l'effet inductif attracteur du carbonyle, d'autre part la diminution du potentiel chimique standard de la base conjuguée, due à la stabilisation de l'anion $-O^-$ par l'effet mésomère accepteur du carbonyle.

Ce raisonnement qualitatif permet d'interpréter les faibles valeurs des pK_a des couples des acides carboxyliques, comparés aux pK_a des couples des alcools (ch. 4, II, B, 2.1.2.2. et 5.2.1.).

On compare maintenant les pK_a des couples des acides éthanoïques suivants :

CH_3-CO_2H	4,80	Cl_2CH-CO_2H	1,29
$ClCH_2-CO_2H$	2,86	Cl_3C-CO_2H	0,65
FCH_2-CO_2H	2,66	F_3C-CO_2H	– 0,25
			(acide fort)

On voit que le remplacement d'un et plusieurs atomes d'hydrogène par un halogène favorise la dissociation de l'acide et ce d'autant plus que l'halogène est plus électronégatif. Il faut analyser ces résultats en considérant les deux membres de l'équilibre :

$$XCH_2-CO_2H + H_2O \rightleftharpoons XCH_2-CO_2^- + H_3O^+.$$

L'effet inductif attracteur d'un halogène accroît la polarisation de la liaison $O-H$, via les liaisons σ. Il accroît le potentiel chimique standard de l'acide du couple.

Le même effet inductif attracteur accroît encore la dispersion de la charge négative de l'anion en diminuant la densité électronique portée par le groupe carboxylate. Il diminue le potentiel chimique de la base du couple.

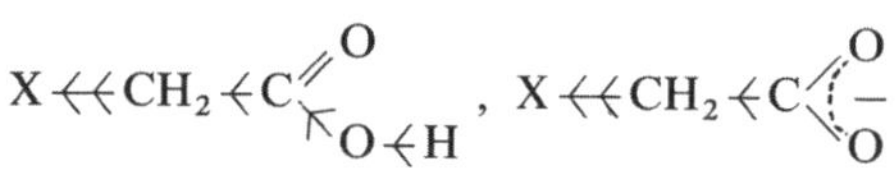

Les conséquences de ces effets inductifs sont plus grandes si plusieurs atomes d'hydrogène sont remplacés par des halogènes. Comme précédemment (fig. 3.5.1.1.-1.) ce raisonnement permet d'interpréter les plus faibles pK_a des couples des acides éthanoïques α-halogénés comparés à celui du couple de l'acide acétique.

Cependant ce raisonnement ne tient pas compte de l'influence de la solvatation des espèces sur la position de l'équilibre (D, 3.)★. La contribution de cette solvatation peut être grande et il convient de ne pas utiliser les seuls effets inductifs pour interpréter de faibles différences de pK_a.

★ Pour étudier la contribution de la solvatation à la dissociation des acides $X-CH_2CO_2H$ et CH_3CO_2H, on peut comparer les équilibres suivants (1) et (2) :

(suite de la page précédente)

$$X-CH_2CO_2H + H_2O \rightleftarrows X-CH_2CO_2^- + H_3O^+ \quad (1)$$

et

$$CH_3CO_2H + H_2O \rightleftarrows CH_3CO_2^- + H_3O^+ \quad (2)$$

d'une part en phase gazeuse, tous les constituants étant à l'état de vapeur, d'autre part en solution aqueuse. Expérimentalement, on compare les données thermodynamiques relatives à l'équilibre (3) de transfert de proton entre l'acide substitué et l'anion acétate, que l'on étudie en phase gazeuse et en solution aqueuse. L'équilibre (3) correspond à :

$$\begin{array}{rcl} X-CH_2CO_2H + H_2O & \rightleftarrows & X-CH_2CO_2^- + H_3O^+ \\ CH_3CO_2^- + H_3O^+ & \rightleftarrows & CH_3CO_2H + H_2O \\ \hline X-CH_2CO_2H + CH_3CO_2^- & \rightleftarrows & X-CH_2CO_2^- + CH_3CO_2H \end{array} \quad (3)$$

et on a

$$\Delta G^\circ_{(3)} = \Delta H^\circ_{(3)} - T\,\Delta S^\circ_{(3)} = \Delta G^\circ_{(1)} - \Delta G^\circ_{(2)} = \Delta H^\circ_{(1)} - T\,\Delta S^\circ_{(1)} - (\Delta H^\circ_{(2)} - T\,\Delta S^\circ_{(2)})$$
$$= \Delta H^\circ_{(1)} - \Delta H^\circ_{(2)} - T(\Delta S^\circ_{(1)} - \Delta S^\circ_{(2)}).$$

A titre indicatif, les données thermodynamiques standard, en $kJ\,.\,mol^{-1}$, pour la réaction (3), en phase gazeuse et en solution aqueuse, sont présentées dans le tableau ci-dessous, dans quatre cas :

	Phase gazeuse			Solution aqueuse		
X	$\Delta G^\circ_{(3)}$	$\Delta H^\circ_{(3)}$	$-T\,\Delta S^\circ_{(3)}$	$\Delta G^\circ_{(3)}$	$\Delta H^\circ_{(3)}$	$-T\,\Delta S^\circ_{(3)}$
H	0	0	0	0	0	0
CH_3	− 5,0	− 5,0	0	+ 0,63	− 0,50	+ 1,13
F	− 43,9	− 45,6	+ 1,7	− 12,4	− 5,7	− 6,7
Cl	− 53,0	− 54,7	+ 1,7	− 10,8	− 4,6	− 6,2

Ce tableau montre qu'en phase gazeuse l'acide propionique est plus fort que l'acide acétique. La situation est inversée en solution aqueuse à cause de l'entropie de solvatation négative, plus grande en valeur absolue pour le propionate que pour l'acétate. On voit aussi qu'en solution aqueuse la différence d'acidité en faveur de l'acide halogéné est très amortie par rapport à celle observée en phase gazeuse. Ceci est surtout dû au fait que l'eau diminue fortement $|\Delta H^\circ_{(3)}|$, c'est-à-dire l'écart entre l'enthalpie négative $\Delta H^\circ_{(1)}$ de dissociation de $X-CH_2CO_2H$ et l'enthalpie $\Delta H^\circ_{(2)}$ de dissociation de CH_3CO_2H. On interprète ceci en considérant que si en phase gazeuse $X-CH_2CO_2^-$ est stabilisé par rapport à $CH_3CO_2^-$ par l'effet inductif attracteur de X, en solution aqueuse cet effet inductif stabilisant diminue la densité électronique du carboxylate de $X-CH_2CO_2^-$, ce qui diminue l'enthalpie (négative) de solvatation de l'anion par rapport à celle de $CH_3CO_2^-$. De plus, cette solvatation, moins forte de $X-CH_2CO_2^-$, comparée à celle de $CH_3CO_2^-$, est telle que pour les deux acides α-halogénés en solution aqueuse, c'est le terme $-T\,\Delta S^\circ_{(3)}$ ($\Delta S^\circ_{(3)} > 0$) qui prédomine pour l'accroissement de l'acidité de $X-CH_2CO_2H$ par rapport à celle de l'acide acétique.

Il ressort de ces données thermodynamiques que l'utilisation qualitative des effets inductifs pour des composés en solution ne sera valable que pour des effets intenses, à cause de leur amortissement par la solvatation. De plus, cette solvatation, d'autant plus forte que le solvant est plus polaire (D, 3.1.), empêche toute interprétation ou prévision qui ne serait fondée que sur de faibles différences d'effets électroniques.

3.5.1.2. pK$_a$ DE DIVERS PHÉNOLS

On compare les pK$_a$ des couples suivants :

	pK_a
phénol/phénolate	9,95
m-nitrophénol/m-nitrophénolate	8,35
p-nitrophénol/p-nitrophénolate	7,14
o, o′, p-trinitrophénol/o, o′, p-trinitrophénolate	0,38 (acide picrique)

(o, m et p sont employés pour *ortho*, *méta* et *para*).

On utilise les effets électroniques pour interpréter l'influence des substituants du noyau aromatique sur les potentiels chimiques standard de l'acide et de la base conjuguée de chaque couple, et on compare l'amplitude des effets pour les différents couples.

Pour le phénol, l'effet inductif attracteur du noyau phényle (3.3.) accroît la polarisation de la liaison O – H (due à l'électronégativité de l'oxygène). Pour les nitrophénols, l'effet inductif attracteur du ou des groupes nitro accroît encore plus cette polarisation et augmente le potentiel chimique standard de l'acide du couple.

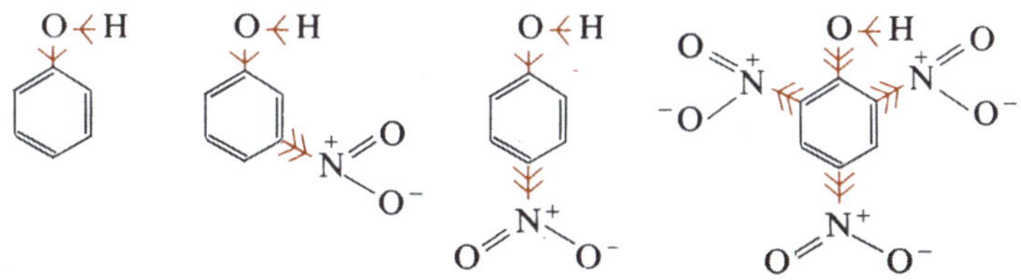

Pour les phénols dont les substituants nitro sont en positions *ortho* ou/et *para* de l'hydroxyle, on doit aussi considérer les formes de résonance suivantes :

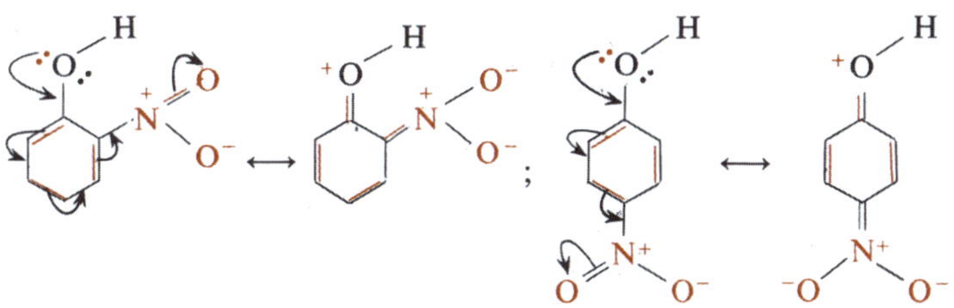

Ces formes, qui impliquent une séparation de charges opposées avec localisation d'une charge positive sur un atome d'oxygène, ont une faible contribution à la description de la molécule et ne reflètent pas une stabilisation de l'acide du couple (2.2.3.3.). Pour les anions phénolates, l'effet mésomère accepteur du noyau aromatique diminue la forte densité électronique portée par l'atome d'oxygène et diminue donc le potentiel chimique standard de la base du couple. Cette stabilisation, liée à la dispersion de la charge négative, est accrue lorsque la délocalisation des électrons du système π peut s'étendre jusqu'aux groupes nitro mésomères accepteurs, en position *ortho* ou/et *para*.

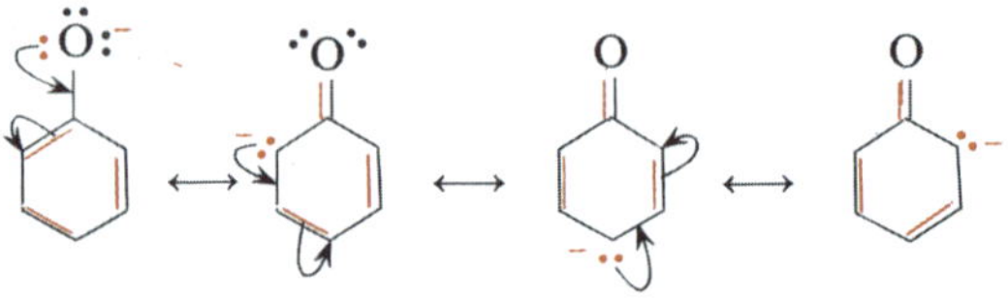

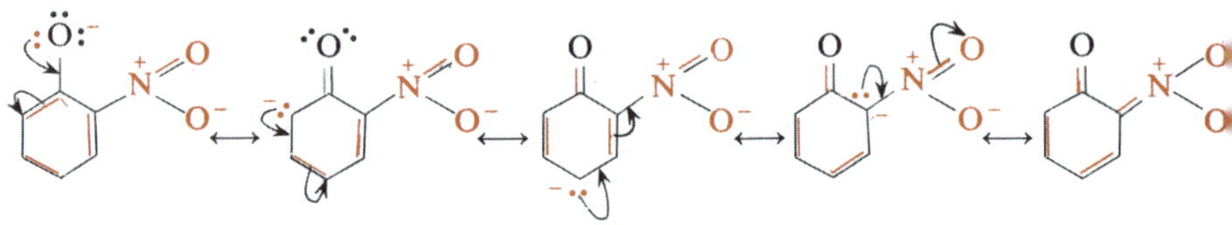

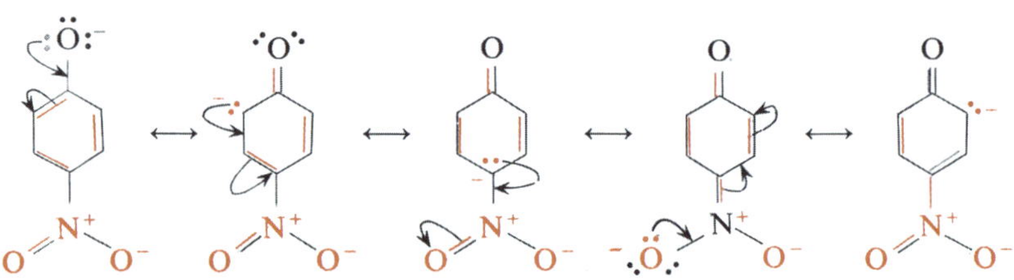

Comme précédemment (3.5.1.1.) cette analyse permet d'interpréter la plus forte acidité du phénol par rapport à un alcool, ainsi que l'accroissement d'acidité qui résulte de la présence d'un ou plusieurs groupes nitro sur le noyau.

Dans le cas de l'anion *méta*-nitrophénolate, on ne peut mettre en jeu l'effet mésomère accepteur du groupe nitro. Ce dernier ne peut participer à la délocalisation d'un doublet d'électrons situé en positions *ortho* et/ou *para* par rapport à lui (3.4.). Ceci est illustré par les formes de résonance suivantes :

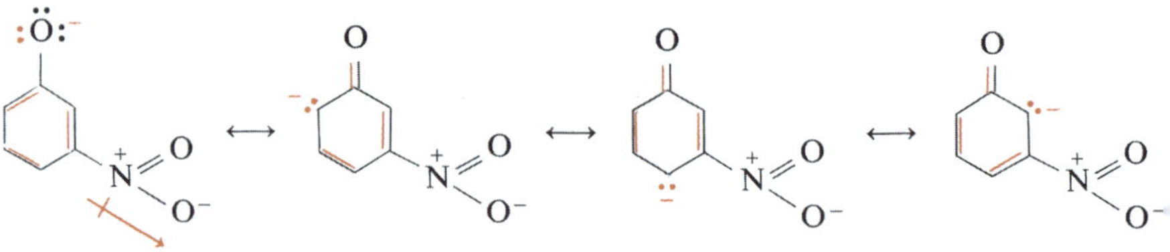

Cependant, le fort moment dipolaire de la liaison C−NO_2 (3.1.) interagit avec la charge négative. Cette interaction charge-dipôle, à travers l'espace, est appelée *effet de champ*. Dans le cas de l'anion *méta*-nitrophénolate, l'effet de champ du groupe nitro est la contribution majeure de ce groupe à la stabilisation de la base du couple. (Cet effet de champ est aussi présent dans l'anion *para*-nitrophénolate).

3.5.1.3. pK_a ET SITES DE PROTONATION DU GROUPE GUANIDYLE DE L'ARGININE ET DE L'IMIDAZOLE DE L'HISTIDINE

Le pK_a dû au groupe guanidyle de la chaîne latérale de l'arginine est 12,5 (ch. 2, 1re partie, II, 2.5.).

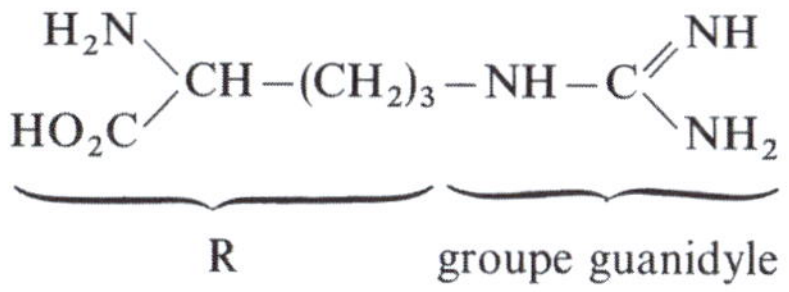

arginine

Il est intéressant d'interpréter la basicité relativement forte de ce groupe présent dans les protéines.

Si on considère la stabilité de la forme basique du couple, la délocalisation des doublets libres des atomes d'azote correspond à des formes de résonance de faible contribution (2.2.3.3.) :

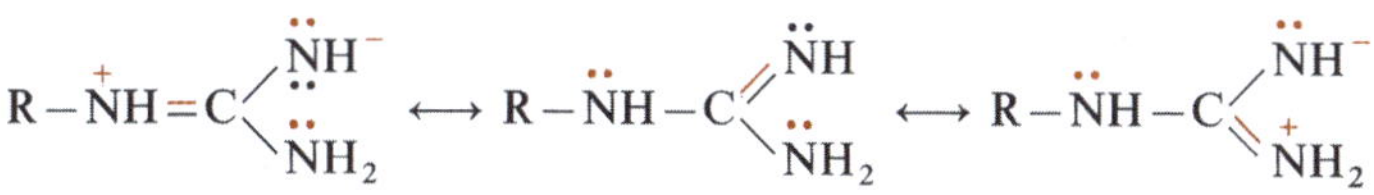

Si on considère la forme acide du couple, trois sites de protonation sont *a priori* possibles :

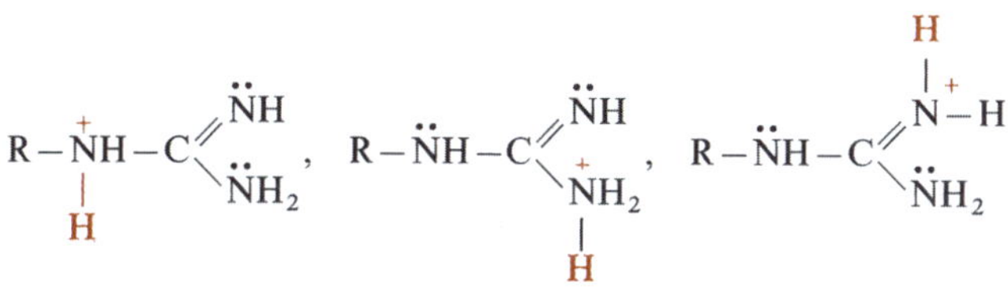

1 **2** **3**

Seul est formé le cation **3,** qui résulte de la protonation de l'atome d'azote de l'imine ($>C=NH$). Cet ion permet une délocalisation des électrons π et p sur l'ensemble du groupe guanidyle protoné (2.2.3.3.) :

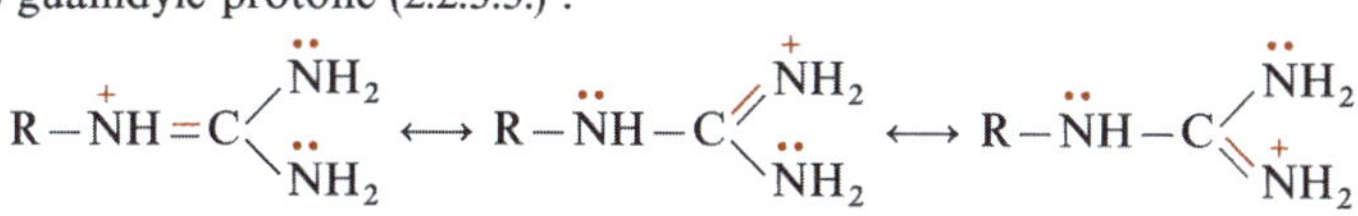

La similitude des formes limites traduit une forte énergie de résonance (2.2.3.3.) et cette stabilisation de la forme acide du couple est en accord avec la valeur élevée du pK_a du groupe guanidyle et permet d'interpréter l'orientation de la protonation.

Le pK_a dû à l'hétérocycle imidazole de la chaîne latérale de l'histidine est 6,0 (ch. 2, 1re partie, II, 2.5.). Il est voisin de 7 dans les protéines.

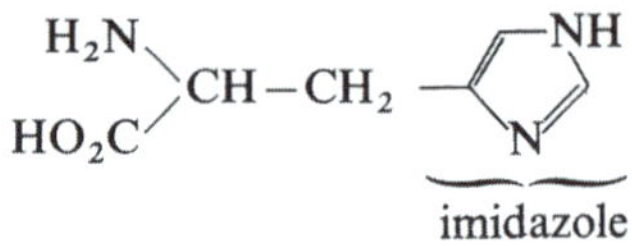

Le pK_a du couple imidazole protoné/imidazole est 7,1.

L'imidazole, forme basique du couple, est un hétérocycle aromatique (2.2.3.4.). Les formes limites qui rendent compte de la délocalisation des électrons du système π sont les suivantes :

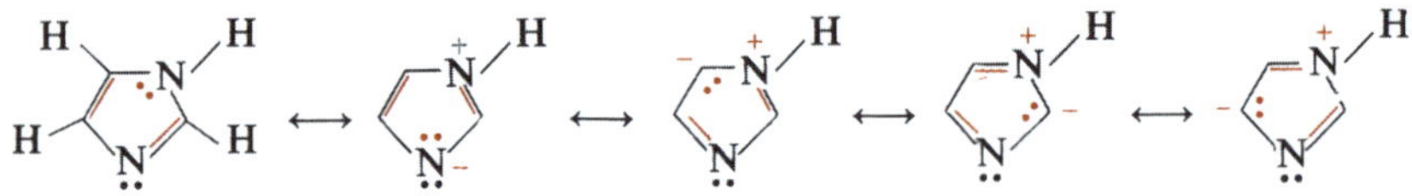

A priori, tous les atomes du cycle de l'imidazole sont susceptibles d'être protonés. Seul est formé le cation résultant de la protonation de l'atome d'azote qui est porteur du doublet libre localisé dans une orbitale sp^2. Seule cette protonation donne un cation qui possède la propriété d'être aromatique.

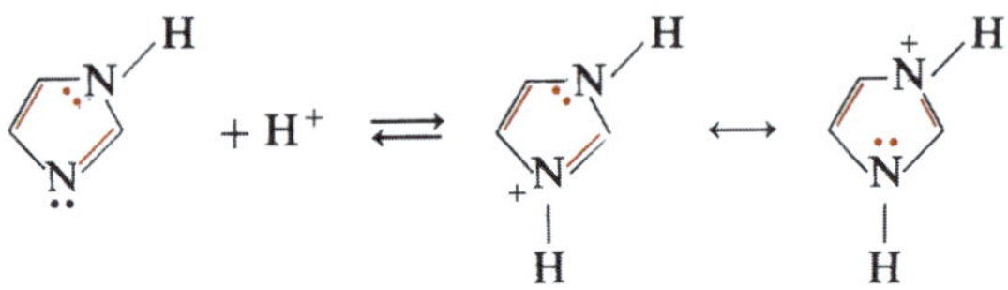

(Les deux meilleures formes limites de l'imidazole protoné sont équivalentes).

Ceci permet d'interpréter l'orientation de la protonation de l'imidazole.

3.5.1.4. pK_a ET SITE DE PROTONATION DES AMIDES

Le pK_a du couple $RCONH_2$ protonée/$RCONH_2$ est de l'ordre de -1. L'écriture de la structure d'une amide primaire (ch. 4, II, B, 5.1.) nécessite les deux formes de résonance suivantes :

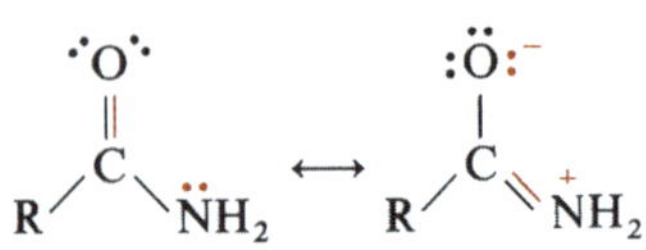

La seconde forme contribue moins à la description de la molécule que la première (2.2.3.3.), mais rend compte de certaines propriétés de cette molécule (3.1.; C, 2.3.2.2.).

Il y a, *a priori*, deux sites de protonation possibles pour l'amide :

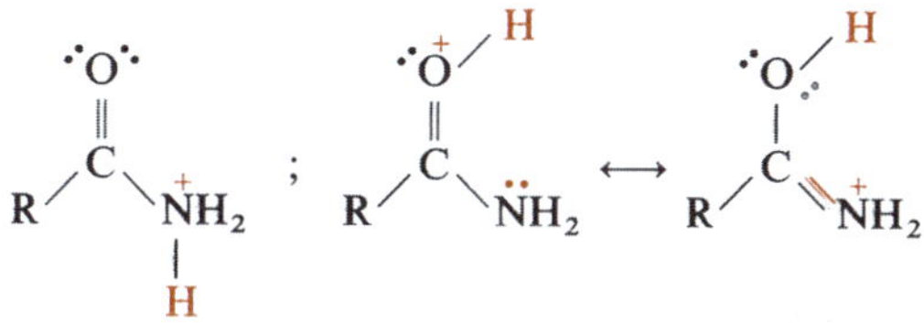

1 **2**

Seul est formé le cation **2** qui résulte de la protonation de l'atome d'oxygène. Cet ion présente une délocalisation des électrons π et p qui stabilise la forme acide du couple et permet d'interpréter l'orientation de la protonation. Il ne faut cependant pas perdre de vue qu'en dépit de cette stabilisation *relative* du cation **2** par rapport au cation **1**, l'amide protonée est un *acide fort* ($pK_a = -1$), mais moins fort qu'une cétone protonée ($pK_a = -7$).

3.5.2. STABILITÉS RELATIVES DE QUELQUES INTERMÉDIAIRES RÉACTIONNELS

3.5.2.1. CARBOCATION ALLYLIQUE ET ÉTHER D'ÉNOL PROTONÉ

L'addition de l'acide bromhydrique, HBr, sur le butadiène, donne un mélange de deux bromo-butènes : le bromo-3 butène-1 (dit produit d'*addition 1,2*) et le bromo-1 butène-2 (dit produit d'*addition 1,4*).

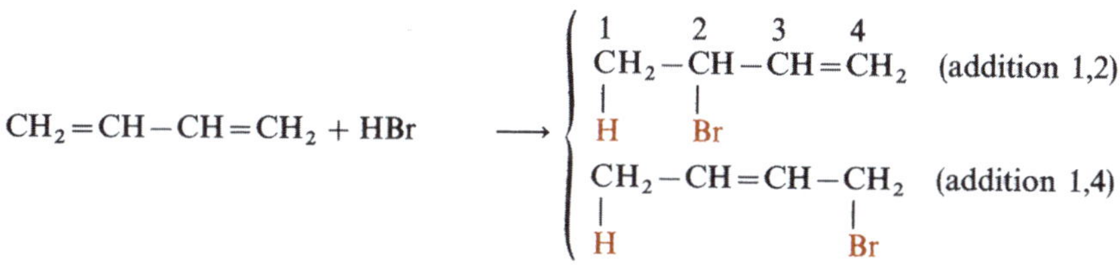

L'addition d'un acide fort (comme HBr) sur un composé éthylénique est une réaction d'addition électrophile. Elle débute par l'attaque d'un proton (réactif électrophile) sur une liaison π pour donner un carbocation intermédiaire qui fixe ensuite la base conjuguée de l'acide (Br^-, réactif nucléophile) (ch. 4, II, B, 3.2.2.). La protonation du butadiène peut, a priori, s'effectuer de deux façons :

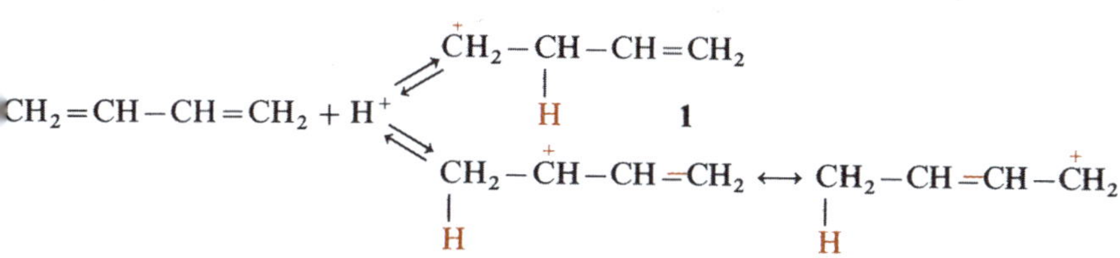

2

On attribue l'orientation de la réaction d'addition électrophile sur un composé éthylénique à la formation plus rapide du/ou des produit(s) dérivant du *carbocation intermédiaire le plus stable* (ch. 4, II, B, 3.2.2.1.3.).

Dans le cas présent on n'obtient pas de bromo-1 butène-3 qui dériverait du carbocation **1**. Ce carbocation primaire n'est stabilisé que par le faible effet inductif donneur du CH_2 adjacent. Le carbocation **2**, appelé *carbocation allylique*★, doit être représenté à l'aide des deux formes de résonance écrites ci-dessus. Celles-ci rendent compte des deux bromo-butènes obtenus. Elles traduisent la délocalisation des électrons π du carbocation allylique **2** qui permet d'interpréter sa stabilité relative par rapport au carbocation **1** non conjugué (2.2.3.).

La stabilisation du carbocation **2** peut être interprétée à l'aide de la théorie des orbitales moléculaires. Le résultat est schématisé sur la figure 3.5.2.1.-1, qui compare les niveaux d'énergie des orbitales pour la situation *hypothétique* ① où le carbocation ne serait pas « délocalisé » et pour la situation réelle ②.

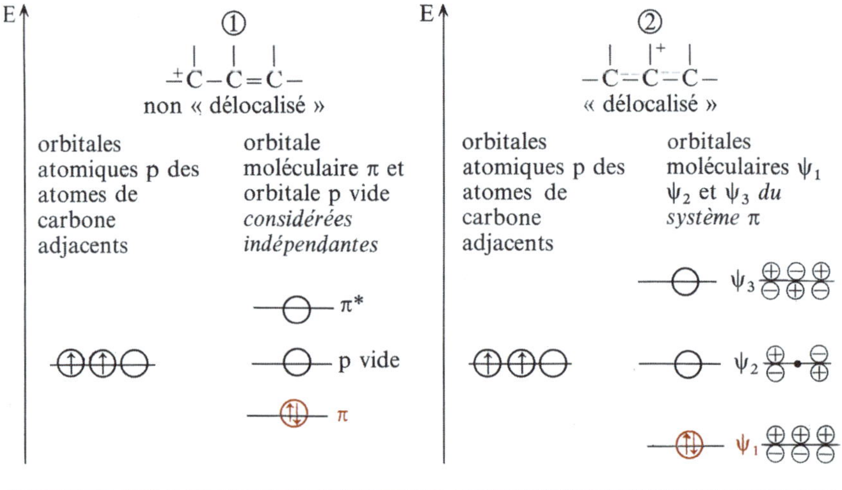

FIGURE 3.5.2.1.-1.

Comparaison des diagrammes des niveaux d'énergie des orbitales moléculaires du *carbocation hypothétique non « délocalisé »* et du *carbocation allylique « réel »* faisant intervenir le système π constitué par les trois orbitales p adjacentes.

★ Le groupe allyle est $CH_2{=}CH{-}CH_2{-}$ (ch. 4, II, B, 3.1.).

Le système π du carbocation allylique réel (situation ②) est constitué des trois orbitales p adjacentes en interaction. Leur combinaison donne trois orbitales moléculaires ψ_1 liante, ψ_2 non liante et ψ_3 antiliante (2.2.). Les deux seuls électrons du système π sont placés dans l'orbitale moléculaire ψ_1. Celle-ci, liante entre les trois atomes de carbone, est d'énergie plus basse que l'orbitale moléculaire π, liante entre deux atomes de carbone, du carbocation hypothétique non « délocalisé » (situation ①).

Remarque. — De même qu'un carbocation allylique est stabilisé par la délocalisation des électrons de son système π, ce qui correspond à une dispersion de sa charge positive, un *carbocation benzylique*, $C_6H_5-CH_2^+$, est stabilisé par l'effet mésomère du noyau phényle (ch. 4, II, A, 3.2.). La dispersion de la charge positive est représentée par les formes de résonance suivantes :

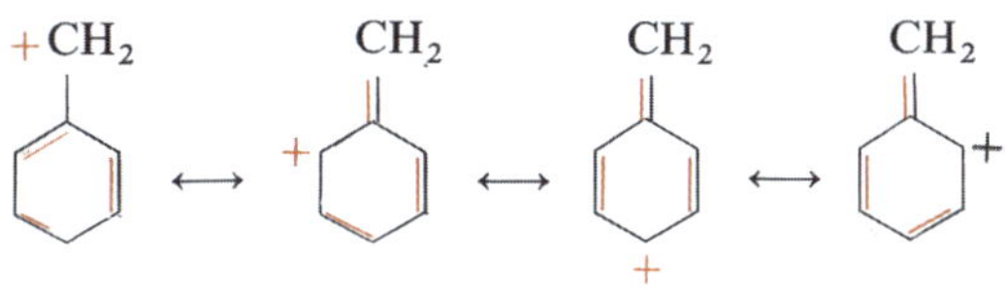

Le dihydropyranne est un éther d'énol cyclique (3.4.3.).

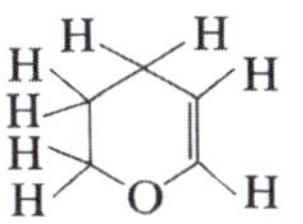

dihydropyranne

En milieu acide, l'addition d'une molécule d'un alcool ROH sur le dihydropyranne conduit à un acétal (ch. 4, II, B, 2.1.2.3.2. et 3.2.2.1.3.).

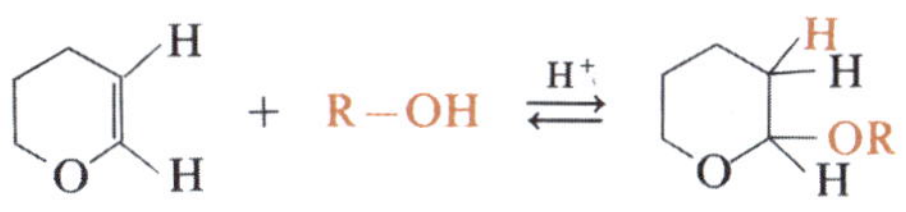

La réaction commence par l'addition électrophile d'un proton, suivie de l'attaque nucléophile de l'alcool sur le carbocation intermédiaire. La protonation du dihydropyranne peut, *a priori*, s'effectuer de deux façons :

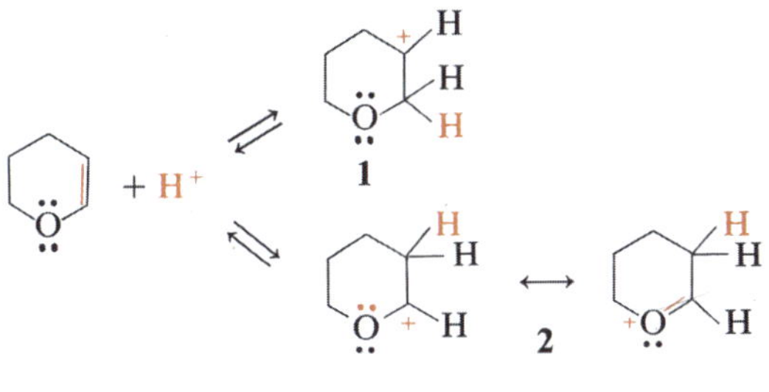

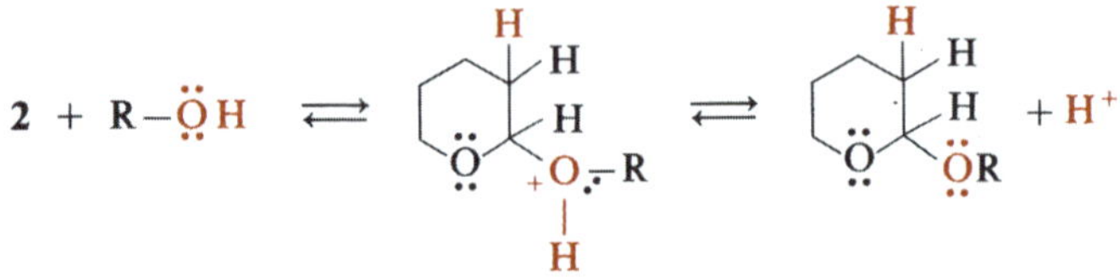

L'obtention du seul acétal est interprétée, comme ci-dessus, par la formation plus rapide du produit dérivant du carbocation intermédiaire le plus stable. Le carbocation **2** est plus stable que le carbocation **1** à cause de la délocalisation d'un doublet de l'atome d'oxygène adjacent (effet mésomère donneur de l'atome d'oxygène).

3.5.2.2. CARBANION EN α D'UN CARBONYLE, ANION ÉNOLATE

Le traitement par une base forte, des aldéhydes et des cétones, ayant au moins un atome d'hydrogène sur le carbone en α du carbonyle, conduit à la réaction d'aldolisation (ch. 4, II, B, 4.2.3.2.). Cette réaction débute par la formation d'un anion par arrachement d'un proton en α du carbonyle :

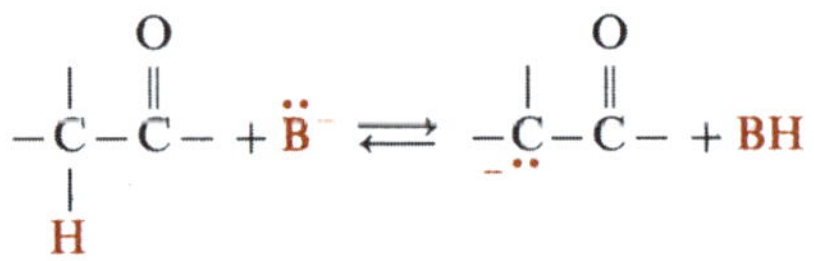

L'arrachement de ce proton par la base forte est une réaction acido-basique et on peut comparer les pK_a des deux couples suivants :

	pK_a
CH_4/CH_3^-	40
$R-CO-CH_2-R/R-CO-\bar{C}H-R$	19-20

La cétone est beaucoup plus acide qu'un hydrocarbure comme le méthane.

Dans le composé carbonylé, l'effet inductif attracteur du carbonyle polarise les liaisons C – H en α, ce qui accroît le potentiel chimique standard de l'acide du couple.

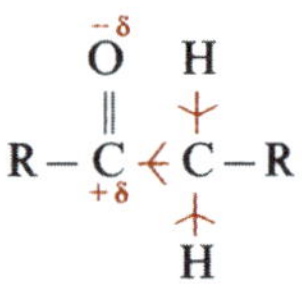

Pour la forme basique du couple, on a déjà vu (2.2.3.3. et 3.4.2.) que l'anion présente une délocalisation de ses électrons π et p

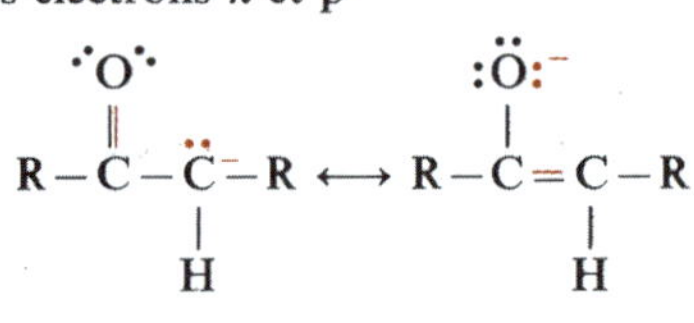

Cette délocalisation revient à placer les quatre électrons du système π dans les deux orbitales moléculaires ψ_1 liante et ψ_2 non liante, construites à partir des trois orbitales p adjacentes en interaction. La présence de deux électrons dans l'orbitale ψ_1, liante entre les trois atomes, stabilise l'anion et diminue donc le potentiel chimique standard de la base du couple.

L'effet mésomère accepteur du carbonyle permet d'interpréter la stabilité relative de l'anion énolate comparé à l'anion CH_3^-.

Des considérations identiques rendent compte de l'acidité relative d'une liaison CH en α des groupes nitro, alkoxycarbonyle et cyano (voir les valeurs des pK_a des couples correspondants dans le tableau p. 262) et des stabilités relatives des anions correspondants.

4. Composés de coordination

Les composés de coordination sont des *composés moléculaires* dans lesquels existent des liaisons covalentes entre un atome ou un cation central, dont les orbitales atomiques de valence étaient incomplètes, et un nombre défini d'anions ou de molécules neutres (de deux à neuf*) qui disposaient de paires d'électrons libres.

Ces composés moléculaires, appelés aussi *complexes*, peuvent être neutres ou chargés et présenter autour de l'élément central une grande variété d'anions ou de molécules neutres appelés *ligands* (ou coordinats)*. Ainsi les ions des éléments de la première série de transition (par exemple Mn^{2+}, Fe^{2+}, Fe^{3+}, Co^{2+}, Cu^+, Cu^{2+}) donnent des composés de coordination avec des anions (Cl^-, ^-CN, ...) ou des molécules neutres (NH_3, H_2O, CO, ...). La charge du complexe est égale à la somme des charges du cation central et des ligands.

Selon leur nature et les conditions expérimentales, les ligands d'un complexe sont susceptibles de s'échanger avec d'autres ligands présents dans le milieu en concentration suffisante. Cette *réaction d'échange de ligands* est en général beaucoup plus facile que les réactions de substitution d'atomes ou de groupes d'atomes dans les composés organiques (ch. 4, II, A, 1.1., 3. et B, 2.). Par exemple si on dissout du sulfate de cuivre $CuSO_4$ dans l'eau, il se forme l'ion complexe $[Cu(H_2O)_6]^{2+}$. Si on ajoute progressivement de l'ammoniac à cette solution, le ligand NH_3 remplace le ligand H_2O pour donner successivement les ions complexes $[Cu(NH_3)(H_2O)_5]^{2+}$, $[Cu(NH_3)_2(H_2O)_4]^{2+}$, $[Cu(NH_3)_3(H_2O)_3]^{2+}$ et $[Cu(NH_3)_4(H_2O)_2]^{2+}$:

* Le nombre maximum de ligands est en général limité par leur encombrement stérique autour de l'ion central; il est le plus souvent de six. Le nombre de neuf n'est atteint que pour les plus gros cations et les plus petits ligands, par exemple pour le rhenium dans ReH_9^{2-}.

$$[Cu(H_2O)_6]^{2+} + NH_3 \rightleftarrows [Cu(NH_3)(H_2O)_5]^{2+} + H_2O$$
$$[Cu(NH_3)(H_2O)_5]^{2+} + NH_3 \rightleftarrows [Cu(NH_3)_2(H_2O)_4]^{2+} + H_2O$$
$$- - - -$$
$$[Cu(NH_3)_3(H_2O)_3]^{2+} + NH_3 \rightleftarrows [Cu(NH_3)_4(H_2O)_2]^{2+} + H_2O$$

En milieu aqueux, la coordination de deux molécules d'ammoniac supplémentaires n'est pas observée; elle correspond à deux constantes d'équilibre très faibles. En solution aqueuse, les vitesses de substitution des ligands H_2O sont presque toujours très rapides (k de l'ordre de $5 \times 10^8 s^{-1}$ (ch. 4, II, A.2.2.) pour l'échange d'une molécule d'eau liée à l'ion Cu^{2+}, par une autre molécule d'eau).

La chimie des composés de coordination sort du cadre de cet ouvrage; seuls certains aspects très limités sont abordés pour permettre une compréhension de la liaison chimique dans quelques complexes biologiques.

4.1. Acides et bases de Lewis

Lewis a donné une définition très générale des acides et des bases qui est non seulement utile pour ce chapitre mais aussi pour la chimie organique. Il définit :

- un acide comme un accepteur de doublet d'électrons,
- une base comme un donneur de doublet d'électrons.

Cette définition inclut celle de Brönsted comme cas particulier (ch. 2, 1re partie, II, 2.1.). En effet, le proton H^+ peut être considéré comme un accepteur de doublet électronique et la molécule d'eau H_2O, ainsi que l'ion hydroxyle HO^-, comme des donneurs de doublet électronique :

$$H^+ + H_2\ddot{\underset{\cdot\cdot}{O}} \rightleftarrows H_3O^+$$

$$H^+ + H\ddot{\underset{\cdot\cdot}{O}}:^- \rightleftarrows H_2O$$

La réaction entre l'éther éthylique $C_2H_5-O-C_2H_5$ et le trifluorure de bore BF_3, qui donne un composé stable distillable, est une réaction acido-basique au sens de Lewis. Le bore, dont la configuration électronique est $2s^2\ 2p^1$, n'a que six électrons dans sa couche de valence après avoir contracté trois liaisons σ avec trois atomes de fluor ($2s^2\ 2p^5$). La molécule BF_3 ne satisfait donc pas à la règle de l'octet pour le bore, ce qui est symbolisé par une lacune électronique dans le formalisme de Lewis : $\square BF_3$. Le trifluorure de bore est donc un acide de Lewis qui peut accepter un doublet électronique apporté par une base de Lewis. L'éther éthylique, avec les doublets libres de l'atome d'oxygène, peut jouer ce rôle et mettre en commun deux électrons avec le bore, soit :

$$C_2H_5-\ddot{\underset{\cdot\cdot}{O}}-C_2H_5 + \square BF_3 \longrightarrow (C_2H_5)_2\overset{+}{O}\!:-\overset{-}{B}F_3$$

Le composé formé, l'éthérate de trifluorure de bore, est une molécule neutre qui s'écrit avec deux charges formelles sur la structure de Lewis, rappelant que la liaison covalente entre l'oxygène et le bore est assurée par deux électrons qui appartenaient *initialement* à la base de Lewis. Pour éviter l'écriture des charges formelles, la liaison est souvent représentée avec une flèche orientée dans le sens donneur-accepteur :

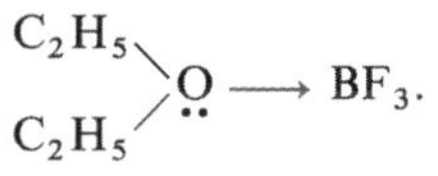

Cette liaison est parfois appelée *liaison dative* (ou de coordinence). Cette appellation ne doit pas faire oublier qu'il s'agit d'une liaison covalente qui n'a rien de particulier.

Au sens de Lewis tous les ions métalliques peuvent être considérés comme des acides et tous les ligands usuels comme des bases. Ainsi, le traitement par l'ammoniac d'une solution aqueuse de nitrate d'argent, donne la réaction :

$$AgNO_3 + 2NH_3 \longrightarrow [Ag\,(NH_3)_2]\,(NO_3)$$

Il s'agit d'une réaction acido-basique, au sens de Lewis, entre l'acide Ag^+ et la base NH_3, qui forme l'ion complexe $[Ag\,(NH_3)_2]^+$:

$$Ag^+_{aq} + 2NH_{3_{aq}} \rightleftarrows [Ag\,(NH_3)_2]^+_{aq}$$

L'indice aq signifie qu'en solution aqueuse les ions Ag^+ et $[Ag\,(NH_3)_2]^+$ sont solvatés (forme *aqua*). En général on ne fait pas apparaître cette solvatation dans l'écriture des équilibres.

L'ion complexe $[Ag\,(NH_3)_2]^+$ a une grande stabilité caractérisée par la constante d'équilibre (appelée aussi constante de formation) :

$$K = \frac{[Ag\,(NH_3)_2]^+}{[Ag^+]\,[NH_3]^2} = 1\,.\,10^8$$

Pour le complexe $[Ni\,(CN)_4]^{2-}$, on a l'équilibre :

$$Ni^{2+} + 4\ {}^-CN \rightleftarrows [Ni\,(CN)_4]^{2-}$$

et

$$K = \frac{[Ni\,(CN)_4]^{2-}}{[Ni^{2+}]\,[{}^-CN]^4} \approx 10^{22}$$

Classification des acides et bases de Lewis

L'affinité des ions métalliques pour divers ligands correspond à leur acidité de Lewis et la tendance des ligands à coordiner les ions métalliques correspond à leur basicité de Lewis. Il serait utile, pour apprécier la stabilité des complexes, de disposer d'une échelle pour la force des acides de Lewis et d'une échelle pour la force des bases de Lewis. Les complexes les plus stables résulteraient alors de l'interaction des acides et des bases les plus forts. Ces échelles de force seraient établies d'après des équilibres du type :

$$(1)\ A_2 + A_1 - B \rightleftarrows A_2 - B + A_1$$
$$(2)\ B_2 + A - B_1 \rightleftarrows A - B_2 + B_1$$

permettant de classer les acides A_1, A_2, A_i par rapport à la base de référence B, et les bases B_1, B_2, B_i par rapport à l'acide de référence A.

Une telle échelle existe pour la force des bases par rapport au *seul* acide H^+ dans l'eau (cf. échelle des pK_a des couples acido-basiques, ch. 2, 1re partie, II, 2.2.), mais elle n'est pas valable pour *tous* les acides de Lewis. En effet, la position de l'équilibre (2) pour les bases B_1, B_2, B_i dépend étroitement de la nature de l'acide A. Ainsi, l'ordre des basicités relatives de I^- et NH_3 est renversé si on passe de l'acide H^+ à l'acide CH_3Hg^+(HgII). Dans l'eau à 25 °C, on a les équilibres suivants :

$$I^- + H_3O^+ \rightleftarrows HI + H_2O \qquad \log K = pK_a = -1$$
$$NH_3 + H_3O^+ \rightleftarrows NH_4^+ + H_2O \qquad \log K = pK_a = +9$$

$$I^- + [Hg(CH_3)(H_2O)]^+ \rightleftarrows [Hg(CH_3)I] + H_2O \qquad \log K = 18{,}1$$
$$NH_3 + [Hg(CH_3)(H_2O)]^+ \rightleftarrows [Hg(CH_3)(NH_3)]^+ + H_2O \quad \log K = -1{,}8$$

I^- est une base très faible (ch. 2, 1re partie, II, 2.2.), beaucoup plus faible que H_2O, vis-à-vis de la fixation du proton. NH_3 est une base faible, mais plus forte que H_2O vis-à-vis de la fixation du proton. Par contre, I^- est une base de Lewis beaucoup plus forte que H_2O vis-à-vis de la coordination de Hg^+, et H_2O est une base de Lewis plus forte que NH_3 vis-à-vis de la coordination de Hg^+.

De même la position de l'équilibre (1), pour les acides A_1, A_2, A_i, dépend de la nature de la base B. Il est donc impossible d'avoir une seule échelle pour la force des acides et une seule échelle pour la force des bases de Lewis. Pour interpréter ces résultats, il faut prendre en considération la *polarisabilité* (D, 1.2., tableau 1.2.-1) de l'acide et de la base, c'est-à-dire l'aptitude de leurs « nuages » électroniques à se déformer sous l'influence de celui du partenaire. Ceci a conduit à un classement des acides et bases de Lewis selon des critères dits de « dureté » et « mollesse » (théorie dite HSAB : hard and soft acids and bases).

Les acides durs sont des cations, petits et peu polarisables, qui correspondent à des éléments ayant une très faible électronégativité. Les cas types sont les cations qui possèdent une couche électronique externe saturée $ns^2\ np^6$, avec $n = 2$ et 3 : Na^+, Mg^{2+}, K^+, Ca^{2+}. On trouve ensuite les cations qui possèdent une sous-couche 3d à moitié remplie, $3d^5$: Mn^{2+}, Fe^{3+}.

Les acides mous sont des cations, gros et très polarisables, qui correspondent à des éléments faiblement électronégatifs. Le caractère de mollesse croît avec le nombre d'électrons. Les cas types sont les cations métalliques d^{10}, porteurs d'une faible charge, Cu^+, Ag^+, Hg^{2+}, et aussi le cation CH_3Hg^+ (*vide supra*).

La charge accroît le caractère de dureté et on trouve parmi les acides intermédiaires : Fe^{2+}, Co^{2+}, Ni^{2+}, Cu^{2+}.

Les bases dures sont des molécules neutres ou des anions dont le site basique, petit et peu polarisable, correspond à un atome fortement électronégatif. Les cas types sont H_2O, HO^-, $CH_3CO_2^-$, PO_4^{3-}, ROH, NH_3, RNH_2.

Les bases molles sont des molécules neutres ou des anions dont le site basique, gros et très polarisable, correspond à un atome moyennement électronégatif. Les cas types sont R_2S, RSH, RS^-, I^-.

On trouve parmi les bases intermédiaires la pyridine.

L'étude des composés de coordination montre que les *composés stables résultent de l'association d'un acide et d'une base de même caractère* : acide dur-base dure, acide mou-base molle. Le caractère ionique (3.1.) est dominant dans les liaisons entre acide dur et base dure, tandis que le caractère covalent est dominant dans les liaisons entre acide mou et base molle. Les cations durs Na^+, K^+, Ca^{2+}, Mg^{2+} ont beaucoup d'affinité pour les bases oxygénées dures H_2O, RCO_2^-, PO_4^{3-}. Ainsi, *dans les milieux biologiques*, ces ions sont abondants dans les fluides extracellulaires riches en eau ou dans les tissus où ils sont associés à des groupes carboxylate ou phosphate (D, 3.2.2. et tableau 3.2.2.-1; cas du phosphate de calcium présent dans le tissu osseux sous forme d'hydroxypatite $Ca_{10}(PO_4)_6(OH)_2$). Par contre, des cations mous, le plus souvent exogènes et toxiques, tels que Ag^+, Cd^{2+}, CH_3Hg^+, Hg^{2+}, ou intermédiaires comme Zn^{2+} et Pb^{2+}, ont plus d'affinité pour les bases soufrées R_2S et RSH de la méthionine et de la cystéine (ch. 4, II, B, 2.4.2.1. et 2.4.2.2.). Ainsi une protéine particulière, présente dans tous les tissus animaux, la métallothionéine qui contient 33 % de cystéine, peut lier jusqu'à six de ces ions par molécule.

4.2. Effet chélate

Dans certains cas une même molécule peut occuper plusieurs sites de coordination d'un ion métallique. Un tel ligand est dit polydentate. C'est le cas de l'éthylènediamine $H_2N-CH_2-CH_2-NH_2$ (abréviation : en) et de la diéthylènetriamine $H_2N-CH_2-CH_2-NH-CH_2-CH_2-NH_2$ (abréviation : dien). Pour la coordination de l'ion Ni^{2+} par l'ammoniac et par l'éthylènediamine en solution aqueuse (fig. 4.2.-1) :

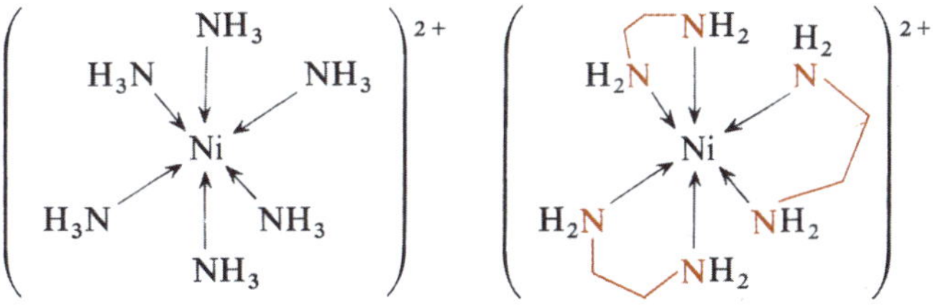

FIGURE 4.2.-1.
Représentation des ions complexes $[Ni(NH_3)_6]^{2+}$ et $[Ni(en)_3]^{2+}$.

le rapport des constantes de formation des complexes (hexacoordinés) est de l'ordre de 10^{10} :

$$Ni^{2+} (aq) + 6\ NH_3 (aq) \rightleftarrows [Ni\ (NH_3)_6]^{2+} (aq) \quad \log K = 8{,}6 \quad (1)$$
$$Ni^{2+} (aq) + 3\ en\ (aq) \rightleftarrows [Ni\ (en)_3]^{2+} (aq) \quad \log K = 18{,}3 \quad (2)$$

Cet accroissement de stabilité dû à la chélation du métal (du grec khêlê : pince) est appelé *effet chélate.* Il est essentiellement d'origine entropique, ainsi que le montrent les données thermodynamiques de l'équilibre suivant :

$$[Ni\ (NH_3)_6]^{2+} (aq) + 3\ en\ (aq) \rightleftarrows [Ni\ (en)_3]^{2+} (aq) + 6\ NH_3 (aq) \quad (3)$$

pour lequel on a : $\log K = 9{,}7$, $\Delta G° = -67\ kJ . mol^{-1}$, $\Delta H° = -12\ kJ . mol^{-1}$ et $-T\Delta S° = -55\ kJ . mol^{-1}$. La chélation du métal par trois molécules d'éthylènediamine libère six molécules d'ammoniac, ce qui permet d'interpréter le terme entropique favorable ($\Delta S° > 0$).

Cet effet chélate est mis à profit avec l'éthylènediamine tétraacétate (EDTA) qui chélate très efficacement les cations divalents comme Mg^{2+}, Mn^{2+}, Ca^{2+}, Fe^{2+}, Cu^{2+}, Zn^{2+} (fig. 4.2.-2).

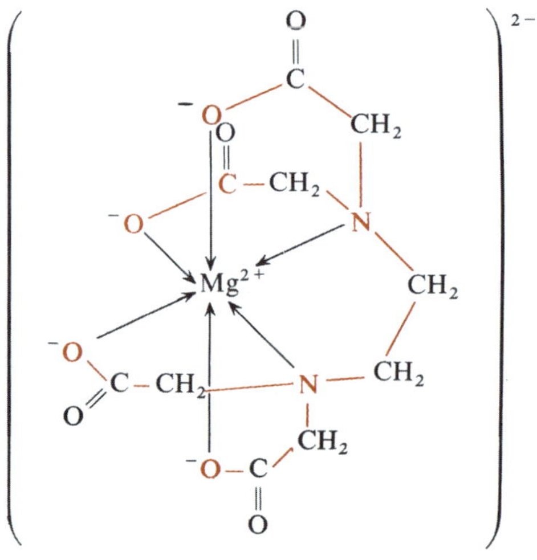

FIGURE 4.2.-2.
Schéma du complexe $[Mg(EDTA)]^{2-}$.

L'EDTA est très souvent utilisé en biochimie, soit pour éliminer du milieu des traces d'ions métalliques qui pourraient inhiber la réaction enzymatique étudiée, soit au contraire pour inhiber une enzyme dont l'action nécessite un ion métallique (ch. 4, III, 2.4.2.).

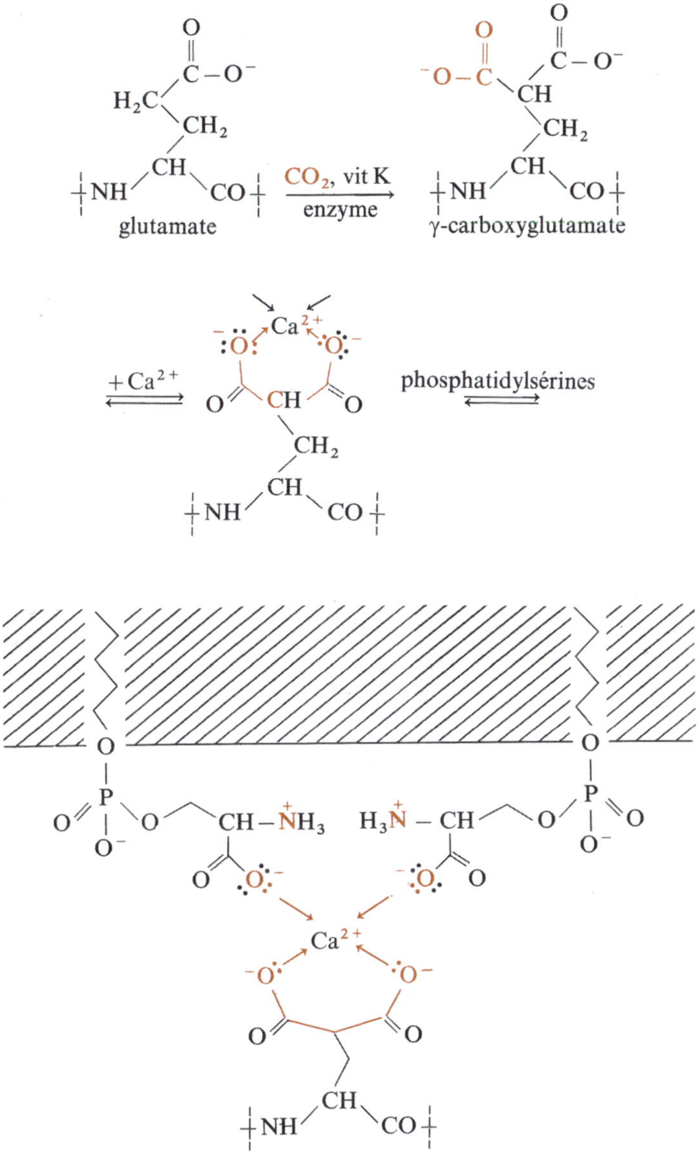

FIGURE 4.2.-3.

Carboxylation des acides glutamiques de la prothrombine qui permet la chélation des ions Ca^{2+} puis la fixation de la protéine sur les membranes phospholipidiques (D, 3.3.2.).
(La partie hachurée schématise la membrane.)

L'une des étapes du processus de coagulation du sang est l'association de la *prothrombine* avec des groupes anioniques de phospholipides, en particulier de phosphatidylsérines (D, 3.3.2.). Cette association se produit via une interaction électrostatique avec des ions Ca^{2+} (D, 1.1.1.). On a pu montrer que la coordination préalable des ions Ca^{2+} par la prothrombine ne se produit qu'après une réaction de carboxylation de la protéine, nécessitant l'intervention de la vitamine K, qui transforme dix acides glutamiques (les dix premiers : 7, 8, 15, 17, 20, 21, 26, 27, 30 et 33 en partant de l'extrémité N-terminale) en acides γ-carboxyglutamiques permettant une *chélation* très efficace des ions Ca^{2+} du milieu.

In vitro, l'EDTA qui est un très bon chélateur des ions Ca^{2+} est utilisé comme anticoagulant, sous forme d'EDTA disodique ($EDTA^{2-}\ 2Na^+$, voir les pK_a de l'EDTA p. 263), puisqu'il élimine le calcium du milieu, indispensable au phénomène de coagulation.

De même l'ion citrate $^{-}O_2C-CH_2-\underset{\underset{CO_2^-}{|}}{C}(OH)-CH_2-CO_2^-$ qui donne un complexe chélate soluble avec Ca^{2+}, est utilisé couramment comme anticoagulant dans les prélèvements destinés à la conservation de sang humain.

L'oxalate mixte d'ammonium et de potassium, $NH_4KC_2O_4$, est aussi utilisé à cet effet car il donne un complexe insoluble avec Ca^{2+} (D, 3.2.2.). Cet oxalate de calcium insoluble qui est le constituant principal des calculs urinaires (D, 3.2.2.) est un complexe chélate de l'ion Ca^{2+} (fig. 4.2.-4).

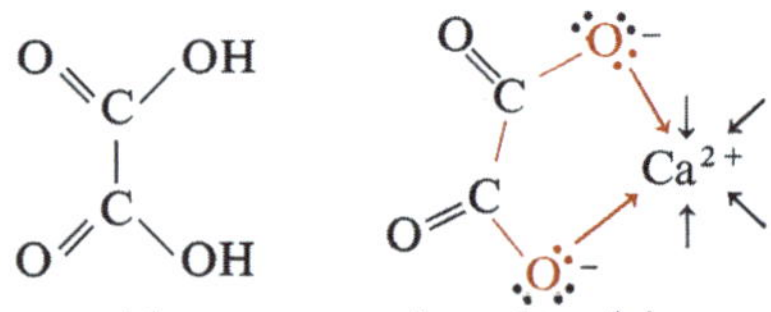

acide oxalique — oxalate de calcium

FIGURE 4.2.-4.
L'oxalate de calcium est un complexe chélate de l'ion Ca^{2+}.

4.3. Complexes des métaux de la première série de transition. Liaisons faisant intervenir des orbitales d

Les éléments de transition sont les éléments qui possèdent des orbitales d ou f partiellement remplies (A,4.). On ne s'intéresse ici qu'aux éléments de la première série de transition, Ti, V, Cr, Mn, Fe, Co, Ni et Cu, qui ont une sous-couche 3d insaturée dans leur état fondamental ou dans leurs ions présents dans les composés courants (le cuivre $3d^{10}4s^1$ est considéré comme métal de transition, car l'ion Cu^{2+} a la configuration $3d^9$).

Ces éléments utilisent leurs orbitales de valence 3d, 4s et 4p pour former des orbitales σ avec divers ligands. Dans les complexes correspondants, le métal tend à acquérir la configuration électronique du gaz rare de la quatrième période, le krypton ($4s^2\ 3d^{10}\ 4p^6$). Cette *tendance*, appelée « *règle des dix huit électrons* », n'a pas un caractère absolu, mais elle est utile pour prévoir dans un premier temps le nombre de ligands possibles autour d'un ion de transition, et la stabilité des complexes correspondants.

Les complexes des métaux de transition ont des structures géométriques caractéristiques. Par exemple $[Ni^{II}(CN)_4]^{2-}$ est plan carré; $[Fe^{II}(CN)_6]^{4-}$, $[Fe^{II}(H_2O)_6]^{2+}$, $[Co^{III}(NH_3)_6]^{3+}$ et $[Cu^{II}(H_2O)_6]^{2+}$ sont octaédriques.

La plupart de ces complexes sont colorés et certains d'entre eux sont paramagnétiques. La description des liaisons chimiques dans les complexes des métaux de transition peut être faite, comme pour les composés des autres éléments, à l'aide de la théorie de la liaison de valence ou de la théorie des orbitales moléculaires.

On se limite ici à la description de deux complexes du fer (II) comme introduction à la coordination du fer dans les hémoprotéines (III, 2).

Deux exemples : $[Fe(H_2O)_6]Cl_2$ et $K_4[Fe(CN)_6]$.

Il s'agit de deux complexes octaédriques. Dans chacun d'eux l'ion ferreux Fe^{2+} est entouré de six ligands H_2O ou ^-CN. Ces ligands sont des bases de Lewis. La molécule d'eau se lie au cation, par l'un des doublets libres de l'oxygène, l'ion cyanure, par le doublet libre du carbone.

La configuration électronique de valence de l'ion ferreux est déduite de celle de l'élément fer :

			3d	4s	4p
Fe	(Z = 26)	Ar (18e) +	↑↓ | ↑ | ↑ | ↑ | ↑	↑↓	□□□
Fe^{2+}	(24)	Ar (18e) +	↑↓ | ↑ | ↑ | ↑ | ↑	□	□□□

On se rappelle que dans la description orbitalaire, on remplit la sous-couche 4s avant la sous-couche 3d pour obtenir la configuration électronique du fer (A, 3.3.).

Dans cette configuration, la présence des six électrons 3d fait que les deux électrons 4s sont moins attirés par le noyau. A cause de cet effet, appelé *effet d'écran*, l'ionisation de Fe en Fe^{2+} conduit à la configuration électronique externe $3d^6$. Avec six ligands mettant chacun un doublet d'électrons en commun avec l'ion fer (2 +), le fer aura dix huit électrons dans sa couche de valence.

On recherche les orbitales atomiques de valence du fer qui ont la bonne symétrie pour donner les six liaisons du complexe octoédrique. On oriente le trièdre de référence de sorte que les six ligands soient sur les axes x, y et z (fig. 4.3.-1).

L'orbitale 4s convient pour interagir avec les orbitales atomiques des six ligands (sp^3 pour H_2O et sp pour ^-CN). Les trois orbitales 4p ($4p_x$, $4p_y$, $4p_z$) conviennent pour interagir avec celles des ligands placés respectivement sur les axes x, y et z. Parmi les cinq orbitales 3d, dont les symétries ont été vues précédemment (A, 3.1.3.), seules $3d_{x^2-y^2}$ et $3d_{z^2}$ pointent dans les directions des trois axes; les trois autres, $3d_{xy}$, $3d_{xz}$ et $3d_{yz}$ pointent entre ces axes et ne peuvent pas participer à la formation de liaisons σ. Pour décrire les six liaisons σ fer-ligands, à l'aide de la théorie de la liaison de valence, on peut donc utiliser une hybridation d^2sp^3 pour le fer. Les six orbitales atomiques hybrides équivalentes pointent dans les directions des sommets d'un octaèdre. Elles permettent de former les six liaisons σ fer-ligands. Les trois orbitales $3d_{xy}$, $3d_{xz}$, $3d_{yz}$ ne participent pas à la formation des liaisons σ et contiennent les six électrons non liants de la couche de valence du fer dans le complexe.

Uniquement à titre de complément, car un tel traitement dépasse l'objectif de ce livre, on considère les diagrammes schématiques des niveaux d'énergie des orbitales moléculaires correspondant à la description des complexes $[Fe\,(H_2O)_6]^{2+}$ et $[Fe\,(CN)_6]^{4-}$, pour montrer comment la théorie des orbitales moléculaires permet de rendre compte des propriétés spectroscopiques et magnétiques des complexes métalliques.

Pour l'ion complexe $[Fe\,(H_2O)_6]^{2+}$, les quatre orbitales atomiques 4s et 4p du fer interagissent avec quatre orbitales atomiques sp^3 des atomes d'oxygène des molécules d'eau, pour donner quatre orbitales moléculaires σ liantes et les quatre orbitales moléculaires σ* antiliantes correspondantes (regroupées dans deux rectangles sur le schéma de la fig. 4.3.-2).

Les orbitales atomiques $3d_{x^2-y^2}$ et $3d_{z^2}$ du fer interagissent avec deux orbitales sp^3 des atomes d'oxygène des molécules d'eau pour donner deux orbitales moléculaires σ_d liantes et les deux orbitales moléculaires σ_d^* antiliantes correspondantes. Les trois orbitales atomiques $3d_{xy}$, $3d_{xz}$ et $3d_{yz}$ du métal restent inchangées (fig. 4.3.-2).

On place les électrons dans les orbitales moléculaires du complexe par ordre d'énergie croissante. Douze électrons sont dans les six orbitales moléculaires σ, liantes entre le fer et les six ligands H_2O. Restent six électrons. Si la différence d'énergie Δ entre les orbitales 3d du métal et les orbitales moléculaires σ_d^* est suffisamment faible, les électrons restants sont répartis entre ces cinq orbitales suivant la règle de Hund. Dans

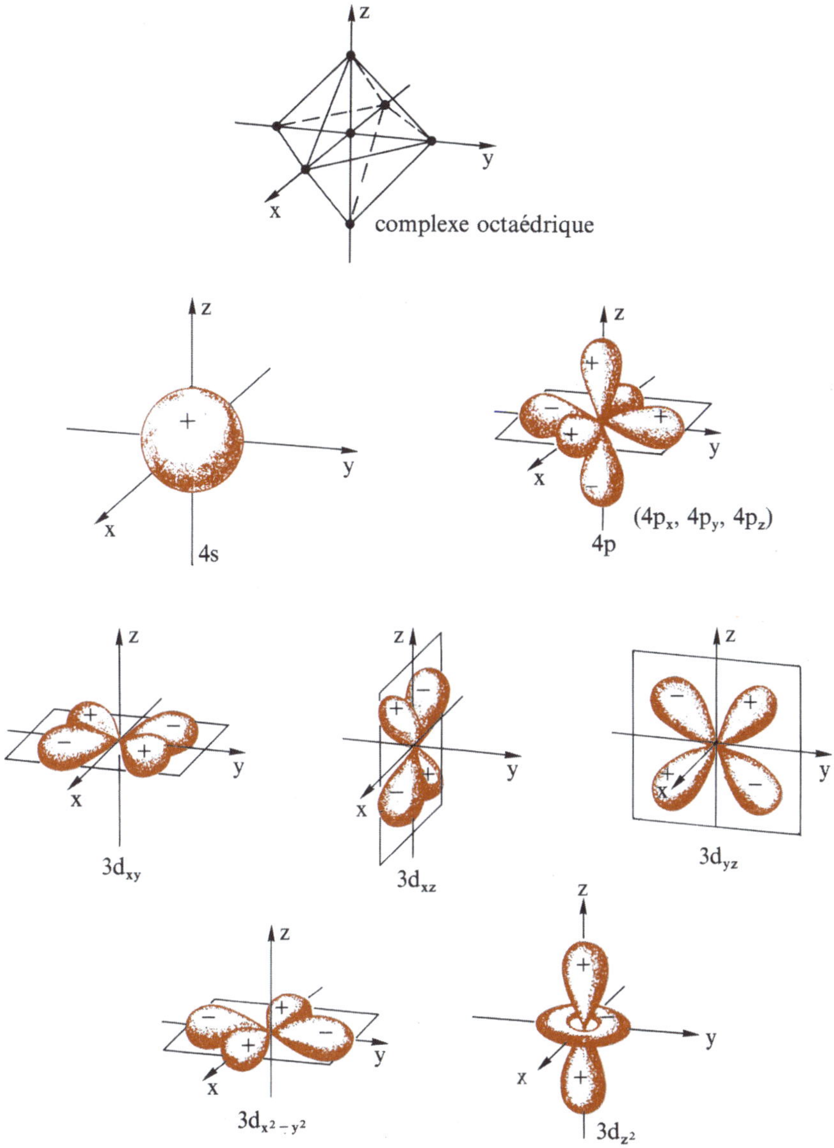

FIGURE 4.3.-1

Comparaison entre la symétrie d'un complexe octaédrique et celle des orbitales atomiques de valence 4s, 3d et 4p du fer.

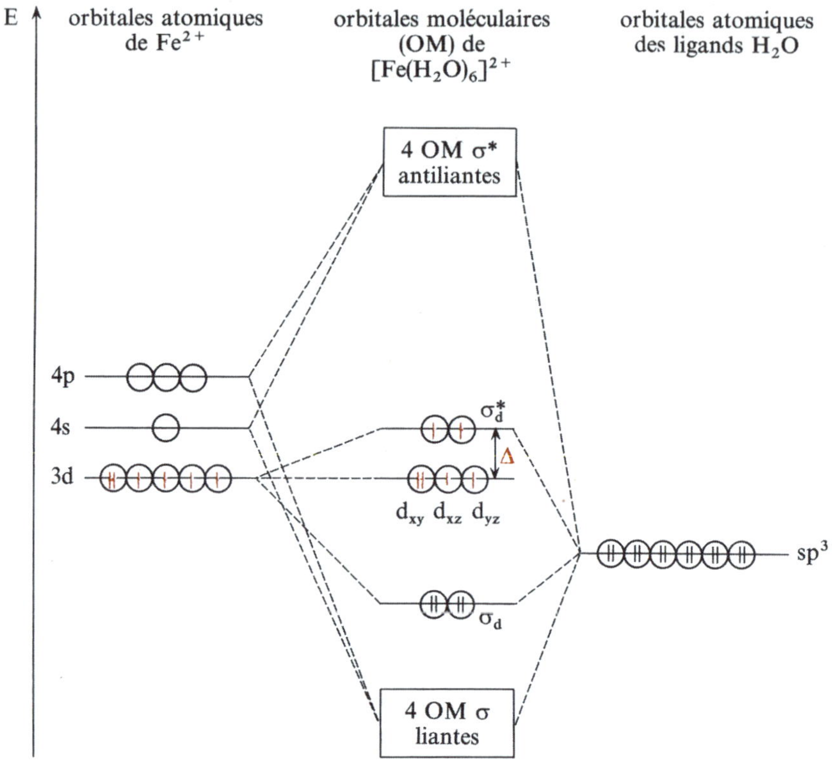

FIGURE 4.3.-2

Diagramme schématique des niveaux d'énergie des orbitales moléculaires du complexe $[Fe(H_2O)_6]^{2+}$.

ces conditions le complexe est paramagnétique, avec quatre électrons non appariés. On dit qu'un tel complexe est à *spin fort*.

On peut noter au passage que le faible écart d'énergie Δ, pour les complexes octaédriques de ce type, permet d'interpréter l'absorption de ces composés dans le domaine des longueurs d'ondes visibles et d'expliquer leurs couleurs souvent intenses. Un électron des trois orbitales d_{xy}, d_{xz}, ou d_{yz} est facilement excité dans l'une des orbitales σ_d^*.

Le cas du complexe $[Fe(CN)_6]^{4-}$ est différent de celui de $[Fe(H_2O)_6]^{2+}$. En effet, les ligands ^-CN possèdent des orbitales π* vides, qui ont la bonne symétrie pour interagir avec les orbitales partiellement remplies d_{xy}, d_{xz} et d_{yz} du métal (fig. 4.3.-3).

L'interaction des trois orbitales d_{xy}, d_{xz} et d_{yz} du fer avec trois orbitales π* des

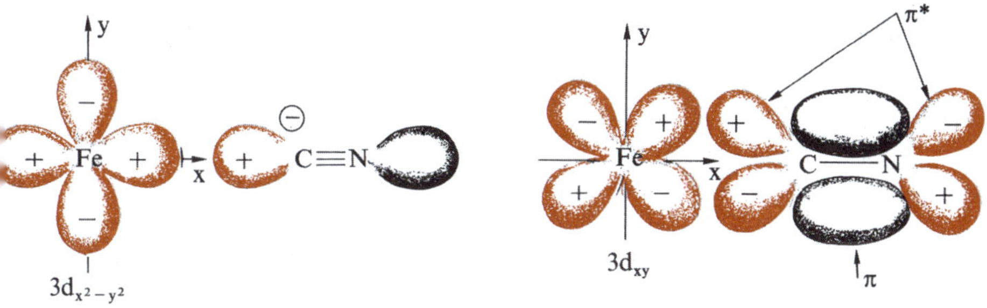

FIGURE 4.3.-3

Représentation schématique a) de l'interaction de l'orbitale sp **du carbone d'un ion cyanure** $^-$CN **avec l'orbitale** $3d_{x^2-y^2}$ **du fer, qui donnera deux orbitales moléculaires** σ_d **et** σ_d^***; b) de l'interaction d'une orbitale moléculaire** π^* **d'un ion** $^-$CN **avec l'orbitale** $3d_{xy}$ **du fer, qui donnera deux orbitales moléculaires** π_d **et** π_d^*.

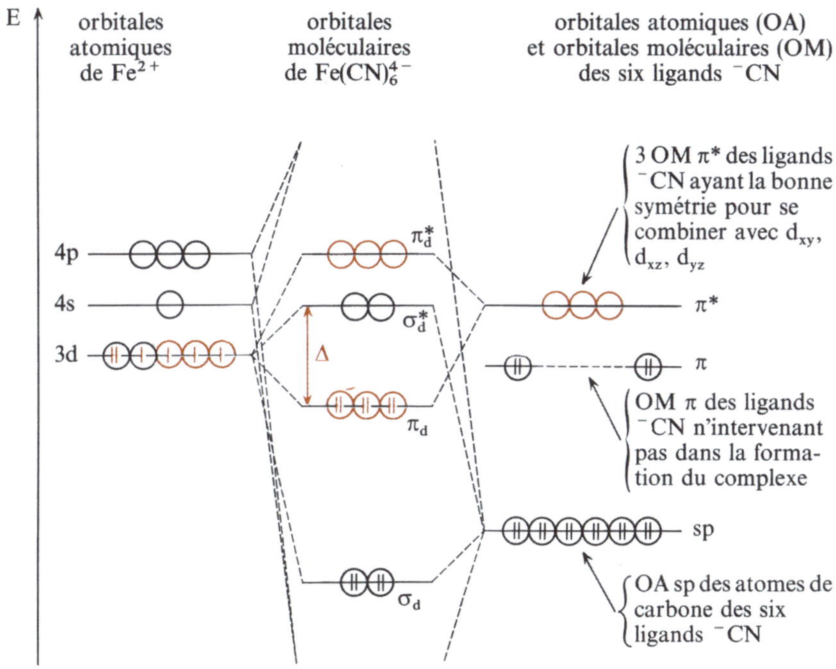

FIGURE 4.3.-4

Portion du diagramme des niveaux d'énergie des orbitales moléculaires du complexe $[Fe(CN)_6]^{4-}$ **montrant l'effet de l'interaction de trois orbitales moléculaires** π^* **des ligands** $^-$**CN avec les orbitales** d_{xy}**,** d_{xz} **et** d_{yz} **du fer, sur l'écart d'énergie Δ entre** π_d **et** σ_d^* **comparé à celui entre 3d et** σ_d^***.**

ligands ^{-}CN, donne trois orbitales moléculaires π_d de plus basse énergie que les orbitales d du métal et trois orbitales moléculaires π_d^* d'énergie plus élevée (fig. 4.3.-4).

L'écart d'énergie Δ, plus grand entre l'orbitale π_d et l'orbitale σ_d^*, qu'entre les orbitales 3d du métal et l'orbitale σ_d^* (comparer au cas de la fig. 4.3.-2), fait que les six électrons initialement 3d sont regroupés par paires dans les trois orbitales moléculaires liantes π_d. Le gain d'énergie dû à l'écart Δ entre π_d et σ_d^* est supérieur à la perte de stabilité due à la répulsion entre les électrons appariés. A la différence du complexe $[Fe\,(H_2O)_6]^{2+}$ (fig. 4.3.-2), le complexe $[Fe\,(CN)_6]^{4-}$ ne présente pas d'électrons (initialement 3d) non liants et antiliants. Il ne possède pas, non plus, d'électrons célibataires, ce qui permet d'interpréter que le ferricyanure de potassium soit diamagnétique. Un tel complexe est dit à *spin faible*. Le type de liaison correspondant aux orbitales moléculaires liantes π_d est couramment appelé *liaison π « en retour »* car ce sont des électrons appartenant initialement au métal qui participent à cette liaison. Ces liaisons π « en retour », qui s'ajoutent aux liaisons σ mettant en jeu les doublets des ligands, accroissent la stabilité du complexe. Elles interviennent avec les ligands O_2, CO, ^{-}CN, qui tous trois possèdent des orbitales π^* de bonne symétrie pour interagir avec les orbitales d du métal (III, 2.).

C. ISOMÉRIE. STÉRÉOCHIMIE DES ÉDIFICES MOLÉCULAIRES

Des composés ayant même formule brute $C_nH_mO_pN_q$ mais dont les structures dans l'espace ne sont pas superposables sont des isomères. Les isomères sont classés en isomères de constitution et en stéréoisomères. Les isomères de constitution présentent un enchaînement des atomes différent pour chaque isomère. Les stéréoisomères ont le même enchaînement atomique mais diffèrent par la disposition de leurs atomes dans l'espace.

1. Isomérie de constitution. Tautomérie

1.1. Isomérie de constitution

Les isomères de constitution ont des propriétés physiques et chimiques différentes.

– *Isomérie de squelette carboné.*

Le n-butane dont la chaîne est linéaire et le méthyl-2 propane (C_4H_{10}) dont la chaîne est ramifiée sont des isomères de constitution

$CH_3-CH_2-CH_2-CH_3$ $\qquad$ $CH_3-\underset{\underset{CH_3}{|}}{CH}-CH_3$

— *Isomérie de position d'un groupement fonctionnel.*

Le squelette carboné est le même pour les différents isomères, mais la position du groupe fonctionnel est différente. Ainsi, à $C_4H_{10}O$, il correspond deux alcools ayant le squelette du méthyl-2 propane

méthyl-2 propanol-1 méthyl-2 propanol-2

Il existe trois isomères de position du dichlorobenzène $C_6H_4Cl_2$

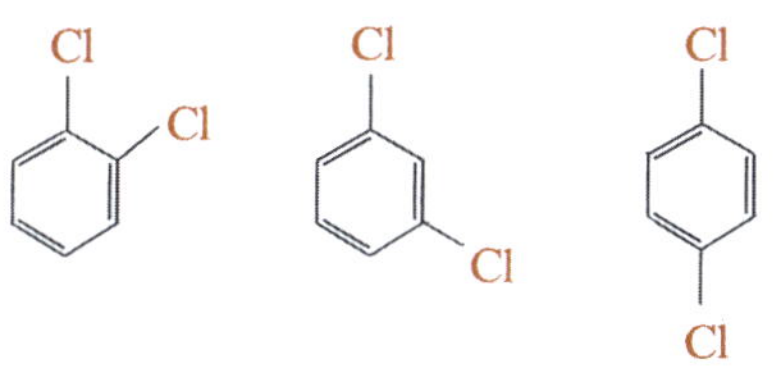

ortho méta para

— *Isomérie de fonction.*

L'acide butanoïque et l'hydroxy-3 butanal de même formule brute $C_4H_8O_2$ ont même squelette carboné mais des fonctions différentes :

Une isomérie de squelette peut être associée à une isomérie de fonction. Par exemple à la formule brute C_6H_{12} correspondent le cyclohexane et les hexènes linéaires

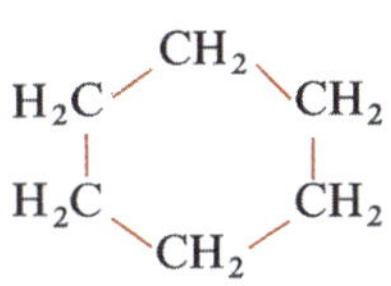

cyclohexane

$CH_2=CH-CH_2-CH_2-CH_2-CH_3$
hexène-1

$CH_3-CH=CH-CH_2-CH_2-CH_3$
hexène-2

$CH_3-CH_2-CH=CH-CH_2-CH_3$
hexène-3

1.2. Tautomérie

La transformation d'un groupement fonctionnel en un autre par déplacement d'un atome d'hydrogène donne lieu à l'isomérie appelée *tautomérie*.

La tautomérie qui résulte en général d'un transfert d'hydrogène entre deux atomes en position respective 1,3 correspond à un équilibre du type :

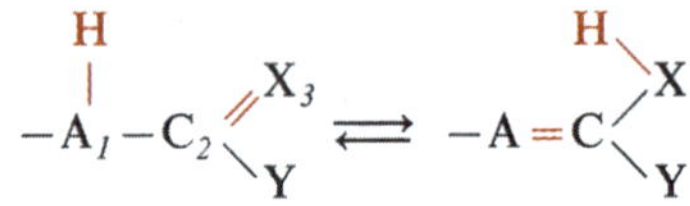

Dans ce cas l'établissement de l'équilibre requiert l'intervention d'un catalyseur acide ou basique.

Dans le cas des composés β-dicétoniques la constante de l'équilibre dans l'eau à 300 K est de 3,6

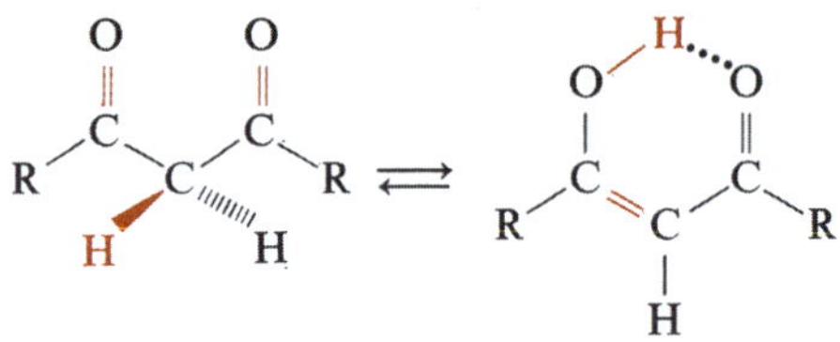

β-dicétone céto-énol

La formation du céto-énol est favorisée par l'existence d'une liaison hydrogène intramoléculaire (D, 2.2.).

1.2.1. TAUTOMÉRIE CÉTO-ÉNOLIQUE, IMINE-ÉNAMINE

Tous les composés carbonylés ayant au moins un atome d'hydrogène sur le carbone en α du carbonyle présentent la tautomérie céto-énolique :

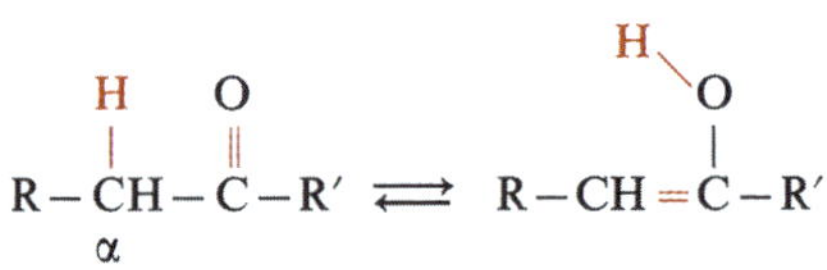

cétone ou aldéhyde (R′=H) énol

Dans le cas de l'acétone, la constante de l'équilibre dans l'eau à 300 K est d'environ 10^{-6}. La formation de l'énol est catalysée par les acides et les bases et sera étudiée ultérieurement (ch. 4, II B, 4.2.3.1.).

Le même type d'isomérie se rencontre entre les imines et les énamines (ch. 4, II, B, 4.2.1.3.)

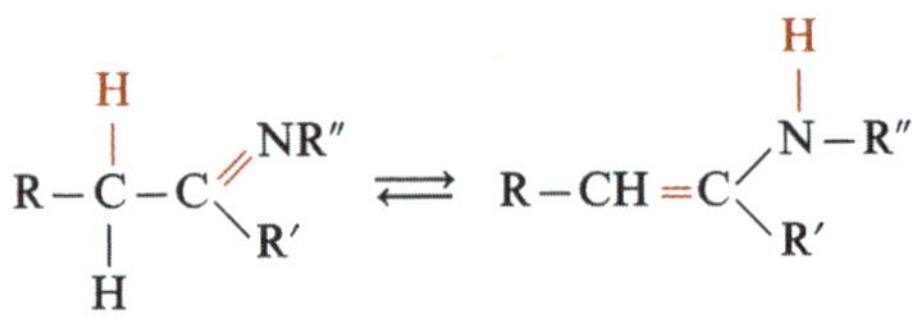

imine énamine

1.2.2. TAUTOMÉRIE DES ESTERS, ACIDES, AMIDES

Les équilibres entre les formes tautomères sont représentés ci-dessous :

Ester 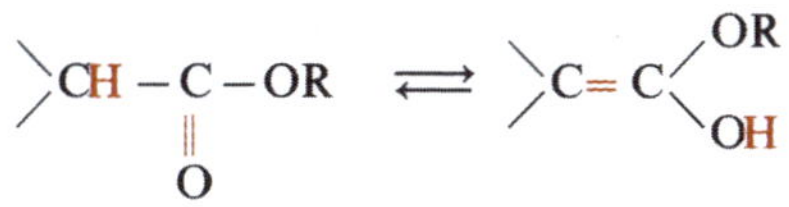

Acide 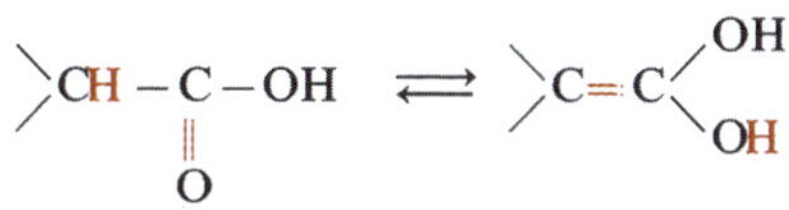

Amide 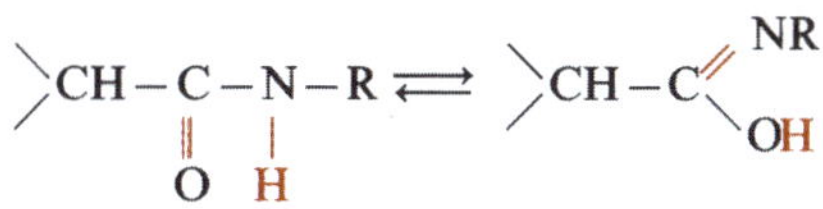

Un cas particulier de la tautomérie des amides est la tautomérie *lactime-lactame* rencontrée dans les bases puriques et pyrimidiques :

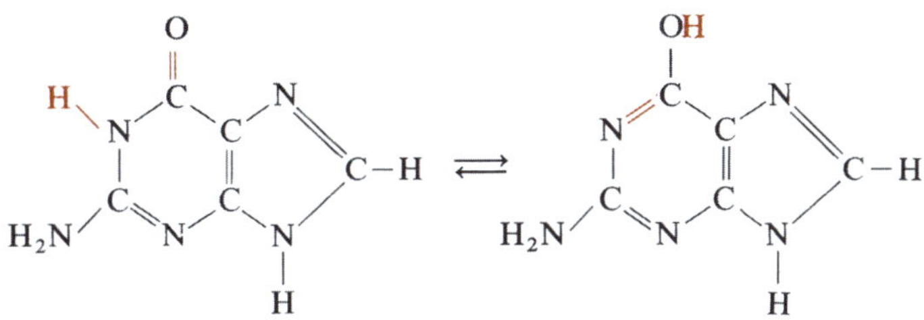

forme lactame — forme lactime

Guanine (base purique)

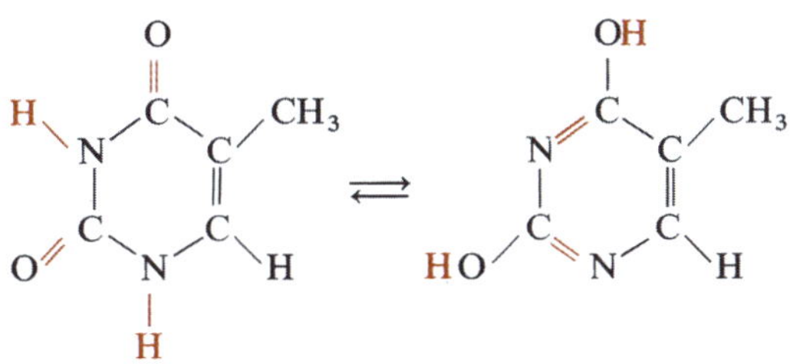

Thymine (base pyrimidique)

A pH 7 la forme lactame prédomine.

1.2.3. TAUTOMÉRIE DE L'IMIDAZOLE

Le noyau imidazole présente la tautomérie suivante :

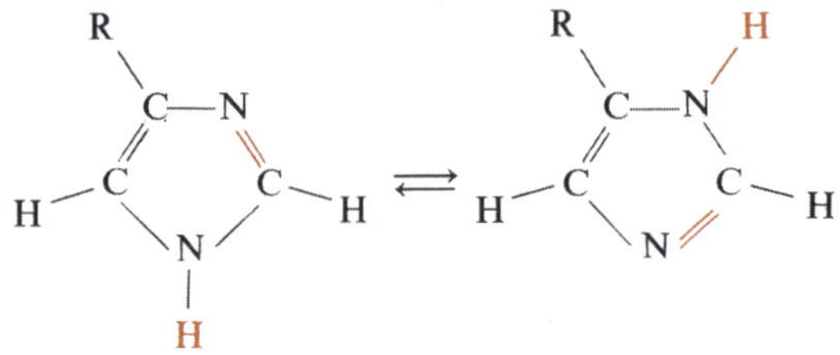

Les deux atomes d'azote du cycle imidazole jouent des rôles équivalents.

2. Stéréoisomérie

Les stéréoisomères ont même constitution mais diffèrent par la disposition de leurs atomes dans l'espace. La stéréoisomérie peut être de *configuration* ou de *conformation.*

La configuration d'une molécule décrit la disposition dans l'espace de ses atomes constitutifs, sans tenir compte des différences que pourrait introduire une rotation autour d'une ou de plusieurs liaisons simples★.

La conformation d'une molécule de configuration définie décrit la position dans l'espace de ses atomes constitutifs, lorsque celle-ci peut varier par suite de rotations (sans ruptures) autour de liaisons simples★★.

2.1. Représentation de la géométrie moléculaire

La géométrie d'une molécule, c'est-à-dire sa structure spatiale dépend des valeurs des longueurs et des angles des liaisons.

Pour les composés organiques on a vu :

- que les longueurs des liaisons diffèrent selon qu'elles sont simples ou multiples;
- que les angles des liaisons autour d'un atome de carbone sont voisins de 109° 30′, 120°, 180° et correspondent à une description de ce carbone par une hybridation sp^3, sp^2, sp.

★ Jean Jacques, *Les confessions d'un chimiste ordinaire*, Complément n° 3, Seuil, Science ouverte 1981.

★★ Jean Jacques, *Les confessions d'un chimiste ordinaire*, Complément n° 4, Seuil, Science ouverte 1981.

Les composés organiques cycliques saturés (formule C_nH_{2n} par exemple), n'ont pas un squelette carboné plan, excepté évidemment le cyclopropane; ils ont des géométries telles que les valeurs des angles de valence soient les plus proches possible de celles rencontrées en série acyclique.

Pour le cyclopropane, les liaisons C – C, plus courtes que celles de tous les autres hydrocarbures saturés, sont d'un type particulier et ne peuvent être décrites par des orbitales localisées σ.

TABLEAU 2.1.-1

Caractéristiques géométriques d'hydrocarbures saturés cycliques

C_nH_{2n}	Hydrocarbure	Une conformation possible	Angle de liaison	Longueur de liaison (nm)
C_6H_{12}	cyclohexane	 chaise	111°	0,153
C_5H_{10}	cyclopentane	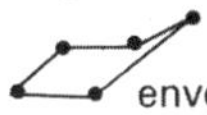 enveloppe	108°	0,154
C_4H_8	cyclobutane	 plissée	100°	0,155
C_3H_6	cyclopropane	 plane	60°	0,151

La représentation de la structure tridimensionnelle des molécules nécessite des conventions d'écriture. En dehors des projections qui seront présentées plus loin (2.2.1., 2.4.4.1.) on utilise la *convention de Cram* dans laquelle, autour de l'atome de carbone, les liaisons dans le plan de la figure sont symbolisées par –, en avant du plan de la figure symbolisées par ◄ et en arrière du plan de la figure symbolisées par ıııııı.

Avec ces conventions l'alanine est représentée ci-dessous dans ses deux *configurations* possibles L et D et le D-érythrose est représenté dans deux *conformations.*

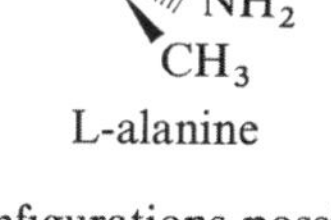

L-alanine

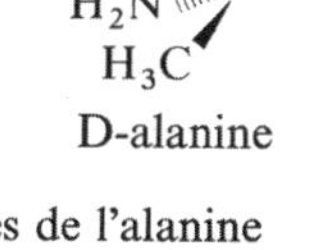

D-alanine

Les deux configurations possibles de l'alanine

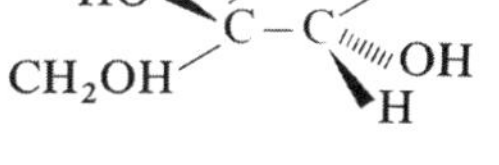

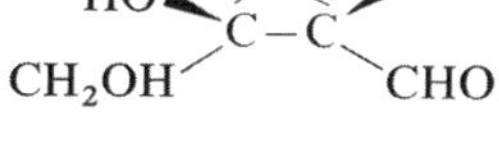

D-érythrose représenté dans deux conformations.

Modèles moléculaires

A côté des représentations graphiques des molécules ou des ions, faites avec différents types de convention (représentation de Cram, projection de Newmann, projection de Fischer), on utilise des modèles moléculaires qui en donnent une représentation dans l'espace par l'assemblage de modèles d'atomes réalisés à une échelle permettant une manipulation aisée. Différents types de modèles moléculaires sont utilisés.

Modèles éclatés

Les atomes sont représentés par des sphères. A chaque élément correspond une sphère

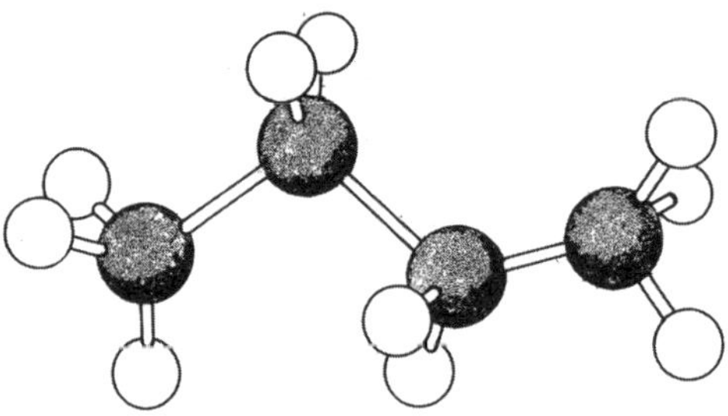

n-butane
$CH_3CH_2CH_2CH_3$

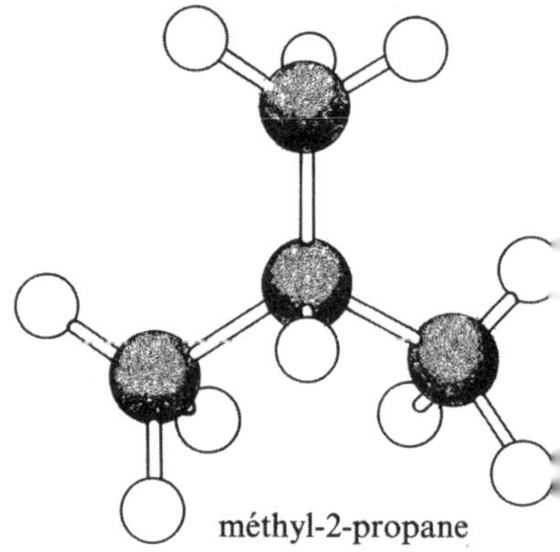

méthyl-2-propane

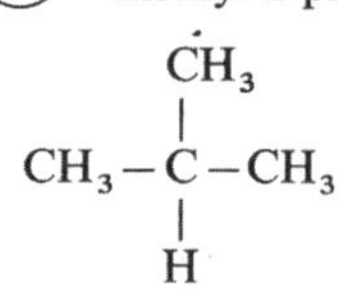

cyclohexane en conformation chaise

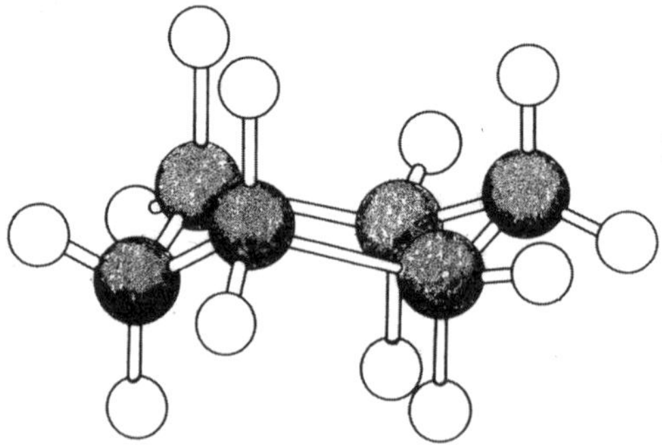

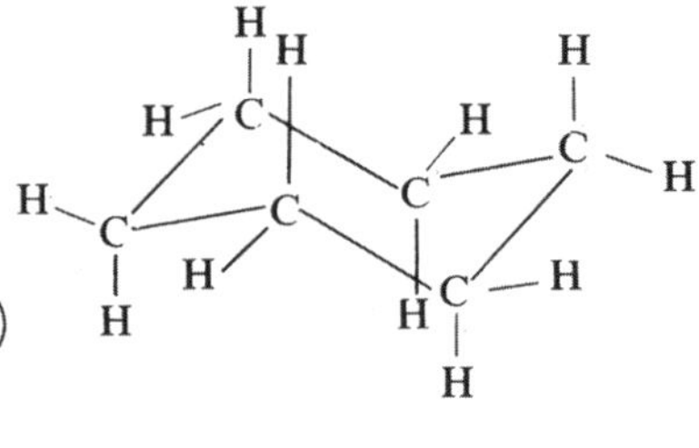

FIGURE 2.1.-1
Modèles éclatés

de couleur caractéristique*, et le rayon de chaque sphère est grossièrement proportionnel au rayon de l'atome. Les liaisons entre atomes sont réalisées par des tiges rigides. Les longueurs des liaisons sont représentées à une échelle supérieure à celle utilisée pour les rayons des atomes, ce qui permet de donner une vue « éclatée » de la molécule dans laquelle les atomes ne sont pas au contact, afin de privilégier la représentation du « squelette σ » de la molécule (fig. 2.1.-1).

Modèles squelette

Dans ces modèles, le rayon de l'atome n'apparaît pas. Chaque élément, sauf l'hydrogène, est représenté par le point de jonction des tiges métalliques qui donnent les directions des liaisons autour de l'atome identifié par sa couleur. (Carbone noir, oxygène rouge, azote bleu...)

Les liaisons entre atomes sont réalisées par l'assemblage de ces tiges métalliques qui

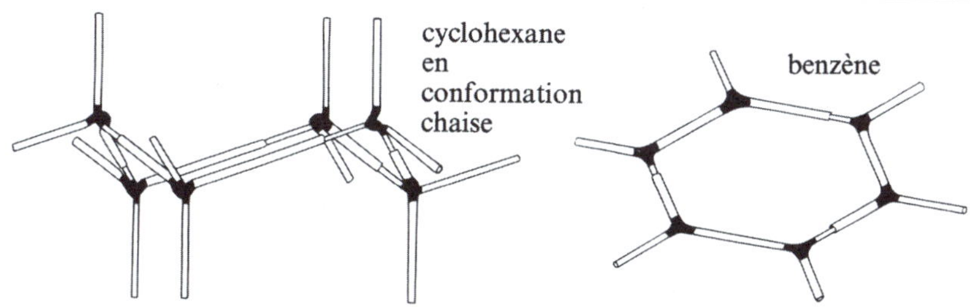

FIGURE 2.1.-2.
Modèles squelette (Modèles de Dreiding)

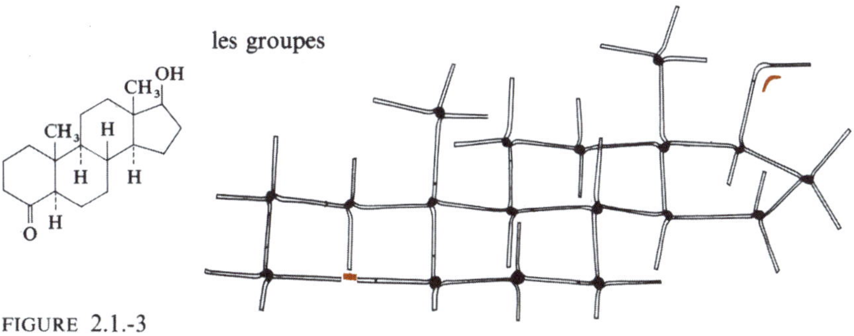

FIGURE 2.1.-3
Modèle de Dreiding d'un stéroïde : l'épi-5 androstanone-4 ol-17.

---

* Dans la grande majorité des modèles moléculaires, la convention des couleurs est la suivante : carbone, noir; hydrogène, blanc; oxygène, rouge; azote, bleu. Cependant, dans un type de modèles très utilisés en France (modèles SASM), la convention est : carbone, noir; hydrogène, rouge; oxygène, bleu clair; azote bleu foncé.

s'emboitent de façon à respecter les longueurs relatives des liaisons et à rendre parfaitement compte de la libre rotation autour des simples liaisons. La même échelle (2,5 cm pour 0,1 nm dans les modèles de Dreiding) est appliquée aux différents types de liaisons qui sont reproduites avec une bonne fidélité. Les angles de valence sont aussi très scrupuleusement respectés lors de la construction des modèles d'atomes. Une réglette permet de mesurer approximativement les distances entre les noyaux des atomes. Ces modèles sont particulièrement adaptés aux études d'analyse conformationnelle et à celle des molécules polycycliques comme les stéroïdes (fig. 2.1.-2 et 2.1.-3).

Modèles compacts

Dans ces modèles, les atomes sont représentés par des sphères tronquées mettant en évidence le rayon de van der Waals (a, a′) (D, 1.3.) et le rayon covalent (b, b′) de chaque atome :

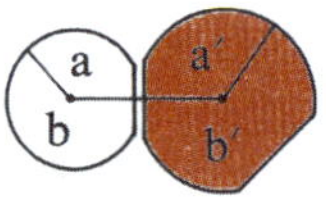

— H	$\rangle$C$\langle$	$\rangle$C =	$\rangle$O ---	O =
			* 	

* Les fentes permettent la fixation d'un atome d'hydrogène par un crochet qui matérialise une liaison hydrogène.

Les rayons des atomes et les longueurs des liaisons sont reproduites à la même échelle (échelle de 1,25 cm pour 0,1 nm dans les modèles compacts C.P.K. (Corey-Pauling-Koltun)), ce qui entraîne, puisque la longueur d'une liaison entre deux atomes est égale à la somme des rayons covalents des atomes joints, que les atomes soient au contact et que l'ensemble soit compact. Les jonctions réalisées permettent d'assurer la « libre rotation » autour des liaisons simples. Ce type de modèle, qui est le plus proche de la réalité moléculaire, ne permet pas de visualiser aussi bien que les modèles précédents le squelette σ des molécules, mais il permet d'avoir une information correcte sur l'encombrement dans l'espace au voisinage d'un groupement fonctionnel ou d'une partie de la molécule. Ces modèles sont particulièrement adaptés à la visualisation des interactions intramoléculaires non covalentes et à l'étude des structures spatiales des macromolécules biologiques (fig. 2.1.-4 et 2.1.-5).

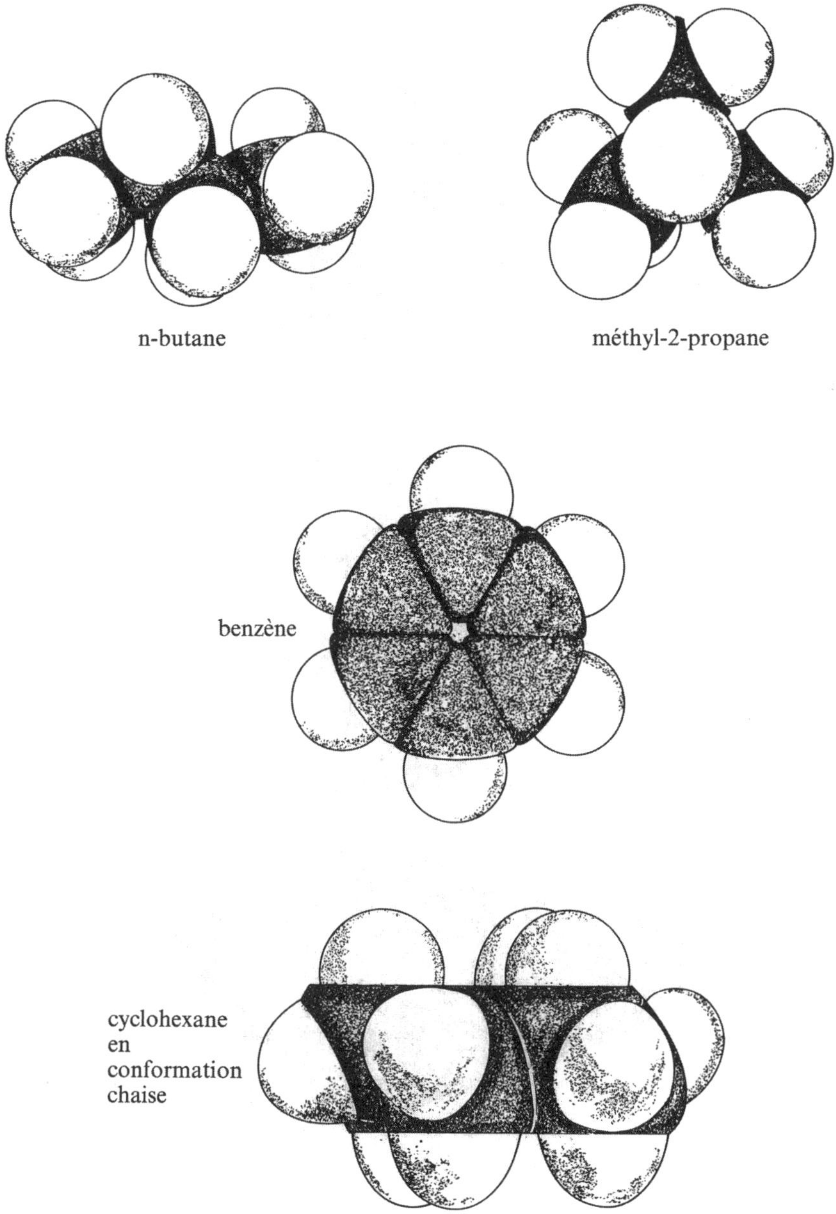

FIGURE 2.1.-4
Modèles compacts

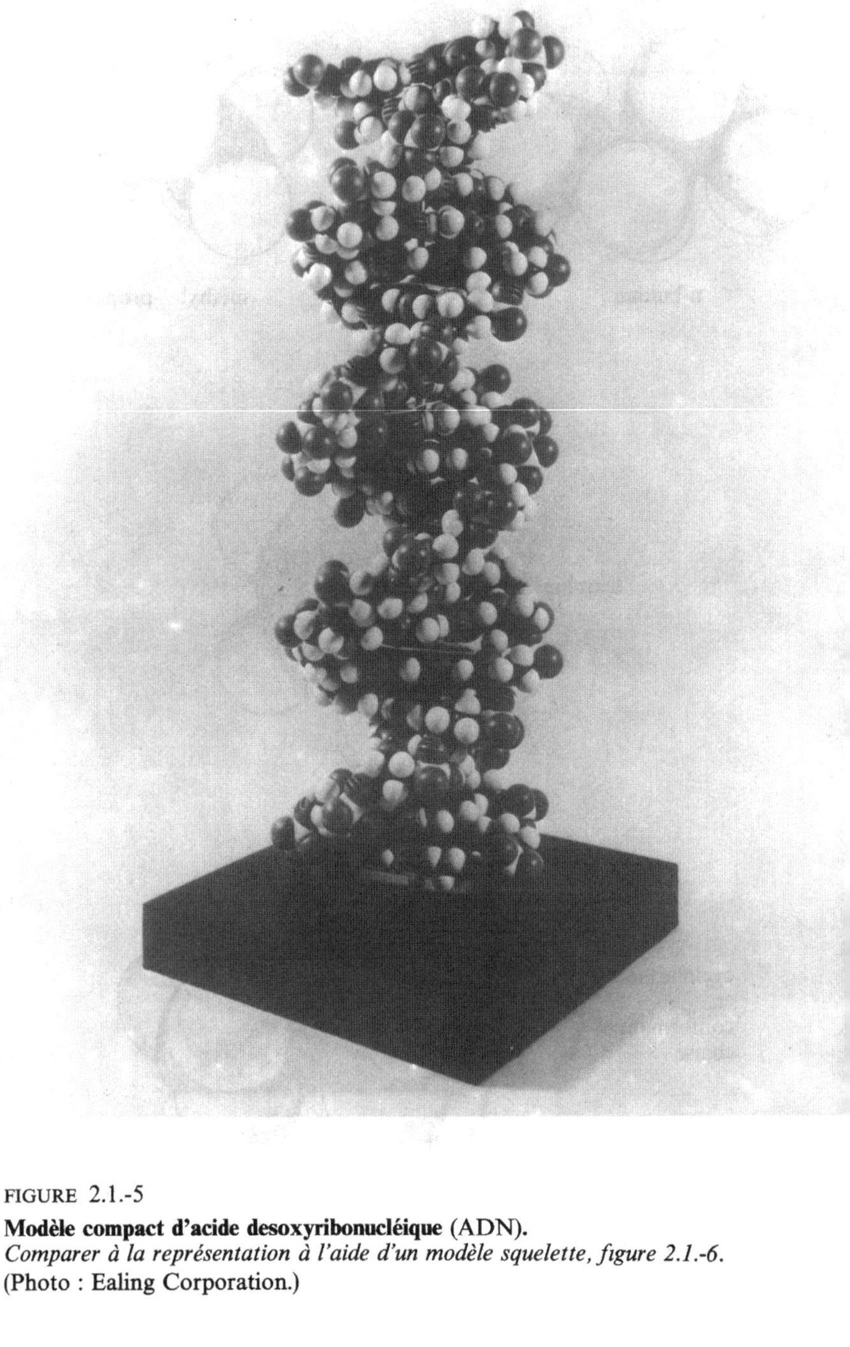

FIGURE 2.1.-5

Modèle compact d'acide desoxyribonucléique (ADN).
Comparer à la représentation à l'aide d'un modèle squelette, figure 2.1.-6.
(Photo : Ealing Corporation.)

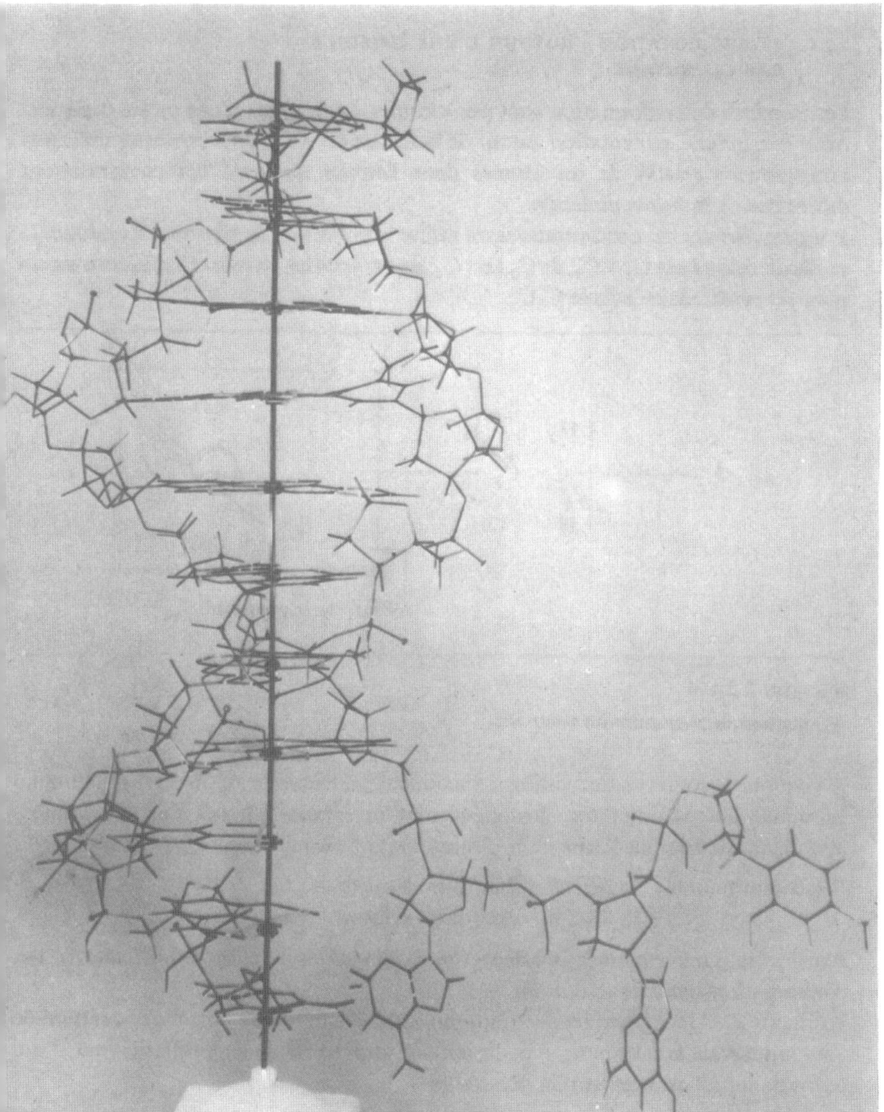

FIGURE 2.1.-6

Acide desoxyribonucléique (ADN) **(Hélice double; une des hélices a été partiellement retirée de son emplacement).** (Photo : Büchi Technique de laboratoire.)

2.2. Stéréoisomérie de conformation

2.2.1. « LIBRE ROTATION » AUTOUR D'UNE LIAISON σ CAS DU BUTANE

Les isomères de conformation sont des « formes » différentes d'une même molécule. Ainsi le n-butane, par rotation autour de la liaison C_2-C_3, peut présenter différents arrangements relatifs de ses atomes dans l'espace qui sont des conformations différentes de la *même* molécule.

Pour représenter ces conformations on utilise la *projection de Newman.* Regardant la molécule selon l'axe C_2-C_3, de C_2 vers C_3, on projette les atomes et les liaisons sur un plan perpendiculaire à l'axe C_2C_3.

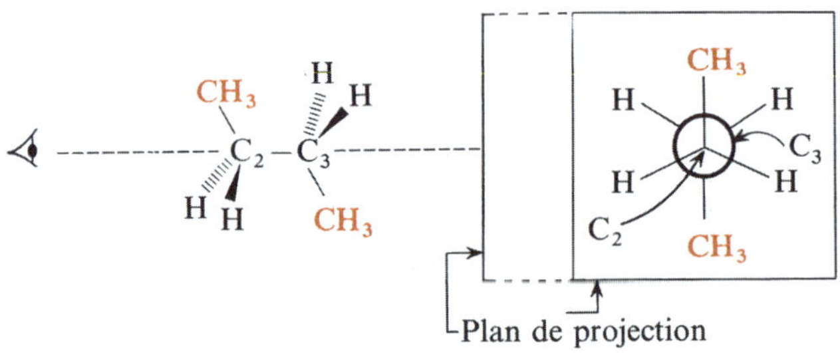

FIGURE 2.2.1.-1
Projection de Newman du n-butane.

A partir de la conformation ci-dessus on obtient, par rotation autour de C_2C_3, tout un ensemble de conformations. Les conformations caractéristiques sont représentées avec la convention de Cram et en projection de Newman figure 2.2.1.-2.

Les conformations I, III, V sont dites *décalées*
et II, IV, VI sont dites *éclipsées.*

Parmi les conformations décalées on distingue la conformation *anti* (I) des conformations *gauches* (III et V).

La figure 2.2.1.-3 représente la variation d'enthalpie par mole lors d'une rotation de 360° autour de la liaison C_2-C_3 du butane, à partir de la conformation anti I qui correspond à l'arrangement le plus stable.

La différence d'énergie entre le conformère le plus stable et le conformère le moins stable est de 25,1 kJ . mol^{-1}, et représente la *barrière de rotation* du butane.

Les proportions à l'équilibre des différents conformères son reliées aux ΔG^0 correspondants. On a, pour l'équilibre gauche $\rightleftharpoons$ anti $\Delta G^0 = -1{,}96$ kJ . mol^{-1}

d'où $K = 1{,}9$.

Il y a, à l'équilibre à la température ordinaire, respectivement 66 % et 34 % des

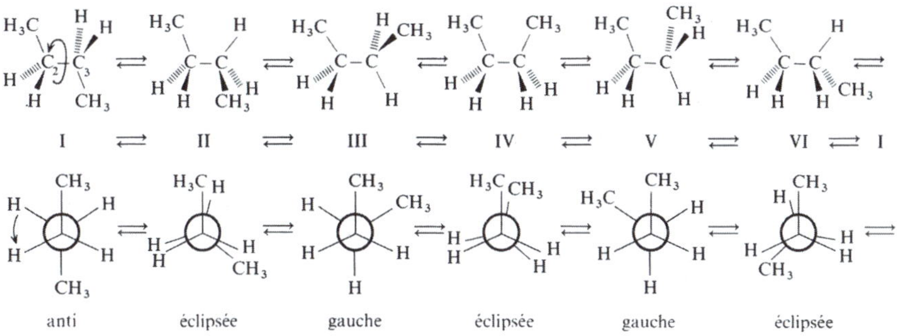

FIGURE 2.2.1.-2

Conformations caractéristiques du butane.

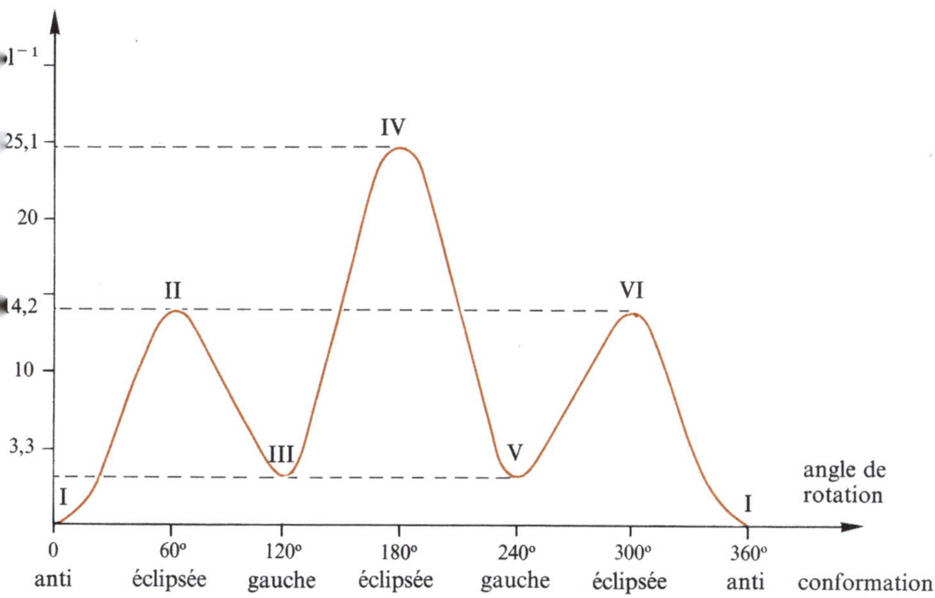

FIGURE 2.2.1.-3

Variation d'enthalpie standard lors d'une rotation de 360° autour de la liaison C_2-C_3 du butane.

conformations anti et gauche. Pour une chaîne hydrocarbonée, la conformation privilégiée est anti-anti.

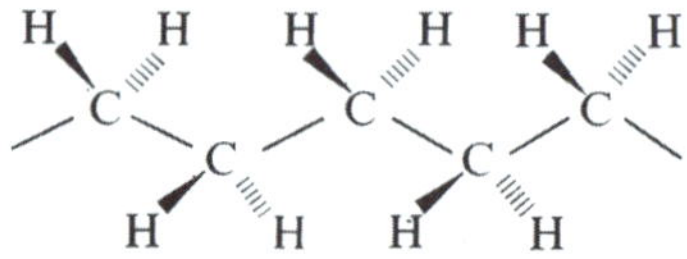

2.2.2. ISOMÉRIE CONFORMATIONNELLE DU CYCLOHEXANE

2.2.2.1. CONFORMATIONS DU CYCLOHEXANE

Plusieurs conformations sont possibles pour le cyclohexane, par rotation autour des liaisons C – C. La conformation la plus stable du cyclohexane est la conformation *chaise* dans laquelle la valeur de l'angle $\widehat{CCC}$ est de 111° et la longueur de liaison C – C est de 0,153 nm.

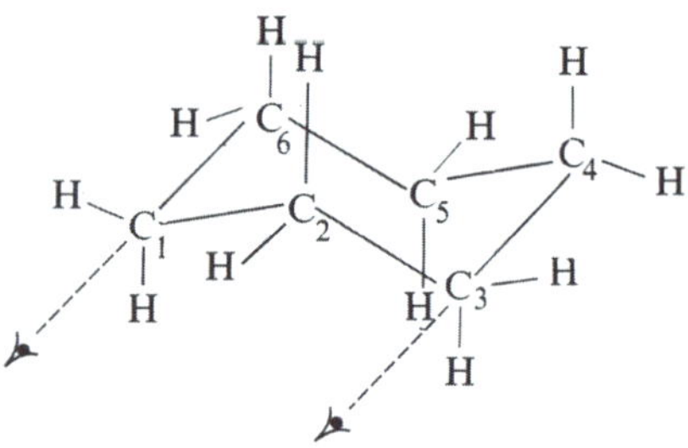

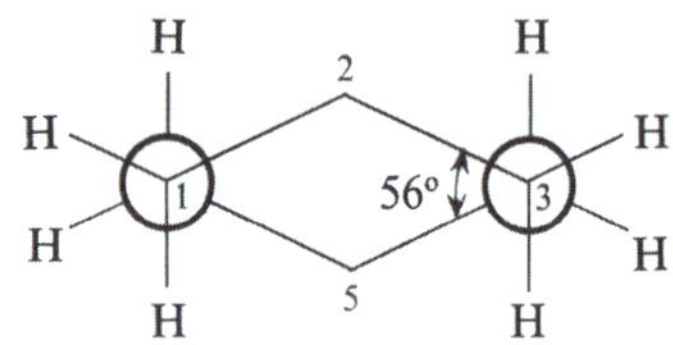

La projection de Newman selon $C_1 - C_6$ et $C_3 - C_4$ montre que dans la conformation chaise l'arrangement des côtés du cycle et des liaisons C – H est gauche.

D'autres conformations, plus flexibles que la chaise, respectent aussi les angles et les longueurs des liaisons.

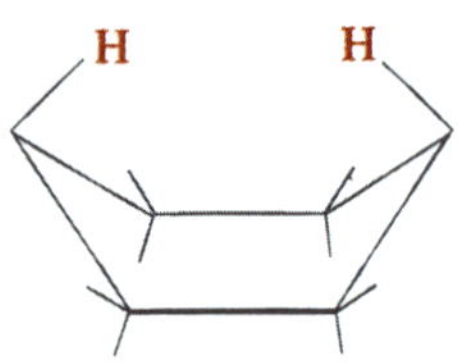

forme bateau

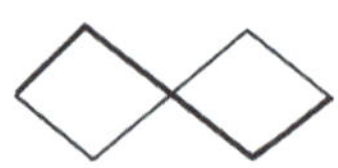

forme croisée

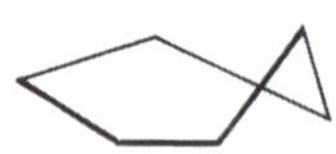

forme demi-chaise

Ces conformations sont moins stables que la conformation chaise.
La conformation bateau présente, en plus des interactions d'éclipse de côtés du cycle, une répulsion entre les deux atomes d'hydrogène en « proue et poupe », qui ne sont distants que de 0,183 nm. En raison de ces interactions défavorables, l'énergie de la forme bateau est de 28 kJ . mol^{-1} supérieure à celle de la forme chaise. Une telle structure bateau se rencontre dans certaines molécules comme la quinuclidine et le camphre, qui présentent un pontage entre deux atomes en positions 1,4 sur un cycle à six chaînons.

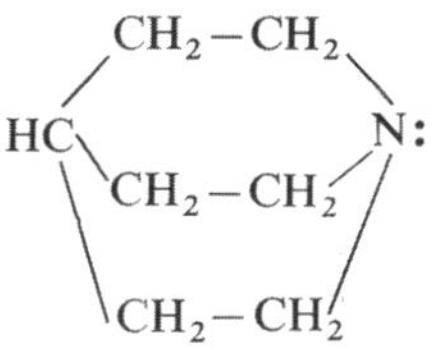

quinuclidine

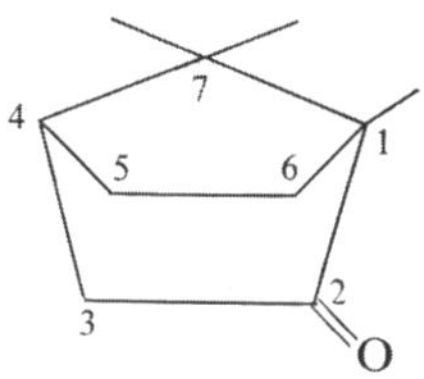

camphre
triméthyl-1,7,7 bicyclo [2,2,1] heptanone-2

Par rotation autour des liaisons C–C, le cyclohexane peut exister sous plusieurs conformations chaise. L'interconversion des chaises, qui est une *inversion de*

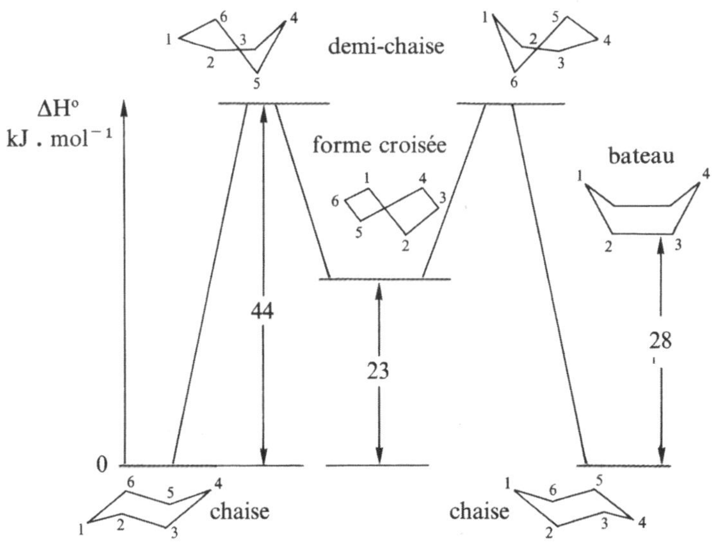

FIGURE 2.2.2.1.-1
Interconversion des conformations chaise dans le cyclohexane.

conformation, se fait par l'intermédiaire des formes flexibles demi-chaise et croisée et à 300 K la fréquence de cette inversion est de $10^4 - 10^5$ s^{-1}.

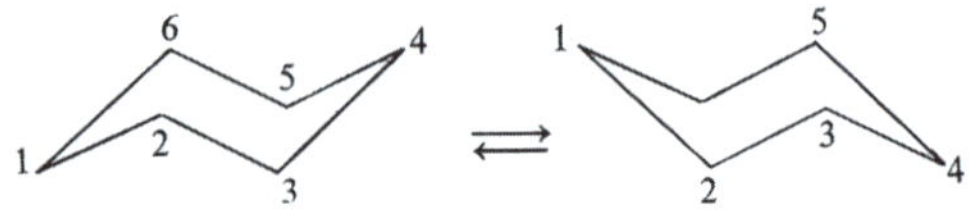

Le passage d'une chaise à l'autre se fait par l'intermédiaire de la forme croisée. La différence d'énergie entre la forme chaise et la forme demi-chaise représente la *barrière d'interconversion* du cyclohexane. La conformation bateau n'est pas nécessairement sur le chemin conduisant d'une chaise à l'autre, mais sur celui de l'interconversion d'une forme croisée en une autre.

A 298 K, le cyclohexane est à plus de 99 % dans la conformation chaise.

2.2.2.2. DIRECTIONS AXIALES ET ÉQUATORIALES

Le cyclohexane en conformation chaise admet un axe de symétrie d'ordre 3. Sur cette conformation on distingue deux types de liaisons C–H. Six liaisons C–H sont parallèles à l'axe de symétrie, trois liaisons dirigées vers le haut, trois vers le bas. Ces liaisons sont dites *axiales* et les directions de ces liaisons sont les *directions axiales*. Les six autres liaisons C–H sont presque perpendiculaires à l'axe d'ordre trois et sont appelées liaisons *équatoriales*. Les directions correspondantes sont les *directions équatoriales*, elles sont voisines du plan moyen de la molécule qui passe par les milieux des six côtés et qui est perpendiculaire à l'axe d'ordre 3.

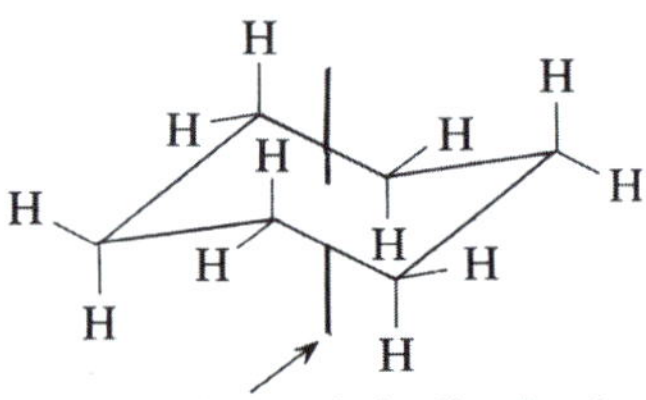

axe de symétrie d'ordre 3

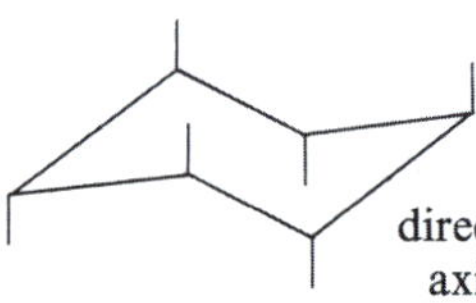

directions axiales

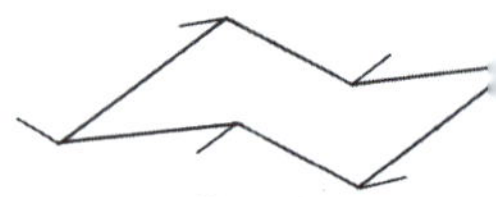

directions équatoriales

Chaque liaison équatoriale est parallèle, aux deux côtés du cycle qui sont adjacents à ceux qui aboutissent au carbone porteur de la liaison (C_4-H_e est parallèle à C_2-C_3 et C_5-C_6).

Une représentation perspective correcte du cyclohexane doit respecter ces orientations relatives.

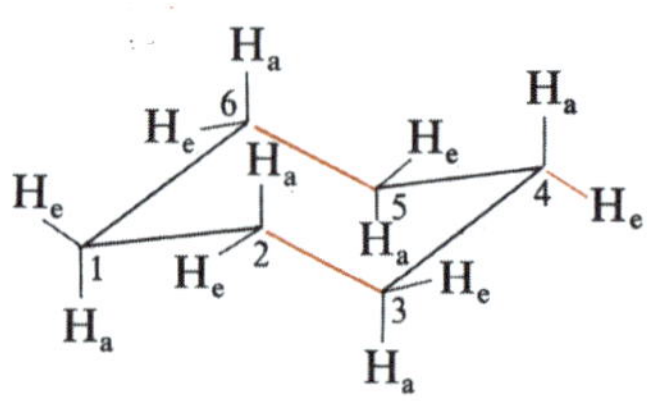

Ces directions sont représentées pour C_1, C_3, C_4, C_6 sur la projection de Newman ci-dessous.

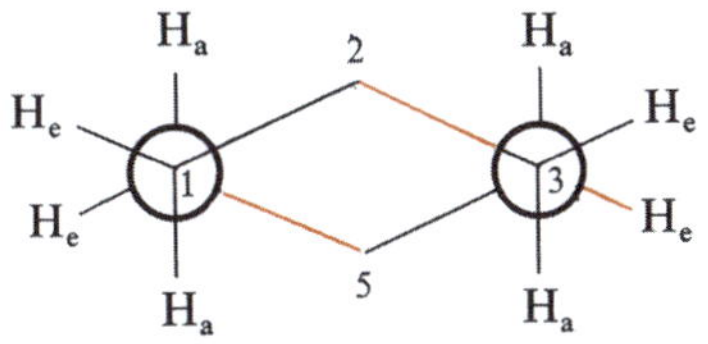

On dit d'un atome d'hydrogène ou d'un substituant X qu'ils sont axiaux ou équatoriaux, selon, la direction axiale ou équatoriale de la liaison C—H ou C—X.

2.2.2.3. ÉQUILIBRE CONFORMATIONNEL

Lors de l'inversion de conformation du cyclohexane les directions axiales dans une chaise deviennent équatoriales dans l'autre et vice-versa pour les directions équatoriales.

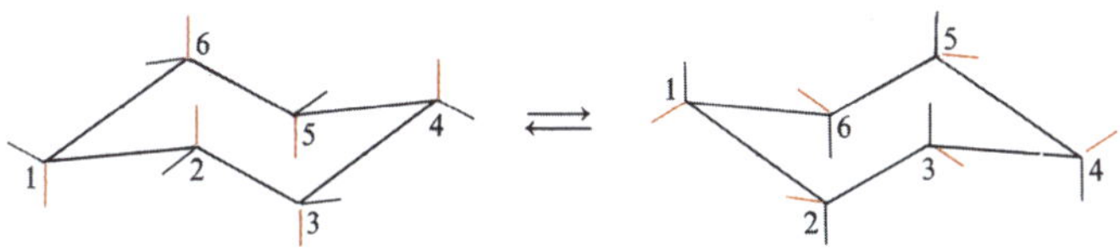

Si le cycle porte un substituant méthyle les deux conformations chaise sont :

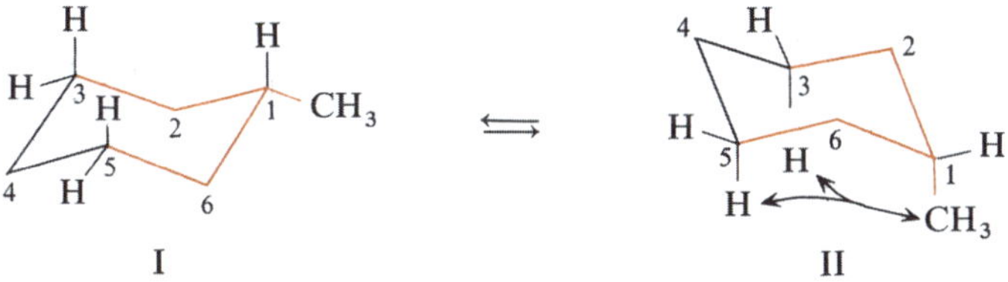

I II

Dans la conformation chaise I, on reconnaît deux enchaînements (en traits —), analogues à ceux de la conformation *anti* du butane. Dans la conformation chaise II, il y a par contre deux enchaînements du type butane *gauche*.

La différence d'enthalpie entre les conformations anti et gauche du butane est de 3,3 kJ . mol^{-1}, on peut donc estimer à 6,6 kJ . mol^{-1} la différence d'enthalpie entre les deux conformations chaise du cyclohexane. L'étude de l'équilibre I $\rightleftarrows$ II à 298 K montre qu'il y a 95 % de la conformation I qui présente le méthyle équatorial, ceci correspond à : $\Delta G^0 = + 7{,}5$ kJ . mol^{-1}.

Les enchaînements du type butane gauche dans la conformation II du cyclohexane (méthyle axial) entraînent des interactions répulsives entre le méthyle et les atomes d'hydrogène axiaux, liés aux atomes de carbone 3 et 5 (*interactions* appelées *1,3 diaxiales*).

La présence de subsituants très volumineux comme le groupe tertiobutyle $(CH_3)_3C-$ favorise d'une façon déterminante le conformère dans lequel ce substituant est équatorial. Dans ce cas, l'inversion de conformation n'a plus lieu et le cyclohexane est figé dans un seul conformère chaise :

Pour de nombreux substituants, la différence d'enthalpie libre standard entre les deux conformères chaise du cyclohexane a été déterminée et ces résultats permettent de prévoir la conformation favorisée pour des cyclohexanes polysubstitués.

2.3. Stéréoisomérie de configuration

2.3.1. ÉNANTIOMÈRES. DIASTÉRÉOISOMÈRES

Les isomères de configuration sont des molécules de même constitution qui diffèrent par l'arrangement spatial des atomes sans tenir compte des dispositions différentes dues aux rotations autour de simples liaisons. Ce sont des molécules différentes que l'on ne peut en général transformer l'une dans l'autre qu'après rupture et formation d'au moins une liaison covalente. Les stéréoisomères de configuration peuvent être de deux types :

- d'une part, les molécules qui ne sont pas superposables, mais sont images l'une de l'autre dans un miroir. Ce sont des *énantiomères* que l'on considère par couple
- d'autre part, les molécules qui ne sont pas superposables et ne sont pas des énantiomères. Ce sont des *diastéréoisomères.*

Exemples :

1) Énantiomères de l'alanine :

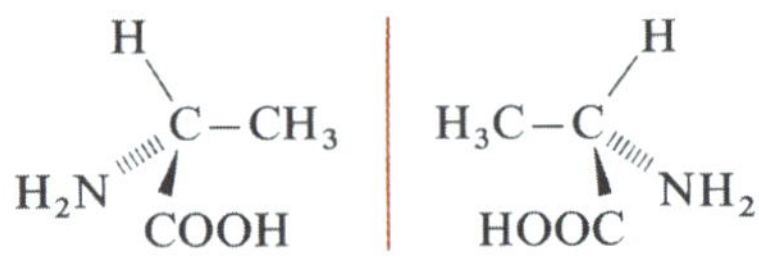

Trace
du plan du miroir

2) Il existe quatre stéréoisomères du trihydroxy 2,3,4 butanal ($HOCH_2-CHOH-CHOH-CHO$) qui est un tétrose (ose ayant une chaîne de quatre atomes de carbone), et ces isomères, représentés ci-dessous en conformations éclipsées, présentent deux à deux des relations d'énantiomérie ou de diastéréoisomérie :

Érythrose

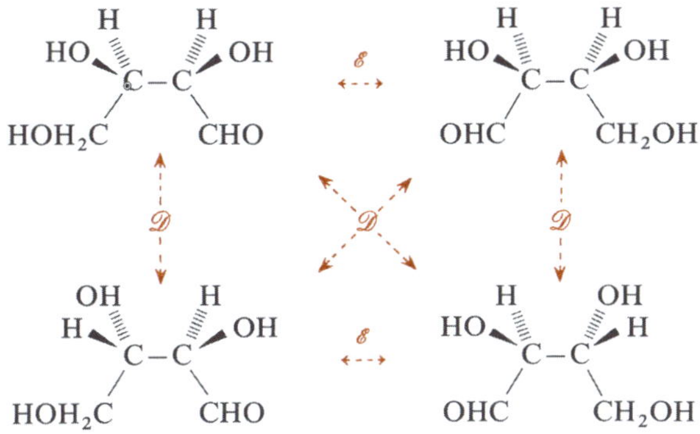

Thréose

ℰ ←--→ Relation d'énantiomérie

𝒟 ←--→ Relation de diastéréoisomérie

Il y a deux couples d'énantiomères, le couple thréose et le couple érythrose. Chaque stéréoisomère d'un couple est diastéréoisomère avec les deux stéréoisomères de l'autre couple.

3) Il existe deux stéréoisomères de l'acide butène-dioïque : l'acide fumarique et l'acide maléique :

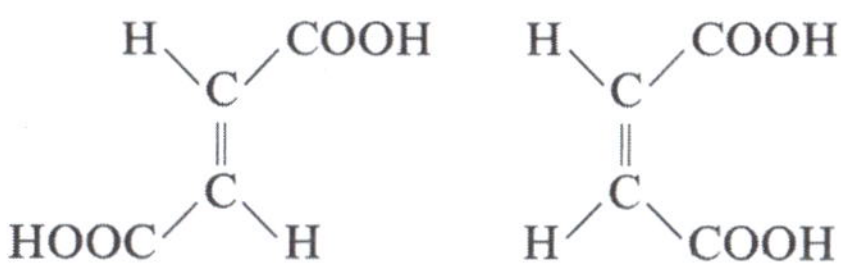

acide fumarique acide maléique

Ces deux composés ne sont pas image l'un de l'autre, ils sont diastéréoisomères.

2.3.2. DIASTÉRÉOISOMERIE DUE À UNE DOUBLE LIAISON OU À UN CYCLE

2.3.2.1. COMPOSÉS ÉTHYLÉNIQUES

1. *Configurations relatives cis-trans et* Z−E

L'existence d'une liaison π entre deux atomes de carbone empêche la libre rotation autour de la liaison σ.

Pour le composé éthylénique :

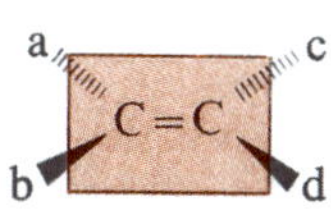

dans lequel a, b, c, d sont des atomes d'hydrogène ou des substituants*, a et c sont en *relation cis* car d'un même côté par rapport au plan de référence qui contient les deux atomes de carbone de la double liaison et qui est perpendiculaire au plan contenant ces deux atomes de carbone et les quatre atomes qui leur sont liés (parfois appelé « plan de la double liaison »). b et d sont aussi en relation cis tandis que a et d, b et c sont en *relation trans* (de part et d'autre du plan de référence).

La présence de la double liaison entraîne que les composés éthyléniques présentent deux configurations si chaque atome de carbone de la double liaison a au moins un substituant.

Lorsque la double liaison est disubstituée les deux configurations relatives cis et trans sont définies en considérant les relations cis ou trans des deux atomes d'hydrogène.

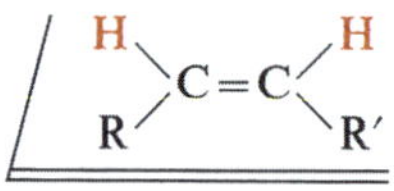

Relation cis des deux H : configuration cis.

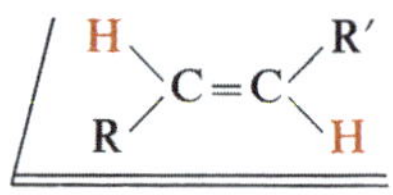

Relation trans des deux H : configuration trans.

Dans le cas des doubles liaisons tri- et tétrasubstituées, les termes cis et trans sont insuffisants pour définir une configuration relative et on utilise la nomenclature Z et E.

Pour le composé éthylénique : 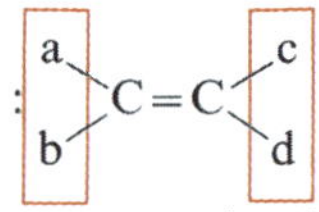

a et b d'une part, c et d d'autre part, sont classés suivant un ordre de priorité défini par le numéro atomique de l'élément lié à l'atome de carbone de la double liaison. L'élément ayant le plus grand numéro atomique a la priorité n° 1. Si, par exemple : a est prioritaire devant b, ce que l'on écrit a > b (cela n'a aucun rapport avec la « taille » des substituants) et si c > d, le stéréoisomère 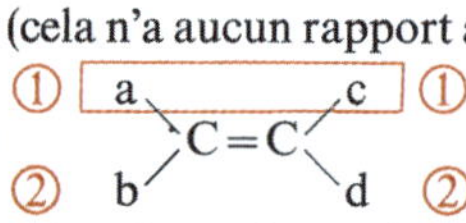 dans lequel les substituants prioritaires a et c sont en relation cis, a la configuration Z (de l'allemand zusammen : ensemble), et l'autre stéréoisomère 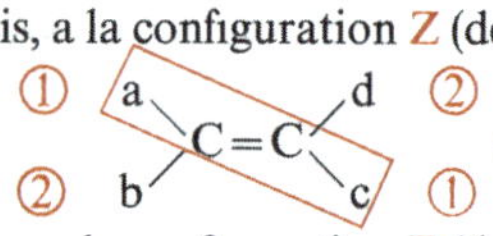 dans lequel les substituants prioritaires sont en relation trans, a la configuration E (de l'allemand entgegen : opposé).

* Une double liaison est mono, di, tri ou tétra substituée selon le nombre d'atomes d'hydrogène de l'éthylène C_2H_4 remplacés par d'autres atomes ou groupes d'atomes.

L'acide fumarique, qui est trans, a la configuration E, et l'acide maléique, qui est cis, a la configuration Z.

Les deux isomères I et II du chloro-2 butène-2 sont représentés en indiquant les ordres de priorité des éléments liés à chaque carbone (sur C_2 : Cl(Z = 17) > C(Z = 6); sur C_3 : C(Z = 6) > H(Z = 1)) :

I : configuration Z   II : configuration E

Si les ordres de priorité ne peuvent pas être obtenus à partir des atomes *directement* liés aux atomes de carbone de la double liaison, la comparaison est reportée sur leurs substituants. Exemple : Ethyl-2 butène-2-ol-1 représenté ci-dessous.

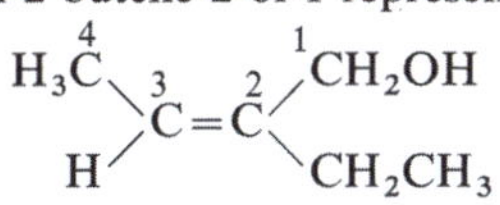

- sur le carbone 3, l'ordre de priorité est C(Z = 6) > H(Z = 1), donc CH_3 > H,
- sur le carbone 2, les deux atomes liés sont des atomes de carbone, ce qui ne permet pas le classement à ce niveau.

On compare alors les substituants de ces atomes de carbone en considérant en premier les atomes de numéros atomiques les plus élevés :

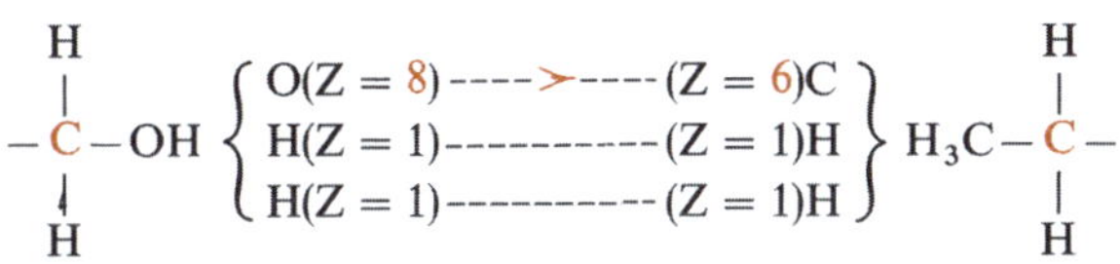

O(Z = 8) de CH_2OH est prioritaire devant C(Z = 6) de CH_2CH_3 ce qui entraîne $CH_2OH > CH_2CH_3$ et la configuration de l'isomère représenté est Z.

Dans le cas d'isotopes d'un même élément, l'isotope de masse atomique la plus élevée est prioritaire : D > H.

Ces règles d'attribution de priorité sont aussi utilisées au § 2.4.4.3., pour définir les configurations absolues R et S.

2. *Photoisomérisation*

Lorsqu'un composé éthylénique absorbe un photon dont l'énergie est au moins égale à la différence d'énergie entre ses orbitales π et π^* il y a excitation d'un électron du niveau d'énergie π au niveau d'énergie π^*. Ceci supprime le « verrouillage » dû à la liaison π et permet la libre rotation autour de la liaison σ (B, 2.2.2.2.). En règle générale, les isomères présentant des groupes volumineux en relation cis sont moins stables que les isomères trans correspondants. De tels composés peuvent subir une photoisomérisation cis ⟶ trans.

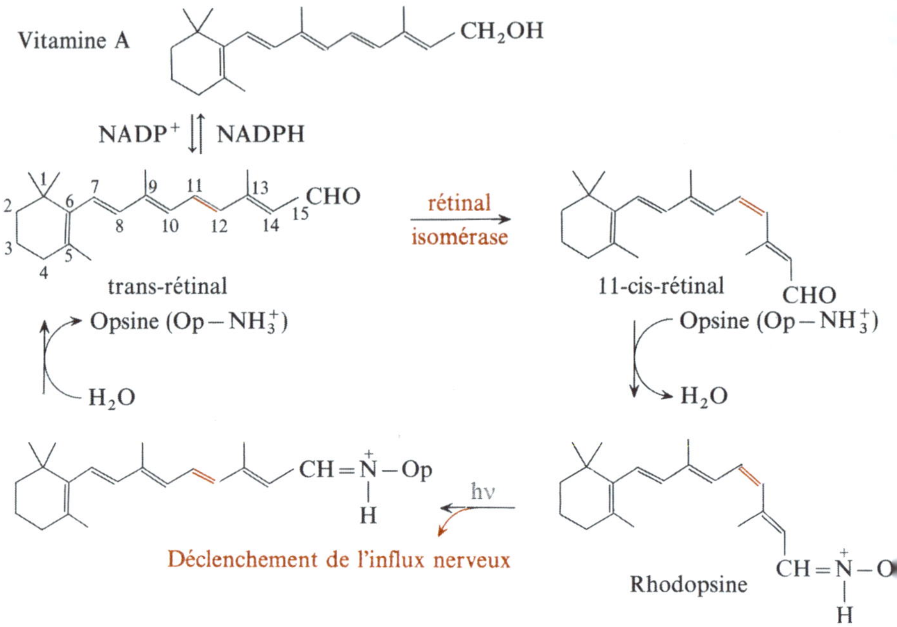

FIGURE 2.3.2.1.2.-1

Cycle d'isomérisations du rétinal intervenant dans le processus de la vision.

La photoisomérisation du cis rétinal est à la base du mécanisme de l'impression rétinienne et donc de la vision (fig. 2.3.2.1.2.-1). Le trans rétinal provenant de l'oxydation de la vitamine A est d'abord isomérisé en cis rétinal par une enzyme; celui-ci est alors fixé sur une protéine, l'opsine, par formation d'une imine avec le groupe aminé d'une lysine (ch. 4, II, B, 4.2.1.3.). L'absorption d'un photon entraîne l'isomérisation cis ⟶ trans au niveau de la double liaison 11,12 du rétinal. Ce changement de configuration déclenche l'influx nerveux par un mécanisme qui n'est pas encore entièrement connu. L'hydrolyse de l'imine libère enfin le trans rétinal qui est recyclé. La durée du cycle est d'environ 60 s mais le changement de configuration requiert moins de 10^{-3} s.

2.3.2.2. AMIDES

Les amides présentent un caractère de double liaison entre le carbone et l'azote du groupement fonctionnel, ce que l'on traduit en écrivant les deux formes de résonance représentées ici pour la diméthyl formamide.

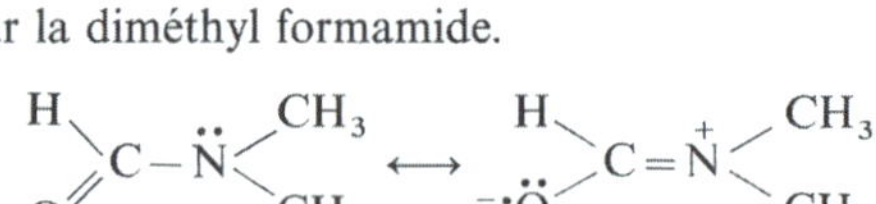

Cette planéité des amides est importante par sa répercussion sur les structures secondaires possibles des protéines, (III, 3. fig. 3.-11). La barrière de rotation de la liaison peptidique est de 88 kJ . mol^{-1}. La configuration de la liaison peptidique est en général de type « trans » (atomes de carbone α en relation trans).

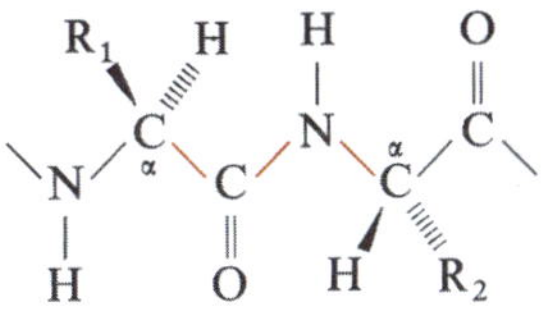

La configuration de type « cis » peut se rencontrer lorsque l'atome d'azote de la liaison peptidique est celui d'une proline ou d'une hydroxy-4 proline.

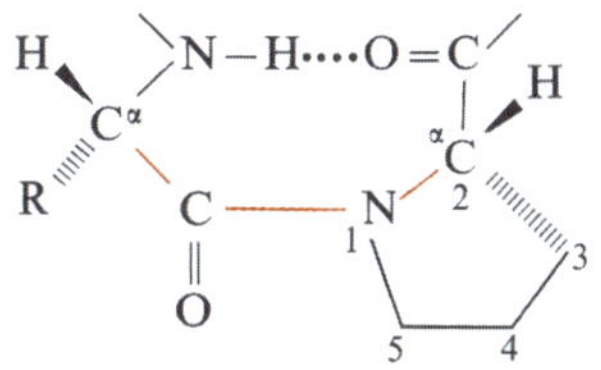

2.3.2.3. COMPOSÉS CYCLIQUES

La notion de configuration relative cis et trans est étendue aux composés cycliques. Dans le cas des composés cyclopropaniques disubstitués les diastéréoisomères cis ont deux substituants d'un même côté par rapport au plan du cycle et les diastéréoisomères trans ont les substituants de part et d'autre de ce plan.

Les diméthyl-1,2 cyclopropanes cis et trans sont représentés ci-dessous :

cis trans

Dans le cas des cyclobutane, cyclopentane et cyclohexane substitués on définit une relation cis ou trans de deux substituants X et Y par rapport au plan moyen du cycle. Le squelette cyclique des cyclobutane et cyclopentane est presque plan et peut être pris comme plan moyen. Pour le cyclohexane en conformation chaise, le plan moyen qui détermine deux demi-espaces, passe par le milieu des liaisons C−C du cycle. Deux substituants sont en relation cis si les directions de leurs liaisons à partir des atomes de

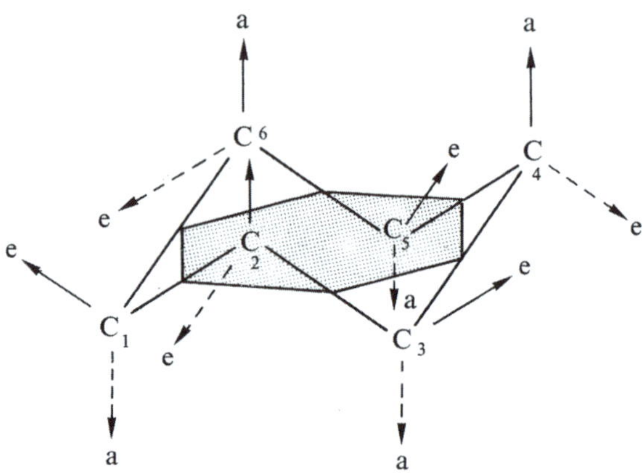

FIGURE 2.3.2.3.-1

Plan moyen du cyclohexane passant par le milieu des liaisons C – C.

Les liaisons dirigées vers le demi-espace supérieur sont représentées par une flèche pleine, celles dirigées vers le demi-espace inférieur sont représentées par une flèche tiretée.

carbone du cycle sont dirigées vers le même demi-espace; la relation est trans si ces deux liaisons sont orientées chacune vers l'un des deux demi-espaces.

TABLEAU 2.3.2.3.-1

Relations de diastéréoisomérie cis-trans pour deux substituants X et Y sur le cyclohexane

Substituants X, Y en 1,2 (ou 1,6) et 1,4			Substituants X, Y en 1,3 (ou 1,5)		
	X	Y		X	Y
cis	a	e	cis	a	a
	e	a		e	e
trans	a	a	trans	a	e
	e	e		e	a

a = axial e = équatorial

L'inversion de *conformation du cyclohexane* n'affecte pas la relation cis ou trans de deux substituants qui caractérise une *configuration* relative.

A la relation cis entre deux substituants X et Y en positions 1,2 correspondent les deux conformations chaise suivantes :

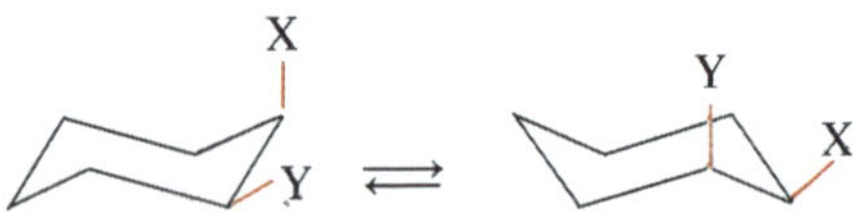

et à la relation trans entre deux substituants en position 1,2 correspondent les deux conformations ci-dessous :

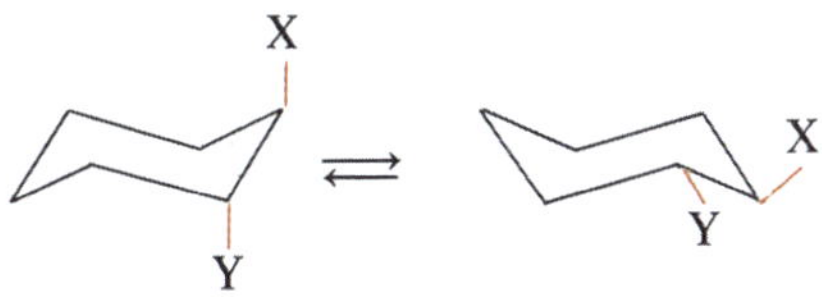

Cas des décalines

La décaline★ a deux cycles accolés : 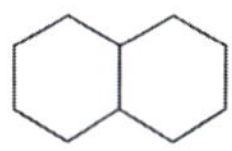 . Pour chacun des cycles l'autre apparaît comme deux substituants situés en 1,2 et la jonction entre les cycles peut être trans ou cis.

Des deux jonctions trans envisageables a – a et e – e, seule la jonction e – e est géométriquement possible compte tenu des longueurs de liaison :

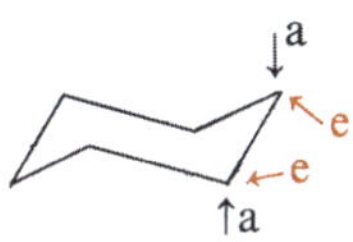

trans-décaline

Il n'y a pas d'inversion conformationnelle possible pour les deux cycles chaise de la trans décaline. La molécule présente un centre de symétrie (milieu du côté commun) et n'a pas d'activité optique.

Deux jonctions cis sont possibles e – a et a – e :

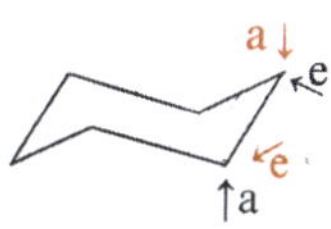

★ Les composés polycycliques dans lesquels au moins deux atomes de carbone sont communs à deux ou plusieurs cycles portent le même nom que les composés acycliques ayant le même nombre d'atomes de carbone, les suffixes bicyclo, tricyclo etc. indiquent le nombre de cycles. Le nombre d'atome des ponts reliant les atomes communs est indiqué entre crochets.

La décaline :

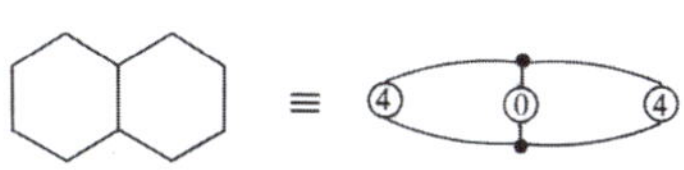

est le bicyclo [4,4,0] décane et le composé suivant : 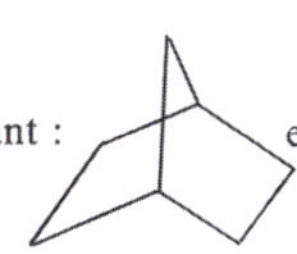 est le bicyclo [2,2,1] heptane.

Elles conduisent, en absence de tout substituant, à deux composés identiques (superposables) :

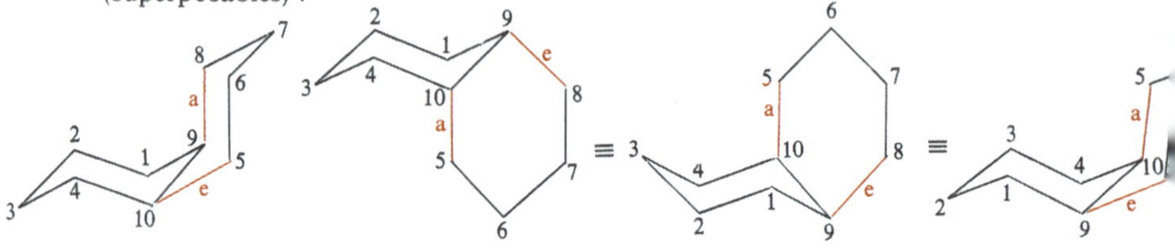

I (e – a) II (a – e)

La jonction cis permet l'inversion de conformation des deux cycles chaise que l'on peut comparer à celle du cis-diméthyl-1,2 cyclohexane :

Plan de symétrie

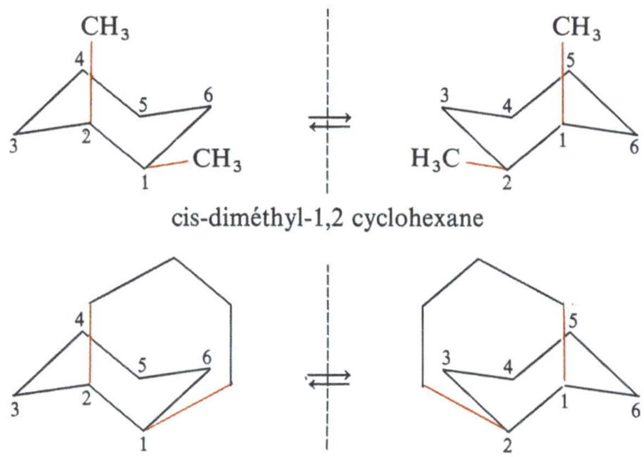

Plan de symétrie
cis-décaline

FIGURE 2.3.2.3.-2

Inversion de conformation du cis-diméthyl-1,2 cyclohexane et de la cis-décaline.

La barrière d'inversion pour la cis-décaline est très faible à la température ambiante, mais elle est de 54 kJ . mol^{-1} à – 60 °C (celle du cis-diméthyl-1,2 cyclohexane est de 41,9 kJ . mol^{-1} à cette température).

La cis-décaline est une molécule qui n'a ni plan ni centre de symétrie (molécule chirale 2.4.2.). Les deux conformères résultant de l'inversion de conformation sont images dans un miroir et ne sont pas superposables : ce sont deux énantiomères (2.4.2.)*. A l'équilibre les proportions des deux conformères sont égales et ce mélange équimoléculaire ne présente pas d'activité optique (2.4.1.), c'est un mélange racémique (2.4.3.).

* p. 157.

Exemples de structures comportant des cycles accolés.

– *Cholestanol* (dihydrocholestérol) : Les trois jonctions de cycles sont trans.

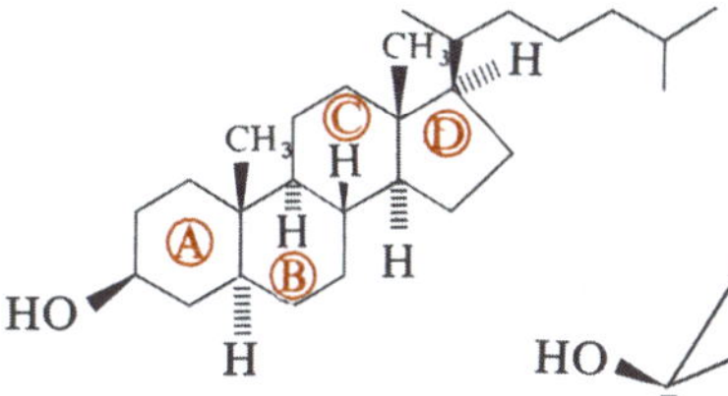

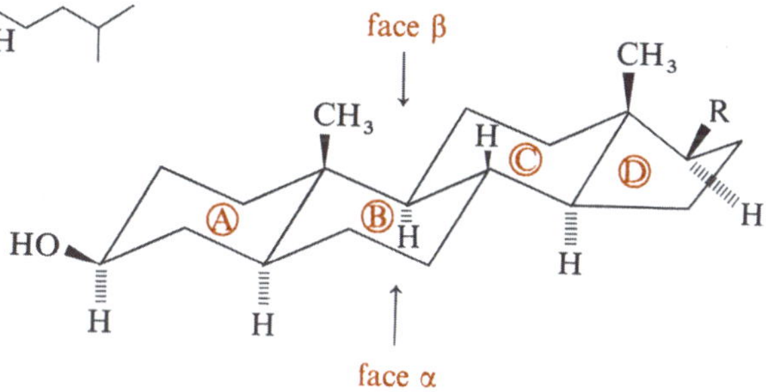

– *Acide cholique* (D, 3.3.2.).

La jonction des cycles A et B est cis.

Les deux autres jonctions sont trans.

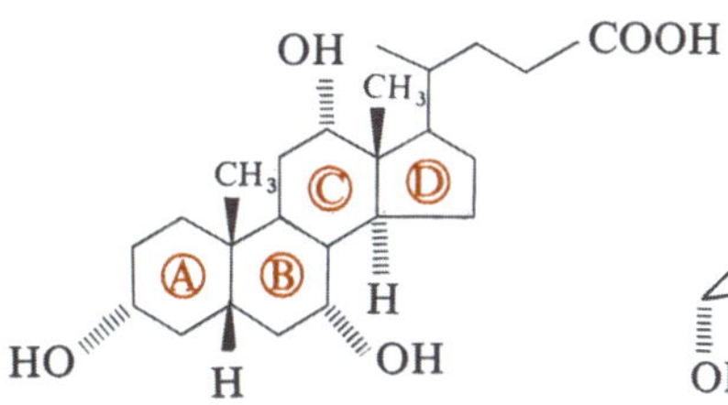

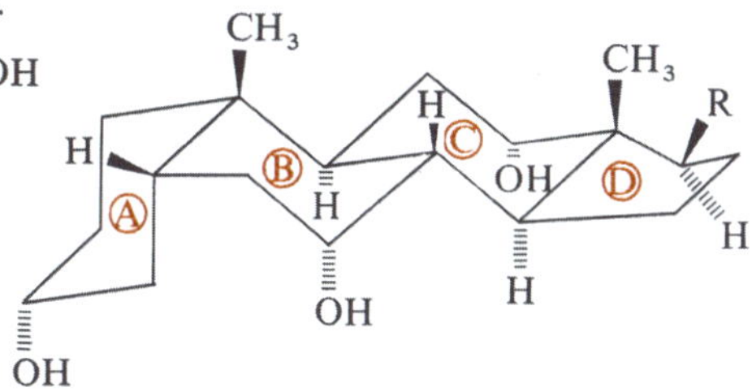

2.4. Énantiomérie

L'énantiomérie est la relation d'isomérie qui existe entre deux molécules, qui ne sont pas superposables et qui sont images l'une de l'autre dans un miroir; ce sont des *énantiomères*.

Cette propriété de ne pas être superposable à son image dans un miroir est appelée *chiralité* (du grec cheir : main). Elle résulte d'une dissymétrie moléculaire (2.4.2.) et se manifeste par une propriété physique qui est l'activité optique.

---

* De même que pour la stéréoisomérie de configuration, il y a pour la stéréoisomérie de conformation deux types d'isomères : les énantiomères (cas des cis-diméthyl-1,2 cyclohexanes et des cis-décalines) et les diastéréoisomères (cas des conformations anti, gauches et éclipsées du butane et des conformations chaises et bateau du cyclohexane). La distinction entre énantiomères et diastéréoisomères repose sur des considérations de géométrie (composés images ou non dans un miroir). La distinction entre configuration et conformation repose sur des considérations énergétiques (valeur de l'énergie nécessaire pour transformer un isomère dans l'autre; une barrière supérieure à 80 kJ . mol^{-1} à température ordinaire est habituellement considérée comme séparant deux configurations).

2.4.1. ACTIVITÉ OPTIQUE

Une substance douée d'activité optique fait tourner le plan de polarisation de la lumière polarisée plane. Deux énantiomères dans les mêmes conditions de concentration et de longueur de trajet optique font tourner en sens inverses et d'un angle égal le plan de polarisation de la lumière polarisée plane. L'observation de ce phénomène est réalisée dans un polarimètre.

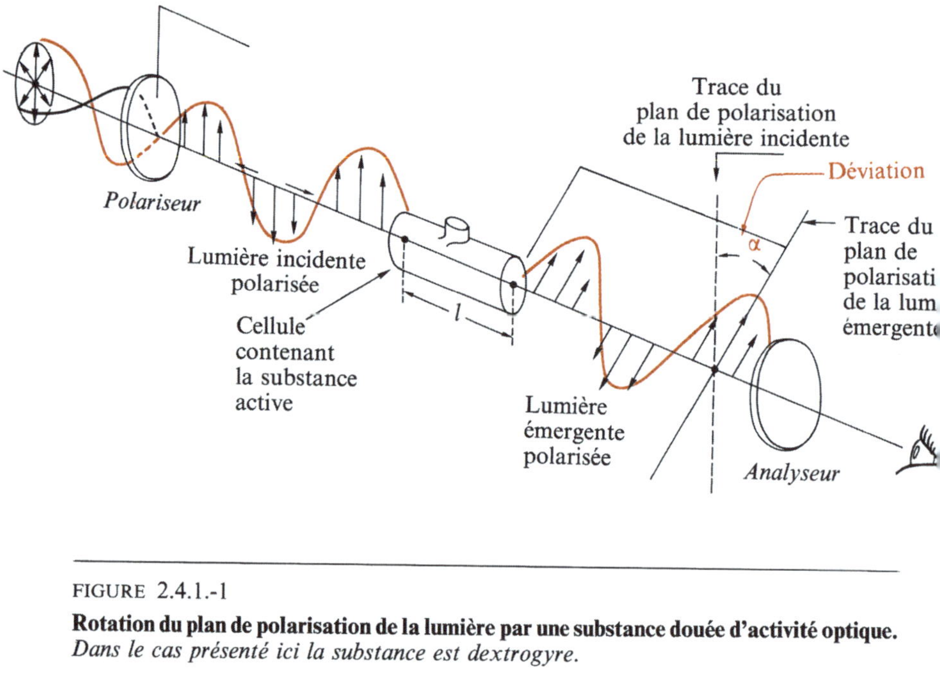

FIGURE 2.4.1.-1

Rotation du plan de polarisation de la lumière par une substance douée d'activité optique. *Dans le cas présenté ici la substance est dextrogyre.*

La lumière polarisée plane qui sort de l'échantillon étudié n'a plus le même plan de polarisation que celui de la lumière incidente. Il faut tourner l'analyseur d'un angle α pour retrouver l'intensité lumineuse (ou l'obscurité) observée lorsque, entre le polariseur et l'analyseur, il n'y avait pas de substance présentant d'activité optique.

Si, regardant vers le polariseur, on doit tourner l'analyseur d'un angle α vers la droite, l'angle α est compté positivement. La substance est dite dextrogyre (symbolisé par + ou d). Si l'analyseur est tourné vers la gauche, l'angle est négatif, la substance est levogyre (symbolisé par − ou *l*).

L'angle α, pour une substance déterminée, dépend de la longueur d'onde de la lumière polarisée, de la concentration c de la substance, de la température et de la longueur *l* du trajet optique à travers l'échantillon.

Chaque substance douée d'activité optique est caractérisée par son pouvoir rotatoire spécifique [α], positif ou négatif, qui a été déterminé pour une longueur d'onde donnée qui est en général celle qui correspond à la raie D du sodium (589,3 nm) à la température de 298 K. En exprimant *l* en décimètres et C en g/100 ml, dans un solvant que l'on précise, on a :

$$[\alpha]_D^{25}\ (\text{solvant}) = \frac{\alpha \times 100}{l \times c}$$

Deux molécules énantiomères ont, dans les mêmes conditions, des pouvoirs rotatoires spécifiques égaux en valeur absolue et de signes contraires.

2.4.2. CONDITION DE LA CHIRALITÉ

Les molécules qui, comme l'alanine, ont un atome de carbone portant quatre substituants différents sont des exemples de molécules chirales :

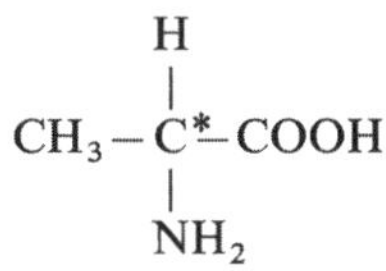

alanine.

Ce carbone est dit « *asymétrique* »* et il est fréquemment repéré sur la formule développée par un astérisque.

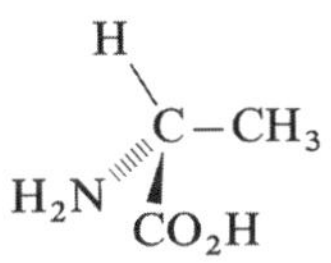

(−) alanine

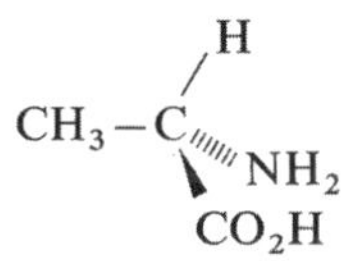

(+) alanine

$[\alpha]_D^{25}$ − 1,8° (eau)		$[\alpha]_D^{25}$ + 1,8°(eau)	
$[\alpha]_D^{27}$ − 32,3° (acide acétique)		$[\alpha]_D^{27}$ + 32,3° (acide acétique)	

D'une façon plus générale toute molécule qui ne possède ni plan ni centre de symétrie est chirale. La condition nécessaire et suffisante de la chiralité est que la molécule soit dissymétrique c'est-à-dire ne possède pas d'axe alternant** (ou impropre) d'ordre n

* Un objet est asymétrique quand il ne possède aucun élément de symétrie, pas même d'axe de rotation.

** Un axe est alternant d'ordre n si, après avoir fait autour de cet axe une rotation de $\frac{2\pi}{n}$, suivie d'une symétrie par rapport à un plan orthogonal à l'axe, on obtient une structure superposable à celle de départ.

noté S_n (un plan de symétrie correspond à un axe S_1 et un centre de symétrie à un axe S_2). A titre d'exemple le composé spirannique★ ci-dessous présente un axe S_4 et n'est donc pas chiral :

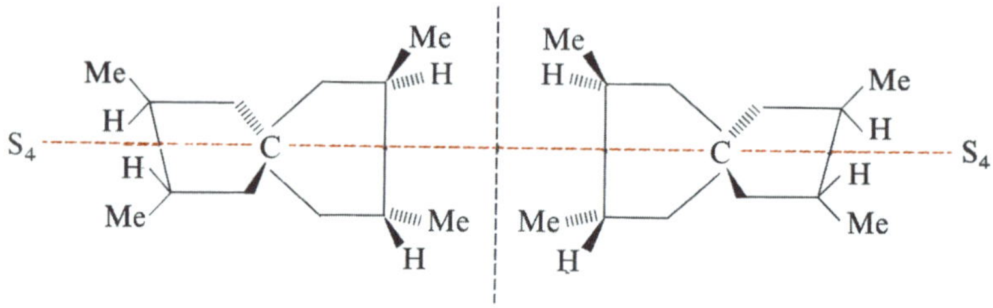

par contre l'acide spiro [3,3] heptane-2,6-dicarboxylique qui ne présente pas d'axe alternant est chiral :

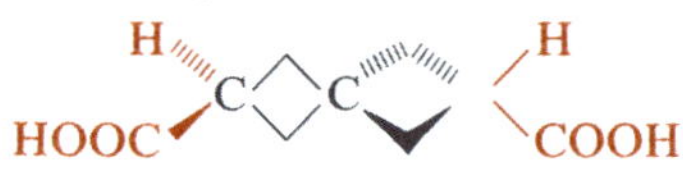

Les composés alléniques comportent deux doubles liaisons adjacentes dont les orbitales π sont orthogonales. Lorsque les substituants sont différents ces molécules ne possèdent pas d'axe alternant; elles sont chirales et présentent une activité optique :

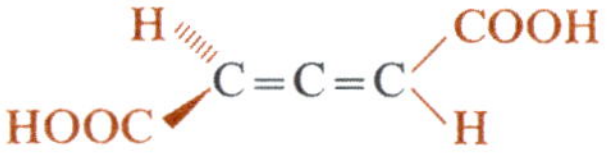

acide glutinique lévogyre

Remarque : Les amines tertiaires portant trois substituants différents sur l'atome d'azote ne présentent pas d'activité optique car la barrière d'interconversion des deux énantiomères, à température ordinaire, est comprise entre 7 et 35 kJ . mol^{-1} selon la nature des substituants (voir note p. 157). Une amine tertiaire est un mélange équimoléculaire de deux énantiomères

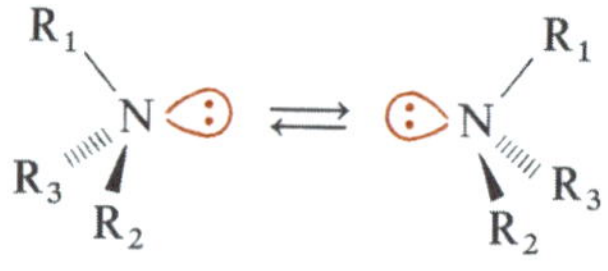

★ Les composés spiranniques comportent deux cycles ayant un seul atome en commun.

Par contre, les sels d'ammonium quaternaire dans lesquels l'azote est lié à quatre substituants différents présentent une activité optique (ch. 4, II, B, 2.6.2.) :

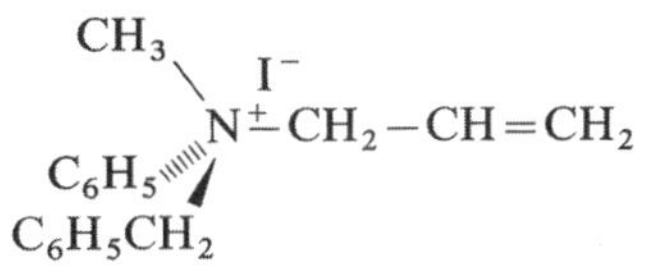

2.4.3. ÉNANTIOMÈRES ET MÉLANGE RACÉMIQUE

Deux énantiomères possèdent les mêmes propriétés physiques et chimiques sauf celles qui sont liées à la chiralité : activité optique, réaction avec un composé chiral (par exemple site actif d'une enzyme 2.6.).

Le mélange équimoléculaire de deux énantiomères est un *mélange racémique*. Un tel mélange n'a aucune action sur la lumière polarisée; il est inactif par compensation. Cette inactivité par compensation est à distinguer de l'inactivité par nature que présentent par exemple des molécules ayant un plan ou un centre de symétrie.

Les propriétés physiques du mélange racémique sont en général différentes de celles des énantiomères (voir 2.5.1., tableau 2.5.1.-1). Ceci résulte de la différence entre les énergies d'association intermoléculaire (D) à l'état condensé pour chaque énantiomère d'une part, et pour le racémique, d'autre part, dans lequel existent le plus souvent des associations privilégiées entre molécules énantiomères. Ainsi, dans le cas du glycéraldéhyde, chaque énantiomère se présente sous forme d'un « sirop » alors que le mélange racémique est un solide de point de fusion 145 °C.

Glycéraldéhyde $CH_2OH-\overset{*}{C}HOH-CHO$.

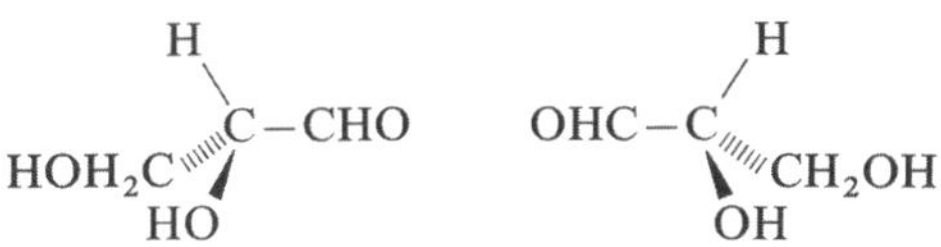

2.4.4. CONFIGURATION ABSOLUE D'UN CARBONE ASYMÉTRIQUE

La configuration *absolue* décrit l'arrangement dans l'espace des substituants autour d'un carbone asymétrique. Pour quatre substituants déterminés, l'atome de carbone asymétrique a deux configurations possibles. Il n'y a pas de relation entre l'arrangement des substituants et le pouvoir rotatoire spécifique d'un énantiomère. Ainsi, pour l'alanine naturelle la connaissance du pouvoir rotatoire spécifique ($[\alpha]_D^{25}$ + 1,8° (eau)), ne permet pas de disposer dans l'espace les groupes COOH, NH_2, CH_3, H, autour du carbone asymétrique. Ce n'est qu'en 1951 que l'utilisation de techniques basées sur la fluorescence de rayons X permit de déterminer la configuration absolue des deux atomes de carbone asymétriques de l'acide tartrique dextrogyre (2.5.1. et 2.5.2.2.) :

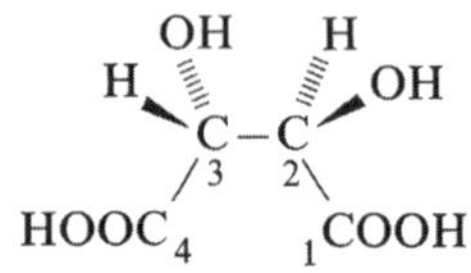

acide tartrique thréo (+)

A partir de ce résultat il est possible par des *corrélations de configurations* basées sur des méthodes spectroscopiques, cristallographiques et chimiques (2.4.4.4.) de déterminer la configuration absolue des atomes de carbone asymétriques de tout composé organique.

2.4.4.1. PROJECTION DE FISCHER

Une projection de Fischer est une projection plane des atomes ou groupes liés à un centre tétraédrique. Elle est obtenue comme indiqué sur le schéma ci-dessous :

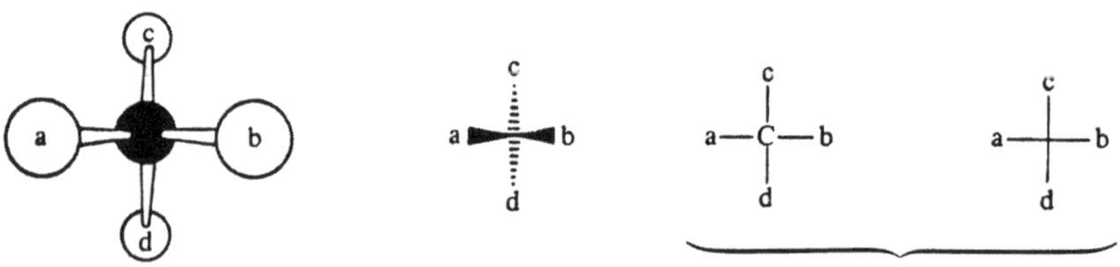

projection de Fischer

Les traits verticaux représentent des liaisons situées en arrière du plan de projection et les traits horizontaux des liaisons situées en avant de ce plan.

Il est commode de représenter la configuration absolue d'un carbone asymétrique à l'aide d'une telle projection plane de la molécule préalablement orientée selon la *convention* de Fischer.

1) Le carbone asymétrique est placé dans le plan de projection.

2) La chaîne carbonée la plus longue est verticale et en arrière du plan de projection.

3) L'atome de carbone placé en haut de la chaîne verticale est celui qui est engagé dans le groupement fonctionnel dont l'état d'oxydation est le plus élevé (ch. 4, II, B, 6.1.). Si les atomes de carbone aux extrémités de la chaîne sont identiques, celui qui porte le numéro 1 dans la nomenclature internationale est placé en haut.

4) Les deux autres substituants du carbone asymétrique, dans un plan horizontal, sont en avant du plan de projection.

La projection, dans le plan, *de la molécule ainsi orientée* est la projection de Fischer.

Le processus est illustré ci-dessous dans le cas des deux énantiomères de l'alanine.

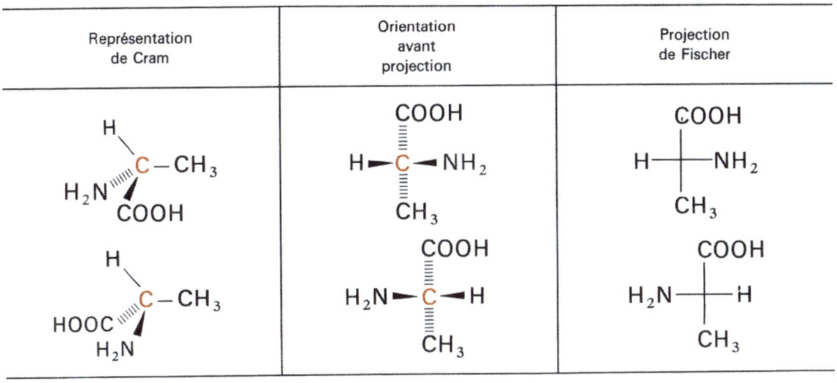

Cette façon de procéder est encore valable dans le cas de molécules ayant plusieurs atomes de carbone asymétriques (voir 2.5.1.).

2.4.4.2. NOMENCLATURE D, L

Cette nomenclature indique la configuration absolue d'un carbone asymétrique à partir de la projection de Fischer, de la molécule. Elle a été initialement définie *par référence* au glycéraldéhyde $CH_2OH-CHOH-CHO$, avec la *convention* suivante : l'énantiomère appelé D présente en projection de Fischer le groupe OH, lié au carbone 2, à droite de la chaîne carbonée*; la projection de l'énantiomère L présente le groupe OH à gauche.

D-glycéraldéhyde (+) L-glycéraldéhyde (−)

Pour les acides aminés, la nomenclature D, L est basée sur la position du groupe NH_2 en projection de Fischer.

D-alanine (−) L-alanine (+)

* Avant qu'il soit possible de déterminer expérimentalement les configurations absolues (2.4.4.) Fischer avait arbitrairement attribué au glycéraldéhyde dextrogyre la configuration absolue D. Ultérieurement cette attribution s'est révélée exacte ce qui est fortuit car il n'y a aucune relation entre configuration absolue et signe du pouvoir rotatoire.

La nomenclature D, L peut aussi être utilisée pour les α-hydroxyacides comme l'acide malique (ch. 4, II, B, 3.2.2.3.)

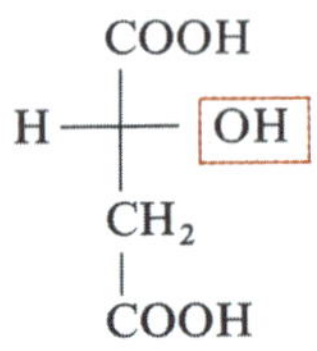

acide D-malique

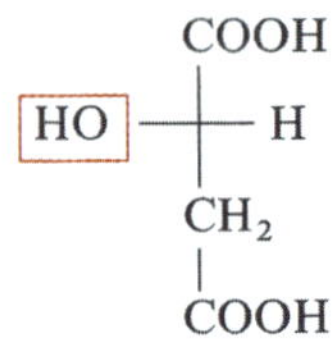

acide L-malique

2.4.4.3. NOMENCLATURE R, S

La nomenclature R, S due à Cahn-Ingold-Prelog indique la configuration absolue d'un carbone asymétrique à partir d'un classement de ses substituants.

Le classement des substituants de l'atome de carbone asymétrique est effectué par priorité décroissante sur la base des numéros atomiques des atomes *directement liés* au centre de chiralité. Le numéro atomique le plus élevé est prioritaire. Les atomes les plus fréquemment rencontrés, O, N, C, H sont classés : 1er O (Z = 8); 2e N (Z = 7); 3e C (Z = 6); 4e H (Z = 1). Soient a, b, c, d les substituants du carbone asymétrique et leur classement par priorité décroissante, 1er a, 2e b, 3e c, 4e d, schématisé par

$$a > b > c > d.$$

Le carbone chiral est « regardé » du côté opposé au substituant qui a la plus faible priorité, ici d.

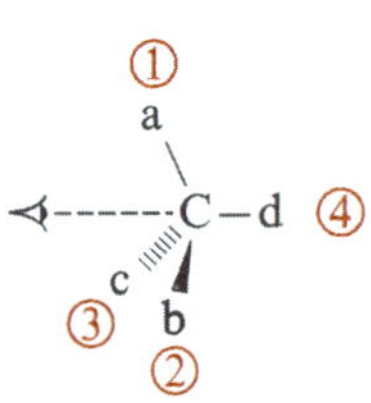

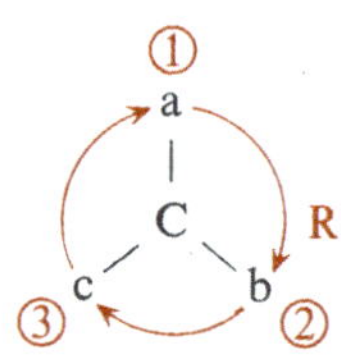

Configuration R

Pour un observateur regardant dans la direction C≻d, si le trajet faisant se succéder a (1er), b (2e) et c (3e) suit le sens de rotation des aiguilles d'une montre, la configuration absolue du carbone asymétrique est dite R (rectus).
Pour l'autre configuration absolue possible de l'atome de carbone, le passage de a (1er) ⟶ b (2e) ⟶ c (3e) s'effectue dans le sens inverse du précédent. La configuration est dite S (sinister).

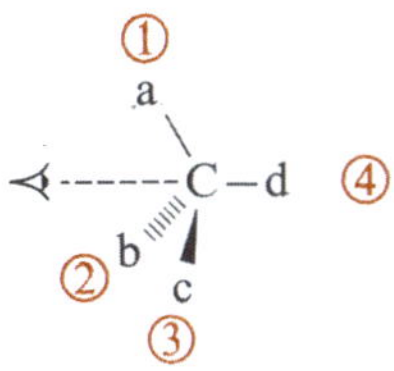

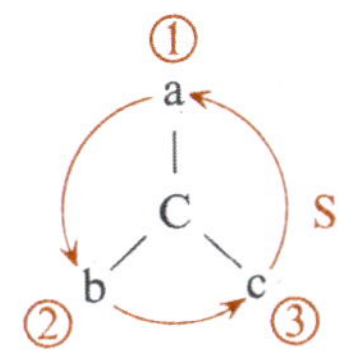

Configuration S

Lorsque deux atomes directement liés au carbone asymétrique sont identiques, la comparaison est effectuée en examinant les susbstituants portés par ces atomes. Les atomes de chaque substituant, liés à l'atome directement lié au carbone asymétrique, sont classés par numéros atomiques décroissants et le classement des substituants se fait d'après celui de ces atomes comparés conformément à leur ordre de priorité. Le problème se pose par exemple pour :

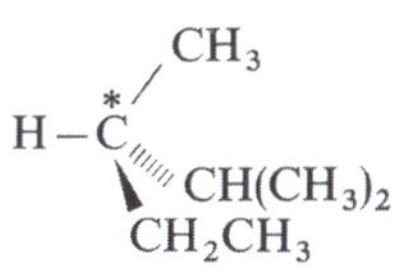

où il est nécessaire de départager les groupes éthyle ($-CH_2CH_3$) et isopropyle ($-CH(CH_3)_2$). Le schéma ci-dessous indique la démarche à suivre :

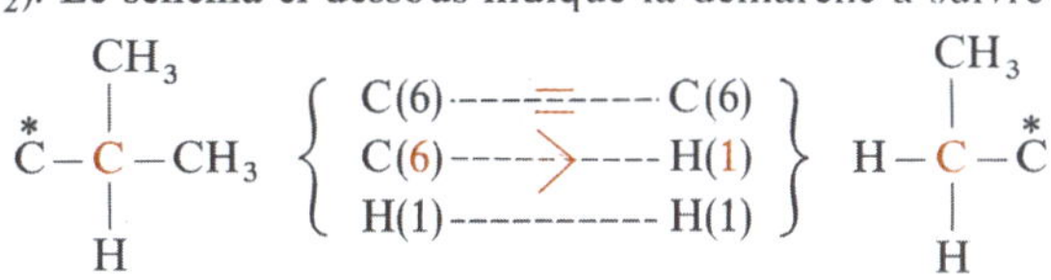

donc $-CH(CH_3)_2 > -CH_2CH_3 > -CH_3$ et le carbone asymétrique à la configuration R :

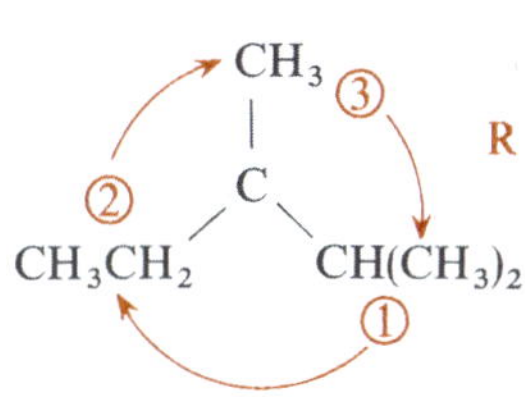

Lorsque les atomes examinés sont impliqués dans des liaisons multiples, celles-ci sont considérées comme « ouvertes » et afin de tenir compte du nombre de liaisons auxquelles chaque atome participe effectivement, on lui attribue comme substituant fictif son partenaire dans la liaison multiple. La méthode est illustrée par les exemples suivants :

$-CH{=}CH_2$ est représenté par

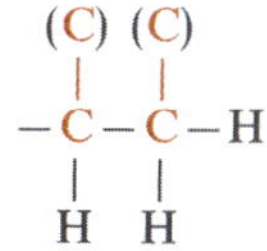

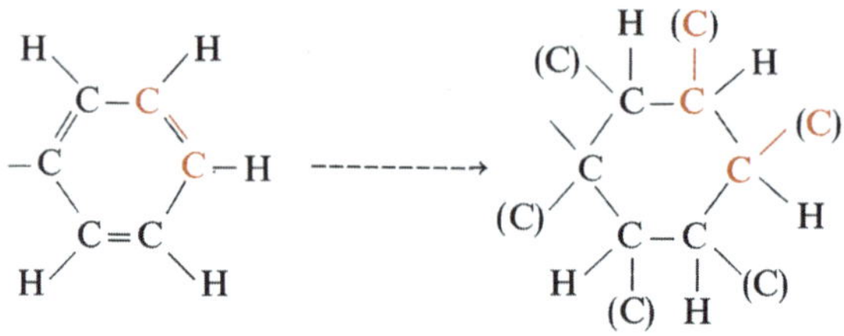

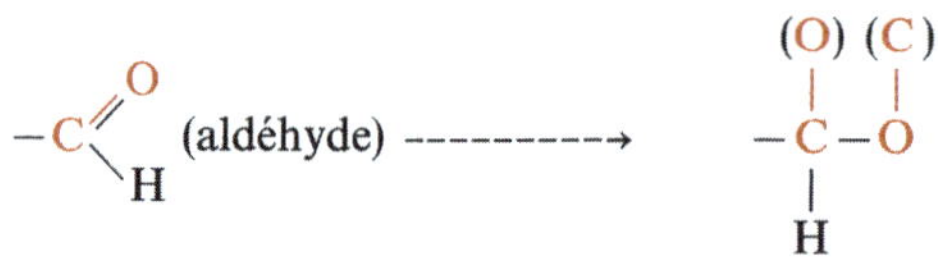

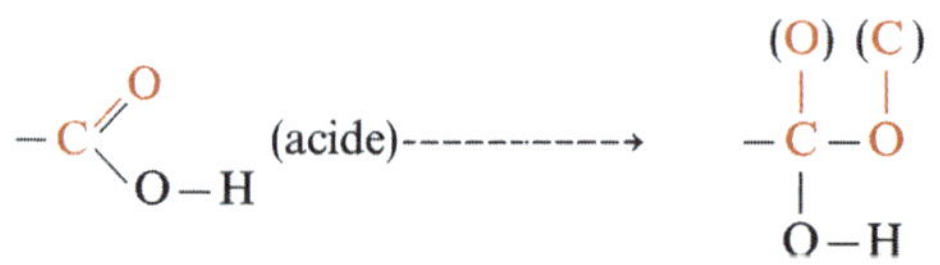

Ceci permet de classer le groupe $-CHO$ (aldéhyde) avant le groupe $-CH_2OH$ (alcool) dans le cas du D-glyceraldéhyde qui a la configuration absolue R :

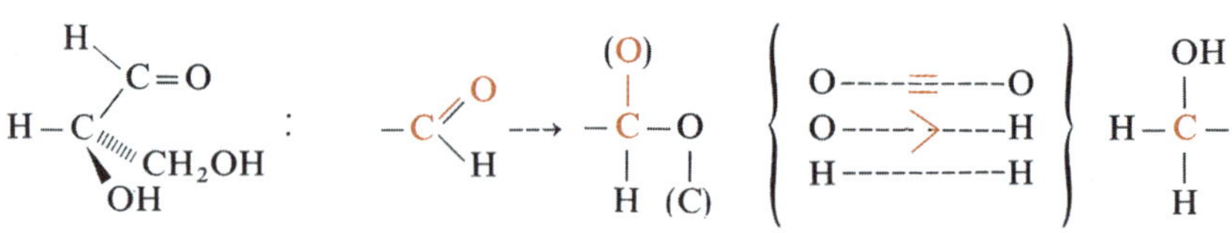

$OH > CHO > CH_2OH > H$

Dans le cas où interviennent des isotopes d'un élément le classement est basé sur leur nombre de masse.

$${}^3_1H(T) > {}^2_1H(D) > {}^1_1H.$$

Pour l'alanine naturelle de structure :

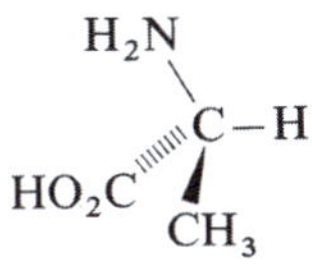

l'ordre des priorités est $NH_2 > CO_2H > CH_3 > H$, et la configuration absolue est S :

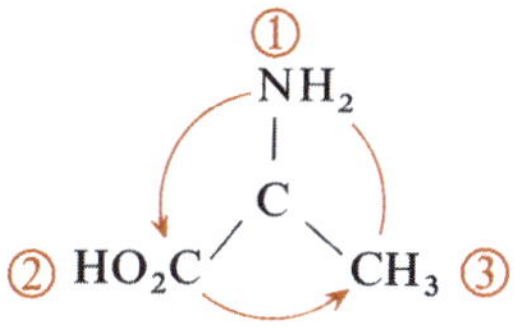

S

Remarque : Passage de la nomenclature D, L (projection de Fischer) à la nomenclature R, S.
Si on échange deux substituants autour d'un atome de carbone asymétrique on inverse la configuration absolue de cet atome. Si l'opération est effectuée deux fois on retrouve la configuration absolue initiale. Dans ces conditions on effectue sur la projection de Fischer *deux* échanges de substituants, de façon à mettre le substituant de plus faible priorité (priorité 4) en position verticale en bas.
Si on suppose que l'ordre de priorité est $a > b > c > d$ la projection est transformée de la façon suivante :

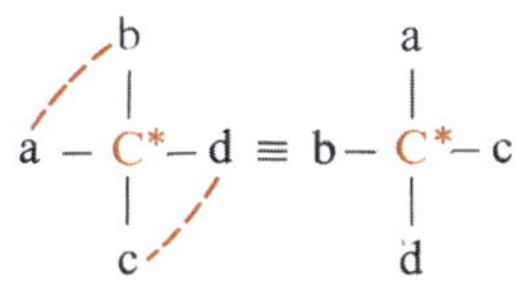

Cette nouvelle projection correspond à la disposition suivante dans l'espace :

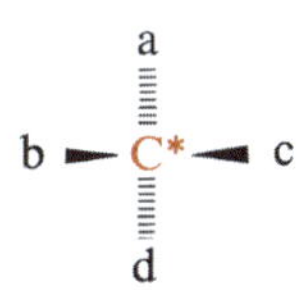

et en regardant dans la direction C*→d on a :

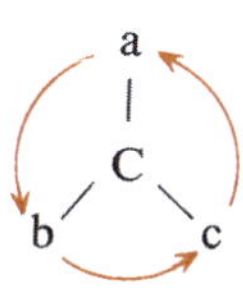

S

Cette configuration absolue S peut se lire directement sur la nouvelle projection :

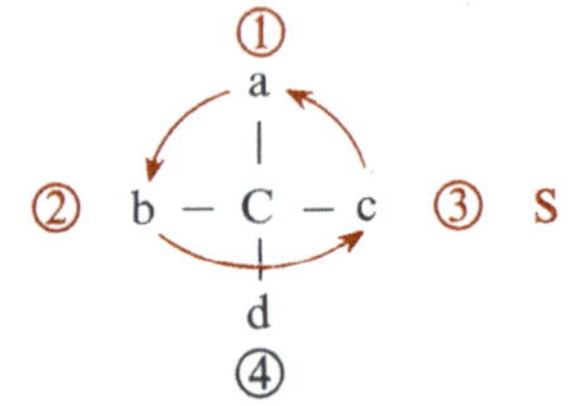

Dans le cas de la L-alanine ce procédé montre facilement que la configuration du carbone asymétrique est S :

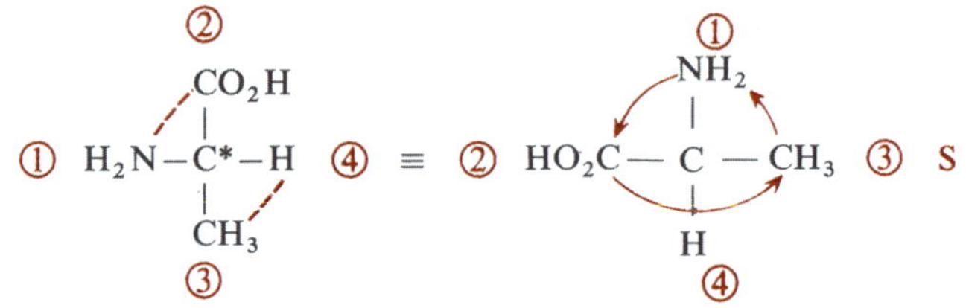

2.4.4.4. CORRÉLATION DE CONFIGURATIONS

Une corrélation de configurations entre deux molécules dont l'une est de configuration absolue connue et l'autre inconnue peut être effectuée par une suite de réactions chimiques dont on connaît le déroulement stéréochimique au niveau du (ou des) atome(s) de carbone asymétrique(s). Deux cas peuvent se présenter selon que les réactions utilisées mettent en jeu ou non l'atome de carbone asymétrique.

Ainsi l'isosérine dextrogyre a été reliée à l'acide glycérique lévogyre par une réaction qui transforme la fonction amine en fonction alcool sans affecter le carbone asymétrique.

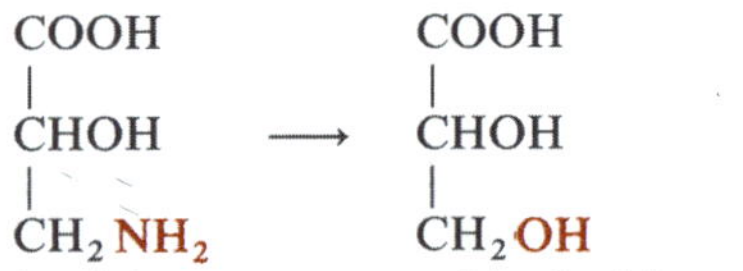

isosérine (+) acide glycérique (−)

Cet acide glycérique lévogyre a été relié au D-glycéraldéhyde (+) par une oxydation de la fonction aldéhyde qui n'affecte pas le carbone asymétrique.

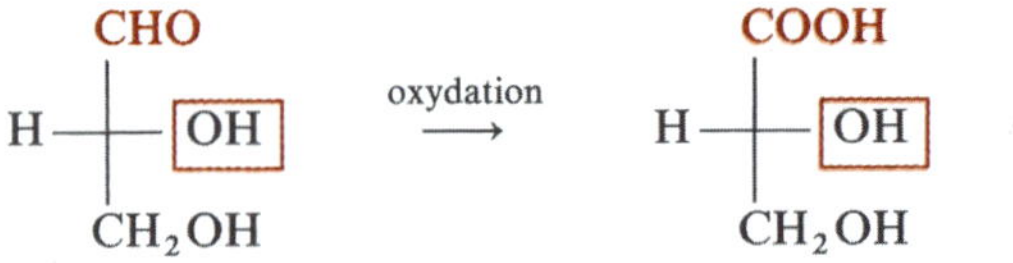

D-glycéraldéhyde (+) acide D-glycérique (−)

L'acide glycérique provenant de l'isosérine et celui provenant du D-glycéraldéhyde étant identiques, on en déduit la configuration D de l'isosérine (+) :

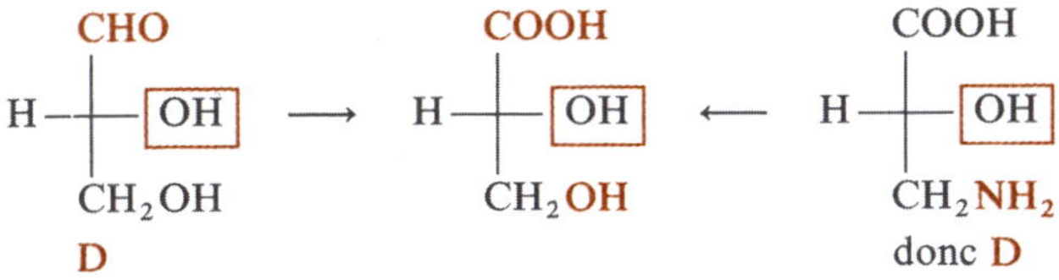

Lorsqu'une réaction met en jeu l'atome de carbone asymétrique, il est nécessaire de connaître le déroulement stéréochimique de cette réaction. Trois cas peuvent se présenter lors de la substitution d'un groupe X par un groupe Y.

1) L'*« inversion » de configuration relative* qui peut être notée sur le schéma réactionnel par $\xrightarrow{\Omega}$:

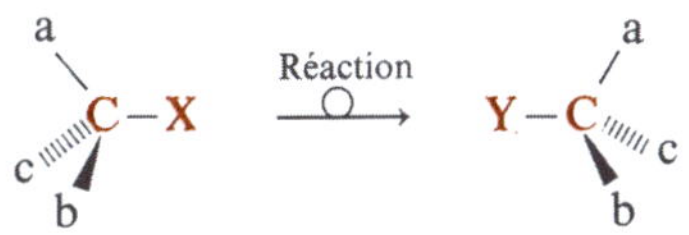

Cette inversion de configuration *relative* ne s'accompagne pas nécessairement, en nomenclature R, S, d'une inversion de la configuration *absolue* puisque dans cette nomenclature la configuration absolue dépend de la place prise par le nouveau substituant dans l'ordre des priorités.

2) La *« rétention » de configuration relative :*

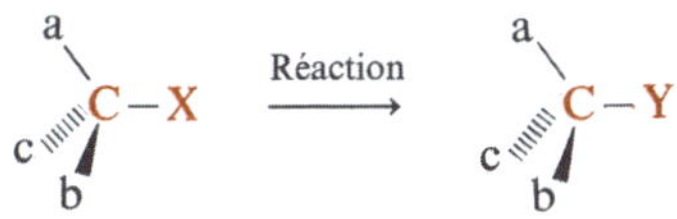

Dans ce cas la configuration absolue R ou S est conservée si le nouveau substituant ne modifie pas l'ordre des priorités.

3) La *« racémisation »* :

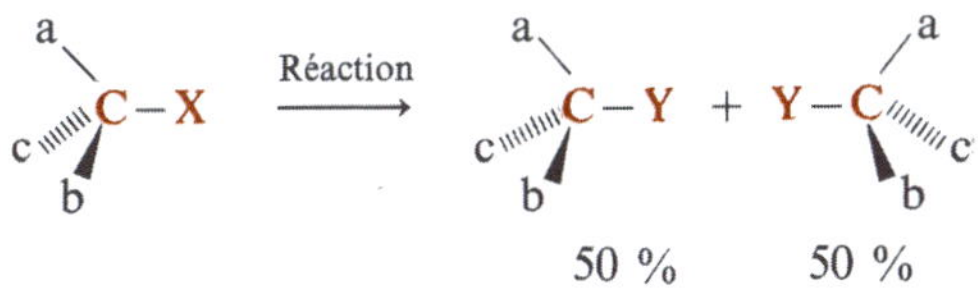

Partant d'un composé optiquement actif on aboutit à un mélange racémique. Une telle réaction n'est pas utilisable pour établir une corrélation de configuration.

La corrélation entre l'acide L-lactique (+) et l'alanine (+) est un exemple dont les réactions mettent en jeu le carbone asymétrique.

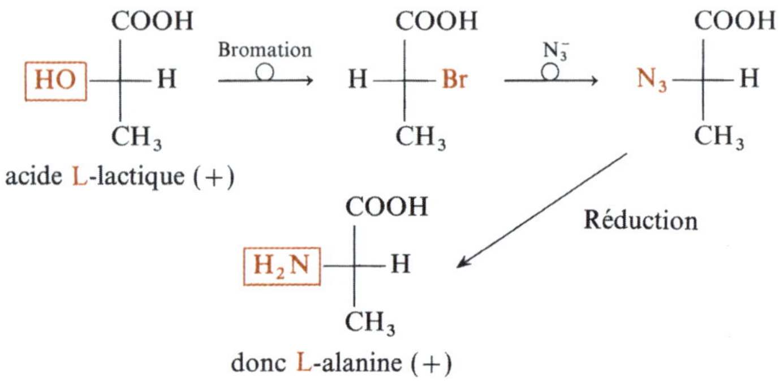

L'alanine dextrogyre est donc L.

Remarque : Tous les aminoacides naturels présents dans les protéines des animaux supérieurs appartiennent à la série L. Des aminoacides de la série D sont abondants dans les parois cellulaires des bactéries et présents dans de nombreux antibiotiques.

2.5. Diastéréoisomérie due à la présence de plusieurs centres de chiralité

Deux stéréoisomères de configuration, qui ne sont pas images l'un de l'autre par rapport à un plan, sont des diastéréoisomères.
Dans le cas de composés de constitution déterminée ayant n centres de chiralité, en particulier n atomes de carbone asymétrique, il y a au maximum 2^n stéréoisomères de configuration. Ceci conduit à 2^{n-1} couples d'énantiomères. Chaque énantiomère d'un couple est diastéréoisomère avec ceux des autres couples. Ces diastéréoisomères ont des propriétés physiques et chimiques différentes, telles que température de changement d'état, solubilité, vitesse et stéréochimie de leurs réactions. Lorsqu'ils sont en mélange, ils peuvent être séparés, en utilisant les méthodes physiques d'analyse : distillation, cristallisation fractionnée, chromatographies ...

2.5.1. ÉRYTHROSE, THRÉOSE ET ACIDES TARTRIQUES

Les tétroses $HOCH_2-\overset{*}{C}HOH-\overset{*}{C}HOH-CHO$ ont deux atomes de carbone asymétriques et il leur correspond quatre stéréoisomères qui forment deux couples d'énantiomères, vus précédemment (2.3.1.). On les représente ci-dessous en projection de Fischer :

Erythrose

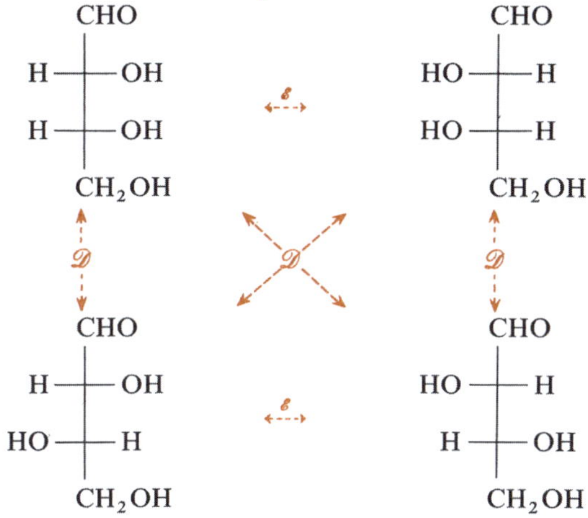

Thréose

ℰ ←--→ Relation d'enantiomérie. 𝒟 ←--→ Relation de diastéréoisomérie.

Du nom de ces deux tétroses dérive la nomenclature érythro-thréo, qui est appliquée aux molécules comportant *deux* atomes de carbone asymétriques adjacents, portant chacun deux substituants X et Y. Les composés du type (A)(X)(Y)C—C(X)(Y)(B) sont examinés dans leurs conformations éclipsées représentées ci-dessous en projection de Newman. Les énantiomères érythro sont tels que lorsque les groupes A et B sont éclipsés X éclipse X et Y éclipse Y.

Couple érythro

Les deux énantiomères thréo sont tels que lorsque A et B sont éclipsés X éclipse Y et Y éclipse X

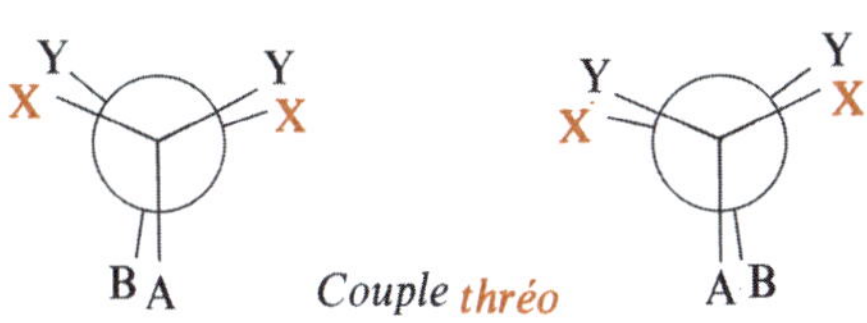

Couple thréo

La nomenclature érythro-thréo indique la configuration *relative* de deux atomes de carbone asymétriques dans une molécule.

Acide tartrique $HO_2C-\overset{*}{C}HOH-\overset{*}{C}HOH-CO_2H$.

A ce composé présentant deux atomes de carbone asymétriques correspondent au maximum quatre stéréoisomères auxquels peut s'appliquer la nomenclature érythro-thréo.

Érythro — L'examen du composé érythro montre qu'il admet un plan de symétrie :

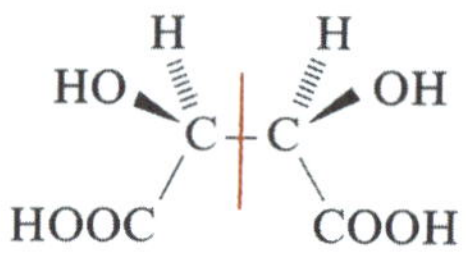

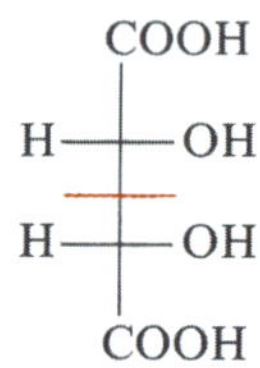

Il n'y a donc pas deux énantiomères érythro mais un seul stéréoisomère appelé *méso*.

Il existe donc trois stéréoisomères pour l'acide tartrique représentés ci-dessous en projection de Fischer :

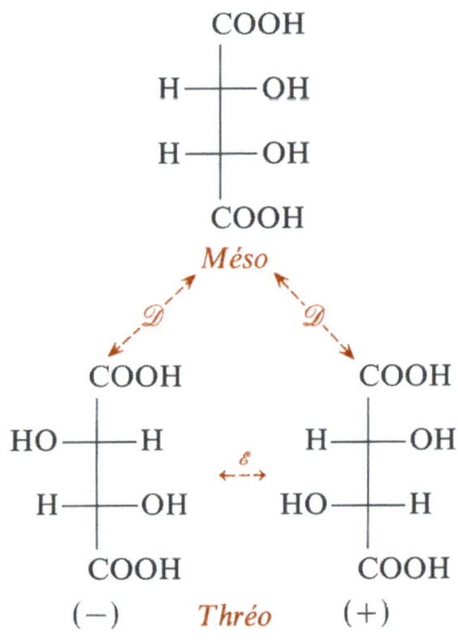

TABLEAU 2.5.1.-1

Propriétés physiques des acides tartriques.

Stéréoisomère	$[\alpha]^{20}_{D}$ (eau)	Point de fusion °C	Solubilité dans l'eau g/100 ml
Thréo (−)	− 12°	170	147
Thréo (+)	+ 12°	170	147
Racémique (thréo (±))	0	205	25
Méso	0	140	120

Les propriétés physiques de ces trois stéréoisomères ainsi que celles du mélange racémique thréo, sont indiquées dans le tableau 2.5.1.-1

2.5.2. SÉRIES D ET L DES SUCRES ET ACIDES AMINÉS. NOMENCLATURE R, S

2.5.2.1. SÉRIES D ET L

Cas des sucres

Un sucre appartient à la série D ou L selon que la configuration absolue de son atome de carbone asymétrique de numéro le plus élevé est D ou L. Il s'agit de l'avant-dernier atome de carbone de ce sucre dont la configuration absolue a été reliée à celle du carbone asymétrique du D ou L glycéraldéhyde :

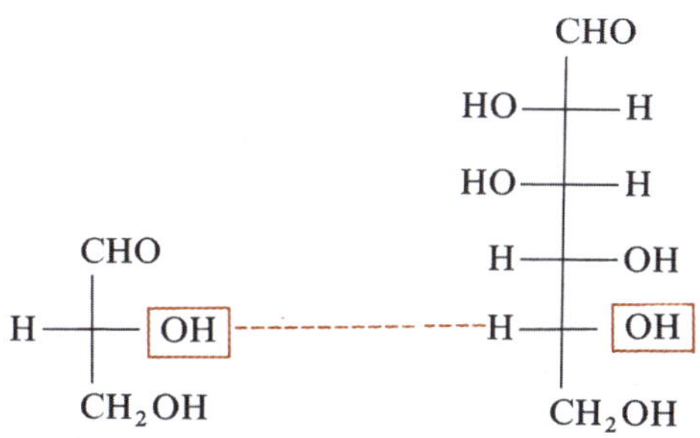

D-glycéraldéhyde

Série D

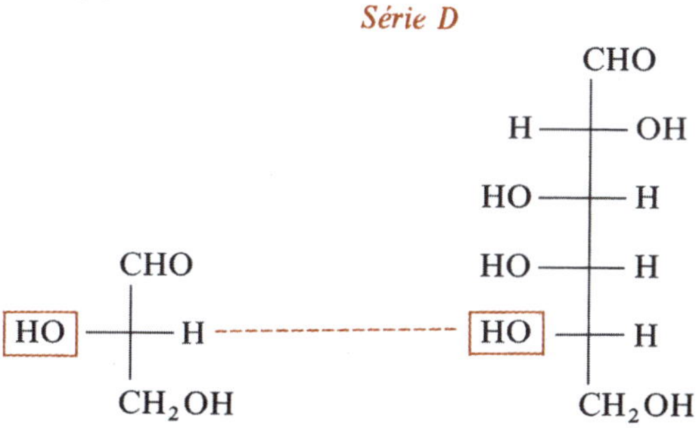

L-glycéraldéhyde

Série L

Dans les composés à plusieurs atomes de carbone asymétriques l'appartenance à la série D ou L, n'indique donc que la configuration absolue de l'un d'entre eux.

Dans le cas des tétroses, les noms érythrose et thréose indiquent la configuration *relative* des deux atomes de carbone asymétriques et l'appartenance à la série D ou L indique la configuration *absolue* du carbone n° 3.

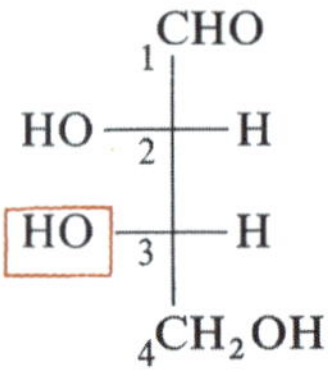

L-érythrose

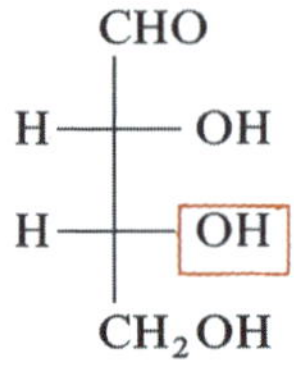

D-érythrose

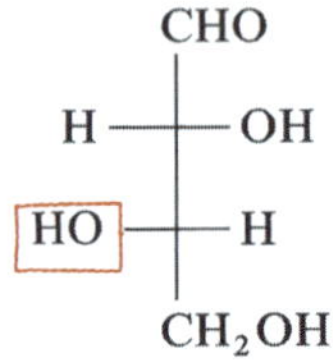

L-thréose

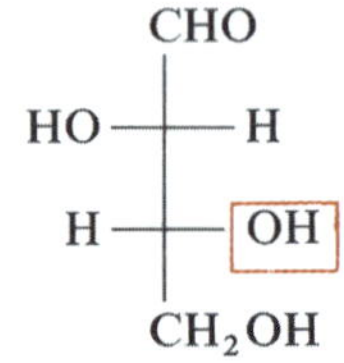

D-thréose

De la même façon dans la famille des hexoses, le nom glucose détermine la configuration *relative* des quatre atomes de carbone asymétriques et la série D ou L indique la configuration *absolue* du carbone asymétrique n° 5.

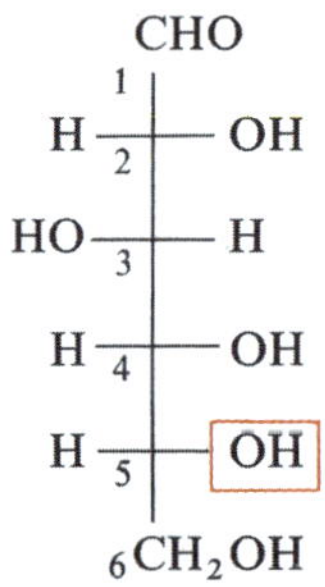

D-glucose

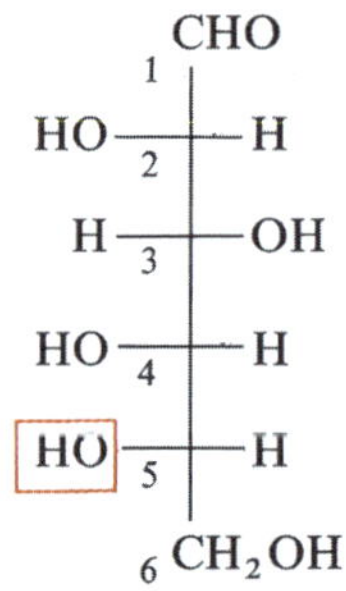

L-glucose

Le L-glucose est l'énantiomère du D-glucose. Leurs quatre atomes de carbone asymétriques ont des configurations absolues opposées. Le L-glucose n'a pas de saveur sucrée.

Deux diastéréoisomères qui ne diffèrent que par la configuration absolue d'un seul de leurs atomes de carbone asymétriques sont dits *épimères*. Il en est ainsi du D-mannose et du D-glucose qui ne diffèrent que par la configuration absolue du carbone 2 :

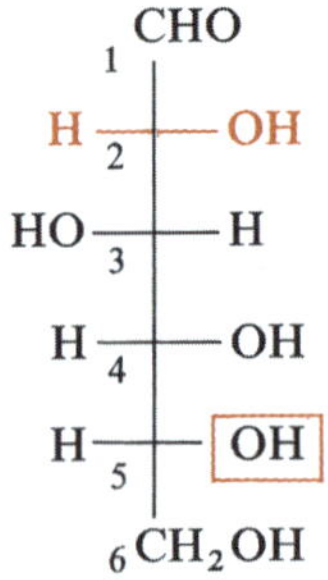

D-glucose

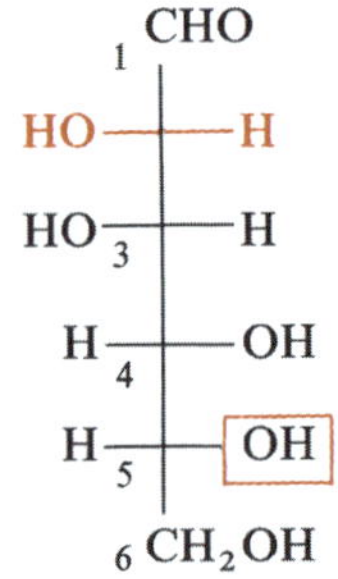

D-mannose

Cas des acides aminés

Les séries D et L sont reliées à la configuration D ou L de l'atome de carbone numéro deux de l'acide aminé, c'est-à-dire de l'atome de carbone qui porte le groupe amino- NH_2 en α de la fonction acide carboxylique.

Exemples :

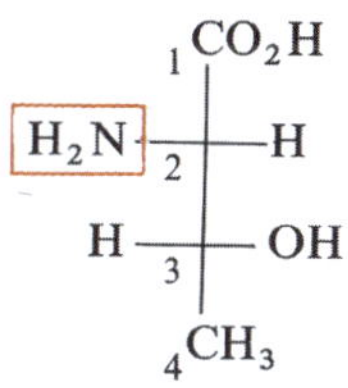

L-thréonine
(composé naturel)

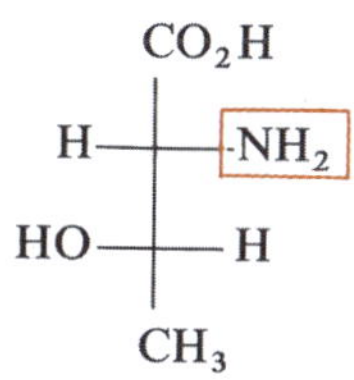

D-thréonine

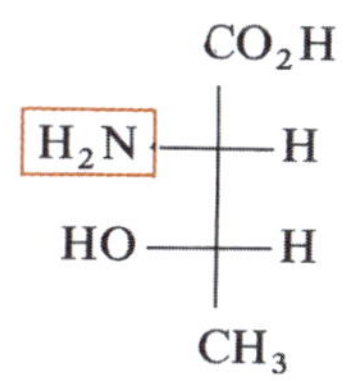

L-allo-thréonine

La L et la D-thréonine sont énantiomères, la L-allo-thréonine est l'épimère en 3 de la L-thréonine naturelle.

2.5.2.2. NOMENCLATURE R, S

La nomenclature utilisant les séries D et L a été définie pour les familles des sucres et des acides aminés dans lesquelles chaque composé porte un nom qui implique une configuration relative pour l'ensemble des atomes de carbone asymétriques. En dehors de ces familles, il est le plus souvent nécessaire de préciser la configuration absolue de chaque atome de carbone asymétrique, en utilisant la nomenclature R, S.

Exemples :

– *Acide mésotartrique*

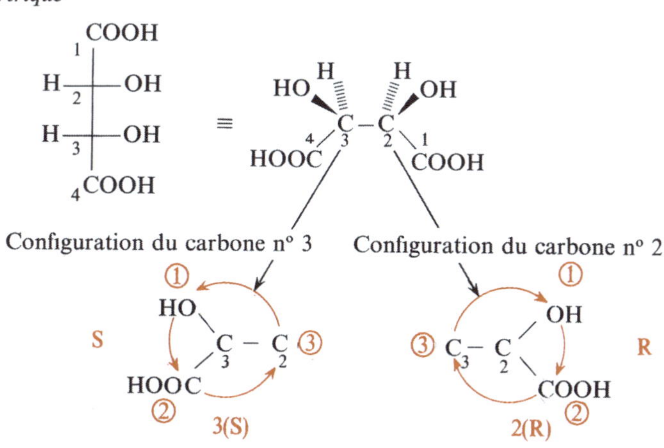

La configuration de l'acide mésotartrique est 2(R), 3(S).

– *Acide tartrique thréo* (+)

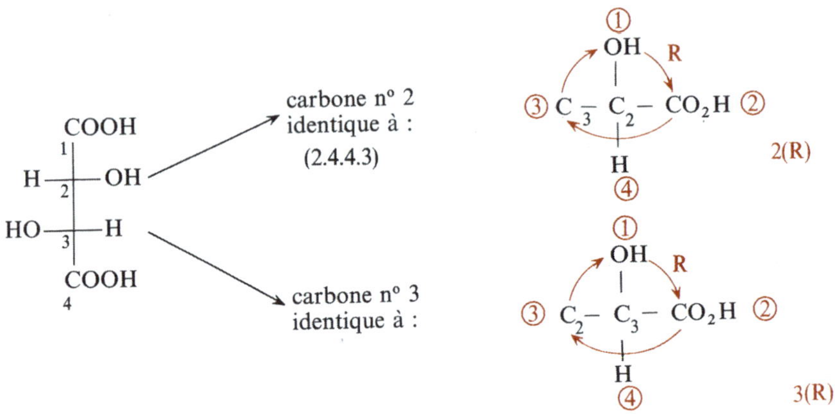

La configuration de l'acide tartrique thréo (+) est 2(R), 3(R).

2.5.3. SÉPARATION DE DEUX ÉNANTIOMÈRES À PARTIR D'UN MÉLANGE RACÉMIQUE

Pour séparer deux énantiomères A(+) et A(−), qui constituent un mélange racémique A(±), séparation appelée dédoublement du racémique, on fait réagir le mélange A(±) avec un composé B optiquement actif, par exemple B(+). B est en général un composé ayant plusieurs atomes de carbone asymétriques et dont le plus souvent un seul stéréoisomère existe à l'état naturel.

La réaction de A(±) avec B(+) donne un mélange équimoléculaire de deux composés qui sont notés : A(+)B(+) et A(−)B(+), dans lesquels l'association AB peut être de nature ionique (sel) ou covalente. Ces deux composés sont des diastéréoisomères qui sont séparables par des méthodes physicochimiques (2.5.) La séparation effectuée, le composé A(+)B(+) est dissocié pour donner A(+), tandis que la décomposition de A(−)B(+) fournit A(−).

Exemples de dédoublement :

1) La séparation de deux acides énantiomères à partir de leur mélange racémique peut s'effectuer par formation d'un sel avec une base optiquement active. On utilise des amines tertiaires chirales, telles que la quinine, dont l'atome d'azote jouant le rôle de base, a une configuration qui ne peut s'inverser. On les représente par :

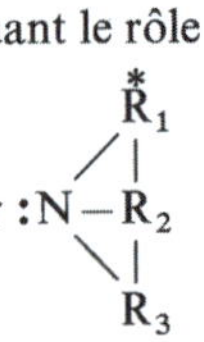

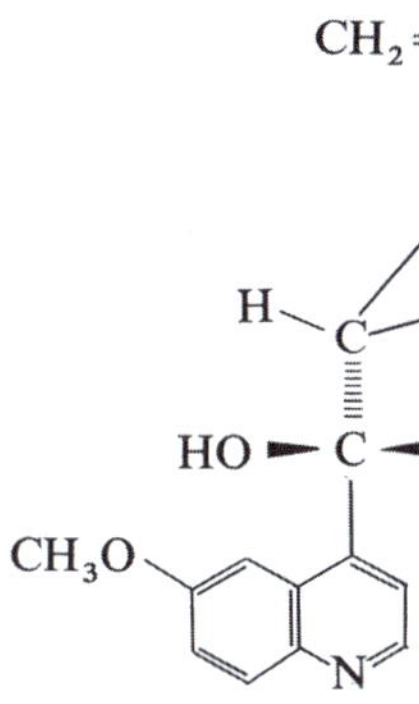

Quinine

Principe :

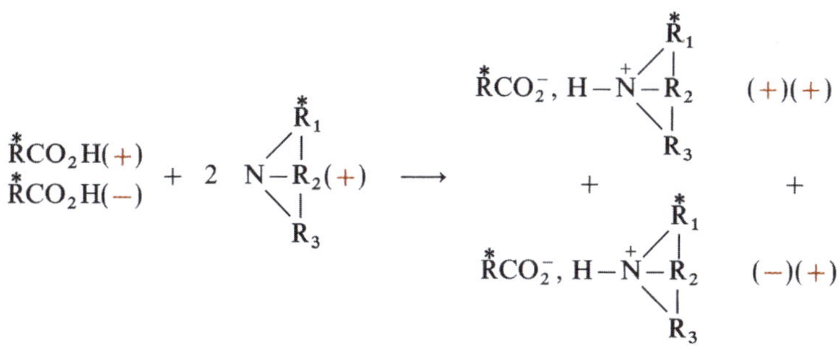

Les deux sels diastéréoisomères sont séparés et chacun est traité par l'acide chlorhydrique :

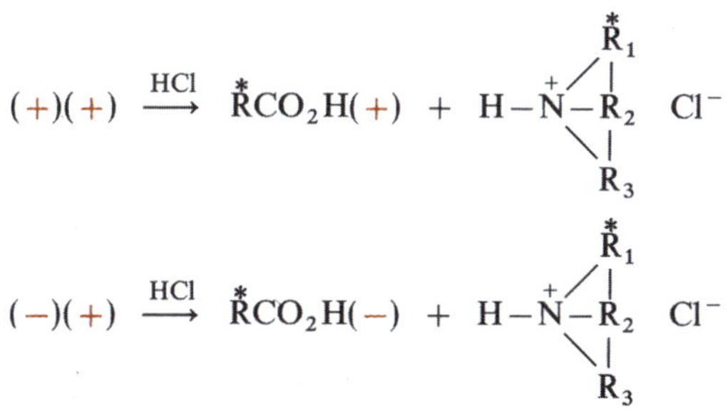

Il est possible de séparer par une réaction analogue deux amines énantiomères, en utilisant la formation d'un sel avec un acide chiral comme l'acide tartrique (+).

2) La séparation de deux alcools énantiomères à partir de leur mélange racémique peut être effectuée par l'intermédiaire de deux esters diastéréoisomères préparés à l'aide d'un dérivé d'acide chiral, par exemple un chlorure d'acyle (ch. 4, II, B, 5.2.2.1.3.) :

$$\left.\begin{array}{l}\overset{*}{R}_1-OH(+)\\ \overset{*}{R}_1-OH(-)\end{array}\right. + 2\ Cl-\overset{\overset{\displaystyle O}{\|}}{C}-\overset{*}{R}_2(+) \longrightarrow \begin{array}{ll}\overset{*}{R}_1-O-\underset{\underset{\displaystyle O}{\|}}{C}-\overset{*}{R}_2 & (+)(+)\\ \overset{*}{R}_1-O-\underset{\underset{\displaystyle O}{\|}}{C}-\overset{*}{R}_2 & (-)(+)\end{array} + 2HCl$$

Les esters séparés sont saponifiés par la soude (ch. 4, II, B, 5.2.2.2.) et on obtient les alcools énantiomères séparément :

$$(+)(+) \xrightarrow{NaOH} \overset{*}{R}_1-OH(+) + \overset{*}{R}_2-CO_2^-\,Na^+$$

$$(-)(+) \xrightarrow{NaOH} \overset{*}{R}_1-OH(-) + \overset{*}{R}_2-CO_2^-\,Na^+$$

2.6. Chiralité et réactions enzymatiques

On a vu que tous les acides aminés présents dans les protéines des animaux supérieurs, appartiennent à la série L. Tous les oses naturels appartiennent à la série D.

En milieu biologique la synthèse enzymatique d'une molécule ou d'une macromolécule conduit à un seul stéréoisomère de configuration. Pour réaliser au laboratoire la synthèse d'un seul stéréoisomère d'un composé comportant un ou plusieurs centres d'asymétrie il est nécessaire de recourir à des réactions stéréospécifiques (ch. 4, II, B, 3.2.) mettant en jeu des réactifs chiraux.

Les enzymes sont aussi des « agents de réaction » chiraux puisque ce sont des protéines qui n'existent que sous forme d'un seul stéréoisomère (III, 3.). Elles jouent le rôle de catalyseurs des réactions biologiques (ch. 4, I et III, 1.2.4.). Elles n'acceptent comme substrat qu'un seul des stéréoisomères d'une molécule (cette propriété a été utilisée pour isoler, à partir d'un mélange racémique, l'énantiomère qui n'est pas substrat et qui n'est donc pas transformé par la réaction enzymatique). Si un centre d'asymétrie est créé lors d'une réaction enzymatique, il l'est avec une configuration absolue déterminée.

Ces propriétés des réactions enzymatiques sont le reflet de l'*asymétrie* des enzymes et, en particulier, de l'*asymétrie du site actif* qui permet la *« reconnaissance »* et la fixation d'un seul stéréoisomère du substrat et sa transformation stéréospécifique.

Un schéma très simple du site actif permet d'illustrer le principe de la « reconnaissance » d'un seul énantiomère à partir d'un mélange racémique. On envisage, par exemple, la fixation de l'alanine qui serait suivie de la formation d'une liaison peptidique à partir de son groupe carboxyle. Le site actif est supposé comporter trois points de fixation distincts pour les trois groupes liés au carbone asymétrique et ne participant pas à la réaction (H_2N-, H_3C- et $H-$). Ces points de fixation sont

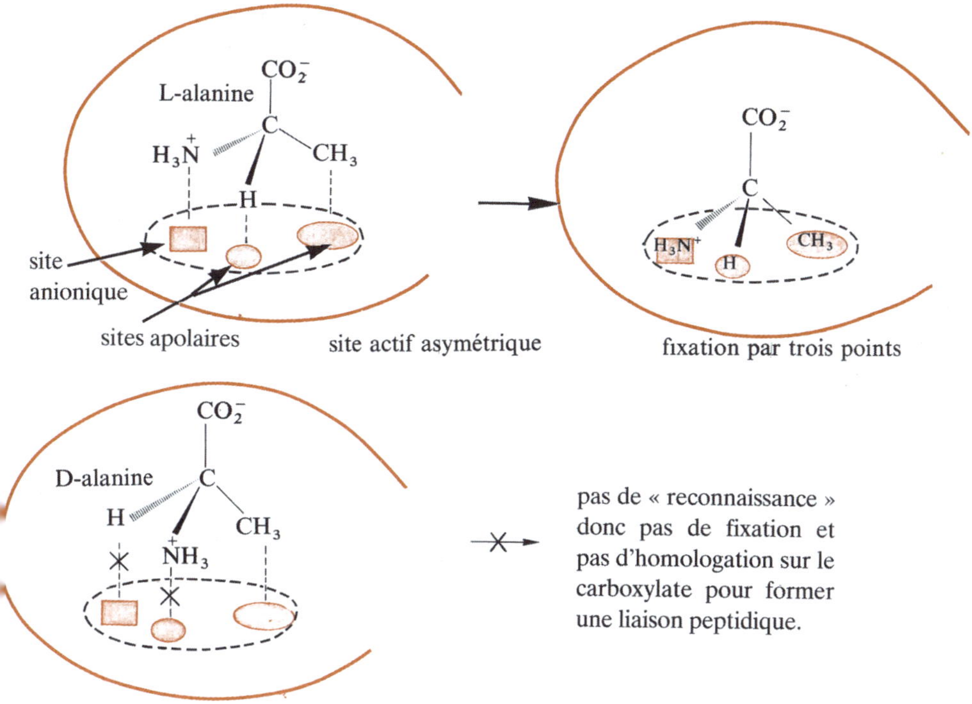

FIGURE 2.6.-1

Schéma du site actif d'une enzyme pour illustrer le principe de la « reconnaissance » d'un seul énantiomère.

disposés dans l'espace de telle façon que seule la L-alanine peut s'y fixer et présenter la fonction acide en bonne position pour la réaction (fig. 2.6-1) :
La D-alanine ne peut se fixer par trois points sur le site actif. La différenciation des sites de fixation, au site actif de l'enzyme, repose sur la nature des interactions intermoléculaires spécifiques qui peuvent être mises en jeu entre l'enzyme et divers groupements ioniques, polaires ou apolaires de son substrat (D – ch. 4, II, B, 3.2.2.3. – ch. 4, II, B, 4.2.2.4. – ch. 4, III, 2.4.1. et 2.4.2.).

D. LES ASSOCIATIONS INTERMOLÉCULAIRES

L'assemblage des atomes par les liaisons covalentes détermine la géométrie moléculaire. Il existe aussi des interactions non covalentes qui associent entre-elles des molécules distinctes ou diverses parties d'une même molécule et en particulier d'une même macromolécule. Ces interactions interviennent à une distance entre atomes supérieure à la longueur moyenne des liaisons covalentes et n'impliquent pas de recouvrement des orbitales atomiques ou moléculaires des entités concernées. Elles comprennent les interactions de la molécule avec le milieu et elles contribuent à déterminer, parmi les conformations possibles de cette molécule, celles qui sont adoptées dans ce milieu.

Les manifestations de ces interactions sont très nombreuses, allant du comportement non idéal des gaz aux complexes biologiques supramoléculaires. On peut citer : le point d'ébullition anormalement élevé de l'eau comparé à celui d'autres composés de masse molaire voisine (H_2O 100 °C, CH_4 − 161 °C) (2.1.), la dissolution des composés ioniques et moléculaires (3.2.) la solvatation des ions et des molécules (3.), la conformation native des protéines (structures secondaire, tertiaire et quaternaire : I; III, 3.), les associations entre lipides et protéines pour former les lipoprotéines (3.3.2.) et entre acides nucléiques et protéines pour former les ribosomes (III, 3.).

1. Interactions et énergies mises en jeu

L'étude de ces interactions et de leurs énergies fait partie de l'enseignement de physique. On se limite donc ici à attirer l'attention sur les paramètres qui déterminent les énergies mises en jeu : charge, moment dipolaire, polarisabilité des entités interagissantes, distance entre ces entités, constante diélectrique du milieu.

Les associations intermoléculaires résultent de la superposition de divers types d'interactions. Celles-ci sont d'abord analysées cas par cas et leurs énergies sont ensuite comparées pour apprécier leurs contributions respectives dans un milieu donné.

1.1. Interactions électrostatiques

1.1.1. INTERACTION CHARGE-CHARGE

L'énergie d'attraction entre deux charges q_1 et q_2 de signes opposés, séparées par une distance d, dans un milieu de constante diélectrique ε, est :

$$W = \frac{q_1 q_2}{4\pi\varepsilon_0 \varepsilon d}$$

ε_0 est la permittivité du vide et ε est la permittivité relative du milieu ou *constante diélectrique.*

Si on considère une mole de paires de charges et si les charges sont exprimées en unités de charge élémentaire e $\left(q'(e) = \frac{q}{e} = \frac{q(C)}{1,6} \times 10^{19}\right)$ et leur distance en nm ($d' = d(m) \times 10^9$), l'énergie d'attraction exprimée en kJ . mol^{-1} est :

$$W = 139 \frac{q'_1 q'_2}{\varepsilon d'}\star.$$

Ainsi, pour un anion (− e) et un cation (+ e), distants de 0,5 nm dans le vide ($\varepsilon = 1$), l'énergie d'attraction est de − 278 kJ . mol^{-1}. Si on considère l'attraction entre un ion carboxylate $-CO_2^-$ et un ion ammonium $-NH_3^+$, la distance minimale entre les centres des charges positive et négative peut être évaluée à ≈ 0,25 nm (ions au contact). L'énergie d'attraction entre ces deux ions dans le vide est alors de − 556 kJ . mol^{-1}. Cette énergie est supérieure à celle des liaisons covalentes simples (tableau p. 261). Mais les interactions charge-charge dépendent de la constante diélectrique du milieu dans lequel elles s'exercent (3.). Le tableau 1.1.1.-1 donne quelques constantes diélectriques à 298 K (25 °C) de solvants apolaires et polaires (3.1.).

TABLEAU 1.1.1.-1

Constantes diélectriques à 298 K de quelques solvants ★

Solvants apolaires	ε	Solvants polaires	ε
n-hexane	1,9	Éther éthylique	4,3
Cyclohexane	2,0	Chloroforme	4,8
Tétrachlorure de carbone	2,2	Acétone	20,7
Benzène	2,3	Éthanol	24,3
		Méthanol	32,6
		Diméthylformamide	37,5
		Eau	78,5**

★ Valeurs issues de : *Handbook of Chemistry and Physics*, 56e ed, CRC Press, 1975-76, p. E-56.

★★ A 293 K $\varepsilon = 80$, à 310 K $\varepsilon = 74$.

L'énergie d'attraction entre un anion et un cation distants de 0,5 nm dans l'eau, à 310 K (37 °C), n'est plus que de − 3,75 kJ . mol^{-1}, c'est-à-dire très inférieure à celle dans le vide.

★ $W\,(J . mol^{-1}) = \frac{q_1(C) q_2(C)}{4\pi\varepsilon_0 \varepsilon d(m)} \times N$

$$\varepsilon_0 = 8,85 \times 10^{-12}\ J^{-1} . C^2 . m^{-1}.$$

Avec q'_1 et q'_2 exprimées en unités de charge élémentaire (e) et d′ en nm, on a W en kJ . mol^{-1} :

$$W = \frac{q'_1 q'_2}{\varepsilon d'} \times \frac{(1,602\,1)^2 \times 10^{-38} \times 6,023 \times 10^{23} \times 10^{-3}}{4 \times \pi \times 8,85 \times 10^{-12} \times 10^{-9}} = 139 \times \frac{q'_1 q'_2}{\varepsilon d'}.$$

Si on prend pour l'énergie d'*agitation thermique*, l'énergie cinétique moyenne de translation des molécules $\frac{3}{2}$ kT, pour une mole à 310 K, cette énergie est de l'ordre de

$\frac{3}{2}$ RT = 3,868 ≈ 3,8 kJ . mol^{-1}.

L'énergie d'agitation thermique à 310 K est donc pratiquement égale à l'attraction entre un cation et un anion distants de 0,5 nm dans l'eau.

En milieu biologique, une interaction électrostatique entre charges opposées à la périphérie d'une macromolécule, au contact de l'eau, est très inférieure à celle de ces mêmes charges placées à l'intérieur d'une zone hydrophobe (3.3.2.), par exemple dans la partie interne d'une protéine globulaire. La constante diélectrique d'une poche hydrophobe peut être considérée comme égale à 2 et dans les macromolécules biologiques les charges en interaction sont le plus souvent à une distance très faible, proche de 0,3 nm. Dans ces conditions, l'attraction entre un anion et un cation est de − 230 kJ . mol^{-1} (tableau 1.3.-1), énergie qui est voisine de celle de la liaison S−S d'un pont disulfure (− 213 kJ . mol^{-1}; III, 3.). De telles interactions interviennent entre le $-NH_3^+$ terminal de l'isoleucine 16 et le $-CO_2^-$ de l'aspartate 194, pour la mise en place du site actif de l'α-chymotrypsine, et entre l'ion guanidinium de l'arginine 145 du site actif de la carboxypeptidase A et le $-CO_2^-$ de l'extrémité C-terminale (voir I) de son substrat (ch. 4, III, 2.4.1. et 2.4.2.). Les groupes associés par ces interactions charge-charge sont à des distances de 0,28-0,30 nm. Des interactions semblables entre le NH_3^+ d'une lysine et le $-CO_2^-$ d'une arginine C-terminale, entre l'ion guanidinium de cette arginine et le $-CO_2^-$ d'un aspartate ainsi qu'entre le $-CO_2^-$ d'une histidine C-terminale et le $-NH_3^+$ d'une lysine, contribuent, sous le nom de « ponts salins », à l'association des quatre sous-unités de la désoxyhémoglobine (III, 4.). Il faut ajouter le rôle joué par des cations métalliques comme Ca^{2+} et Mg^{2+} qui peuvent associer diverses molécules porteuses d'anions carboxylate, phosphate et pyrophosphate (cas de l'association entre les chélates de calcium de la prothrombine et les groupes carboxylates des phosphatidylsérines, B, 4.2. (fig. 4.2.-3) et D, 3.3.2.) et peuvent participer à l'association d'une enzyme et de son substrat ou d'une enzyme et de son coenzyme (cas des enzymes qui utilisent le diphosphate de thiamine comme coenzyme et qui requièrent l'ion Mg^{2+} pour être actives, ch. 4, III, 2.7.). Il a aussi été montré que des ions chlorure participent aux « ponts salins » de l'hémoglobine en interagissant simultanément avec deux groupes ammonium quaternaire (III, 4., fig. 4.-4).

1.1.2. INTERACTION CHARGE-DIPÔLE

L'énergie d'interaction entre une charge q_1 et un dipôle de moment permanent μ_2 (B, 3.1.) séparés par une distance d (distance de la charge au centre du dipôle), dans un milieu de constante diélectrique ε, est fonction de l'orientation du dipôle. Le dipôle tend à s'orienter dans la direction d'attraction maximale. Si l'énergie d'agitation thermique est grande par rapport à l'énergie d'interaction, le dipôle est libre de tourner et l'énergie moyenne d'attraction est :

$$W = -\frac{2}{3}\frac{1}{(4\pi\varepsilon_0)^2}\frac{q_1^2}{kT}\frac{\mu_2^2}{\varepsilon^2 d^4}$$

Si l'énergie d'interaction est grande devant l'agitation thermique, le dipôle ne tourne pas et l'énergie d'attraction maximale est :

$$W = -\frac{1}{4\pi\varepsilon_0}\frac{|q_1|\,\mu_2}{\varepsilon d^2}$$

Dans ce dernier cas, si la charge est exprimée en unités de charge élémentaire, le moment dipolaire en debyes ($\mu'(D) = \mu(C\,.\,m) \times 3{,}33 \times 10^{-30}$; B, 3.1.) et la distance en nm, l'énergie d'attraction en $kJ\,.\,mol^{-1}$, pour une mole de paires charge-dipôle, est :

$$W = -2{,}89\,\frac{|q'_1|\,\mu'_2}{\varepsilon d'^2}$$

Dans les macromolécules biologiques, les dipôles ne sont en général pas libres de tourner pour des raisons structurales et l'énergie d'interaction n'est importante que dans les parties hydrophobes de la macromolécule. Si on considère un dipôle fixe de 1 debye dans la position d'attraction maximale avec une charge unité, à une distance de 0,5 nm dans un milieu de constante diélectrique égale à 2, l'énergie d'attraction est :

$$W = -5{,}8\ kJ\,.\,mol^{-1}\ \text{(tableau 1.3.-1)}$$

Par exemple, dans une partie hydrophobe d'une protéine, l'énergie de l'interaction charge-dipôle entre un groupe carboxylate $-CO_2^-$ (charge $-$ e) et le dipôle d'un groupe $-NH_2$ ($\mu' = 1{,}2\,D$; B, 3.1., tableau 3.1.-1), distants de 0,3 nm, peut être évaluée à $-$ 19 $kJ\,.\,mol^{-1}$. Il est intéressant de la comparer à l'énergie d'attraction charge-charge entre le même groupe carboxylate et le même groupe amino *protoné* : $-$ 230 $kJ\,.\,mol^{-1}$ (tableau 1.3.-1). Ce type de changement d'interaction est décrit au paragraphe III, 4. pour le couple imidazole-ion carboxylate (voir effets Bohr et Haldane).

1.1.3. INTERACTION DIPÔLE-DIPÔLE

L'énergie d'interaction entre deux dipôles de moments μ_1 et μ_2 dépend de leurs orientations relatives. Les dipôles ont tendance à s'aligner dans la direction d'attraction maximale. S'ils sont libres de tourner, ce qui est le cas lorsque leur interaction est faible par rapport à l'agitation thermique (cas de molécules polaires à l'état liquide ou *en solution*), l'énergie d'attraction est :

$$W = -\frac{2}{3}\frac{1}{(4\pi\varepsilon_0)^2}\frac{\mu_1^2\mu_2^2}{kT\varepsilon^2 d^6}$$

Une telle interaction est extrêmement sensible aux valeurs de ε et d. Si les dipôles sont fixes dans la position d'attraction maximale, l'énergie d'attraction est :

$$W = -\frac{2}{4\pi\varepsilon_0}\frac{\mu_1\mu_2}{\varepsilon d^3}$$

Si les moments dipolaires sont exprimés en debyes et la distance en nm, l'énergie d'attraction en kJ . mol^{-1}, pour une mole de paires dipôle-dipôle est :

$$W = -0{,}12\,\frac{\mu'_1\mu'_2}{\varepsilon d'^3}.$$

En milieu biologique, dans les protéines globulaires par exemple, les dipôles sont relativement fixes et leurs interactions n'ont d'importance que dans les parties internes hydrophobes des macromolécules. Si on considère deux dipôles fixes de 1 debye, dans la position d'attraction maximale à une distance de 0,5 nm, dans un milieu de constante diélectrique égale à 2, l'énergie d'attraction est :

$$W = -0{,}48 \text{ kJ . mol}^{-1} \quad \text{(tableau 1.3.-1).}$$

Par exemple, dans une partie hydrophobe d'une protéine, l'énergie de l'attraction dipôle-dipôle entre un groupe amino $-NH_2$ ($\mu' = 1{,}2D$) et un groupe $-NH-\underset{\underset{O}{\|}}{C}-$ ($\mu' \approx 3{,}7D$; B, 3.1.), distants de 0,3 nm, peut être évaluée à environ $-$ 10 kJ . mol^{-1} (ordre de grandeur de l'énergie d'une liaison hydrogène N$-$H$\cdots$O; voir 2, tableau 2-2).

1.2. Interactions d'induction

Ces interactions résultent de la déformation du nuage électronique des molécules sous l'influence du champ électrique d'une charge ou d'un dipôle voisin. Un moment dipolaire induit en résulte, qui est proportionnel à la force du champ électrique $\vec{E}$ qui lui a donné naissance :

$$\vec{\mu}_{\text{induit}} = \alpha \,.\, \vec{E}$$

La constante de proportionnalité α est la *polarisabilité* de la molécule. Il y a attraction entre le dipôle induit et la charge ou le dipôle permanent qui lui ont donné naissance. Cette attraction dépend de la polarisabilité de la molécule apolaire, c'est-à-dire de l'aptitude de son nuage électronique à se déformer sous l'influence du champ électrique d'une charge ou d'un dipôle permanent.

La polarisabilité α, définie par la relation $\vec{\mu}_{\text{induit}} = \alpha \,.\, \vec{E}$, a pour dimensions : C . m^2 . V^{-1} (ou J^{-1} . C^2 . m^2) dans le Système International (SI). Cependant toutes les valeurs des polarisabilités que l'on trouve dans la littérature sont exprimées en cm^3 (système d'unités « électrostatique CGS »); elles correspondent à :

$$\alpha'_{(cm^3)} = \frac{\alpha(J^{-1} . C^2 . m^2)}{4\pi\varepsilon_0(J^{-1} . C^2 . m^{-1})} \times 10^6$$

TABLEAU 1.2.-1

Polarisabilités α' (cm^3) × 10^{24} de quelques molécules et ions★ ★★

H_2O	1,48	CCl_4	10,5	Na^+	0,15	F^-	1,0
NH_3	2,26	CH_3OH	3,23	K^+	0,9	Cl^-	3,0
CH_4	2,6	C_6H_6	10,4	Rb^+	1,7	Br^-	4,15
CH_3Cl	4,56			Cs^+	2,7	I^-	6,4

★ Valeurs issues de : J. O. Hirschfelder, C. F. Curtiss et R. B. Bird, *Molecular theory of gases and liquids*, 2e éd., Wiley, New York, 1965, p. 949.

★★ Les polarisabilités des ions données ici, doivent être reliées aux notions d'acides et bases durs et mous (B, 4.1.) et de nucléophilie (ch. 4, II, B, 2.2.2.1.).

1.2.1. INTERACTION CHARGE-DIPÔLE INDUIT

On peut la schématiser de la façon suivante :

Comme le dipôle induit est créé dans la direction d'attraction maximale avec la charge, l'agitation thermique n'a pas d'effet sur l'interaction considérée. L'énergie de l'attraction résultante est :

$$W = -\frac{1}{(4\pi\varepsilon_0)^2}\frac{q_1^2\alpha_2}{\varepsilon^2 d^4}$$

Si la charge est exprimée en unités de charge élémentaire, la polarisabilité en cm^3 $\left(\alpha'_2 = \frac{\alpha_2}{4\pi\varepsilon_0} \times 10^6\right)$ et la distance en nm, l'énergie d'attraction en kJ . mol^{-1} est :

$$W = -1{,}39 \times 10^{23}\,\frac{q_1'^2\alpha'_2}{\varepsilon^2 d'^4}$$

Si on considère l'interaction d'une charge unité avec une molécule de forte polarisabilité $\alpha' = 10{,}4 \times 10^{-24}$ cm^3 (cas de la molécule de benzène, tableau 1.2.-1), l'énergie d'attraction entre la charge et le dipôle induit, à une distance de 0,5 nm dans un milieu de constante diélectrique égale à 2 est :

$$W = -5{,}8 \text{ kJ . mol}^{-1} \text{ (tableau 1.3.-1)}$$

Ainsi, *en milieu biologique*, dans une partie hydrophobe d'une protéine, l'attraction charge-dipôle induit entre un ion ammonium $-NH_3^+$ et le noyau phényle d'une phénylalanine (α' de l'ordre de 10×10^{-24} cm³), distants de 0,3 nm, est de l'ordre de $-$ 43 kJ . mol^{-1}.

1.2.2. INTERACTION DIPÔLE-DIPÔLE INDUIT

On peut la schématiser de la façon suivante :

Le dipôle induit est créé dans la direction du champ inducteur. Si le dipôle est libre de tourner, l'énergie d'attraction est :

$$W = -\frac{1}{(4\pi\varepsilon_0)^2}\frac{\mu_1^2\alpha_2}{\varepsilon^2 d^6}$$

Si le dipôle est fixe, l'énergie d'attraction maximale (schéma ci-dessus) est :

$$W = -\frac{2}{(4\pi\varepsilon_0)^2}\frac{\mu_1^2\alpha_2}{\varepsilon^2 d^6}$$

Avec le moment dipolaire exprimé en debyes, la polarisabilité en cm³ et la distance en nm, l'énergie d'attraction maximale en kJ . mol^{-1} est :

$$W = -1{,}2 \times 10^{20}\,\frac{\mu_1'^2\alpha_2'}{\varepsilon^2 d'^6}$$

A titre d'exemple, l'attraction entre une molécule de chloroforme ($\mu_1' \approx 1$ D) et une molécule de benzène ($\alpha_2' \approx 10{,}4 \times 10^{-24}$ cm³) séparées de 0,5 nm, dans un milieu de constante diélectrique égale à 2, est :

$$W = -0{,}02 \text{ kJ . mol}^{-1} \text{ (tableau 1.3.-1).}$$

En milieu biologique, ces interactions très faibles ne jouent un rôle que par leur très grand nombre, dans les parties hydrophobes des macromolécules, pour des groupements qu'une association très étroite maintient pratiquement en contact. Ainsi, dans une partie hydrophobe d'une protéine, l'attraction dipôle-dipôle induit entre un groupe $-NH_2$ ($\mu' = 1{,}2$ D; B, 3.1.) et le noyau phényle d'une phénylalanine ($\alpha' \approx 10 \times 10^{-24}$ cm³) distants de 0,3 nm, peut être évaluée à environ $-$ 0,6 kJ . mol^{-1}.

1.2.3. INTERACTION DIPÔLE INDUIT-DIPÔLE INDUIT (ATTRACTION DE LONDON)

Les molécules ou groupes non polaires présentent aussi une attraction mutuelle. Ainsi, à des températures suffisamment basses, des corps simples comme l'azote, l'oxygène et les gaz rares monoatomiques peuvent être liquéfiés et aussi donner des solides moléculaires*. La cohésion de ces liquides et de ces solides ne peut résulter que d'interactions entre des atomes voisins dont la couche électronique externe est saturée. Ainsi, alors que l'hélium ne peut pas former de molécule He_2 (B, 2.1.1.1.), une attraction existe entre les atomes d'hélium à l'état liquide. Dans l'interprétation classique de ce phénomène on considère que les électrons sont en mouvement permanent autour du noyau et que même si leur distribution moyenne est à symétrie sphérique par rapport au noyau pour de très courts intervalles de temps, la distribution instantanée des charges électriques peut ne pas avoir cette symétrie. A une telle distribution correspond un dipôle instantané. Le champ qui en résulte entraîne une polarisation induite de l'atome adjacent et vice-versa. Les dipôles instantanés étant fluctuants, il s'instaure un couplage entre les oscillations des électrons des atomes voisins et il en résulte une attraction permanente entre ces atomes. L'énergie de cette attraction ou *énergie de London* dépend de la distance d entre les atomes, de leur polarisabilité α et de leur potentiel d'ionisation I (*énergie potentielle* d'ionisation) :

$$W = -\frac{3}{2}\frac{I_1 I_2}{(I_1 + I_2)}\frac{\alpha_1 \alpha_2}{d^6}$$

Si les potentiels d'ionisation sont exprimés en eV $\left(I'\,(\text{eV}) = \frac{I(\text{J})}{1{,}6} \times 10^{19}\right)$, les polarisabilités en cm^3 et la distance en nm, l'énergie d'attraction en $kJ \cdot mol^{-1}$ est :

$$W = -\,144{,}6 \times 10^{42} \times \frac{I'_1 I'_2}{(I'_1 + I'_2)}\frac{\alpha'_1 \alpha'_2}{d'^6}$$

L'attraction de London intervient entre des molécules et groupements polarisables à une distance suffisamment faible les uns des autres. Ainsi l'énergie d'attraction entre deux molécules de polarisabilité $2{,}6 \times 10^{-24}$ cm^3 et de potentiel d'ionisation 13 eV (valeurs correspondant à la molécule de méthane CH_4), distantes de 0,5 nm, est pour une mole de paires de molécules en interaction :

$$W = -\,0{,}40\ kJ \cdot mol^{-1}\ \text{(tableau 1.3.-1).}$$

*

	N_2	O_2	He	Ne	Ar	Kr	Xe
T d'ébullition (K)	77	90	4	27	87	120	166
T de fusion (K)	63	55	0,8 (26 atm)	24	84	116	161

Valeurs issues de : *Handbook of Chemistry and Physics*, 56e éd. CRC Press, 1975-76, p. B.67-B.160.

En milieu biologique, l'énergie de l'attraction de London entre deux groupes méthyle d'alanines, compris entre deux feuillets plissés β de la soie (III, 3.), peut être évaluée à environ $-4{,}6$ kJ . mol^{-1} pour une mole de paires de groupes méthyle, en prenant $\alpha'_{CH_3} \approx 2 \times 10^{-24}$ cm^3★, $I'_{CH_3} \approx 11{,}6$ eV★ et d ≈ 0,3 nm. Dans la partie hydrophobe d'une protéine globulaire, l'énergie de l'attraction de London entre le noyau phényle d'une phénylalanine et le groupe méthyle d'une valine (formules p.), au contact l'un de l'autre, peut être évaluée à environ $-19{,}5$ kJ . mol^{-1}, pour une mole de paires phényle-méthyle en interaction, en prenant $\alpha'_{C_6H_5} \approx 10 \times 10^{-24}$ cm^3★, $I'_{C_6H_5} \approx 8{,}5$ eV★ et d ≈ 0,3 nm.

1.3. Interactions de van der Waals

Toutes les interactions vues ci-dessus ont tendance à mettre au contact les entités concernées. Cependant si leur distance devient trop faible, la répulsion entre les électrons des orbitales pleines des atomes en interaction l'emporte sur l'attraction. La valeur de cette distance est particulièrement critique pour toutes les interactions dont l'énergie d'attraction est en $-\frac{a}{d^6}$. Il s'agit de l'attraction de London, des attractions entre dipôles libres de tourner (cas en solution) et entre dipôle-dipôle induit. Une bonne approximation de l'énergie de répulsion entre atomes à très faible distance est donnée par un terme en $+\frac{b}{d^{12}}$, d étant la distance et b une constante caractéristique des électrons concernés.

Toutes ces interactions sont généralement appelées « *interactions de van der Waals* »; et l'énergie potentielle qui en résulte est de la forme :

$$E_p = -\frac{a}{d^6} + \frac{b}{d^{12}}$$

Un accroissement de d conduit à une diminution plus forte de la répulsion en $\frac{b}{d^{12}}$ que de l'attraction en $\frac{a}{d^6}$. Pour les distances de quelques dixièmes de nm, l'attraction l'emporte sur la répulsion. Si on considère le cas de l'hélium, une courbe d'énergie potentielle pour deux atomes en interaction, en fonction de leur distance d (fig. 1.3.-1), révèle un minimum ϵ pour d voisine de 0,3 nm. L'énergie d'attraction pour une mole de paires d'atomes est de -76 J . mol^{-1}. Il est intéressant de comparer ces données aux caractéristiques de la liaison covalente dans la molécule d'hydrogène dont la longueur est de 0,074 nm pour une énergie de -435 kJ . mol^{-1}).

★ Pour les valeurs de α′ voir tableau 1.2.-1. Celles de I'_{CH_3} et $I'_{C_6H_5}$ sont dérivés de $I'_{C_2H_6} = 11{,}65$ eV et $I'_{C_6H_5-CH_3} = 8{,}5$ eV. Pour l'origine des valeurs des potentiels d'ionisation voir légende du tableau 1.3.-1.

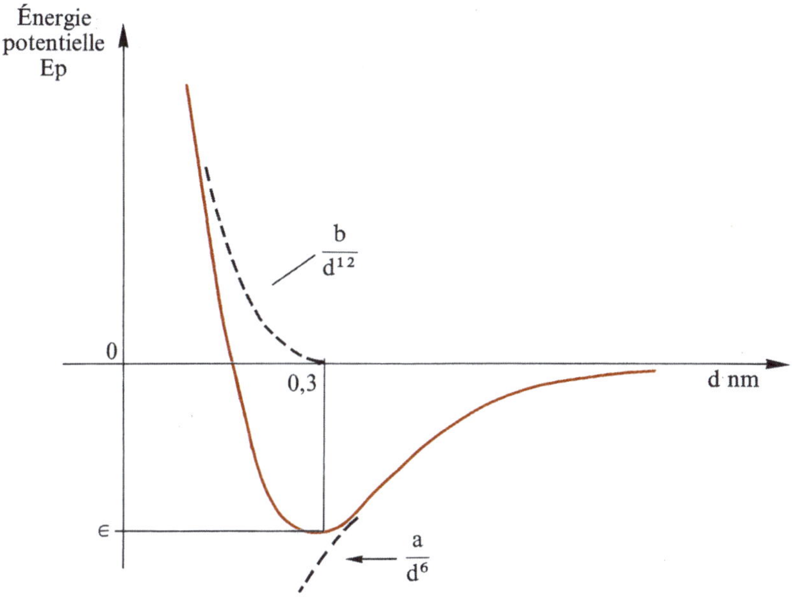

FIGURE 1.3.-1
Courbe d'énergie potentielle pour deux atomes d'hélium en fonction de leur distance.

Au minimum d'énergie potentielle du système, constitué par les deux atomes d'hélium en interaction, correspond une distance d entre ces deux atomes qui est *par définition* égale au double du *rayon de van der Waals* de l'atome d'hélium.

L'énergie totale des interactions d'un système est égale à la somme des énergies d'attraction et de l'énergie de répulsion. Pour les interactions intermoléculaires considérées, les atomes sont toujours à une distance au moins égale à la somme de leurs rayons de van der Waals et la répulsion n'est donc pas prise en compte.

Le tableau 1.3.-1 compare les énergies des attractions intermoléculaires pour différents couples d'entités, dans un milieu de constante diélectrique $\varepsilon = 2$ que l'on peut considérer comme valeur proche de celle de la partie interne hydrophobe d'une protéine globulaire (I; 3.3.2.; III, 3). Les énergies d'attraction sont données pour des entités séparées par des distances de 0,5 et 0,3 nm. Cette dernière correspond approximativement au contact entre les atomes en interaction (distance au minimum égale à la somme de leurs rayons de van der Waals).

L'examen du tableau 1.3.-1 montre que les énergies d'attraction les plus fortes correspondent à l'interaction charge-charge et les plus faibles à l'interaction dipôle-dipôle induit.

TABLEAU 1.3.-1.

Comparaison des énergies des attractions intermoléculaires pour différents couples d'entités dans un milieu de constante diélectrique ε = 2

Interaction	W kJ . mol^{-1} (a) d' = 0,5 nm	W kJ . mol^{-1} (a) d' = 0,3
Charge-charge $\frac{q_1q_2}{4\pi\varepsilon_0\varepsilon d} = 139\,\frac{q'_1q'_2}{\varepsilon d'}$ kJ . mol^{-1} (a)	− 140	− 230
	$q'_1 = -\,q'_2 = e$	
Charge-dipôle dipôle libre: $-\frac{2}{3}\frac{1}{(4\pi\varepsilon_0)^2}\frac{q_1^2\mu_2^2}{kT\varepsilon^2d^4}$ dipôle fixe (attraction maximale)♧: $-\frac{1}{4\pi\varepsilon_0}\frac{\lvert q_1\rvert\mu_2}{\varepsilon d^2} = -\,2{,}89\,\frac{\lvert q'_1\rvert\mu'_2}{\varepsilon d'^2}$ kJ . mol^{-1} (a)	− 5,8♧	− 16♧
	$q'_1 = e$, $\mu'_2 = 1$ D (b)	
Dipôle-dipôle dipôles libres: $-\frac{2}{3}\frac{1}{(4\pi\varepsilon_0)^2}\frac{\mu_1^2\mu_2^2}{kT\varepsilon^2d^6}$ dipôles fixes (attraction maximale)♧: $-\frac{2}{4\pi\varepsilon_0}\frac{\mu_1\mu_2}{\varepsilon d^3} = -\,0{,}12\,\frac{\mu'_1\mu'_2}{\varepsilon d'^3}$ kJ . mol^{-1} (a)	− 0,48♧	− 2,2♧
	$\mu'_1 = \mu'_2 = 1$ D (b)	
Charge-dipôle induit $-\frac{1}{(4\pi\varepsilon_0)^2}\frac{q_1^2\alpha_2}{\varepsilon^2d^4} = -\,1{,}39 \times 10^{23}\,\frac{q_1'^2\alpha'_2}{\varepsilon^2d'^4}$ kJ . mol^{-1} (a)	− 5,8	− 45
	$q'_1 = e$, $\alpha'_2 = 10{,}4 \times 10^{-24}$ cm^3 (c)	
Dipôle-dipôle induit $-\frac{4}{(4\pi\varepsilon_0)^2}\frac{\mu_1^2\alpha_2}{\varepsilon^2d^6} = -\,1{,}2 \times 10^{20}\,\frac{\mu_1'^2\alpha'_2}{\varepsilon^2d'^6}$ kJ . mol^{-1} (a)	− 0,02	− 0,43
	$\mu'_1 = 1$ D (b) $\alpha'_2 = 10{,}4 \times 10^{-24}$ cm^3 (c)	
Attraction de London $\frac{3I_1I_2}{2(I_1+I_2)}\frac{\alpha_1\alpha_2}{d^6} = -\,144{,}6 \times 10^{42}\,\frac{I'_1I'_2}{I'_1+I'_2}\frac{\alpha'_1\alpha'_2}{d'^6}$ kJ . mol^{-1} (a)	− 0,40	− 8,7
	$\alpha'_1 = \alpha'_2 = 2{,}6 \times 10^{-24}$ cm^3 (d) $I'_1 = I'_2 = 13$ eV (d)	
	− 1,3	− 29
	$\alpha'_1 = 2{,}6 \times 10^{-24}$ cm^3 (d) $\alpha'_2 = 10{,}4 \times 10^{-24}$ cm^3 (c) $I'_1 = 13$ eV (d) $I'_2 = 9{,}2$ eV (e)	

(a) Énergie d'attraction pour 1 mole de paires d'entités en interaction, avec les charges exprimées en unités de charge élémentaire (e), les distances en nm, les moments dipolaires en debyes (D), les polarisabilités en cm^3, les potentiels d'ionisation en électron-volts (eV). *A titre d'exemples :* (b) $\mu' = 1$ D est le moment dipolaire du chloroforme, (c) $\alpha' = 10{,}4 \times 10^{-24}$ cm^3 est la polarisabilité du benzène; (d) $\alpha' = 2{,}6 \times 10^{-24}$ cm^3 et $I' = 13$ eV★ sont respectivement la polarisabilité et le potentiel d'ionisation du méthane. (e) $I' = 9{,}2$ eV est le potentiel d'ionisation du benzène.

L'interaction dipôle induit-dipôle induit (attraction de London) n'a été envisagée précédemment (1.2.3.) qu'entre les molécules ou groupes non polaires. Cependant des groupes polaires, non ioniques, peuvent présenter une polarisabilité suffisante pour participer à une attraction de London. Celle-ci peut même être dominante si les moments dipolaires des groupes en interaction sont faibles (inférieurs à 1D).

Par exemple l'interaction dipôle-dipôle entre un groupe NH_2 ($\mu' = 1{,}2D$) et le carbonyle d'une liaison peptidique ($\mu' = 3{,}7D$), distants de 0,3 nm dans une partie hydrophobe d'une protéine globulaire, a été évaluée à $-$ 10 kJ . mol^{-1} (1.1.3.). L'attraction de London entre ces groupes peut être évaluée à $-$ 1,7 kJ . mol^{-1}, en prenant $I'_{NH_2} \approx 9$ eV★, $I'_{C=O} \approx 10{,}9$ eV★, $\alpha'_{NH_2} \approx 1{,}5 \times 10^{-24}$ cm^3★, $\alpha'_{C=O} \approx 1{,}2 \times 10^{-24}$ cm^3★ et $d' = 0{,}3$ nm. Elle est donc faible devant l'attraction dipôle-dipôle. Par contre l'interaction dipôle-dipôle induit entre un groupe NH_2 d'une lysine ($\mu' = 1{,}2D$) et le noyau phényle d'une phénylalanine ($\alpha' \approx 10 \times 10^{-24}$ cm^3), distants de 0,3 nm, a été évaluée à $-$ 0,6 kJ . mol^{-1} (1.2.2.). valeur qui est faible devant l'attraction de London entre ces deux groupes qui est évaluée à $-$ 13 kJ . mol^{-1} en prenant $I'_{C_6H_5} \approx 8{,}5$ eV★★ et $\alpha'_{CH_3} \approx 10 \times 10^{-24}$ cm^3★★.

2. Liaison hydrogène

Pour passer de la phase liquide à la phase vapeur, une molécule doit avoir une énergie cinétique suffisante pour échapper aux attractions intermoléculaires qui déterminent la cohésion du liquide. Plus ces attractions sont fortes, plus la température d'ébullition du liquide est élevée (température à laquelle la pression de vapeur saturante du liquide atteint la pression du milieu extérieur). Si on compare les points d'ébullition, sous une atmosphère, des hydrures des éléments des groupes IVA, VA, VIA et VIIA de la Classification périodique, on obtient le graphique de la figure 2.1.

Pour les hydrures *non polaires* des éléments du groupe IV (de CH_4 à SnH_4), le point d'ébullition croît avec la période de l'élément, ce qui peut s'interpréter par l'accroissement de l'énergie des attractions de London dû à l'accroissement de la polarisabilité de l'élément central (1.2.3.). Cette évolution se retrouve pour les hydrures *polaires* des éléments des autres groupes, à l'exception de NH_3, H_2O, et HF, dont les points d'ébullition apparaissent anormalement élevés. En fait, pour les hydrures polaires des éléments des groupes VA, VIA et VIIA, les énergies d'attraction

★ $I'_{CH_3NH_2} = 8{,}97$ eV, $I'_{H_2CO} = 10{,}88$ eV (valeurs issues de G. Herzberg, *Molecular spectra and molecular structure*, III Electronic spectra and electronic structure of polyatomic molecules, Van Nostrand, Princeton, 1966, p. 583-668; voir légende tableau 1.3.-1.).
★★ Voir 1.2.3. et légende du tableau 1.3.-1.

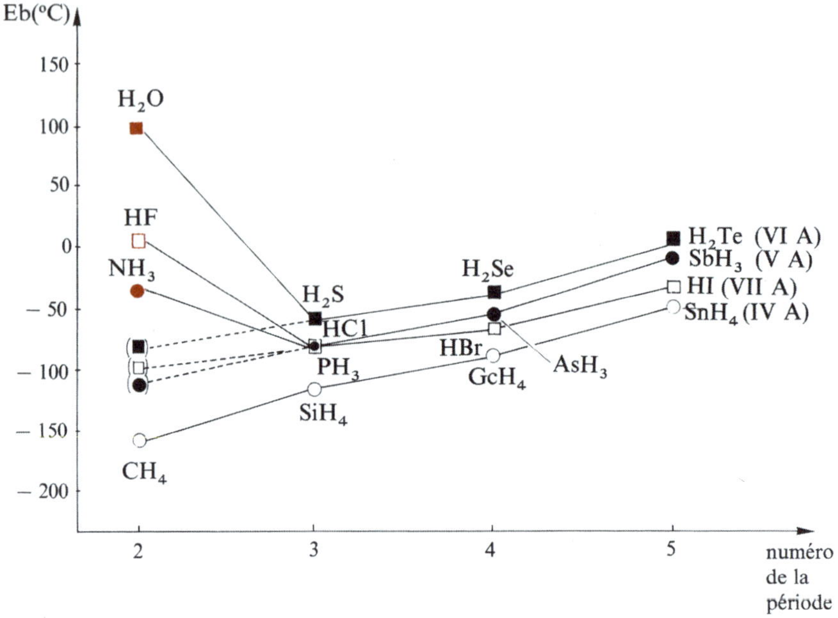

FIGURE 2.-1

Comparaison des points d'ébullition, sous une atmosphère, des hydrures des éléments des groupes IVA (○), VA (●), VIA (■), et VIIA (□) de la Classification périodique (p. 276).
L'allure des courbes, pour les hydrures des éléments d'un même groupe, fait apparaître comme anormalement élevés les points d'ébullition de H_2O, HF *et* NH_3. *Par exemple, la simple extrapolation de la courbe des points d'ébullition des hydrures des éléments appartenant au groupe VIA et aux périodes 3,4 et 5 (trait en pointillés) laisserait prévoir une valeur de l'ordre de – 80 °C pour* H_2O.

intermoléculaires sont la somme des énergies d'attraction dipôle-dipôle, dipôle-dipôle induit et de London (1.1.3., 1.2.2., 1.3.). Dans le cas des molécules NH_3, H_2O, et HF, l'hydrogène *de très petite taille* est lié à un atome *petit* et *fortement électronégatif*. Ainsi les liaisons N – H, O – H et F – H sont fortement polarisées et il existe une forte densité de charge sur chaque atome (B, 3.1.). Les attractions intermoléculaires *dipôle-dipôle* qui en résultent dominent les autres interactions. Elles sont appelées *liaisons hydrogène*.

De telles liaisons hydrogène interviennent chaque fois qu'un atome d'hydrogène, lié à un atome électronégatif, est à proximité d'un autre atome électronégatif impliqué dans un dipôle permanent. La liaison hydrogène est une interaction dipôle-dipôle qui est couramment symbolisée par un pointillé :

Les atomes électronégatifs qui donnent lieu à l'existence de liaisons hydrogène sont le fluor, l'oxygène et l'azote et, dans une bien moindre mesure, le chlore et le soufre. Dans le schéma ci-dessus, B peut être impliqué dans une, deux ou trois liaisons covalentes (cas de B = $:\ddot{F}-$, $:\ddot{O}\langle$, $:\ddot{O}=$, $:N\langle$).

Les atomes qui jouent le rôle de **B** sont porteurs d'un ou plusieurs doublets libres. Cependant la liaison hydrogène ne correspond pas à la mise en commun d'un doublet d'électrons entre l'atome d'hydrogène et l'atome B. L'atome d'hydrogène n'est lié de façon covalente qu'à l'atome A et il est en interaction électrostatique avec l'atome B.

Les liaisons hydrogène se rencontrent entre des molécules de corps purs (eau, alcools, amines, acides minéraux et organiques, amides...), dans des mélanges (eau-alcool, eau-amine, composé carbonylé-eau, composé carbonylé-amine...) et au sein de molécules polyfonctionnelles sous forme de liaisons hydrogène intramoléculaires (hydroxy-acides, cétoacides, polyamides...).

Le tableau 2.-1 donne les caractéristiques de différents types de liaisons hydrogène, les plus fréquemment rencontrés en chimie organique et en milieu biologique.

TABLEAU 2.1.

Caractéristiques de divers types de liaisons hydrogène A – H···B comparées à celles de la liaison covalente H – B

Liaison hydrogène A – H···B				Liaison covalente H – B		
A – H···B	ΔH° kJ . mol^{-1}	Longueur (AB) nm	Distance HB nm	H – B	ΔH° kJ . mol^{-1}	Longueur nm
O – H····O	– 12 à – 33	0,27	≈ 0,17	H – O	– 464	0,096
N – H····O O – H····N	– 12 à – 17	0,29-0,30	0,18-0,20			
N – H····N	– 12 à – 20	0,31	≈ 0,20	H – N	– 390	0,104

L'énergie des liaisons hydrogène est fonction de l'électronégativité des atomes A et B et aussi de la nature des autres liaisons dans lesquelles ces atomes sont impliqués. Cette énergie est de l'ordre de dix à vingt fois supérieure à celle des interactions dipôle-dipôle usuelles (tableau 1.3.-1) et de dix à vingt fois inférieure à celle des liaisons covalentes O – H et N – H.

En *phase liquide* les liaisons hydrogène intermoléculaires sont sans cesse rompues et reformées à cause des mouvements des molécules. Pour les *solides moléculaires*, les liaisons hydrogène jouent un grand rôle dans la cohésion de l'édifice cristallin. L'énergie de ces liaisons étant maximale pour une disposition linéaire des trois atomes A – H····B, elles ont un effet d'orientation important. Comparés aux cristaux ioniques, les cristaux des composés organiques sont en général peu durs à cause de la faiblesse de leurs énergies d'interactions intermoléculaires comparées à celles des interactions électrostatiques entre ions. Cependant, dans le cas de polyols comme les sucres, le très grand nombre de liaisons hydrogène confère aux cristaux une remarquable dureté.

2.1. Cas de l'eau

La structure de la molécule d'eau lui permet de participer à plusieurs liaisons hydrogène. Ceci apparaît dans la structure de la glace qui est schématisée sur la figure 2.1.-1.

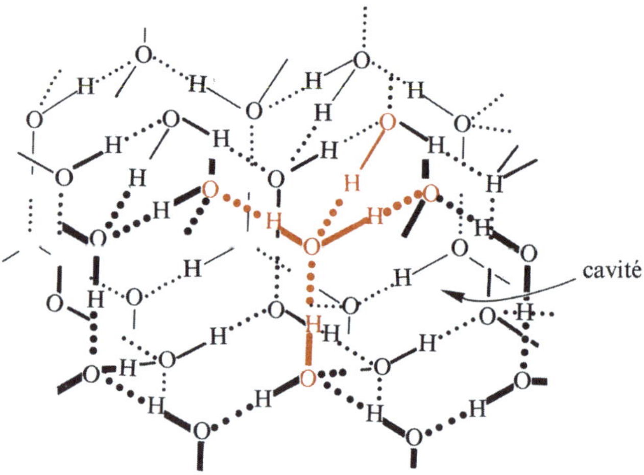

FIGURE 2.1.-1

Structure de la glace.

Les liaisons hydrogène sont représentées en pointillé. Noter la symétrie locale tétraédrique du réseau cristallin (en rouge) et les cavités qui en résultent.

Il est remarquable que la glace, qui est un solide, ait une densité inférieure à celle de l'eau liquide, respectivement 0,916 8 et 0,999 8 g/ml à 0 °C. La glace flotte sur l'eau. Dans le réseau cristallin de la glace chaque molécule d'eau est entourée de quatre proches voisines auxquelles elle est liée par quatre liaisons hydrogène (en rouge sur fig. 2.1.-1.). Les quatre atomes d'oxygène des molécules d'eau voisines occupent les sommets d'un tétraèdre régulier dont le centre est l'atome d'oxygène de la molécule d'eau centrale. Dans cette structure, la longueur de la liaison hydrogène, c'est-à-dire la distance entre deux atomes d'oxygène voisins, est de 0,27 nm et son énergie est évaluée à -23 kJ . mol^{-1}. Il faut remarquer que l'angle de liaison de la molécule d'eau libre, 104,5° (B, 1.2.4., 2.2.2.1.) est très voisin de l'angle de 109,5° qui correspondrait à la linéarité de la liaison hydrogène. Diverses données expérimentales et théoriques montrent que l'arrangement *linéaire* O—H····O est le plus stable pour la liaison hydrogène. La symétrie tétraédrique autour de chaque atome d'oxygène, dans la glace, est celle qui permet de disposer autour d'une molécule d'eau centrale le maximum de molécules voisines, à une distance suffisamment faible pour donner lieu à des liaisons hydrogène fortes et suffisamment grande pour minimiser la répulsion mutuelle entre les molécules voisines. Ceci permet de comprendre que l'eau, sous forme de glace, ait une structure présentant de nombreuses cavités (fig. 2.1-1). Ainsi, la densité de la glace ne représente que 57 % de celle de la structure dans laquelle les molécules d'eau seraient des sphères au contact les unes des autres.

La fusion de la glace conduit à un accroissement de densité d'environ 9 %, alors qu'une structure rigide est remplacée par un liquide. La chaleur latente de fusion de la glace ne représente que 13 % de sa chaleur latente de sublimation (énergie nécessaire pour le passage, à température constante, de l'eau solide à l'eau vapeur; ce changement d'état intervient par exemple lors de la lyophilisation). Ceci indique que l'énergie des associations intermoléculaires dans le liquide est peu inférieure à celle de ces associations dans le solide. Donc la majorité des liaisons hydrogène demeure, malgré la fusion. La variation de la densité de l'eau liquide en fonction de la température présente une anomalie : elle croît de 0° à 4 °C, température à laquelle elle atteint un maximum (1,000 0 g/ml), puis décroît normalement avec une augmentation de température (0,958 4 g/ml à 100 °C).

De nombreuses données expérimentales confrontées à des études par simulation sur ordinateur aboutissent à la description suivante de la structure de l'eau liquide. L'eau liquide présente un réseau tridimensionnel de molécules en perpétuel mouvement du fait de l'agitation thermique. La structure locale tétraédrique, rencontrée dans la glace, coexiste avec une forte proportion de structures plus compactes impliquant une déformation des liaisons hydrogène et la rupture de certaines d'entre elles. A cause de ces structures plus compactes, la fusion permet à l'eau liquide d'occuper moins d'espace que la glace. Une molécule d'eau a alors en moyenne de 4,5 à 5 voisines. Jusqu'à la température de 4 °C, l'énergie thermique fournie au liquide permet d'accroître la *déformation* des liaisons hydrogène et la compacité des structures tridimensionnelles. Au-dessus de 4 °C on observe une diminution normale de la densité du liquide avec l'élévation de température, due à la *rupture* des liaisons hydrogène qui conduit à un accroissement de la distance moyenne entre les molécules.

L'eau présente aussi des particularités intéressantes quant à ses ions dérivés H_3O^+ et HO^- (ch. 2, 1re partie, II, 1.). En solution aqueuse, l'ion H_3O^+ est solvaté par

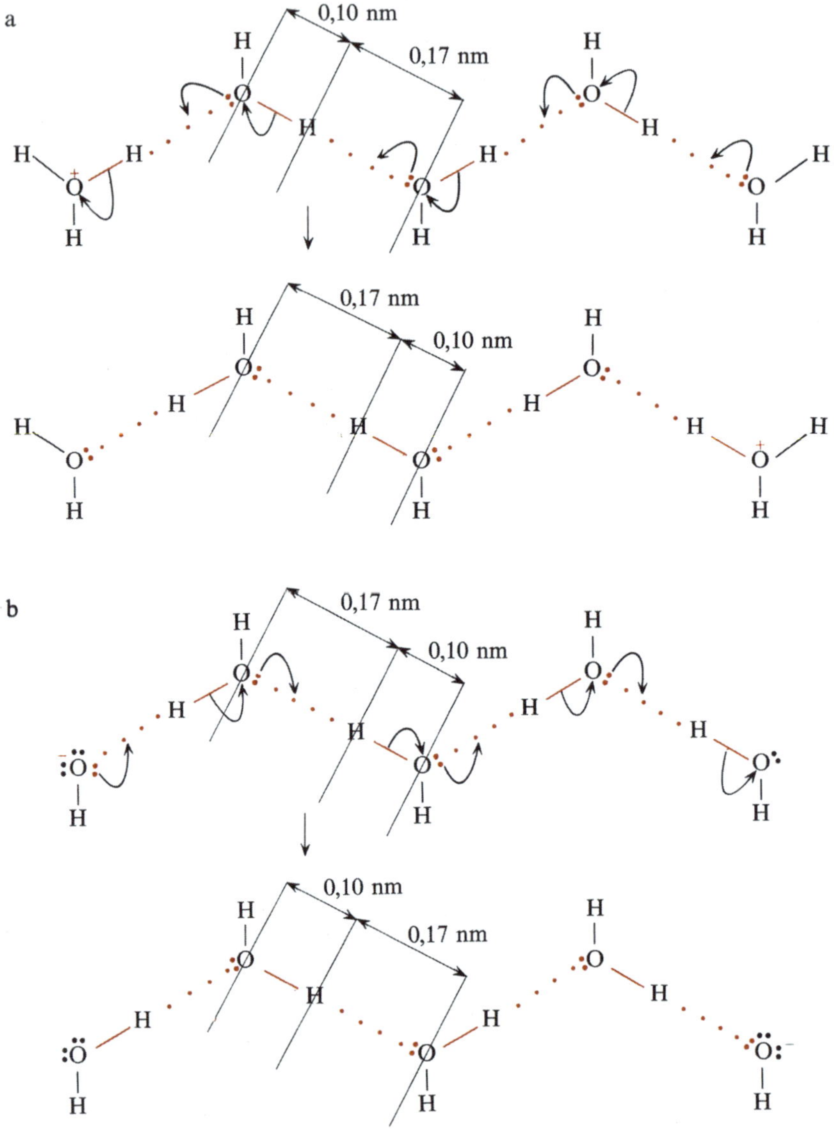

FIGURE 2.1.-2

Schéma du « déplacement » des ions H_3O^+ (a) et HO^- (b) dans l'eau.

La propagation observée est celle des charges ⊕ et ⊖ via les transferts de protons engagés dans les liaisons hydrogène. Pour un déplacement de 0,27 nm de la charge ⊕ ou de la charge ⊖ d'un atome d'oxygène au suivant, le transfert de proton n'est que de 0,07 nm.

formation de liaisons hydrogène avec plusieurs molécules d'eau, en particulier sous forme du trihydrate $H_3O^+(H_2O)_3$. L'ion hydroxyle est aussi solvaté. Dans l'eau, les vitesses apparentes de « déplacement » des ions H_3O^+ et HO^- sont très élevées si on les compare à la vitesse de diffusion d'ions de même charge et de solvatation comparable (7 fois plus rapide pour H_3O^+ que Na^+, 2,6 fois plus rapide pour HO^- que Cl^-). Dans un solvant, la vitesse de déplacement des ions, sous l'influence d'un champ électrique, est limitée par leur « frottement » avec les molécules de solvant. Les ions les plus solvatés, c'est-à-dire les plus petits et les plus chargés (3.2.1.3.), sont les moins mobiles car leur taille est accrue par la présence des molécules de solvant dans leur première couche de solvatation. De plus, on constate que les « déplacements » de H_3O^+ et HO^- sont encore plus rapides dans la glace que dans l'eau liquide. Ce phénomène est dû au fait que les ions H_3O^+ et HO^- sont liés aux molécules d'eau par liaisons hydrogène. Ainsi la vitesse de « déplacement » observée est celle de la charge positive, pour H_3O^+, ou de la charge négative, pour HO^-, qui correspond à une succession de transferts de protons entre atomes d'oxygène voisins, engagés dans une même liaison hydrogène (fig. 2.1.-2).

La conductivité est donc essentiellement limitée par la vitesse à laquelle les molécules d'eau peuvent s'orienter pour permettre le transfert de protons. On comprend que la propagation de charge soit encore plus favorisée dans la structure rigide de la glace. Si ces transferts sont tous concertés, on conçoit que le « déplacement » apparent d'un ion H_3O^+ ou HO^- puisse se produire dans un temps de l'ordre de celui d'une vibration moléculaire.

2.2. Cas des molécules organiques

De nombreuses molécules organiques peuvent s'associer par liaisons hydrogène, entre elles (liaisons homo-intermoléculaires) ou avec d'autres molécules (liaisons hétéro-intermoléculaires). Les atomes électronégatifs impliqués sont les atomes d'oxygène des alcools, des aldéhydes et cétones, des acides carboxyliques et des amides, ainsi que les atomes d'azote des amines aliphatiques et hétérocycliques et des amides (voir ch. 4, II, B, les propriétés de ces diverses fonctions).

Les alcools et les amines primaires et secondaires sont des composés associés à l'état pur (fig. 2.2.-1).

Les liquides dits « associés » sont caractérisés par un point d'ébullition relativement élevé (tableau 2.2.-1) (ch. 4, II, B, 2.1.2., 2.6.2.).

Le point d'ébullition est d'autant plus élevé que les atomes électronégatifs donnent des liaisons hydrogène plus fortes (tableau 2.-1) et que le nombre de ces liaisons par molécule est plus important.

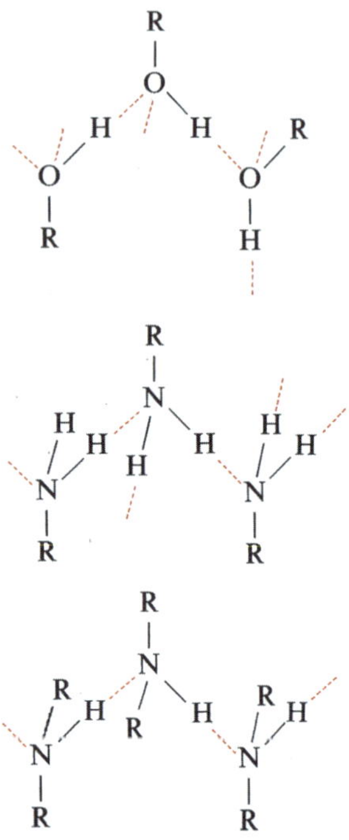

FIGURE 2.2.-1

Schémas des liaisons hydrogène homo-intermoléculaires dans les alcools et les amines primaires et secondaires.

TABLEAU 2.2.-1

Points d'ébullition d'alcanes, d'alcools et d'amines de masses molaires voisines

Composés		Masse molaire (g)	Point d'ébullition sous 1 atm (°C)
Éthane	CH_3-CH_3	30	− 88
Méthanol	CH_3-OH	32	65
Méthylamine	CH_3-NH_2	31	− 7
Propane	$CH_3-CH_2-CH_3$	44	− 42
Éthanol	CH_3-CH_2-OH	46	78
Éthylamine	$CH_3-CH_2-NH_2$	45	16
Diméthylamine	$(CH_3)_2NH$	45	7

Les alcools, les amines, les aldéhydes, les cétones, les acides carboxyliques et les amides peuvent participer à des liaisons hydrogène hétéro-intermoléculaires, en particulier avec l'eau. Lorsqu'ils possèdent des groupes aliphatiques de petite taille (voir plus loin 3.3.), ces composés sont miscibles à l'eau. Ainsi le méthanol (CH_3OH), l'éthanol (CH_3CH_2OH), l'éthylamine ($CH_3CH_2NH_2$), l'acétaldéhyde (CH_3CHO) (à chaud), l'acétone (CH_3COCH_3), l'acide formique (HCOOH), l'acide acétique (CH_3CO_2H) la formamide ($HCONH_2$) et la N,N-diméthylformamide ($HCON(CH_3)_2$) sont miscibles à l'eau en toute proportion.

Les acides carboxyliques se dimérisent dans les solvants apolaires (3.1.) comme le benzène, par formation de deux liaisons hydrogène ($\Delta H^0 \approx -58$ kJ . mol^{-1}) :

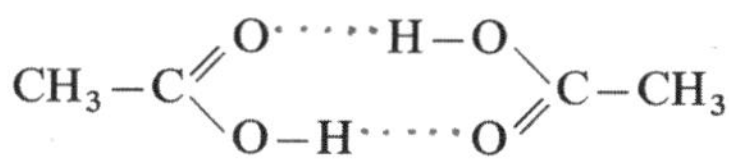

De même, dans les solvants apolaires, les amides primaires et secondaires s'associent par formation de liaisons hydrogène :

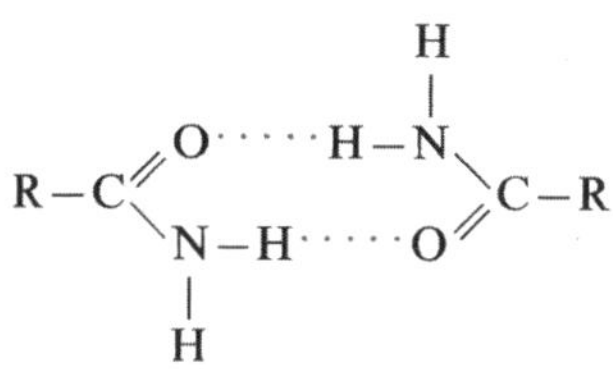

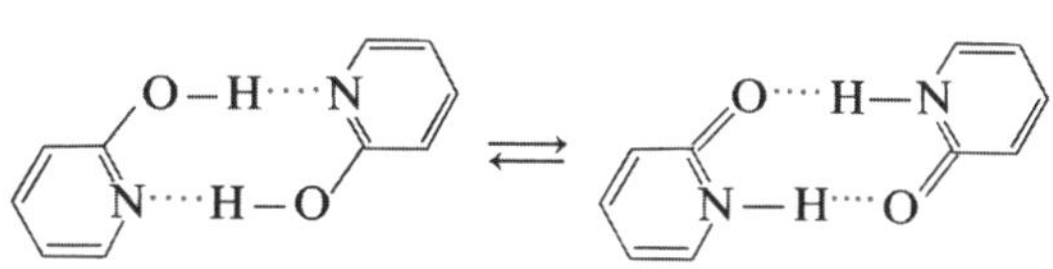

hydroxy-2 pyridine — pyridone-2

(L'hydroxy-2 pyridine est la forme tautomère (C, 1.2.) de la pyridone-2).

Les liaisons hydrogène peuvent être aussi intramoléculaires.

Il en existe de nombreux exemples en chimie organique :

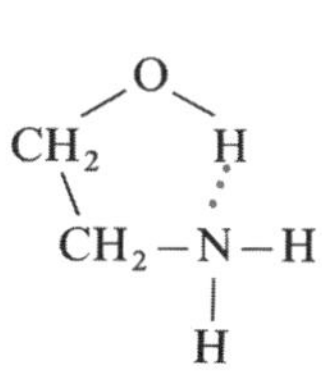

éthanolamine

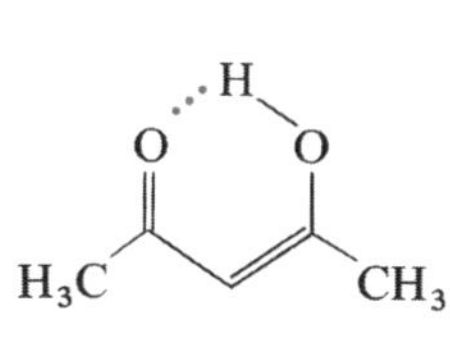

forme énolique
de β-dicétone
(C, 1.2)

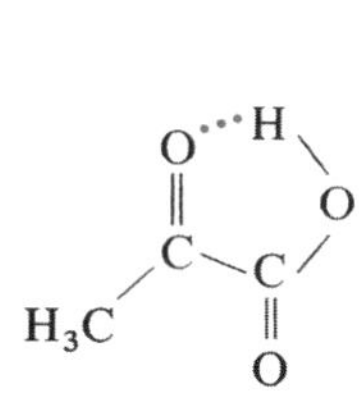

acide pyruvique

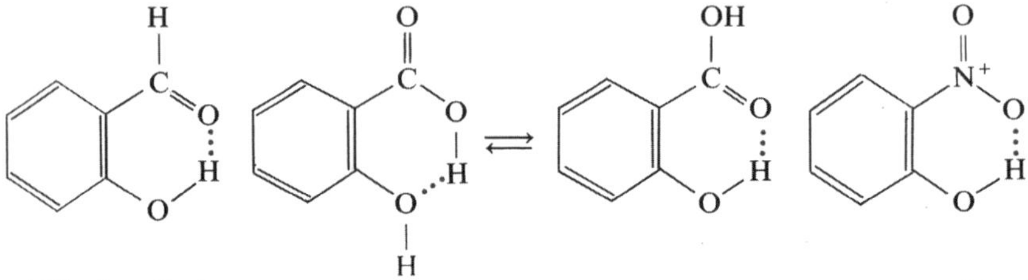

aldéhyde salicylique   acide salicylique   ortho-nitrophénol

Lorsqu'il y a plusieurs possibilités, la liaison hydrogène existe de préférence entre l'atome électronégatif le plus basique et le groupe le plus acide (cas de l'éthanolamine). Dans tous ces exemples, la différence de stabilité entre la forme présentant la liaison hydrogène et celle ne la présentant pas est relativement grande. La perte d'énergie de liaison (ΔH^0) due à la non linéarité de l'ensemble $A-H\cdots B$ est compensée par la faiblesse du facteur entropique ($\Delta S^0 < 0$, $-T\,\Delta S^0 > 0$), puisque la liaison hydrogène est intramoléculaire.

Les liaisons hydrogène jouent un rôle très important en biologie, dans la structure spatiale et la fonction des macromolécules biologiques. Elles déterminent l'appariement des bases puriques et pyrimidiques qui entraîne la structure en double hélice de l'ADN, permet sa réplication et la transmission du code génétique (III, 3). Elles déterminent les structures secondaires des protéines et interviennent dans leurs structures tertiaires et parfois quaternaires (III, 3). Elles jouent un rôle important dans tous les phénomènes d'association et de reconnaissance entre macromolécule et petite molécule, site récepteur et effecteur, enzyme et substrat (ch. 4, I, 1 et III, 1, 1.2.4.).

Parallèlement à ces phénomènes d'association, l'existence d'une liaison hydrogène influe sur les propriétés chimiques des molécules liées. Une liaison hydrogène $A-H\cdots B$ entraîne en général :

- un accroissement de la longueur de la liaison $A-H$;
- une diminution de la densité électronique autour de H;
- un accroissement de la polarisation de $A-H$ et du groupe dans lequel B est engagé.

De même que, dans l'eau, les liaisons hydrogène servent de relais pour la migration des protons (2.1., fig. 2.1.-2), elles sont souvent l'amorce d'un transfert de proton lorsqu'elles interviennent entre molécules organiques ou entre molécules organiques et eau :

$$A-H\cdots B \rightleftharpoons A^-\cdots H-\overset{+}{B} \rightleftharpoons A^- + HB^+$$

Il en est ainsi pour la dissociation des acides carboxyliques dans l'eau :

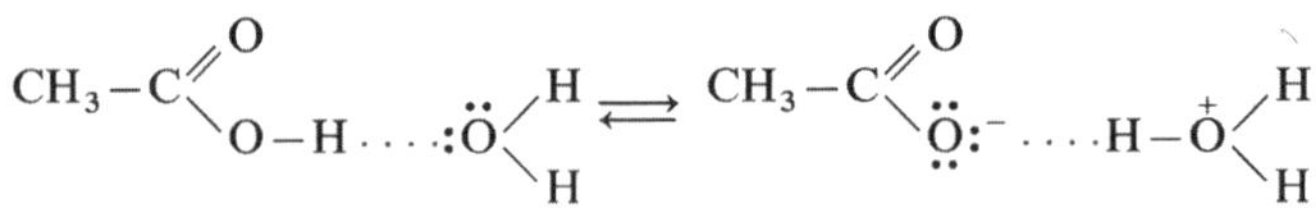

$$\rightleftharpoons CH_3CO_2^- + H_3O^+$$

(ch. 2, 1re partie, II, 2.1.; et voir 3.2.1. ci-après).

La valeur du pK_a d'un couple acido-basique dépend de l'existence d'interactions dipôle-diplôle et charge-dipôle intramoléculaires. Ainsi les pK_a des acides benzoïque, ortho-hydroxybenzoïque et parahydroxybenzoïque sont respectivement de 4,2, 3,0 et 4,6. On interprète la plus grande acidité du second par la stabilisation de la base conjuguée anionique :

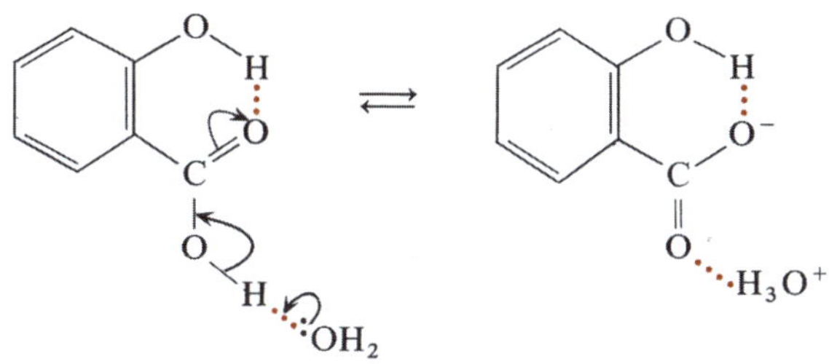

Un transfert de proton, amorcé par une liaison hydrogène, intervient dans les catalyses acide et basique générales des réactions organiques (ch. 4, III, 1.2.1., 1.2.2.), par exemple dans la catalyse de l'hydratation d'un aldéhyde;
catalyse acide :

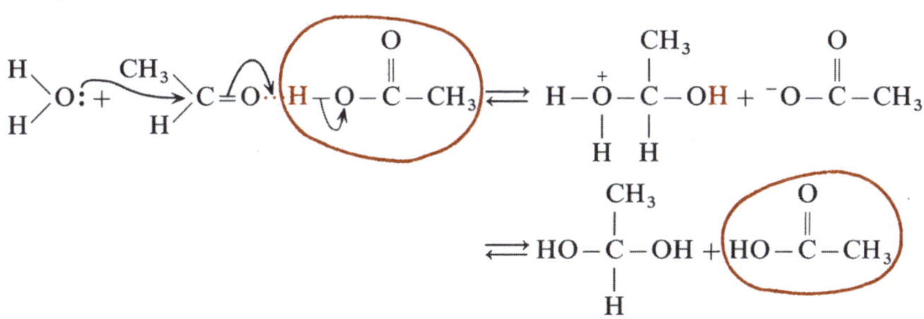

catalyse basique :

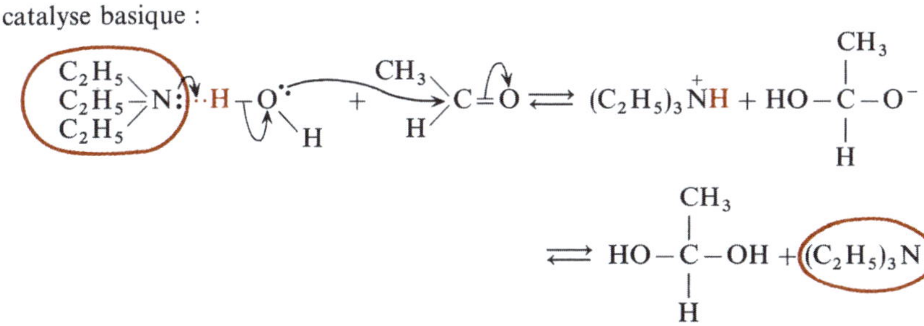

(ch. 4, II, A, 5, p. 57).

De tels transferts de protons interviennent aussi de façon concertée dans la catalyse enzymatique. La relative rigidité du site actif protéique leur confère une efficacité qui est à rapprocher de celle des transferts de protons dans la glace (2.1., fig. 2.1.-2). C'est le cas des transferts de protons qui se produisent dans le « système à relais de charge » de l'α-chymotrypsine (ch. 4, III, 2.4.1.) et qui sont schématisés figure 2.2.-2.

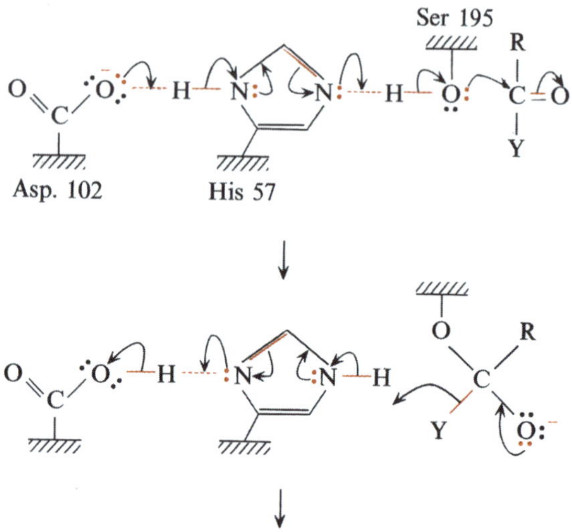

voir la suite du mécanisme figure 2.4.1.-2
ch. 4, III, 2.4.1. p. 246.

FIGURE 2.2.-2

Schéma des transferts de protons qui interviennent au sein du « système à relais de charge » *(carboxylate de l'aspartate 102, imidazole de l'histidine 57, hydroxyle de la sérine 195)* **lors de la catalyse par l'α-chymotrypsine.**

(⊥ symbolise l'attachement des groupes aux acides aminés qui font partie de la protéine).

3. Interactions entre solvant et soluté

Le mélange de plusieurs liquides ou la dissolution d'un solide ou d'un gaz dans un liquide, considéré comme solvant, ont lieu si les interactions intermoléculaires mises en jeu conduisent à un système thermodynamiquement plus stable que celui de départ. Dans le cas contraire on observe la coexistence de phases distinctes.

3.1. Classification des solvants

Les solvants sont répartis en trois catégories en fonction de la nature des interactions qu'ils peuvent donner avec divers solutés.

– *Solvants protiques*

Leurs molécules comportent un atome d'hydrogène lié à un atome électronégatif et donnent entre elles des liaisons hydrogène. Les solvants protiques sont des « liquides associés » polaires. Les exemples les plus courants sont l'eau, les alcools, l'acide acétique.

– *Solvants polaires aprotiques*

Leurs molécules possèdent un moment dipolaire permanent mais ne contiennent pas d'atome d'hydrogène lié à un atome électronégatif. Elles ne peuvent donc pas donner de liaisons hydrogène *entre elles*. Cela n'exclut pas que la plupart de ces solvants puissent donner des liaisons hydrogène avec des molécules qui possèdent un atome d'hydrogène lié à un atome électronégatif.

Les solvants polaires aprotiques les plus courants sont : la diméthylformamide (DMF), le diméthylsulfoxyde (DMSO), l'hexaméthylphosphotriamide (HMPT), l'acétone (CH_3COCH_3), le chloroforme ($CHCl_3$), l'éther éthylique ($C_2H_5-O-C_2H_5$).

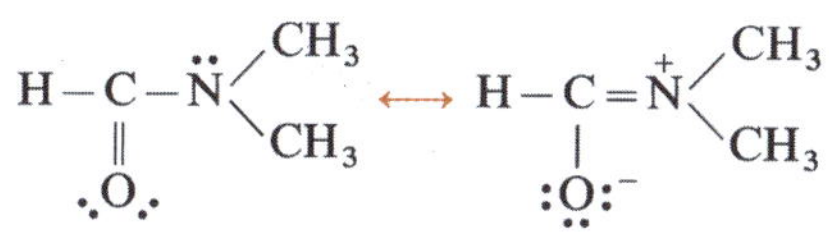
(DMF)

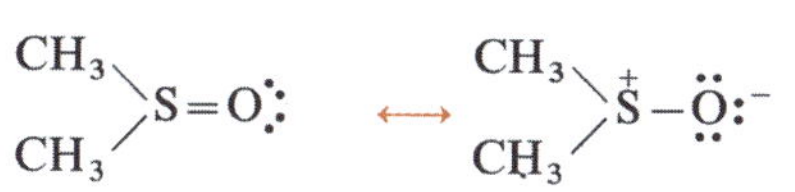
(DMSO)

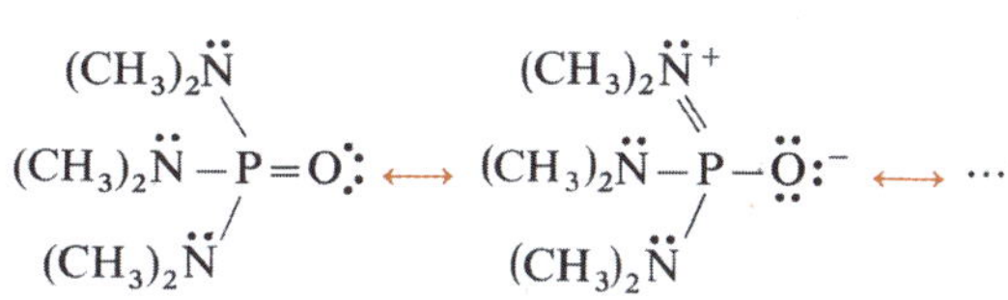
(HMPT)

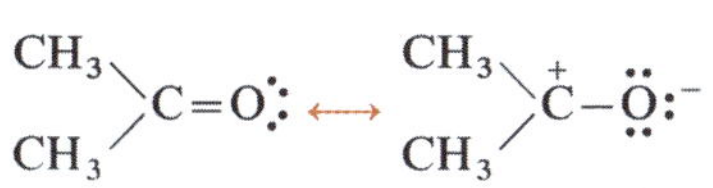

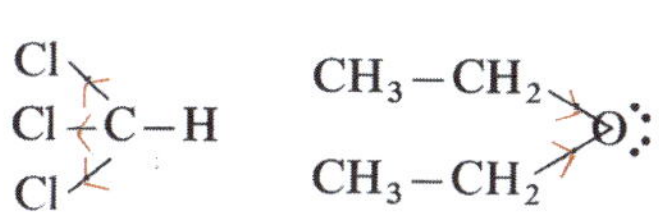

– *Solvants apolaires*

Leurs molécules ne possèdent pas de moment dipolaire permanent mais présentent un moment dipolaire instantané dû aux vibrations des liaisons et aux fluctuations de densité électronique (1.2.3.). Les exemples les plus courants sont le tétrachlorure de carbone (CCl_4), le benzène (C_6H_6) et les hydrocarbures comme le pentane ou l'hexane.

L'interaction des solvants avec divers solutés peut être résumée par la « règle » : « qui se ressemble s'assemble ».

Les solvants protiques dissolvent facilement les composés organiques comme les alcools, les amines, les acides carboxyliques, avec lesquels ils peuvent donner des liaisons hydrogène et aussi des associations charge-dipôle quand ceux-ci sont ionisés. Les solvants protiques sont miscibles aux solvants polaires aprotiques avec lesquels ils peuvent donner des liaisons hydrogène et dont les molécules ne portent pas de chaînes aliphatiques. L'eau est miscible avec la DMF, le DMSO, le HMPT et l'acétone (tableau 3.1.-1). Les solvants polaires aprotiques dissolvent les composés avec lesquels ils donnent de fortes interactions dipolaires, c'est-à-dire en fait la majorité des composés organiques fonctionnels. Le chloroforme et l'éther dissolvent des composés peu polaires qui peuvent posséder un grand nombre d'atomes de carbone comme les huiles, les lipides, les molécules polycycliques saturées. Ces deux solvants ne sont pas miscibles à l'eau, ils le sont par contre avec les solvants apolaires (tableau 3.1.-1). Les solvants apolaires ne dissolvent que des substances très peu polaires ou apolaires, principalement par des interactions de type van der Waals. Le benzène dissout particulièrement bien les composés aromatiques.

TABLEAU 3.1.-1

Classification et propriétés des principaux solvants.

	Protiques	*Polaires aprotiques*		*Apolaires*
	miscibles (Protiques – Polaires aprotiques)		miscibles (Polaires aprotiques – Apolaires)	
Solvants	H_2O, CH_3OH, CH_3CH_2OH, CH_3CO_2H	DMF, DMSO, HMPT CH_3COCH_3	$CHCl_3$, $C_2H_5OC_2H_5$	CCl_4, C_6H_6
Interactions (D, 1, 2)	— liaisons hydrogène — dipôle-dipôle (charge-dipôle pour les solutés ionisés)	dipôle-dipôle (charge-dipôle pour les solutés ionisés)	dipôle-dipôle	van der Waa
Solutés	composés polaires (ionisés dans certains cas).	composés polaires (ionisés dans certains cas).	composés peu polaires.	composés apolaires

3.2. Interactions entre l'eau, les composés ioniques ou ionisables et les ions

3.2.1. PROPRIÉTÉS DE L'EAU

L'existence de solutions aqueuses ioniques résulte de plusieurs propriétés de l'eau. On peut distinguer deux cas, selon que la substance dissoute était un solide cristallin ou une molécule neutre ionisable.

3.2.1.1. DISSOCIATION DES COMPOSÉS IONIQUES

Les molécules d'eau sont des molécules polaires (μ = 1,85D) qui constituent un milieu de forte constante diélectrique (ε = 78,5). Pour ces raisons, l'eau est capable de dissocier les ions d'un réseau cristallin. Les ions à la surface d'un cristal ne sont pas entourés de leur nombre maximum de contre-ions et sont donc susceptibles de donner des interactions électrostatiques avec des molécules polaires. Soumis à l'attraction des

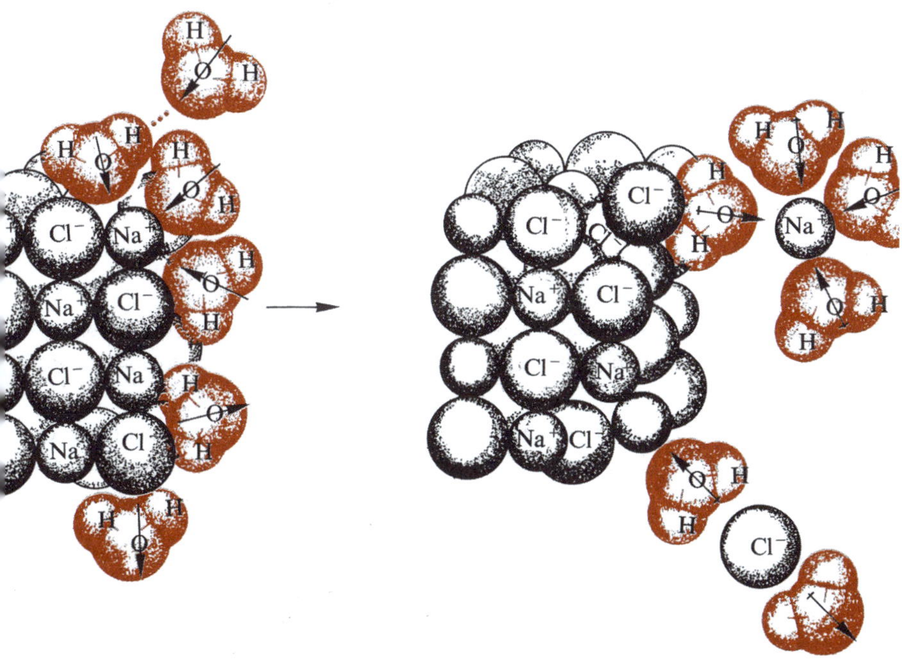

FIGURE 3.2.1.1.-1
Schéma de la dissociation des ions périphériques d'un cristal de chlorure de sodium sous l'influence des molécules d'eau.

dipôles des molécules d'eau, ces ions périphériques sont dissociés du réseau cristallin et dès ce moment, l'eau par sa forte constante diélectrique, affaiblit énormément les interactions entre ions de charges opposées (1.1.1.) pour conduire finalement à leur séparation dans la solution (fig. 3.2.1.1.-1).

3.2.1.2. IONISATION DES MOLÉCULES

L'eau est une base de Lewis et elle peut ioniser une liaison covalente déjà fortement polarisée. Il s'agit d'une véritable réaction chimique favorisée par l'existence de liaisons hydrogène entre soluté et solvant (2.2.).

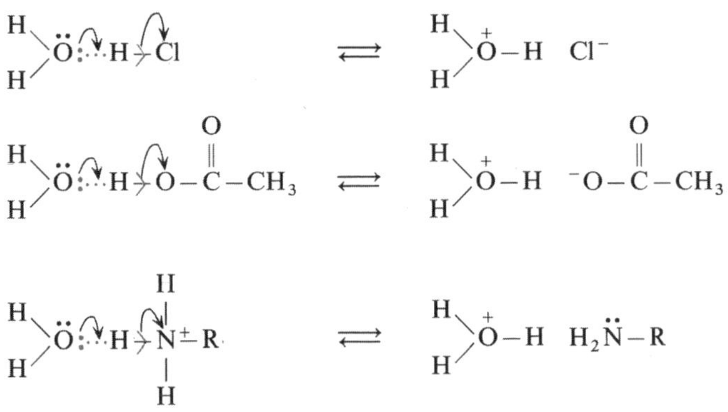

3.2.1.3. SOLVATATION DES IONS

La *dissolution d'un composé cristallisé* ionique n'est thermodynamiquement possible que si les ions donnent lieu à des interactions associatives avec les molécules de solvant (solvatation).

Les molécules d'eau, grâce à leur fort moment dipolaire ($\mu = 1{,}85D$), solvatent bien les ions en solution. Plus l'ion est chargé et petit, plus l'énergie des interactions charge-dipôle est grande (1.1.2.). Le nombre de molécules d'eau dans la première couche de solvatation dépend donc de la charge et de la taille de l'ion. Le calcul, et l'expérience dans certains cas*, montrent qu'il y en a en moyenne six pour les ions Li^+, Na^+ ou K^+, six pour Mg^{2+}, huit pour Ca^{2+}, deux pour Cl^- et trois pour F^-.

Le bilan thermodynamique de l'*ionisation des molécules neutres* dépend de leur solvatation et de celle des ions résultants. L'équilibre de dissociation d'un acide de Brönsted est donc très dépendant du milieu. C'est la raison pour laquelle l'échelle des

* Valeurs issues de : W. E. Morf et W. Simon, *Helvetica Chimica Acta*, 1971, *54*, 794.

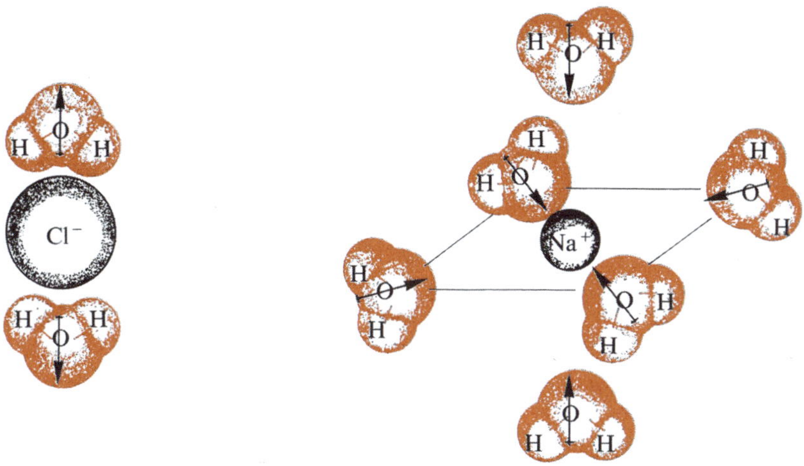

FIGURE 3.2.1.3.-1
Schéma de la solvatation par l'eau des ions Na^+ **(rayon ionique 0,09 nm) et** Cl^- **(rayon ionique 0,181 nm).**

pK_a des couples acido-basiques (ch. 2, 1re partie, II, 2.2. et tableau p. 262) n'a de valeur qu'en milieu aqueux. La réaction acido-basique entre un acide carboxylique et une base azotée dépend beaucoup du milieu comme le montrent les exemples suivants. Pour que le transfert de proton ait lieu à 50 %, en absence d'eau, dans un mélange équimolaire d'acide carboxylique (RCO_2H) et de pyridine (Py), il faut que l'écart des pK_a des deux couples soit :

$$\Delta pK_a = pK_{a(PyH^+/Py)} - pK_{a(RCO_2H/RCO_2^-)} = 4.$$

Toujours en absence d'eau, si la base est l'imidazole, porteur d'une liaison N–H qui participe à des liaisons hydrogène, la différence entre les pK_a, pour 50 % de transfert de proton, est :

$$\Delta pK_a = pK_{a(ImH_2^+/ImH)} - pK_{a(RCO_2H/RCO_2^-)} = 2{,}3$$

Dans l'eau, les valeurs de ces ΔpK_a pour 50 % de protonation de la base azotée descendent respectivement à 2 et 0,9.

3.2.2. DISSOLUTION D'UN COMPOSÉ IONIQUE. PRODUIT DE SOLUBILITÉ

Si on ajoute des quantités croissantes d'un corps soluble dans un solvant donné, on atteint une concentration de ce corps au-delà de laquelle il cesse de se dissoudre. On dit que la solution est *saturée*. A une température donnée, cette concentration maximale de la substance dissoute est appelée sa *solubilité*.

On a vu les différents rôles que joue l'eau dans la dissolution d'un composé ionique. Cette dissolution se produit lorsque la variation d'enthalpie libre correspondante, ΔG_{dissol}, est négative. On considère plus en détail le cas de la dissolution du chlorure de sodium, NaCl, dans l'eau, dont la solubilité est de 36 g dans 100 ml à 25 °C. On peut imaginer un *chemin thermodynamique* qui implique la dissociation du cristal en ions isolés (à l'état gazeux) suivie de l'hydratation de ces ions :

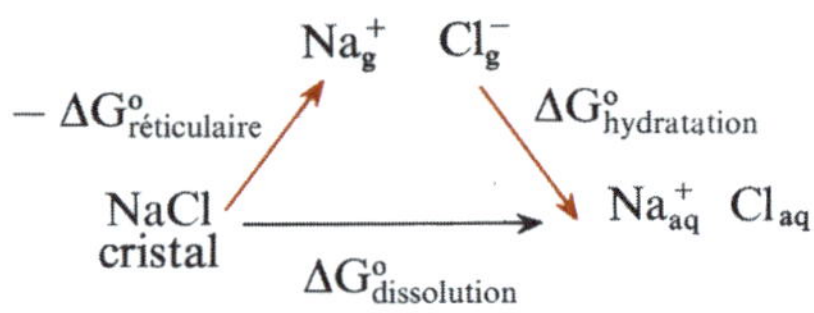

FIGURE 3.2.2.-1

Deux chemins pour la dissolution de NaCl dans l'eau.

L'enthalpie standard de formation de NaCl cristallisé à partir des ions isolés, appelée *énergie réticulaire* ($\Delta H^o_{rét}$), est évaluée à -776 kJ . mol^{-1}.

Les enthalpies standard d'hydratation des ions sont négatives et d'autant plus grandes en valeur absolue que l'ion est plus petit et plus chargé (3.2.1.3.). Pour Na^+ $\Delta H^o_{hyd} = -400$ kJ . mol^{-1} et pour Cl^- $\Delta H^o_{hyd} = -380$ kJ . mol^{-1}, d'où on déduit l'enthalpie standard d'hydratation de $Na^+_g Cl^-_g$: $\Delta H^o_{hyd} = -780$ kJ . mol^{-1}.

Les entropies standard d'hydratation des ions sont négatives. L'organisation des molécules de solvant autour des ions solvatés se fait au détriment de la complexité spatiale et énergétique du système. Ainsi, l'entropie standard d'hydratation de l'ion Na^+ est $\Delta S^o_{hyd} = -88$ J . mol^{-1} . K^{-1}, soit à 298K : $-T\,\Delta S^o_{hyd} = +26$ kJ . mol^{-1}.

Pour l'enthalpie libre standard d'hydratation de $Na^+_g Cl^-_g$, ΔG^o_{hyd}, l'enthalpie standard d'hydratation, $\Delta H^o_{hyd} = -780$ kJ . mol^{-1}, est donc prédominante. Si on la compare à l'enthalpie standard de dissociation du cristal en ions isolés, $-\Delta H^o_{rét} = +776$ kJ . mol^{-1}, on remarque que ces deux valeurs sont très voisines, ce qui est en accord avec le fait que la dissolution du chlorure de sodium ne s'accompagne pratiquement pas d'effet thermique, $\Delta H^o_{dissol} = -4$ kJ . mol^{-1}. La variation d'enthalpie libre standard pour la dissolution dans l'eau du chlorure de sodium cristallisé est $\Delta G^o_{dissol} = -9$ kJ . mol^{-1}. La dissolution du chlorure de sodium a donc une entropie de dissolution positive : $\Delta S^o_{dissol} = +16{,}8$ J . mol^{-1} . K^{-1} (telle que $-T\,\Delta S^o_{dissol} = -5$ kJ . mol^{-1} à 298K). Celle-ci correspond à l'accroissement de la multiplicité spatiale et énergétique du système qui accompagne le passage des ions du réseau cristallin aux ions solvatés en solution.

Cette contribution de l'entropie de dissolution est plus apparente dans le cas de certains sels, comme le chlorure d'ammonium NH_4Cl, dont la dissolution dans l'eau s'accompagne d'un refroidissement important de la solution.

Dans ce cas on a : $\Delta G^o_{dissol} = -15{,}1 \text{ kJ . mol}^{-1}$ avec

$$\Delta H^o_{dissol} = +34{,}7 \text{ kJ . mol}^{-1} \quad \text{et} \quad \Delta S^o_{dissol} = +167 \text{ J . mol}^{-1} \text{. K}^{-1}$$

($-T\,\Delta S^o_{dissol} = -49{,}8 \text{ kJ . mol}^{-1}$ à 298K).

Ceci révèle que l'énergie réticulaire du réseau ionique de NH_4^+ et Cl^- n'est pas compensée par l'enthalpie de solvatation des ions. Mais l'entropie de dissolution est plus favorable que celle du chlorure de sodium, car l'entropie de solvatation négative de l'ion ammonium NH_4^+, relativement gros, est inférieure en valeur absolue à celle de l'ion Na^+. Pour des sels comme le chlorure d'ammonium, un accroissement de température favorise la dissolution endothermique et entraîne une augmentation de leur solubilité.

Par contre la dissolution du chlorure de lithium (LiCl) dans l'eau ($\Delta G^o_{dissol} = -50{,}2 \text{ kJ . mol}^{-1}$) s'accompagne d'un échauffement de la solution pouvant conduire à l'ébullition. Une dissolution fortement exothermique est aussi observée pour le sulfate de sodium, le sulfate de magnésium et le chlorure de calcium anhydres pour lesquels l'enthalpie d'hydratation des ions excède l'énergie réticulaire. Ces sels anhydres sont utilisés comme *agents desséchants*, en particulier pour les solutions de composés organiques extraits de phases aqueuses à l'aide de solvants comme l'éther, le chloroforme, le tétrachlorure de carbone, le benzène, etc. (ch. 4, II, B, 2.3.2.).

CAS DES COMPOSÉS IONIQUES PEU SOLUBLES

Certains sels sont très peu solubles dans l'eau et donnent avec celle-ci un système hétérogène, constitué de la solution ionique saturée en équilibre avec le solide non dissous. Il en est ainsi, par exemple, du sulfate de baryum ($BaSO_4$), du carbonate de calcium en milieu basique ($CaCO_3$) et du chlorure d'argent (AgCl).

Dans le cas du sulfate de baryum, on a l'équilibre :

$$BaSO_{4\,solide} \rightleftarrows Ba^{2+}_{aq} + SO^{2-}_{4\,aq}$$

La constante d'équilibre est :

$$K = \frac{a_{Ba^{2+}} \times a_{SO_4^{2-}}}{a_{BaSO_4}} \qquad \text{(ch. 1, II, 2.1.1.)}$$

L'activité du sulfate de baryum solide est égale à 1 (ch. 1, II, 1.4.3.2.) et la solution des ions Ba^{2+} et SO_4^{2-} étant très diluée, l'activité de ces ions est pratiquement égale à leur concentration, d'où :

$$K = K_s = [Ba^{2+}][SO_4^{2-}] = 1{,}1 \times 10^{-10} \quad \text{à 298 K.}$$

K_s est appelé *produit de solubilité* du sulfate de baryum. Donc, à l'équilibre à 298 K, pour du sulfate de baryum pur dans l'eau, la concentration de Ba^{2+} et de SO_4^{2-} est de 10^{-5} mol . l^{-1}.

Le tableau 3.2.2.-1 donne les valeurs des produits de solubilité de quelques sels peu solubles dans l'eau à 298 K.

TABLEAU 3.2.2.-1

Produits de solubilité de quelques composés ioniques peu solubles dans l'eau, à 298 K*

Soluté	Équilibre	K_s
Sulfate de calcium	$CaSO_{4(s)} \rightleftarrows Ca^{2+}_{(aq)} + SO^{2-}_{4(aq)}$	$2{,}4 \times 10^{-5}$
Hydroxyde de calcium	$Ca(OH)_{2(s)} \rightleftarrows Ca^{2+}_{(aq)} + 2HO^{-}_{(aq)}$	$5{,}5 \times 10^{-6}$
Carbonate de calcium	$CaCO_{3(s)} \rightleftarrows Ca^{2+}_{(aq)} + CO^{2-}_{3(aq)}$	$0{,}9 \times 10^{-8}$
Oxalate de calcium	$CaC_2O_{4(s)} \rightleftarrows Ca^{2+}_{(aq)} + C_2O^{2-}_{4(aq)}$	$2{,}6 \times 10^{-9}$
Chlorure d'argent	$AgCl_{(s)} \rightleftarrows Ag^{+}_{(aq)} + Cl^{-}_{(aq)}$	$1{,}6 \times 10^{-10}$
Sulfate de baryum	$BaSO_{4(s)} \rightleftarrows Ba^{2+}_{(aq)} + SO^{2-}_{4(aq)}$	$1{,}1 \times 10^{-10}$
Phosphate de magnésium et d'ammonium	$MgNH_4PO_{4(s)} \rightleftarrows Mg^{2+}_{(aq)} + NH^{+}_{4(aq)} + PO^{3-}_{4(aq)}$	$2{,}5 \times 10^{-13}$
Phosphate de magnésium	$Mg_3(PO_4)_{2(s)} \rightleftarrows 3Mg^{2+}_{(aq)} + 2PO^{3-}_{4(aq)}$	$\approx 10^{-25}$
Phosphate de calcium	$Ca_3(PO_4)_{2(s)} \rightleftarrows 3Ca^{2+}_{(aq)} + 2PO^{3-}_{4(aq)}$	2×10^{-29}
Hydroxyde de fer	$Fe(OH)_{3(s)} \rightleftarrows Fe^{3+}_{(aq)} + 3HO^{-}_{(aq)}$	$\approx 10^{-36}$
Sulfure de mercure	$HgS_{(s)} \rightleftarrows Hg^{2+}_{(aq)} + S^{2-}_{(aq)}$	$\approx 10^{-52}$

* Valeurs principalement issues du *Handbook of Chemistry and Physics,* 56ᵉ édition, CRC Press, 1975-1976, B-236.

Plusieurs facteurs peuvent agir sur la solubilité des sels peu solubles.

1) Effet d'ion commun

Si, à une solution ionique saturée de sulfate de baryum dans l'eau, on ajoute l'un quelconque des ions en solution, par exemple SO_4^{2-}, par addition d'acide sulfurique, il y a *précipitation* de sulfate de baryum, c'est-à-dire augmentation de la quantité du solide non dissous. Ceci résulte du déplacement de l'équilibre de dissolution conformément au principe de modération de Le Chatelier (ch. 1, II, 2.1.3.2.).

D'une façon comparable, la mise en évidence d'un dégagement de dioxyde de carbone à l'aide du test à « l'eau de chaux » correspond à une précipitation de carbonate de calcium. Une solution *saturée* d'hydroxyde de calcium (tableau 3.2.2.-1) est d'abord filtrée pour séparer le solide ($[Ca^{2+}] = 1{,}7 \times 10^{-2}$ mol . l^{-1}). Lorsque du dioxyde de carbone se dissout dans cette solution basique, il est transformé en ions carbonate CO_3^{2-} (ch. 2, 1re partie, II, 3.3.2.). Il y a alors précipitation du carbonate de calcium, dont le produit de solubilité est très inférieur à celui de l'hydroxyde de calcium. La précipitation se produit dès que $[CO_3^{2-}]$ dépasse 5×10^{-7} mol . l^{-1} (au pH du milieu, soit 12,5, la consommation d'ions HO^-, par la transformation $CO_2 \longrightarrow CO_3^{2-}$, est négligeable).

En pathologie, c'est la très faible solubilité de l'oxalate de calcium (qui est un chélate de l'ion Ca^{2+}, B, 4.2. fig. 4.2.-4), du phosphate de calcium et du phosphate mixte d'ammonium et de magnésium, qui est à l'origine de la formation et de la croissance des calculs urinaires.

Les ions Mg^{2+} et Ca^{2+} sont des acides de Lewis « durs » qui donnent des complexes stables avec des bases « dures » comme les ligands oxygénés carboxylate, phosphate, sulfate... (B, 4.1.). Les concentrations *moyennes* dans l'urine et leur rapport à celles dans le plasma, des ions Mg^{2+} (5×10^{-3} mol . l^{-1}, 2), Ca^{2+} (4×10^{-3} mol . l^{-1}, 5), $H_2PO_4^- + HPO_4^{2-}$ (3×10^{-2} mol . l^{-1}, 25) et SO_4^{2-} ($3{,}6 \times 10^{-2}$ mol . l^{-1}, 50) d'une part, et les produits de solubilité des sels correspondants★ (tableau 3.2.2.-1) d'autre part, montrent que les calculs se forment plus facilement dans l'urine que dans le plasma et qu'une fois formés ils ne peuvent se dissoudre dans les conditions physiologiques. Cependant plusieurs facteurs, dont la force ionique du milieu (voir 3.2.3.), défavorisent dans l'urine la précipitation des sels insolubles.

2) pH de la solution

Si l'anion d'un composé peu soluble est une base susceptible de se protoner en milieu aqueux, on peut augmenter la concentration du cation en solution en diminuant le pH de la solution par addition d'un acide fort ou d'une solution tampon acide (ch. 2, 1re partie, II, 2.3. et 3.2.). L'addition d'ions H_3O^+ transforme l'anion en son acide conjugué faible, ce qui déplace l'équilibre de solubilité conformément au principe de modération de Le Châtelier (ch. 1, II, 2.1.3.2.).

Par exemple l'hydroxyde de calcium se dissout en milieu acide :

$$\begin{array}{rcl} Ca(OH)_2 & \rightleftharpoons & Ca^{2+} + 2HO^- \\ 2HO^- + 2H_3O^+ & \rightleftharpoons & 2H_2O \\ \hline Ca(OH)_2 + 2H_3O^+ & \rightleftharpoons & Ca^{2+} + 2H_2O \end{array}$$

De la même façon on a :

$$Fe(OH)_3 + 3H_3O^+ \rightleftharpoons Fe^{3+} + 3H_2O.$$

Le phosphate de calcium peut être dissous en milieu très acide (voir les pK_a des trois couples de H_3PO_4, p. 262) :

$$Ca_3(PO_4)_2 + 6H_3O^+ \rightleftharpoons 3Ca^{2+} + 2H_3PO_4 + 6H_2O$$

★ En présence des cations divalents Ca^{2+} et Mg^{2+}, les équilibres acido-basiques de l'acide phosphorique sont déplacés vers la formation de l'ion PO_4^{3-} à cause de la très faible solubilité des phosphates correspondants (tableau 3.2.2-1).

(L'hydrogénophosphate de calcium est aussi un sel peu soluble :

$$CaHPO_4 \rightleftarrows Ca^{2+} + HPO_4^{2-} \quad K_s = 2 \cdot 10^{-6}).$$

Le carbonate de calcium très insoluble en milieu basique se dissout en milieu acide, car l'acide carbonique se décompose pour donner du dioxyde de carbone (ch. 2, 1re partie, II, 3.3.2.) :

$$CaCO_3 + 2H_3O^+ + 2Cl^- \rightleftarrows Ca^{2+} + 2Cl^- + H_2CO_3 + 2H_2O$$

$$H_2CO_3 \rightleftarrows CO_2 \nearrow + H_2O.$$

3) Complexation du cation

On a vu que les cations métalliques peuvent donner des complexes avec des bases de Lewis (B, 4). Par exemple pour l'ion Ag^+ en milieu aqueux on a (B, 4.1.) :

$$Ag^+_{(aq)} + 2NH_{3(aq)} \rightleftarrows [Ag(NH_3)_2]^+_{(aq)} \qquad K = 1 \cdot 10^8$$

Le chlorure d'argent pour lequel on a :

$$Ag^+ + Cl^- \rightleftarrows AgCl \quad K_s = 1 \cdot 10^{-10}$$

peut être dissous dans une solution suffisamment concentrée d'ammoniaque, par déplacement de l'équilibre de solubilité et formation du composé $[Ag(NH_3)_2]Cl$ soluble.

Des agents complexants polydentates comme l'EDTA (B, 4.2.) peuvent être utilisés pour dissoudre des composés ioniques peu solubles.

3.2.3. FORCE IONIQUE

On vient de voir « l'effet d'ion commun » qui diminue la solubilité des composés ioniques peu solubles. Si on considère l'effet de la présence d'ions non communs avec ceux du sel, on constate qu'il est de moindre amplitude et qu'à la différence du précédent il tend à *accroître* la solubilité des composés ioniques peu solubles. Cet effet est dû aux interactions électrostatiques entre le soluté et les ions présents dans le milieu.

De nombreuses propriétés des solutions ioniques dépendent des interactions électrostatiques entre les ions. Pour tenir compte de celles-ci on introduit la notion de *force ionique*. La force ionique d'une solution est définie par

$$I = \frac{1}{2} \Sigma [i] z_i^2$$

[i] étant la concentration de chaque ion i et z_i sa charge. Ainsi, la force ionique d'une solution 0,05 mol . l^{-1} de $MgCl_2$ est

$$I = \frac{1}{2}(0{,}05 \times 2^2 + 0{,}1 \times 1^2) = \frac{1}{2}(0{,}2 + 0{,}1) = 0{,}15 \text{ mol} \cdot l^{-1}$$

Dans le cas des solutions ioniques aqueuses diluées d'un sel, si on considère les seules interactions électrostatiques, la *théorie de Debye-Hückel* relie le *coefficient d'activité* des ions à la force ionique de la solution

$$\log \gamma_{\pm} = -A|z_+z_-|\sqrt{I}$$

$\gamma_{\pm}$ est le coefficient d'activité moyen des ions, accessible expérimentalement (ce coefficient ne peut être mesuré séparément pour les deux ions d'un sel)★ ; z_+ et z_- sont les charges des ions positif et négatif (c'est la valeur absolue du produit z_+z_- qui intervient dans la relation); I est la force ionique; A est une constante dont la valeur est pratiquement égale à 0,5 dans l'eau à 25 °C. Pour la solution 0,05 mol . l^{-1} de $MgCl_2$ on a :

$$\log \gamma_{\pm} = -0{,}5 \times 2 \times 1 \times \sqrt{0{,}15}$$

d'où on calcule : $\gamma_{\pm} = 0{,}41$.
Pour un équilibre donné, l'extrapolation à force ionique nulle (solution idéale (ch. 1, II, 1.4.3.2.)) de la constante d'équilibre donne la *constante thermodynamique* vraie (ch. 1, II, 2.1.1.).

Les pK_a des couples acido-basiques dans les solutions peu diluées, la solubilité des sels peu solubles et la solubilité des macromolécules dépendent de la force ionique du milieu.

On est ainsi amené à utiliser *différentes valeurs de pK_a pour un même couple*, en fonction des conditions du milieu. Par exemple, pour le couple $H_2PO_4^-/HPO_4^{2-}$ (ch. 2, 1re partie, II, 3.3.1.), on trouve dans les tables de constantes biochimiques les valeurs suivantes :

– $pK_a = 7{,}2$ pour le pK_a dit *thermodynamique* à 25 °C, qui dérive de la constante d'équilibre *thermodynamique* $K_a = \dfrac{[H_3O^+][HPO_4^{2-}]}{[H_2PO_4^-]}$.
– $pK'_a = 6{,}92$ à 25 °C pour une solution telle que

$$[H_2PO_4^-] = [HPO_4^{2-}] = 0{,}025 \text{ mol . } l^{-1} \ (I = 0{,}1)$$

– $pK'_a = 6{,}65$ à 25 °C pour le couple dans une solution de force ionique $I = 0{,}7$.

Les deux dernières sont obtenues à partir de relations empiriques.

★ Il intervient dans l'expression de l'activité moyenne des ions, $a_{\pm}$, telle que :

$$a_{\pm} = \gamma_{\pm} \times C_{\pm}$$

$C_{\pm}$ est la concentration ionique moyenne des ions. Elle dépend des concentrations de l'anion et du cation suivant la relation :

$$(C_{\pm})^n = (C_+)^{n_+}(C_-)^{n_-}$$

n_+ étant le nombre des cations et n_- celui des anions dans l'écriture de la formule brute du sel, avec $n = n_+ + n_-$. Pour $MgCl_2$ 0,05 mol . l^{-1}, on a $n_+ = 1$, $n_- = 2$, soit $n = 3$, d'où

$$C_{\pm} = [(0{,}05)^1(2 \times 0{,}05)^2]^{\frac{1}{3}} = 0{,}079 \text{ mol . } l^{-1}$$

On a vu ci-dessus qu'il existe des composés ioniques peu solubles et que l'addition d'un ion commun à leur solution ionique saturée entraîne leur précipitation. C'est le cas de l'addition de NaCl à une solution saturée de AgCl. Par contre l'addition de $NaNO_3$ augmente la solubulité de AgCl. On peut montrer que ceci est dû à l'accroissement de la force ionique du milieu qui, en faisant décroître le coefficient d'activité moyen ($\gamma_{\pm}$) de Ag^+ et Cl^-, entraîne une augmentation de la concentration ionique moyenne ($C_{\pm}$) de Ag^+ et Cl^- (telle que $C_{\pm} = (C^1_{Ag^+} \times C^1_{Cl^-})^{1/2}$) destinée à maintenir l'activité ionique moyenne ($a_{\pm} = \gamma_{\pm} \times C_{\pm}) = (a_{Ag^+} \times a_{Cl^-})^{1/2}$) et la valeur du *produit de solubilité* $K_s = a_{Ag^+} \times a_{Cl^-} = 1{,}1 \times 10^{-10}$.

La *stabilité et la solubilité des macromolécules* sont très dépendantes de la force ionique du milieu. Les protéines globulaires présentent à leur périphérie un très grand nombre de groupes ionisés, $-NH_3^+$ et $-CO_2^-$ en particulier, provenant des chaînes latérales de certains acides aminés (formules p. 274). Les acides nucléiques présentent une succession de ponts phosphodiesters $-O-\overset{\overset{\displaystyle O}{\|}}{\underset{\underset{\displaystyle O^-}{|}}{P}}-O-$ entre les nucléosides (III, 3.). Ces groupes chargés donnent d'importantes interactions électrostatiques (D, 1.1.) avec les ions du milieu, qui favorisent la solubilité de la macromolécule tant que les concentrations de ces ions ne sont pas trop élevées. Lorsque la force ionique du milieu devient trop importante (pour des concentrations ioniques de l'ordre de 1 mol . l^{-1}), d'autres phénomènes interviennent, de précipitation ou de dénaturation des macromolécules. En biochimie et en biologie, les conditions expérimentales doivent *toujours* préciser la force ionique du milieu.

3.3. Interactions entre l'eau et les molécules organiques

3.3.1. « INTERACTIONS HYDROPHOBES »

On a vu que le méthanol et l'éthanol sont miscibles à l'eau en toute proportion (2.2.). Mais s'il en est encore de même pour le n-propanol, la solubilité des alcools supérieurs décroît avec la longueur de leur chaîne aliphatique (tableau 3.3.1.-1).

TABLEAU 3.3.1.-1

Solubilité de quelques alcools aliphatiques linéaires dans l'eau, à 25 °C

Nom	Formule	Solubilité en g pour 100 ml d'eau
n-butanol	$CH_3-(CH_2)_2-CH_2OH$	7,9
n-pentanol	$CH_3-(CH_2)_3-CH_2OH$	2,3
n-hexanol	$CH_3-(CH_2)_4-CH_2OH$	0,6
n-heptanol	$CH_3-(CH_2)_5-CH_2OH$	0,2
n-octanol	$CH_3-(CH_2)_6-CH_2OH$	0,05

Cette diminution de solubilité résulte de la très faible affinité de la chaîne hydrocarbonée pour l'eau, appelée *hydrophobie* de la chaîne hydrocarbonée.

Si on essaie de mélanger un hydrocarbure, comme l'hexane ou le benzène, avec de l'eau, on obtient deux phases liquides distinctes. Seule une *très faible* quantité de l'hydrocarbure se dissout dans l'eau et inversement une *très faible* quantité d'eau se dissout dans l'hydrocarbure.

La dissolution, dans l'eau, d'une molécule apolaire d'hydrocarbure, ne peut résulter que d'interactions de van de Waals entre le soluté et le solvant (1.3.). De telles associations sont connues et leur structure a pu être déterminée dans le cas d'hydrates cristallins stables comme celui du méthane. Dans ce cas particulier, un élément de la structure de l'hydrate, établie par diffraction des rayons X, est représenté sur la figure 3.3.1.-1.

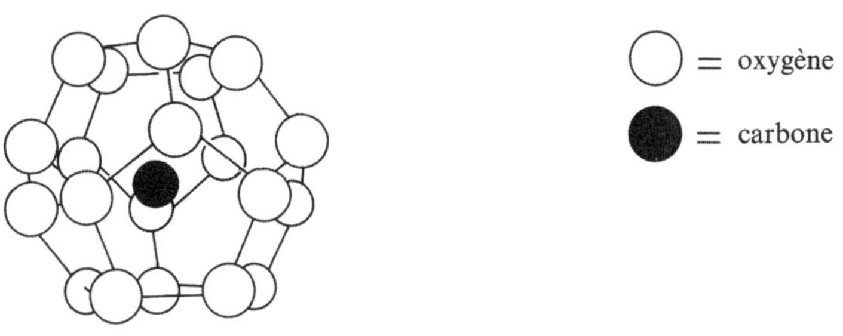

FIGURE 3.3.1.-1

Un élément de la structure de l'hydrate de méthane, déterminée par diffraction des rayons X :
il s'agit d'un dodécaèdre à faces pentagonales. Seuls les atomes d'oxygène des molécules d'eau (○) et l'atome de carbone de la molécule de méthane (●) sont décelables par cette technique.

L'hydrate se présente sous la forme d'un assemblage de dodécaèdres à faces pentagonales dont les cavités ont un diamètre de l'ordre de 0,52 nm. D'autres types de cavités sont aussi présents dans le réseau cristallin. Chacune de ces cavités contient une molécule de méthane qui est hydratée en moyenne par six molécules d'eau. Les molécules d'eau, liées par liaisons hydrogène, forment un polyèdre convexe autour du « soluté ».

On peut calculer les variations d'enthalpie et d'entropie standard pour le passage dans l'eau d'une mole d'hydrocarbure liquide, à 25 °C :

- pour un hydrocarbure aliphatique, $\Delta H° = 0$ à -12 kJ . mol^{-1} et $\Delta S° = -60$ à -120 J . mol^{-1} . K^{-1}, d'où $\Delta G° = +18$ à $+25$ kJ . mol^{-1};
- pour un hydrocarbure aromatique, $\Delta H° = +2$ à $+4$ kJ . mol^{-1} et $\Delta S° = -55$ à -85 J . mol^{-1} . K^{-1}, d'où $\Delta G° = +18$ à 30 kJ . mol^{-1}.

Dans les deux cas, à l'équilibre, le composé apolaire est pratiquement exclu de la phase aqueuse. A une valeur de $\Delta G°$ de $+ 20\ \text{kJ} \cdot \text{mol}^{-1}$ correspond une constante d'équilibre de dissolution $K \approx 3 \times 10^{-4}$. *Les hydrocarbures apolaires sont hydrophobes.*

Si on considère les valeurs de $\Delta H°$ et $\Delta S°$, on constate que la dissolution d'un hydrocarbure s'accompagne d'une enthalpie de dissolution faible, parfois favorable, mais dans tous les cas d'une entropie de dissolution élevée et défavorable. Le *terme enthalpique* correspond au bilan des interactions de van der Waals entre les molécules d'hydrocarbure d'une part et ces mêmes molécules et les molécules d'eau qui les entourent d'autre part. Le *terme entropique* négatif est dû à ce que la présence d'une molécule apolaire, au sein du réseau fluctuant des liaisons hydrogène entre molécules d'eau (voir structure de l'eau 2.1.), contraint ce réseau à se « structurer ». Il s'organise de telle sorte que le maximum possible de liaisons hydrogène puisse être maintenu entre les molécules d'eau au voisinage du soluté apolaire (fig. 3.3.1.-2).

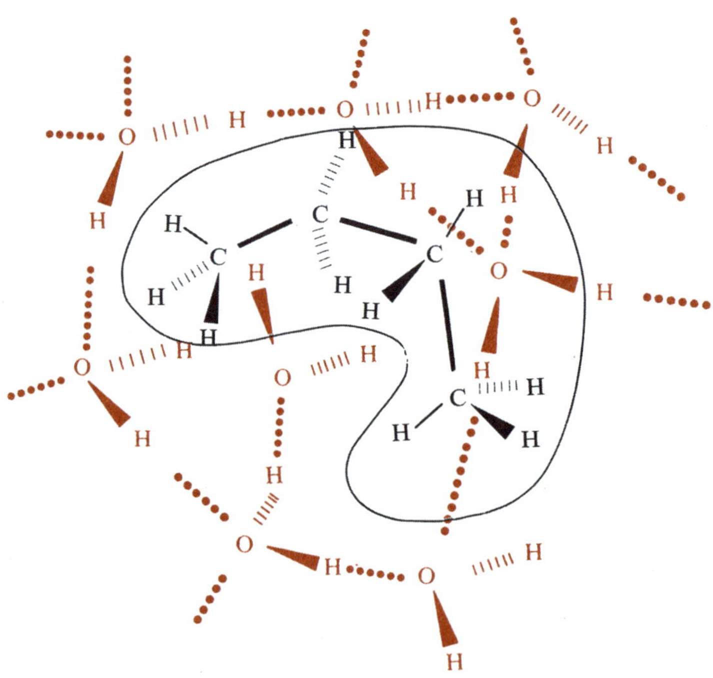

FIGURE 3.3.1.-2

Schéma représentant l'orientation privilégiée des molécules d'eau autour d'une molécule de soluté apolaire, ici le n-**butane.**

Cette disposition des molécules d'eau constitue une cage de solvatation dont le réseau de liaisons hydrogène est déformé, mais qui rappelle la structure des hydrates cristallisés de gaz rares (fig. 3.3.1.-1). L'orientation des molécules d'eau correspond à une diminution de la multiplicité spatiale et énergétique du système (ch. 1. II, 1.3.1.) et permet d'interpréter la variation d'entropie négative associée à la dissolution d'un composé apolaire.

Pour des molécules apolaires, initialement dispersées dans l'eau ou au contact de l'eau, le processus spontané thermodynamiquement est donc l'exclusion du milieu aqueux et l'association entre elles, qui conduit à une diminution du nombre de molécules d'eau organisées dans une cage de solvatation.

Dans l'eau, l'association des molécules apolaires entre elles, ou l'association des parties apolaires d'une même macromolécule est donc essentiellement due au *terme entropique lié à l'accroissement de la multiplicité spatiale et énergétique des molécules d'eau.* Ce type d'association est dit résulter d'*interactions hydrophobes.*

Des études basées sur la simulation par ordinateur d'une molécule de n-butane dissoute dans l'eau, ont montré que le milieu aqueux, à 25 °C, accroît de plus de 300 % le rapport entre les populations des conformations gauche et anti $\left(K = \frac{\%\ \text{gauche}}{\%\ \text{anti}} = 2{,}3;\ \text{C, 2.2.1.}\right)$, comparé à celui en phase gazeuse (K = 0,54), alors qu'un solvant apolaire comme le tétrachlorure de carbone ne l'accroît que de moins de 50 % (K = 0,70). En dépit du fait que le cas de la molécule de butane ne peut prendre en compte l'insertion de molécules d'eau entre les groupes méthyle, trop près l'un de l'autre, ce résultat est en faveur d'un repliement des chaînes hydrocarbonées plus longues, en milieu aqueux.

Les interactions hydrophobes jouent un rôle important dans la détermination de la structure spatiale des macromolécules biologiques en milieu aqueux (III, 3.). Dans le cas des protéines, la variation d'enthalpie libre résultant des interactions hydrophobes entre les chaînes latérales apolaires des acides aminés comme l'alanine, la valine, la leucine, l'isoleucine et la phénylalanine (formules p. 274) a été calculée à 25 °C. On trouve $\Delta G° = -0{,}8$ à -6 kJ . mol^{-1}, avec $\Delta H° = +1{,}2$ à $+7{,}5$ kJ . mol^{-1} et $\Delta S° = +7$ à $+46$ J . mol^{-1} . K^{-1}. Il est intéressant de comparer ces ΔH° et ΔG° des interactions hydrophobes aux enthalpies (ΔH°) des différentes interactions électrostatiques et d'induction (1.1., 1.2., 1.3. et tableau 1.3.-1). Il est à remarquer que le terme $-T.\Delta S°$ négatif croît en valeur absolue avec la température et que les associations par interactions hydrophobes sont endothermiques ce qui entraîne une augmentation de la constante de l'équilibre d'association avec la température (ch. 1, II, 2.1.3.1.). Une élévation de température, en milieu aqueux, favorise la stabilité de la structure des macromolécules biologiques, tant que la température n'est pas suffisamment élevée pour provoquer la dénaturation (III, 3.).

Les interactions hydrophobes jouent aussi un rôle important dans les phénomènes de reconnaissance, par exemple entre une enzyme et son substrat. Ainsi l'α-chymotrypsine et la carboxypeptidase-A catalysent l'hydrolyse d'une liaison peptidique entre deux acides aminés dont l'un est porteur d'une chaîne latérale hydrophobe « reconnue » par le site actif de l'enzyme (ch. 4, III, 2.4.1 et 2.4.2.).

3.3.2. FORMATION DE MICELLES, DE MONOCOUCHES ET DE BICOUCHES

Les molécules qui comportent à la fois une partie apolaire hydrophobe et une extrémité hydrophile (molécules amphiphiles) forment des micelles en milieu aqueux. Il existe plusieurs types de molécules amphiphiles.

Les *savons* sont des sels de sodium ou de potassium d'acides gras à longue chaîne hydrocarbonée, comme le stéarate de sodium :

$$CH_3-(CH_2)_{16}-CO_2^-Na^+$$

ou l'oléate de sodium :

$$CH_3-(CH_2)_7-CH=CH-(CH_2)_7-CO_2^-Na^+ \text{ (cis).}$$

Ils proviennent de la saponification des triglycérides (ch. 4, II, B, 5.2.2.2.).

$$\begin{array}{l} CH_2-O-\overset{\overset{\displaystyle O}{\|}}{C}-(CH_2)_7-CH=CH-(CH_2)_7-CH_3 \\ | \\ CH\ \ -O-\overset{\overset{\displaystyle O}{\|}}{C}-(CH_2)_{16}-CH_3 \\ | \\ CH_2-O-\overset{\overset{\displaystyle O}{\|}}{C}-(CH_2)_7-CH=CH-(CH_2)_7-CH_3 \end{array} \quad + 3NaOH \longrightarrow$$

$$\begin{array}{ll} CH_2-OH & \\ | & +2\ CH_3-(CH_2)_7-CH=CH-(CH_2)_7-CO_2^-Na^+ \\ CH-OH\ \text{(glycérol)} & \qquad\qquad \text{oléate de sodium} \\ | & +CH_3-(CH_2)_{16}-CO_2^-Na^+ \text{ stéarate de sodium} \\ CH_2-OH & \end{array}$$

Dans l'eau, ces ions ne donnent pas une solution mais une *dispersion colloïdale*. Les molécules se regroupent en agrégats *sphériques*, ou *micelles*, qui peuvent compter de 20 à 10^3 molécules. Les groupes carboxylate polaires sont à la périphérie des micelles, solvatés par l'eau comme leur contre ions Na^+ (3.2.). Les chaînes hydrophobes sont regroupées au sein de la micelle et associées entre elles par interactions de van der Waals (fig. 3.3.2.-1.).

La formation de micelles intervient au-delà d'une zone étroite de concentration du sel, appelée *concentration micellaire critique* qui est de $1{,}2 \times 10^{-3}$ mol . l^{-1} pour l'oléate. La concentration des molécules *en solution* ne peut dépasser ce seuil.

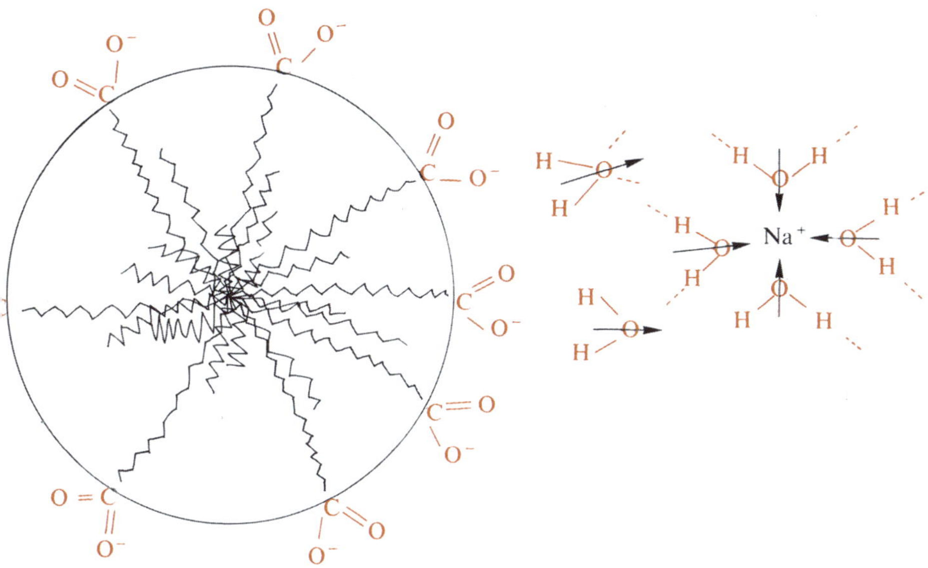

FIGURE 3.3.2.-1

Schéma de la section d'une micelle formée par le sel de sodium d'un acide gras (savon) dans l'eau.

Les micelles étant toutes chargées négativement restent dispersées dans l'eau.
Au contact de ces micelles, des molécules hydrophobes, comme celles des graisses, se dissolvent dans la partie interne, hydrophobe. Les savons agissent comme *agents émulsifiants.*

On peut remarquer que les savons ne peuvent jouer leur rôle d'agent émulsifiant en milieu acide puisque les groupes carboxylate sont indispensables à la formation des micelles. De plus, en présence d'ions Ca^{2+} ou Mg^{2+} (présents dans les eaux dites « dures »), les ions carboxylate donnent des sels insolubles qui précipitent (3.2.2.).

Les *détergents* ont les mêmes propriétés que les savons, mais ne donnent pas de sels insolubles avec les ions Ca^{2+} et Mg^{2+}. S'ils comportent une longue chaîne *linéaire*, ils sont biodégradables. Ils sont de plusieurs types :

– les *détergents anioniques* comme le dodécylbenzène sulfonate de sodium :

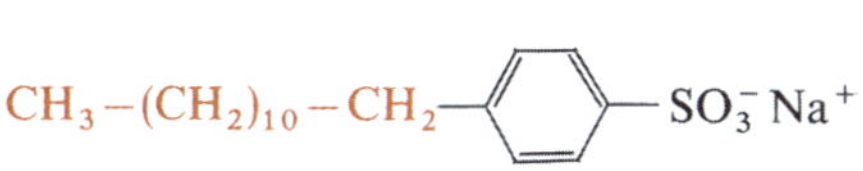

ou le dodécylsulfate de sodium (SDS) :

$$CH_3-(CH_2)_{11}-O-SO_3^-\ Na^+$$

– les *détergents cationiques* comme le chlorure de cétylpyridinium :

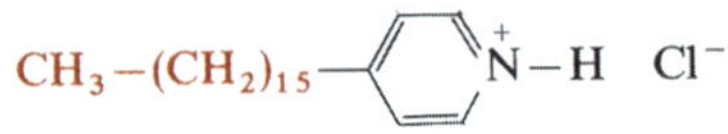

(c'est un « savon acide », ch. 2, 1re partie, II, 2.4.5.2.), ou le chlorure de benzyldiméthyloctylammonium :

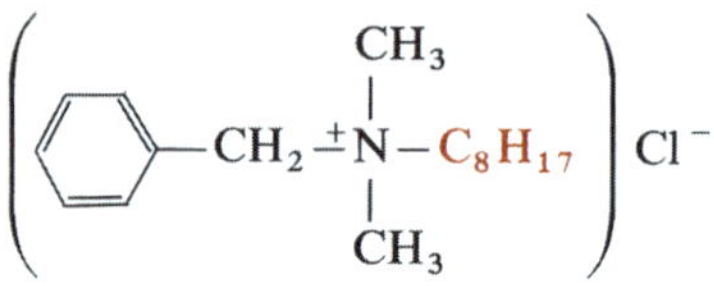

— les *détergents neutres*, comme le palmitate de pentaérythrityle :

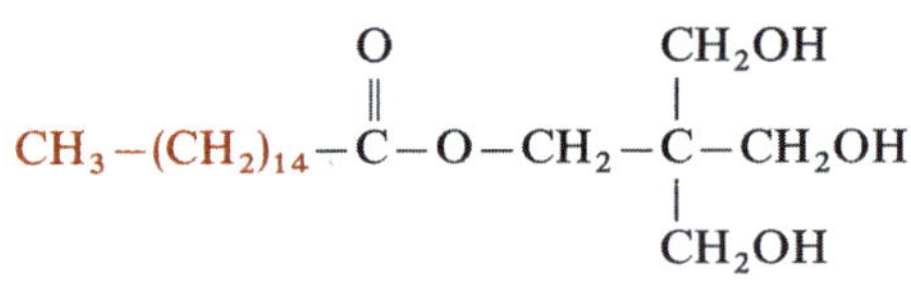

(qui ne donne pratiquement pas de mousse),
ou les alkylphénoxypoly(éthylènoxy)éthanol comme :

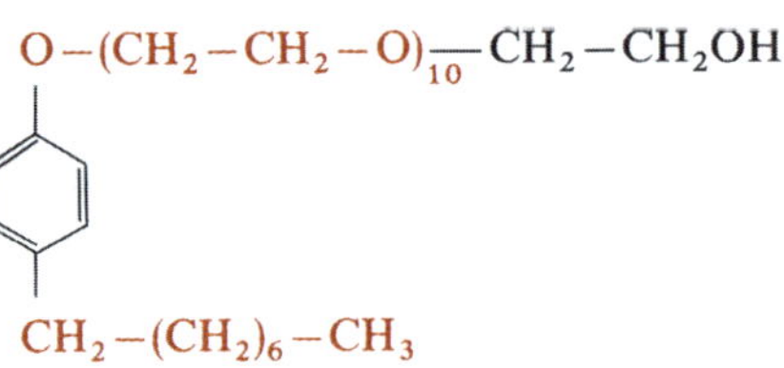

« Triton X 100 »

— les *détergents zwitterioniques* comme le N,N-diméthyl tétradécylammonio-propane sulfonate :

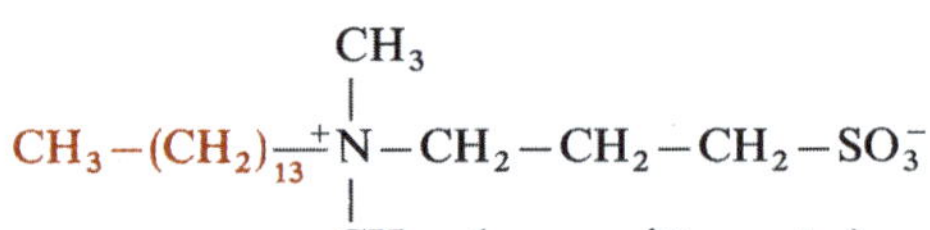

(ou « zwittergent »)

En milieu biologique, les acides biliaires, liés à la glycine, $H_2N-CH_2-CO_2H$, ou à la taurine, $H_2N-CH_2-CH_2-SO_3H$, (acide aminosulfonique naturel), sont des émulsifiants intestinaux.

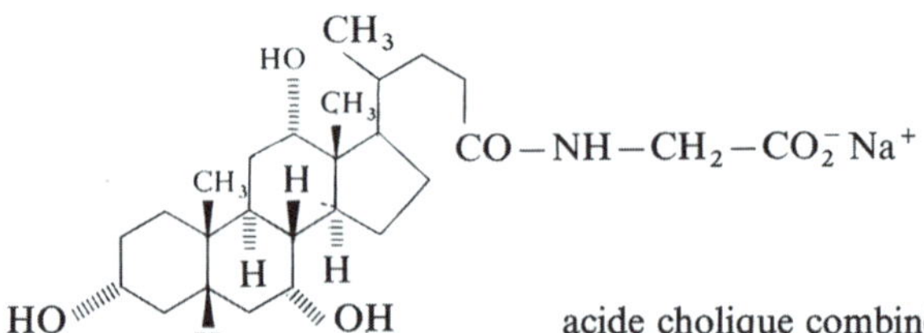

acide cholique combiné à la glycine

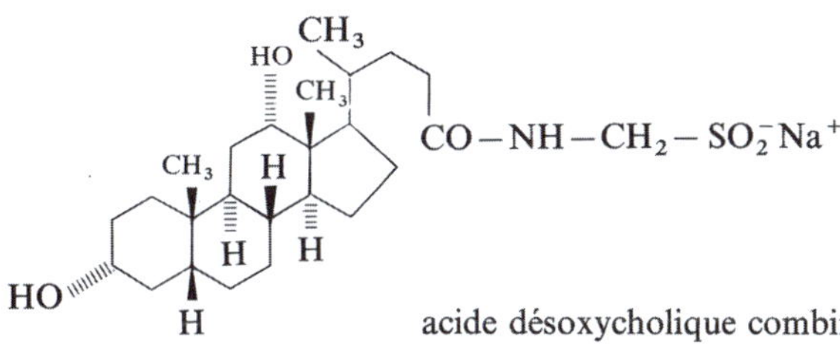

acide désoxycholique combiné à la taurine

Les membranes cellulaires sont constituées essentiellement de lipides et de protéines. Les lipides ne sont pas des triglycérides, mais le plus souvent des *phospholipides*, dérivés d'acides phosphatidiques de formule générale :

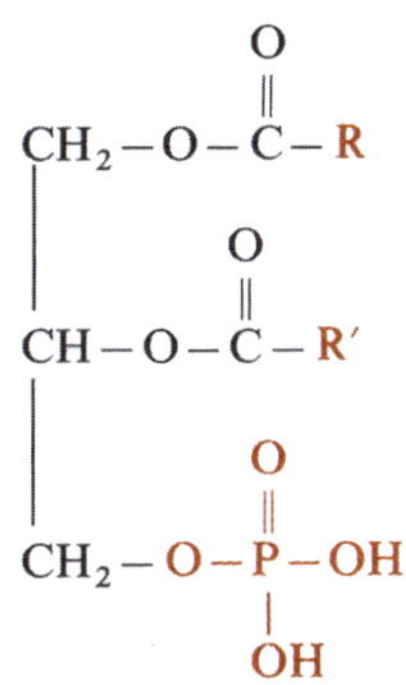

acides phosphatidiques

(R et R′ sont des longues chaînes hydrocarbonées, par exemple, respectivement :

$$-(CH_2)_{16}-CH_3 \quad \text{et} \quad -(CH_2)_7-CH=CH-(CH_2)_7-CH_3).$$

ou $-(CH_2)_3-CH=CH-CH_2-CH=CH-CH_2-CH=CH-CH_2-CH=CH-(CH_2)_4-CH$

(cis, cis, cis, cis; acide arachidonique).

Un alcool est lié au groupe phosphorique sous forme de phosphate, par exemple un aminoalcool comme la choline $HO-CH_2-CH_2-\overset{+}{N}(CH_3)_3$ ou l'éthanolamine $HO-CH_2-CH_2-\overset{+}{N}H_3$, ou l'acide aminé sérine $HO-CH_2-\underset{\displaystyle CO_2^-}{\underset{|}{CH}}-\overset{+}{N}H_3$. On a ainsi une phosphatidylcholine (ou lécithine), une phosphatidyléthanolamine ou une phosphatidylsérine (p. 222).

L'extrémité polaire, zwitterionique, d'une phosphatidylcholine est associée par l'intermédiaire du glycérol à deux longues chaînes hydrophobes. Au contact de l'eau, ces molécules donnent des monocouches ou des bicouches (fig. 3.3.2.-2). La concentration critique pour la formation de bicouches avec des chaînes longues (palmitoyl, oleyl) est de l'ordre de 10^{-6} mol . l^{-1}.

Si on agite par ultrasons un mélange de phosphatidylcholine et d'eau, on obtient des sphères lipidiques emprisonnant de l'eau, appelées *liposomes* (fig. 3.3.2.-3).

Dans les bicouches les chaînes hydrophobes sont plus ordonnées que dans les micelles.

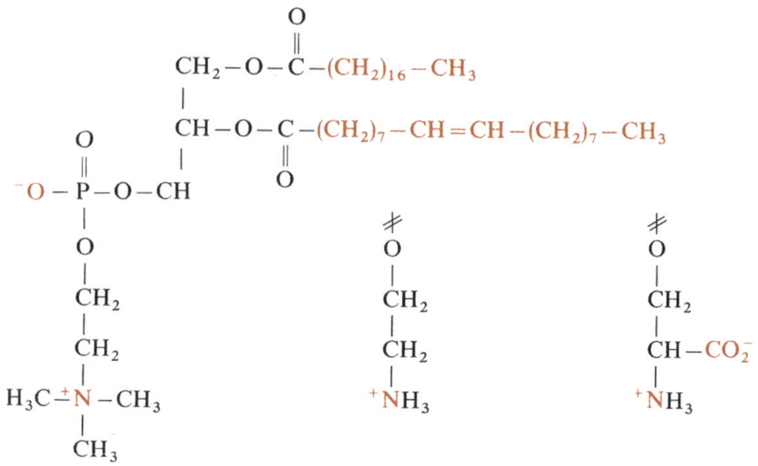

une phosphatidylcholine une phosphatidyléthanolamine une phosphatidylsérine

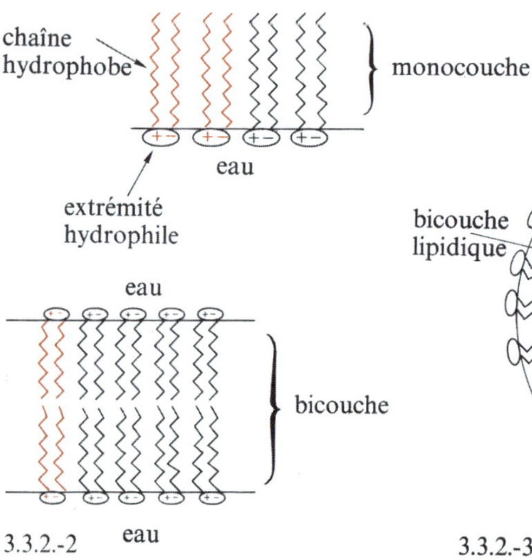

3.3.2.-2

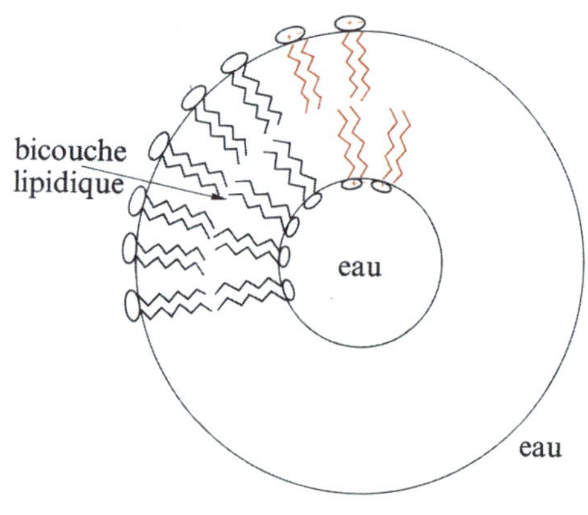

3.3.2.-3

FIGURE 3.3.2.-2

Schémas d'une monocouche et d'une bicouche lipidiques formées à partir de phospholipides.

FIGURE 3.3.2.-3

Schéma de la section d'un liposome formé à partir de phosphatidylcholine et d'eau.

Le contenu lipidique des membranes est responsable de leur résistance électrique élevée, de leur imperméabilité aux ions et aux substances polaires et de leur perméabilité aux composés apolaires.

Dans les membranes, les groupes polaires des phospholipides interagissent aussi avec ceux des protéines, et les parties hydrophobes sont associées entre elles. Ces interactions interviennent pour constituer les *lipoprotéines*, complexes de lipides et de protéines qui permettent en particulier le transport des lipides dans le sang.

Dans tout ce qui précède, on a vu que les molécules amphiphiles donnent en milieu aqueux des structures dans lesquelles les chaînes hydrophobes sont regroupées entre elles et les extrémités polaires sont au contact de l'eau. Ce sont les mêmes interactions, impliquant les mêmes *facteurs thermodynamiques*, qui sont à l'origine de la structure native des macromolécules biologiques et en particulier de la structure des protéines globulaires (III, 3.).

III. DÉVELOPPEMENTS BIOCHIMIQUES

1. Composés « riches en énergie » : facteurs déterminant leur potentiel de transfert de phosphoryle

Le potentiel de transfert de phosphoryle (ch. 1, III, 1) reflète la tendance thermodynamique d'un groupe phosphoryle appartenant à un composé riche en énergie (ch. 1, III, 1) à être transféré sur l'eau lors d'une réaction d'hydrolyse pour former un ion phosphate. Le potentiel de transfert dépend du pH du milieu et à pH 7 et 298 K il est égal à $-\Delta G^{o\prime}$ de la réaction d'hydrolyse. C'est ainsi que pour l'adénosine triphosphate ATP à pH 7 le potentiel de transfert est de 34,5 kJ . mol^{-1} puisque l'on a :

$$ATP + H_2O \rightleftharpoons ADP + Pi \quad \Delta G^{o\prime} = -34{,}5 \text{ kJ . mol}^{-1}$$

Pour l'ATP à pH 7, les espèces majoritaires sont ATP^{4-} et ATP^{3-} (formules complètes page 269).

ATP^{4-} est représenté par :

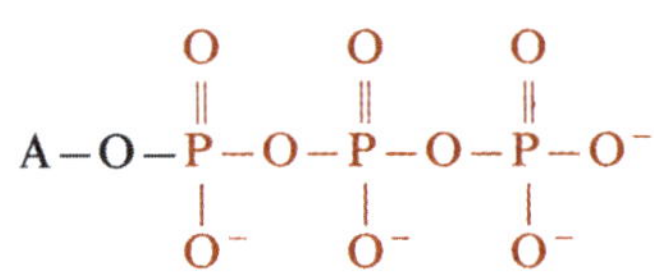

ATP^{3-} est représenté par :

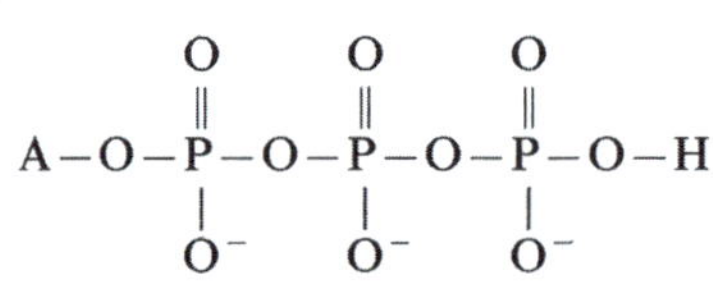

Pour l'ADP à pH 7, les espèces majoritaires sont ADP^{3-} et ADP^{2-} (formules complètes page 269).

ADP^{3-} est représenté par :

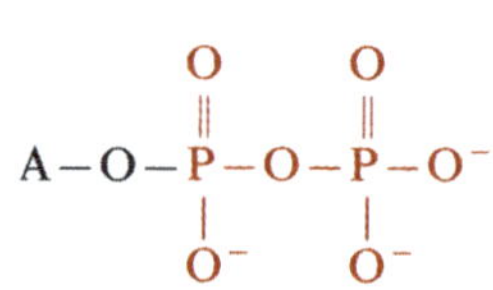

ADP^{2-} est représenté par :

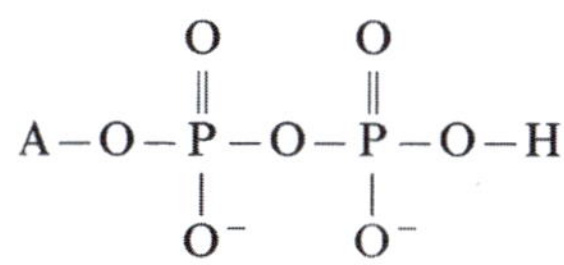

Pour les ions phosphates (Pi) à pH 7, les espèces majoritaires sont :

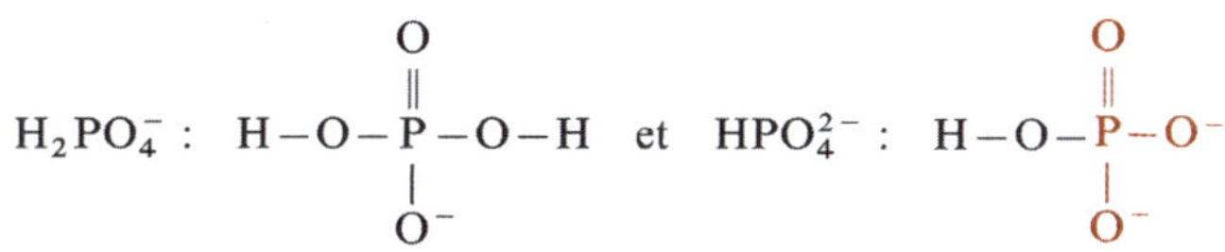

Les composés phosphorylés riches en énergie★ peuvent être classés selon la nature du groupement fonctionnel qui contient le phosphore; on distingue :

1) les anhydrides d'acide phosphorique : ATP, ADP;

2) les anhydrides mixtes carboxyphosphoriques (ch. 4, II, B, 5.2.2., 5.2.2.1.) comme l'acétylphosphate

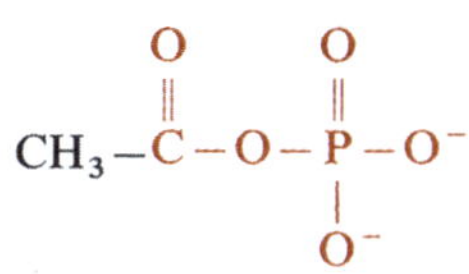

et le 3-phosphoglycéroylphosphate appelé couramment 1,3-diphosphoglycérate

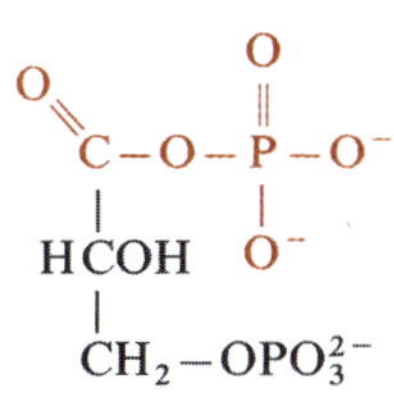

3) les phosphoguanidines comme la phosphocréatine

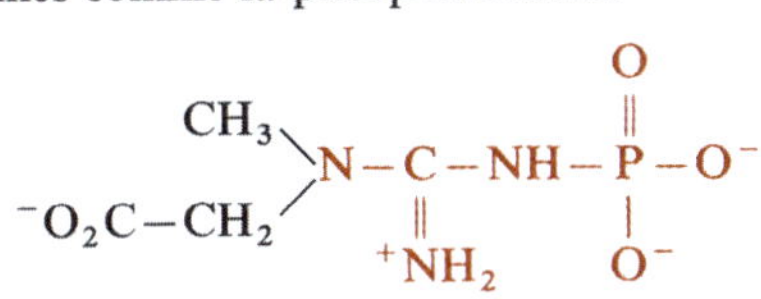

★ Il existe des composés riches en énergie ne contenant pas de phosphore (acétyl coenzyme A $CH_3-C(=O)-S-CoA$ (ch. 4, B, 2.4.2.1.); esters d'α-aminoacides).

et la phosphoarginine

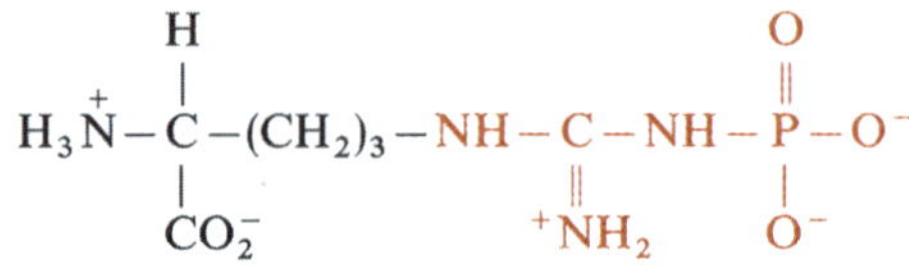

4) les phosphates d'énol comme le phosphoénolpyruvate

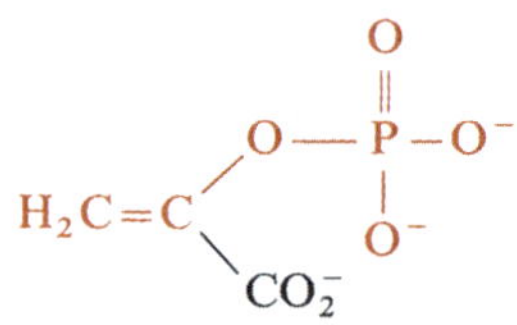

Les potentiels de transfert de phosphoryle à pH 7 de ces différents composés riches en énergie sont rassemblés dans le tableau 1.1.

TABLEAU 1.1

Potentiels de transfert de phosphoryle de divers composés riches en énergie★.
(Les équations des réactions d'hydrolyse sont écrites avec les formules d'espèces majoritaires à pH 7.)

Composé riche en énergie Réactions d'hydrolyse	$\Delta G^{o\prime}$ kJ . mol^{-1}	Potentiel de transfert kJ . mol^{-1}
Phosphoénolpyruvate 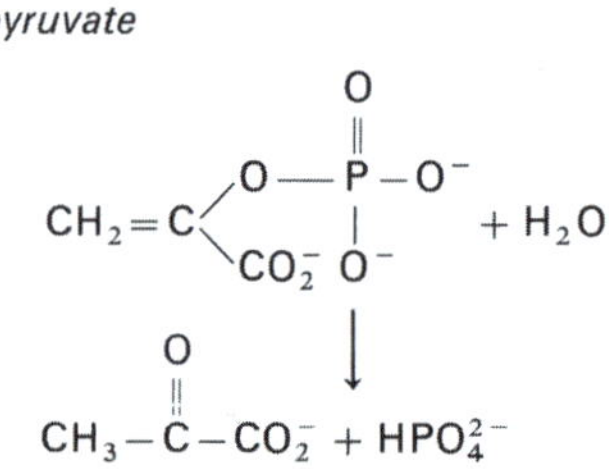	− 61,9	61,9
3-phosphoglycéroylphosphate (1,3-diphosphoglycérate) 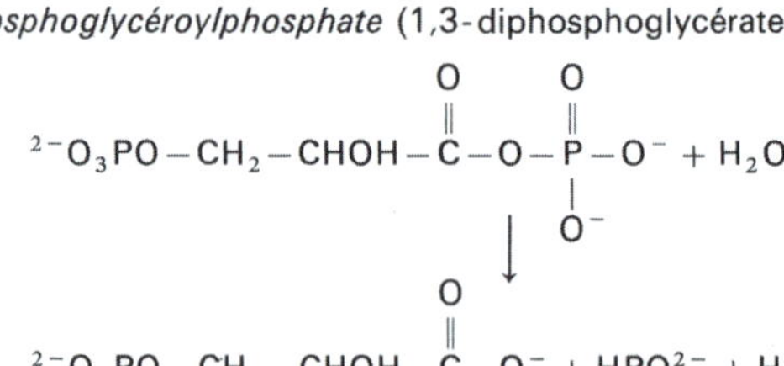	− 54,5	54,5

★ Valeurs issues de : *Biochemistry* D. E. Metzler, Academic Press, N.Y., 1977.

Composé riche en énergie Réactions d'hydrolyse	$\Delta G°'$ kJ . mol^{-1}	Potentiel de transfert kJ . mol^{-1}
Acétylphosphate 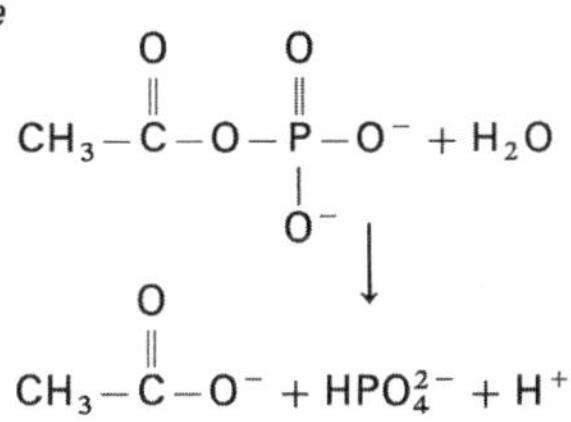	– 47,7	47,7
Phosphocréatine 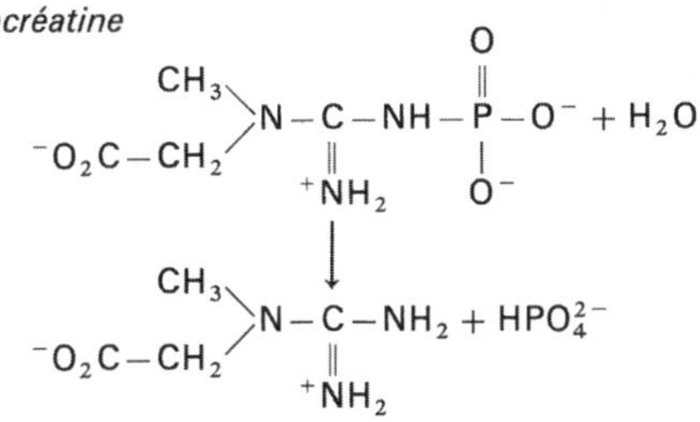	– 43,1	43,1
Phosphoarginine 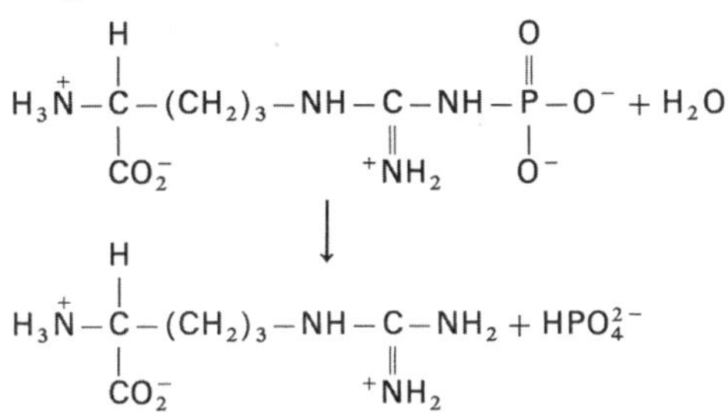	– 38,1	38,1
Adénosine triphosphate (⟶ adénosine monophosphate + PPi) $ATP^{4-} + H_2O$ ↓ $AMP^{2-} + HP_2O_7^{3-} + H^+$	– 37,4	37,4
Adénosine diphosphate $ADP^{3-} + H_2O$ ↓ $AMP^{2-} + HPO_4^{2-} + H^+$	– 36,3	36,3
Adénosine triphosphate (⟶ adénosinediphosphate + Pi) $ATP^{4-} + H_2O$ ↓ $ADP^{3-} + HPO_4^{2-} + H^+$	– 34,5	34,5

La variation d'enthalpie libre d'une réaction dans les conditions standard biologiques $\Delta G^{o\prime}$ est égale à la différence des potentiels chimiques $\mu^{o\prime}$ des réactifs et des produits à pH 7 lorsque leurs activités sont égales à l'unité (ch. 1, II, 1.4.3.3.) :

$$\Delta G^{o\prime} = \Sigma\mu^{o\prime}_{\text{produits}} - \Sigma\mu^{o\prime}_{\text{réactifs}}.$$

Dans le cas de l'hydrolyse des composés riches en énergie, la valeur élevée des potentiels de transfert de phosphoryle signifie que les réactifs ont un potentiel chimique plus élevé que les produits. Les réactifs sont moins stables que les produits.

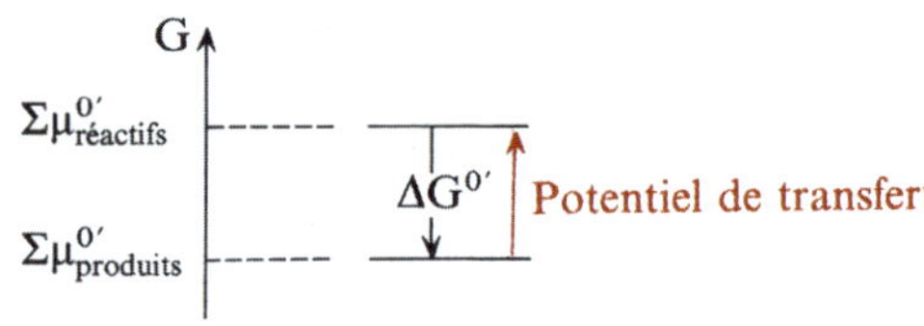

L'interprétation de ces faits est basée sur l'analyse des facteurs qui entraînent une « déstabilisation » des composés riches en énergie et une « stabilisation » relative de leurs produits d'hydrolyse. Les facteurs qui interviennent de façon importante sur la valeur du potentiel de transfert de phosphoryle sont :

- Les répulsions électrostatiques entre charges négatives qui, dans le cas des anhydrides phosphoriques, sont plus importantes dans le composé riche en énergie que dans les produits d'hydrolyse.
- La stabilisation par résonance qui est meilleure pour les produits d'hydrolyse que pour le composé riche en énergie.
- L'ionisation des produits qui contribue à diminuer (accroître en valeur absolue) la variation d'enthalpie libre de la réaction d'hydrolyse (ch. 1, II, 2.1.3.2.3.).
- L'isomérisation exergonique d'un des produits lorsqu'il s'agit d'un composé peu stable comme dans le cas de l'énol formé à partir du phosphoénolpyruvate.

On examine d'abord le cas de l'hydrolyse de l'ATP, composé qui joue un rôle central dans le transfert de groupe phosphoryle et dans les échanges d'énergie (ch. 1, I, 2 et III, 1.2.3. – ch. 4, II, B, 2.1.2.3., 5.2.2., 5.2.2.1.).

Ionisation des réactifs et des produits. Pour l'hydrolyse de l'ATP, l'équation : ATP + $H_2O \rightleftharpoons$ ADP + Pi recouvre à pH 7 l'ensemble des équilibres acido-basiques suivants entre les espèces majoritaires :

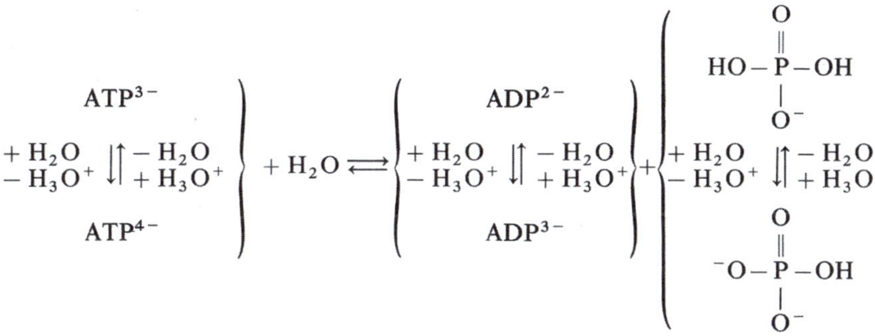

$pK^{\star}_{a_4} = 7{,}06(7{,}68)$ $pK^{\star}_{a_3} = 6{,}83(7{,}20)$ $pK^{\star}_{a_2} = 6{,}78(7{,}18)$

Les autres équilibres acido-basiques sont de faible importance puisque l'on a :

pour l'ATP pK_{a_1} et pK_{a_2} petits et $pK_{a_3} = 4{,}05$,
pour l'ADP pK_{a_1} petit et $pK_{a_2} = 3{,}95$,

et pour l'acide phosphorique H_3PO_4 $pK_{a_1} = 2{,}1$, $pK_{a_3} = 12{,}3$. En conséquence à pH 7 à l'équilibre, les espèces ATP^{4-} et ATP^{3-} sont en concentrations voisines $\left(\frac{[ATP^{4-}]}{[ATP^{3-}]} = 0{,}87\right)$ (ch. 2, 1re partie, II, 2.3.2.), de même pour ADP^{3-} et ADP^{2-} $\left(\frac{[ADP^{3-}]}{[ADP^{2-}]} = 1{,}48\right)$. Pour les ions phosphate majoritaires, le rapport des concentrations est : $\frac{[HPO_4^{2-}]}{[H_2PO_4^-]} = 1{,}66$.

Lorsque le pH augmente les concentrations des espèces ATP^{4-}, ADP^{3-} et HPO_4^{2-} augmentent. Les équations des réactions d'hydrolyse d'ATP^{4-} et ATP^{3-}, écrites ci-dessous, montrent l'ionisation des produits formés :

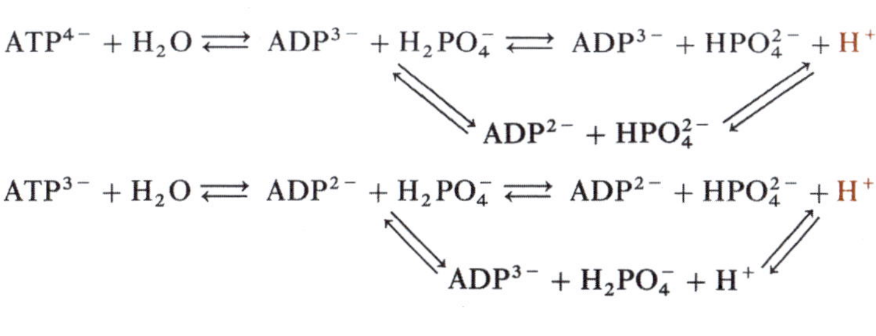

$\star$ Les valeurs de pK_a correspondent à une solution de force ionique 0,2 – 0,25 (ch. 3, II, D, 3.2.3.). Entre parenthèses sont indiquées les valeurs extrapolées à force ionique nulle, dites valeurs thermodynamiques.

Le système tampon (ch. 2, 1re partie, II.3.2., 3.3.1.) du milieu, qui consomme la majeure partie des protons produits, déplace les équilibres dans le sens d'une réaction d'hydrolyse plus exergonique. Il est possible d'étudier la variation d'enthalpie libre $\Delta G^{o\prime}_{pH}$ de la réaction d'hydrolyse de l'ATP en fonction du pH et l'on constate que lorsque le pH croît $\Delta G^{o\prime}_{pH}$ décroît, ce qui reflète l'influence croissante de l'ionisation des produits d'hydrolyse à partir de pH 6.

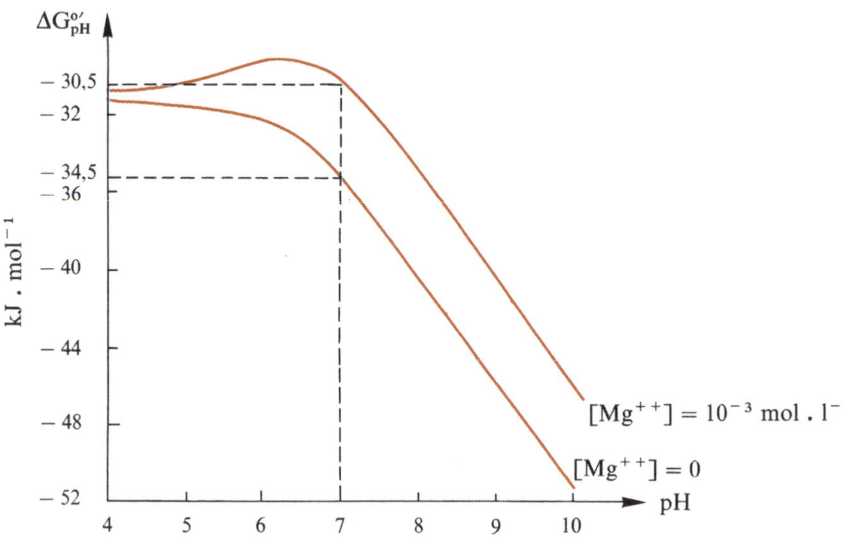

FIGURE 1.-1
$\Delta G^{o\prime}_{pH}$ pour l'hydrolyse de l'ATP en fonction du pH.
(*Courbe issue de D. E. Metzler, Biochemistry, Academic Press, N.Y. 1977*).

Interactions électrostatiques.

L'ATP, sous la forme ATP^{4-}, porte globalement quatre charges élémentaires négatives. En tenant compte de la délocalisation des six électrons π, il a été montré que la répartition des charges sur le squelette anhydride phosphorique est la suivante ★ :

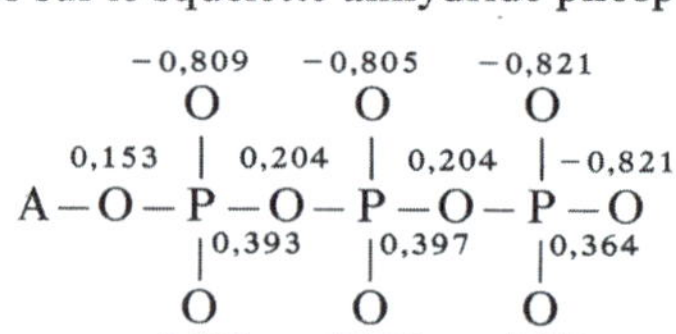

★ Valeurs issues de : B. Pullman, *Biochimie électronique*, Que sais-je?, 1969, 2e éd., n° 1075 P.U.F.

On remarque une chaîne centrale formée d'atomes de phosphore et d'oxygène portant des charges partielles positives entourée d'atomes d'oxygène chargés négativement. Lors de l'hydrolyse conduisant par exemple à ADP^{2-} et HPO_4^{2-}, chaque espèce formée porte globalement deux charges négatives et leur séparation, accompagnée de solvatation, diminue les répulsions électrostatiques.

La diminution de l'énergie de répulsion électrostatique lors de l'hydrolyse contribue pour environ 8,5 kJ . mol^{-1}* au potentiel de transfert de l'ATP.

Stabilisation par résonance.

L'examen de ATP^{4-} (ou ATP^{3-}), de ADP^{3-} (ou ADP^{2-}) et de HPO_4^{2-} (ou $H_2PO_4^-$) montre que la description de ces ions doit faire appel à plusieurs formes de résonance reflétant la délocalisation électronique (II, B, 3.5.) :

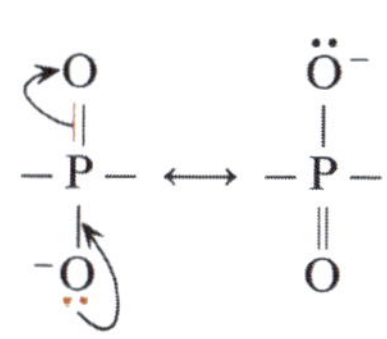

On peut cependant remarquer que le nombre de formes de résonance d'énergies comparables (II, B, 2.2.3.3.) est plus élevé pour les produits d'hydrolyse que pour le composé riche en énergie.

ATP^{4-}

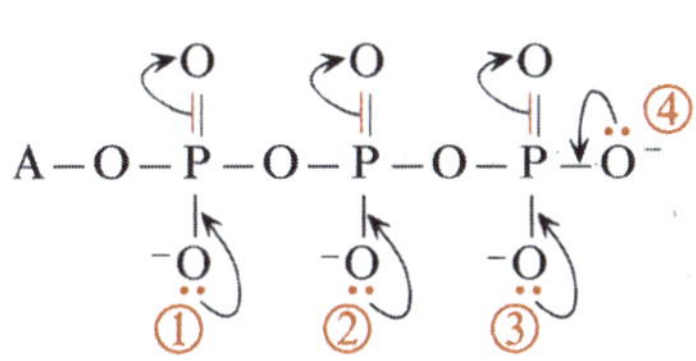

4 formes limites

ADP^{3-}

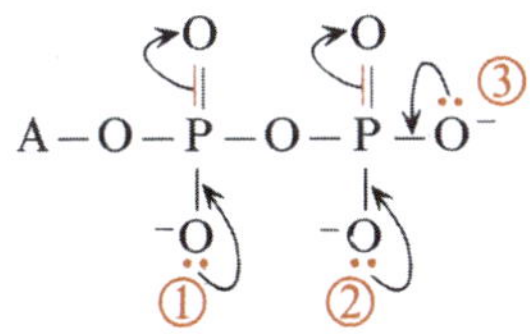

3 formes limites

* Valeur issue de : *Biochimie électronique*, déjà cité.

HPO_4^{2-}

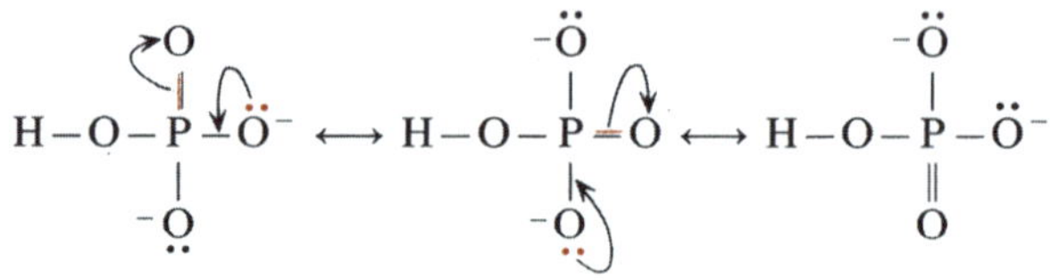

3 formes limites

Il y a dans les anhydrides phosphoriques une inhibition de la résonance (opposition à la résonance) pour les atomes d'oxygène entre deux phosphoryles. L'écriture des formes limites correspondantes fait apparaître un atome d'oxygène portant une charge positive qui, de plus, est adjacent à un atome de phosphore ayant un caractère positif partiel. De telles structures ne contribuent pas à « stabiliser » les anhydrides :

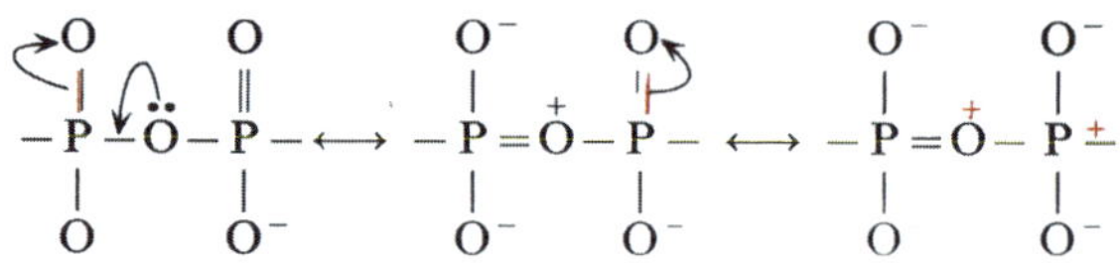

Cette inhibition de la résonance se présente deux fois dans l'ATP, mais elle est absente dans HPO_4^{2-} et présente seulement une fois dans l'ADP.

La méthode de la résonance permet d'interpréter par une meilleure délocalisation des charges, la plus grande stabilité des produits d'hydrolyse comparée à celle de l'ATP. Cette stabilisation par résonance a été évaluée à 11 kJ . mol^{-1} ★.

Dans le cas des autres composés riches en énergie, le ou les facteurs importants dépendent de la nature du groupement fonctionnel.

Anhydrides mixtes carboxyphosphoriques.

L'ionisation des produits d'hydrolyse et leur stabilisation par résonance sont des facteurs importants pour les composés comme le 3-phosphoglycéroylphosphate que l'on représente par :

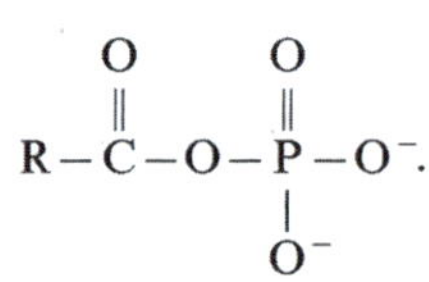

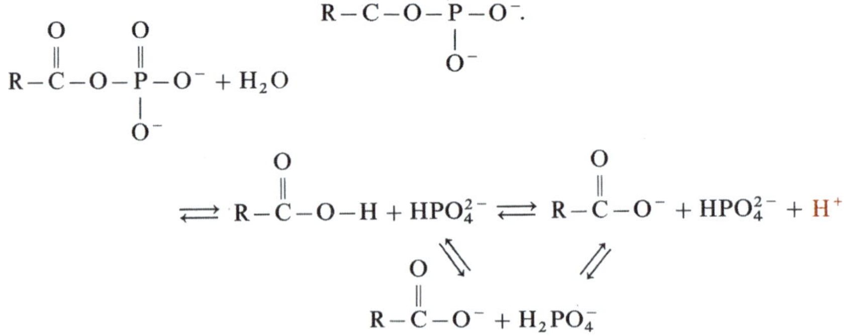

★ *Biochimie électronique*, déjà cité.

La contribution de l'enthalpie libre d'ionisation de l'acide carboxylique au potentiel de transfert de l'anhydride mixte a été évaluée à 13 kJ . mol^{-1}. La structure anhydride mixte présente une inhibition de la résonance :

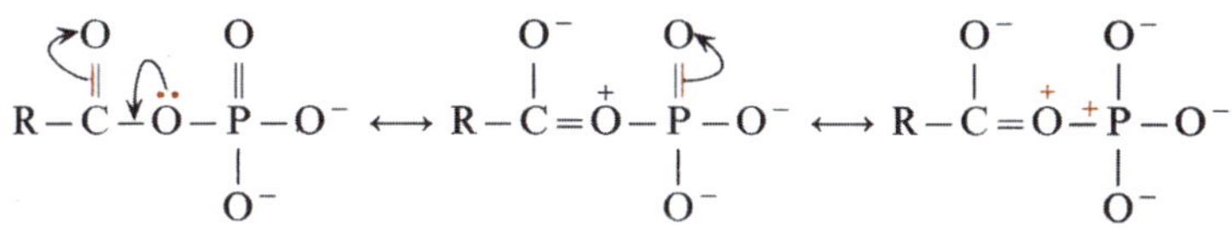

tandis que les ions phosphate et carboxylate résultant de l'hydrolyse, présentent respectivement trois et deux formes limites traduisant leur plus grande stabilité :

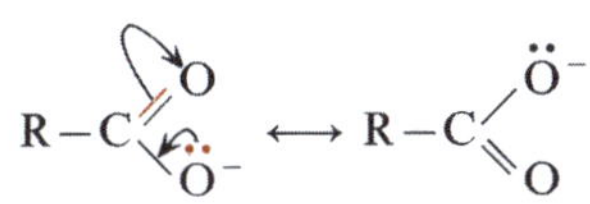

La différence de stabilité entre les produits de l'hydrolyse et l'anhydride mixte qui peut être interprétée par la résonance a été évaluée à 19 kJ . mol^{-1}.

Phosphoguanidines.

Il y a inhibition partielle de la résonance dans la partie guanidinium (II, B, 3.5.1.3.) du composé riche en énergie à cause de la charge positive partielle du phosphore du groupe phosphate. Cette inhibition disparaît dans les produits d'hydrolyse.

– Composé riche en énergie :

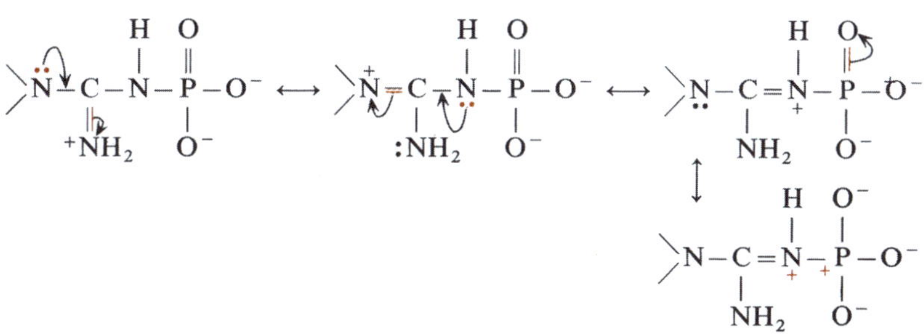

– Produits d'hydrolyse.

. ions phosphates : résonance normale;

. ions guanidinium de la créatine ou de l'arginine :

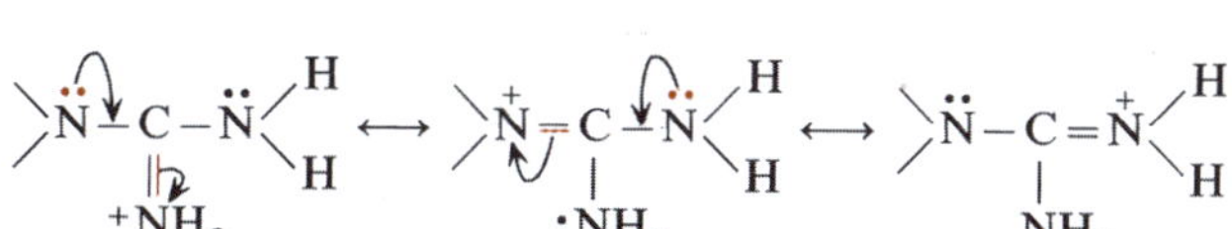

La stabilisation interprétée par cette différence de résonance a été évaluée à 5 kJ . mol^{-1}.

Phosphoénols.

L'hydrolyse du phosphoénolpyruvate s'écrit :

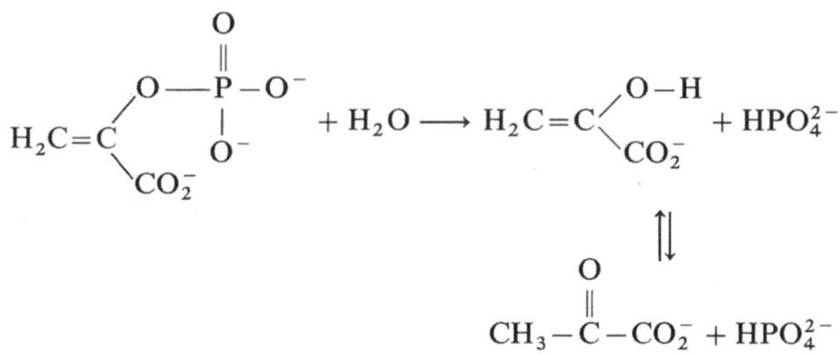

La forme énolique du pyruvate est peu stable et s'isomérise en la forme cétonique correspondante. La variation d'enthalpie libre standard due à cette tautomérie est de l'ordre de − 37 kJ . mol^{-1} et représente la contribution prépondérante à la valeur élevée du potentiel de transfert de phosphoryle du phosphoénolpyruvate.

L'ensemble des résultats thermodynamiques concernant la réaction d'hydrolyse de composés riches en énergie indique qu'ils sont peu stables en milieu aqueux et qu'à l'*équilibre en système fermé* leurs concentrations sont difficilement mesurables. Dans le milieu vivant en état *stationnaire*, la concentration de l'ATP par exemple est de l'ordre de 4 . 10^{-3} mol . l^{-1} dans le tissu hépatique (pour tous les tissus elle est comprise entre 2 . 10^{-3} et 6 . 10^{-3} mol . l^{-1}); elle est maintenue constante par une régulation mettant en jeu les vitesses de formation (ch. 1, III, 3 − ch. 2, 2e partie, III) et de consommation. Dans le métabolisme, la consommation de l'ATP ne se fait pas par réaction avec l'eau mais par réaction avec des composés nucléophiles comme les alcools, les amines ou les ions carboxylates, qui sont phosphorylés, pour activer leur groupement fonctionnel (ch. 1, III, 2.3. − ch. 4, II,B, 2.1.2.3., 2.1.2.4., 5.2.2., 5.2.2.1, 5.2.5.2.). A cette instabilité thermodynamique s'oppose une grande stabilité cinétique due à la forte densité de charge négative répartie sur les atomes d'oxygène périphériques de l'ion (vide supra). Cette charge s'oppose à l'approche des réactifs nucléophiles, eux-mêmes porteurs d'une densité de charge négative importante ou d'une charge entière (ch. 4, II, A, 1.2.). La phosphorylation est catalysée par des enzymes (les kinases) qui utilisent les ions Mg^{2+} dont la chélation par les groupes diphosphates (B, 4.2.) facilite les attaques nucléophiles sur l'atome de phosphore des groupes phosphoryles (ch. 4, II, B, 2.1.2.3.).

2. Propriétés de coordination des hémoprotéines

Le fer est le métal de transition le plus abondant dans le milieu vivant. Ses complexes y jouent trois rôles principaux : le transport de l'oxygène, l'activation de l'oxygène et la participation aux chaînes de transfert d'électrons (ch. 2, 2e partie, III). On ne s'intéresse ici qu'aux complexes dans lesquels le fer est lié à une *porphyrine*. De tels complexes sont présents dans les *hémoprotéines* comme la myoglobine, l'hémoglobine et les cytochromes. Les diverses porphyrines sont des ligands chélates (II, B, 4.2.) qui dérivent d'un même squelette tétrapyrrolique et présentent des substituants différents sur les noyaux pyrroles (fig. 2.-1).

Il est à noter que dans une porphyrine $(P)H_2$ les quatre atomes d'azote jouent des rôles équivalents. On ne peut en effet discerner lesquels portent un hydrogène et lesquels n'en portent pas à cause de la tautomérie (II, C, 1.2.). De même, les quatre atomes d'azote liés au fer dans l'hème sont indiscernables, la structure représentée figure 2.-1 n'est que l'une des formes de résonance possibles (II, B, 2.2.3.).

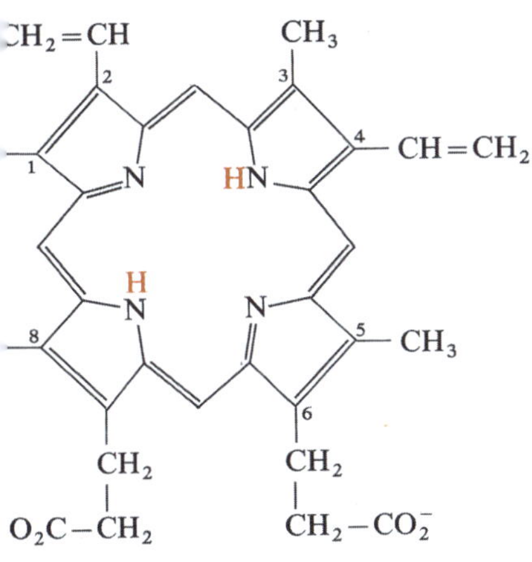

Protoporphyrine IX
(P) H_2(1).

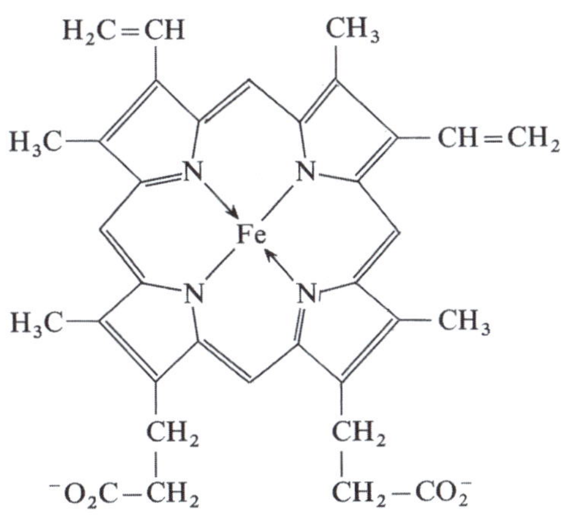

Ferroprotoporphyrine IX
hème sous forme réduite (P) Fe^{II}(2)
(l'atome de fer est au degré d'oxydation II).

FIGURE 2.-1

Schéma de la protoporphyrine IX et de son complexe du fer, ou hème, sous forme réduite.

(1) Les substituants R sont variables selon les porphyrines. Dans certains cytochromes, ils sont différents de ceux de la protoporphyrine IX présente dans la myoglobine et l'hémoglobine.

(2) Pour l'écriture de tels complexes, il est pratique d'utiliser le formalisme des liaisons de coordinence entre un ligand neutre (L) et le métal (M^{II}), soit $L \longrightarrow M^{II}$, afin d'éviter les charges formelles des structures de Lewis (II, B, 4.1.).

L'hème sous forme réduite est un complexe globalement neutre car la charge (2+) de l'ion ferreux, une fois coordiné, est neutralisée par les deux charges négatives correspondant à la perte des deux protons portés par les atomes d'azote des pyrroles de la porphyrine. Le passage d'une porphyrine $(P)H_2$ à la métalloporphyrine $(P)M^{II}$, ou réaction de métallation, correspond à l'équation

$$(P)H_2 + MX_2 \rightleftharpoons (P)M^{II} + 2HX.$$

Cette réaction effectuée à partir de $FeCl_2$, à l'abri de tout oxydant, donne l'hème sous forme réduite, ou ferroporphyrine, dans lequel le fer est au degré d'oxydation II, et de l'acide chlorhydrique. La ferroporphyrine $(P)Fe^{II}$ est très aisément oxydée en ferriporphyrine dans laquelle le fer est au degré d'oxydation III. Il s'agit d'un complexe cationique auquel est associé un anion, en général lié au métal, comme dans le cas de $(P)Fe^{III}-Cl$.

Le fer peut avoir six ligands et donner des complexes octaèdriques (II, B, 4.3.). Dans une ferroporphyrine, en plus des quatre atomes d'azote des pyrroles, comme ligands équatoriaux, le fer peut donc avoir deux ligands axiaux. Dans une ferriporphyrine, lorsque l'anion joue le rôle de cinquième ligand, le fer peut encore lier un second ligand axial.

Myoglobine et hémoglobine.

L'hémoglobine et la myoglobine sont des transporteurs d'oxygène, la première dans le sang au départ des poumons (I et 4.), la seconde dans les muscles. Dans les deux cas il y

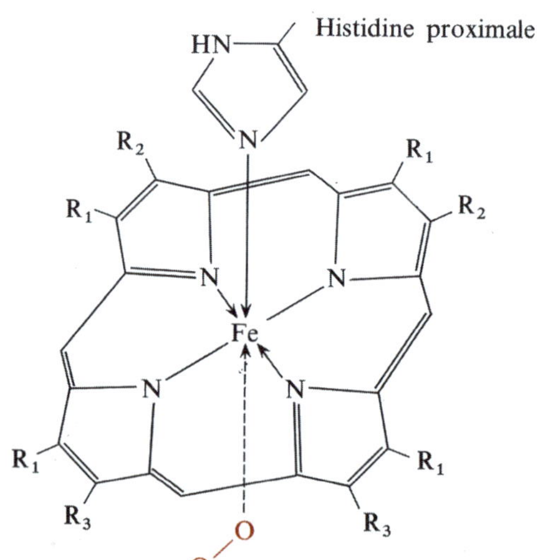

FIGURE 2.-2

Schéma du complexe hexacoordiné du fer (II) de l'oxymyoglobine et de l'oxyhémoglobine.

a fixation renversable de la molécule d'oxygène par le fer, au degré d'oxydation II, de l'hémoprotéine.

Dans ces deux hémoprotéines l'hème est lié à la protéine, dans une poche hydrophobe, par l'imidazole d'une histidine dite proximale qui joue le rôle de cinquième ligand du fer. Ce complexe pentacoordiné est appelé forme *désoxy*. La fixation d'une molécule d'oxygène sur la sixième position de coordination donne la forme *oxy*, schématisée sur la figure 2.-2 (voir aussi 4., fig. 4.-1).

L'hémoglobine et la myoglobine peuvent être oxydées à l'état ferrique, par exemple *in vitro*, par le ferricyanure de potassium, respectivement en *methémoglobine* et *metmyoglobine*. Ces deux dernières ne fixent plus l'oxygène, mais seulement des ligands ayant une bonne affinité pour le fer (III). Une telle oxydation peut avoir de graves conséquences pathologiques rencontrées dans les cas d'anomalies génétiques de l'hémoglobine elle-même ou des systèmes enzymatiques qui assurent la réduction du fer ferrique, ou dans les cas d'ingestion accidentelle de composés comme les ions nitrites, qui entraînent la formation de methémoglobine impropre au transport de l'oxygène.

Le tableau 2.-2 donne quelques caractéristiques de complexes dérivés de la myoglobine et de l'hémoglobine.

TABLEAU 2.-2

Quelques caractéristiques de complexes dérivés de la myoglobine et de l'hémoglobine

Complexe	Degré d'oxydation du fer	6ᵉ ligand	Nombre d'électrons non appariés*	Etat de spin*	ΔG° de fixation du 6ᵉ ligand kJ . mol^{-1}
Désoxymyoglobine	II		4	fort	
Désoxyhémoglobine	II		4	fort	
Oxymyoglobine	II	O_2	0	faible	– 33,5
Oxyhémoglobine	II	O_2	0	faible	– 26,7
Carboxymyoglobine	II	CO	0	faible	– 42,6
Carboxyhémoglobine	II	CO	0	faible	– 40,1
Nitrosylhémoglobine	II	NO	0	faible	– 58,5
Fluorometmyoglobine	III	F^-	5	fort	– 8,4
Cyanometmyoglobine	III	CN^-	1	faible	– 48,1

* Voir II, B, 4.3.

Les données du tableau 2.-2 mettent en évidence la grande affinité pour le fer, des ligands qui peuvent donner avec lui des interactions π, dites liaisons π « en retour » métal-ligand (II, B, 4.3.). Les valeurs des enthalpies libres standard de fixation du sixième ligand montrent que l'oxyde de carbone a une plus forte affinité que l'oxygène pour l'hémoglobine et la myoglobine, ce qui explique sa toxicité. Il est à noter que le monoxyde d'azote NO a une affinité encore bien supérieure à celle du monoxyde de carbone.

L'ion cyanure a une faible affinité pour le fer(II) mais par contre une très forte affinité pour le fer(III), bien supérieure à celle de l'ion fluorure indiquée ici à titre de comparaison car ce ligand ne donne pas d'interaction π avec le métal.

Cytochromes de la chaîne respiratoire mitochondriale.

On rappelle ci-dessous la succession des cytochromes impliqués dans la chaîne de transport d'électrons de la mitochondrie (fig. 2.-3.).

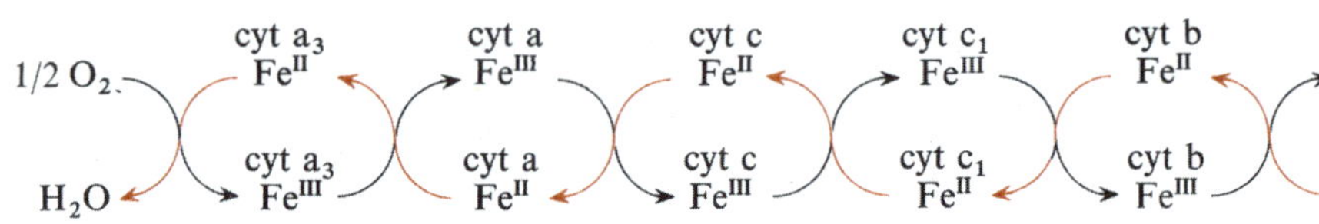

FIGURE 2.-3

Schéma de la portion de la chaîne mitochondriale de transport des électrons allant du cytochrome b au cytochrome a_3.

Le flux d'électrons est symbolisé par les flèches rouges.

Dans tous ces cytochromes, à l'exception du cytochrome a_3, les cinquième et sixième positions de coordination du fer sont occupées par des ligands issus des aminoacides de la protéine, par exemple l'imidazole d'une histidine et la fonction thioéther d'une méthionine pour le cytochrome c. De plus la poche de l'hème ne permet pas l'accès de ligands extérieurs et dans ces conditions le fer(II) ne peut pas fixer l'oxygène ou l'oxyde de carbone et le fer(III) ne peut pas fixer l'ion cyanure. Les cytochromes b, c_1 et c servent à transférer les électrons dans le sens imposé par leurs potentiels redox respectifs (ch. 2, 2e partie, II, 2.2. et p. 267). Les cytochromes a et a_3 sont associés dans une même protéine, la cytochrome oxydase. Le cytochrome a_3 qui est le dernier maillon de la chaîne fixe l'oxygène et permet sa réduction. Son action est inhibée par l'oxyde de carbone qui empêche la fixation de l'oxygène sur le fer(II) et par l'ion cyanure qui a une forte affinité pour le fer(III) de la forme oxydée. C'est cette dernière fixation, bloquant la chaîne respiratoire, qui explique la toxicité de l'ion cyanure. La réduction de l'oxygène par la cytochrome oxydase fait intervenir d'autres facteurs qui ne sont pas discutés ici, en particulier l'oxydoréduction d'un complexe de cuivre en liaison avec celle du fer. La façon dont quatre électrons sont acheminés pour la réduction d'une molécule d'oxygène en eau, est encore le sujet d'actives recherches.

3. Structures des acides nucléiques et des protéines

La structure des acides nucléiques et celle des protéines, ainsi que leurs relations avec les fonctions de ces macromolécules, illustrent l'importance des liaisons covalentes et des interactions non covalentes dans les processus biologiques.

Les acides désoxyribonucléiques (ADN) sont formés d'un squelette résultant de l'enchaînement de désoxyriboses (formule p. 268) reliés par des ponts phosphodiester entre les fonctions alcool en 3′ d'un désoxyribose et en 5′ du désoxyribose voisin (fig. 3.-1).

Sur ce squelette commun à tous les ADN sont fixés, dans un ordre variable, quatre hétérocycles azotés, que l'on appelle communément bases puriques et pyrimidiques : deux bases puriques, l'adénine, et la guanine, et deux bases pyrimidiques, la cytosine et la thymine (formules p. 268). Cet ensemble constitue la *structure primaire* ou covalente des ADN. Chaque ADN présente une *séquence de bases* caractéristique.

La structure spatiale régulière de l'ADN, appelée *structure secondaire*, est caractérisée par une hélice à deux brins dits *complémentaires* (fig. 3.-2) : chaque brin est formé d'un enchaînement covalent du type de celui décrit par la figure 3.-1. A chaque base d'un brin correspond une base complémentaire de l'autre brin : adénine à thymine, guanine à cytosine. Cette complémentarité des bases résulte à la fois de leur encombrement relatif et de leur capacité à s'associer par des *liaisons hydrogène* (II, D, 2.2.). Compte tenu de la distance entre les brins, une base pyrimidique est obligatoirement complémentaire d'une base purique; de plus, les bases des couples A-T et G-C s'associent respectivement par 2 et par 3 liaisons hydrogène, avec pour chacune d'elles une disposition linéaire des trois atomes liés qui correspond à l'énergie maximale d'interaction (fig. 3.-3) (II, D, 2.-2.). Dans les conditions physiologiques de milieu, les couples A-C et G-T donneraient un appariement moins stable. Dans la structure schématisée sur la figure 3.-2 a, les bases occupent une position centrale, proche de l'axe de l'hélice. Elles se superposent dans des plans parallèles les uns aux autres et approximativement perpendiculaires à l'axe de l'hélice. En plus de la stabilité due aux liaisons hydrogène, cette disposition permet une stabilisation de la double hélice en milieu aqueux :

- par des *interactions hydrophobes* (II, D, 3.3.1.) incluant les interactions de van der Waals entre les bases adjacentes superposées dont les nuages électroniques π sont polarisables;

- par des *interactions électrostatiques* (II, D, 1.1.) entre l'enchaînement périphérique désoxyriboses-phosphates, polaire et hydrophile, et les molécules d'eau ou les groupes chargés des protéines environnantes.

La structure à deux brins de l'ADN, proposée par Watson et Crick en 1953 à partir de données radiocristallographiques, est adaptée à sa fonction de *matériel génétique* qui

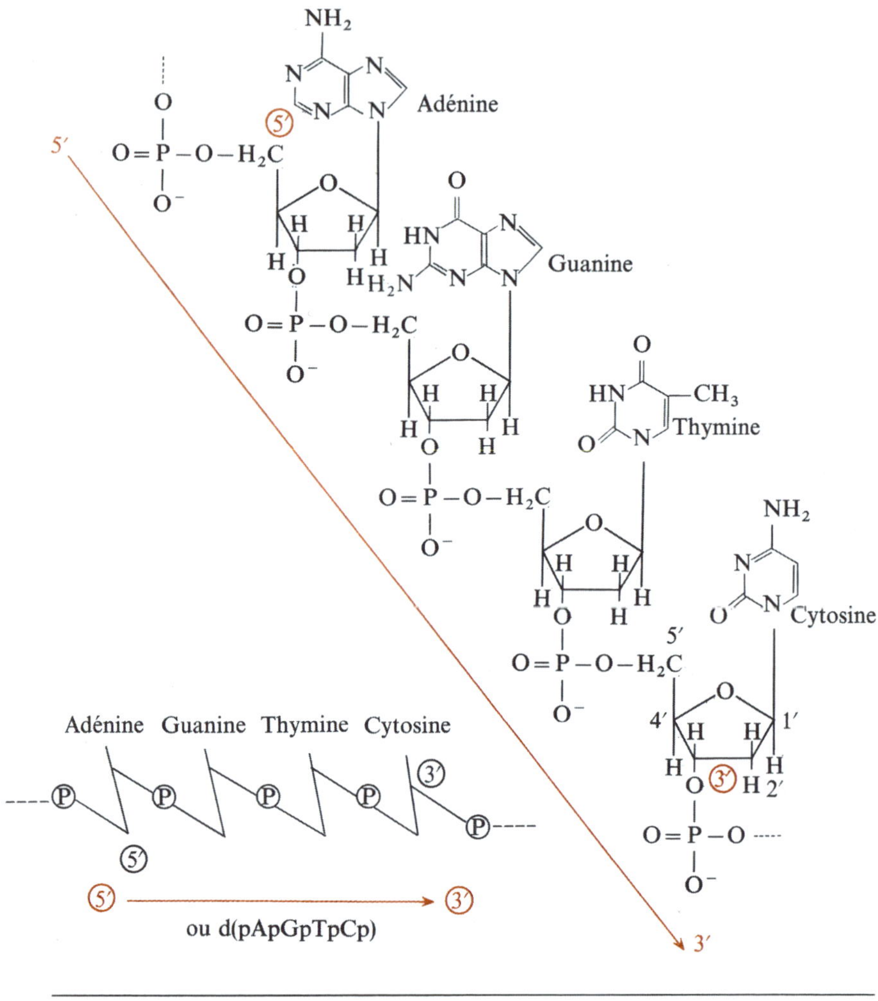

FIGURE 3.-1

Structure primaire d'un fragment de brin d'ADN.

Les atomes de carbone des désoxyriboses sont numérotés 1′, 2′, 3′, 4′ et 5′. Le brin est conventionnellement orienté de l'extrémité 5′ vers l'extrémité 3′ (on appelle extrémité 5′ celle dont la fonction alcool en 5′ du désoxyribose est libre (–OH) ou estérifiée sous la forme d'un groupe phosphate terminal ($-OPO_3^{2-}$); la définition est la même pour l'extrémité 3′).

En bas à gauche : représentations schématiques de l'ADN. Les barres verticales représentent le désoxyribose, le symbole Ⓟ *le pont phosphodiester.*

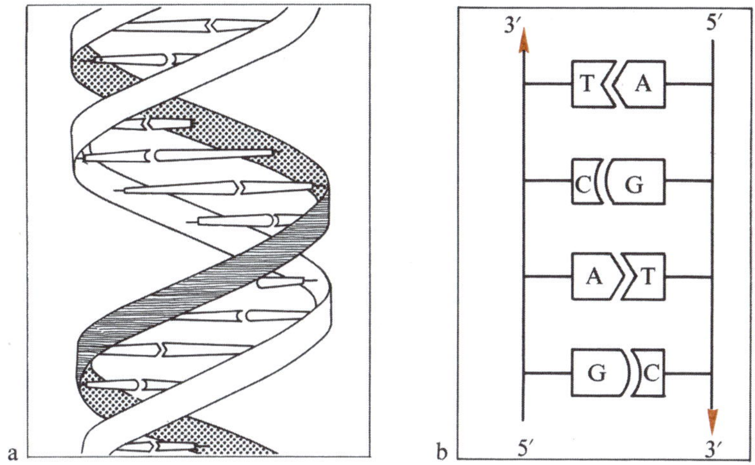

FIGURE 3.-2
Représentation schématique de la structure secondaire en double hélice de l'ADN (Watson et Crick).
a — Structure spatiale schématique de l'ADN. Chaque hélice proprement dite est constituée de l'enchaînement covalent désoxyriboses-phosphates (fig. 3.-1), tandis que les « barreaux » perpendiculaires à l'axe correspondent aux bases appariées par des liaisons hydrogène.
b — La complémentarité des bases dans l'ADN. Les flèches indiquent l'orientation des deux brins dans le sens 5′ ⟶ 3′ : les brins complémentaires sont dits antiparallèles, car ils sont parallèles mais d'orientation opposée.

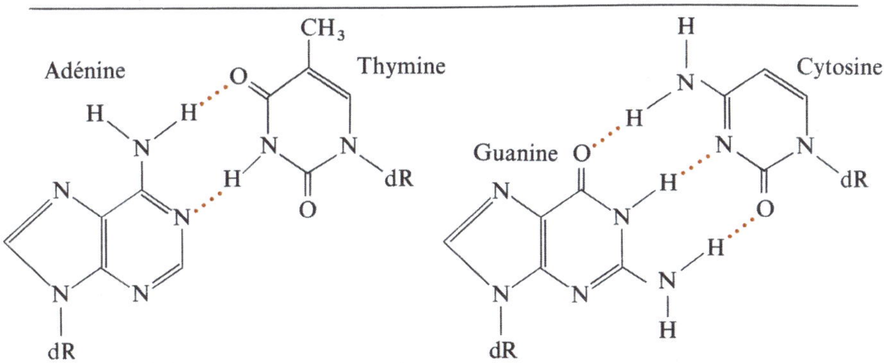

FIGURE 3.-3
Liaisons hydrogène entre bases complémentaires dans l'ADN.
Les formes tautomères représentées (II, C, 1.2.), qui sont celles qui prédominent pour les bases libres dans les conditions physiologiques, permettent l'établissement du nombre maximal de liaisons hydrogène entre A et T, deux, et entre G et C, trois; elles réalisent ainsi l'arrangement le plus stable pour l'appariement des deux brins. dR symbolise le 2-désoxy-D-ribose.

doit à la fois se reproduire identique à lui-même, et fournir l'information nécessaire à la biosynthèse des protéines. L'information génétique est contenue dans la séquence des bases de l'ADN. La complémentarité des deux brins permet la *réplication* de l'ADN, c'est-à-dire sa reproduction à l'identique, suivant un processus schématisé fig. 3.-4.

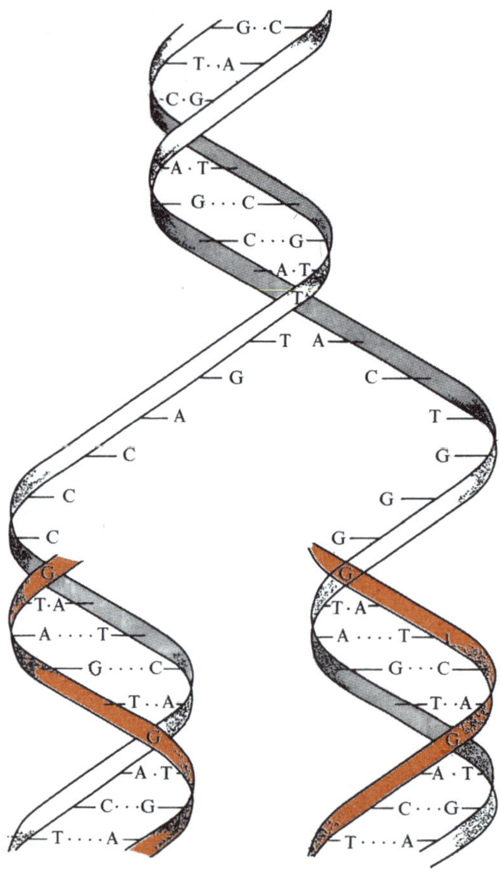

FIGURE 3.-4

Réplication de l'ADN.

Chaque brin nouvellement formé (en rouge) est complémentaire d'un des brins qui sert de matrice (ou parental, en noir). Il en résulte que les deux nouvelles molécules d'ADN sont strictement identiques entre elles et à la molécule parentale.

L'information génétique contenue dans l'ADN détermine la structure primaire des protéines car la séquence des bases de l'ADN détermine la séquence des aminoacides des protéines. Cette transmission de l'information des ADN aux protéines s'effectue en deux étapes, la *transcription* et la *traduction* (fig. 3.-5).

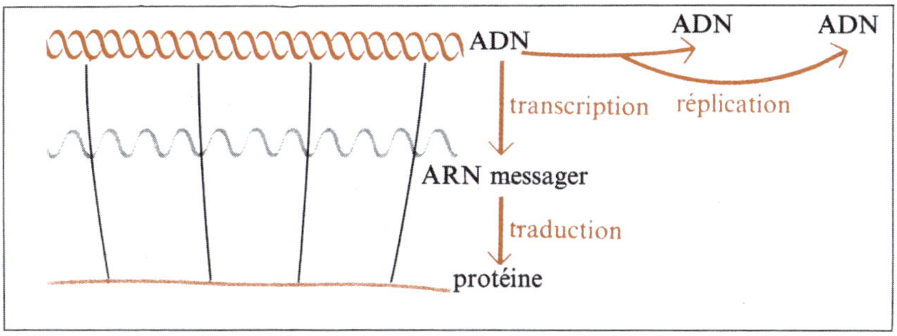

FIGURE 3.-5

Rôles biologiques des ADN : réplication, transcription et traduction.

La réplication permet la conservation de l'information génétique au moment des divisions cellulaires.
La transcription transfère le message d'un des brins de l'ADN à l'ARN messager.
Au cours de la traduction, l'ordre des bases dans l'ARN messager détermine l'ordre des aminoacides dans la protéine synthétisée.

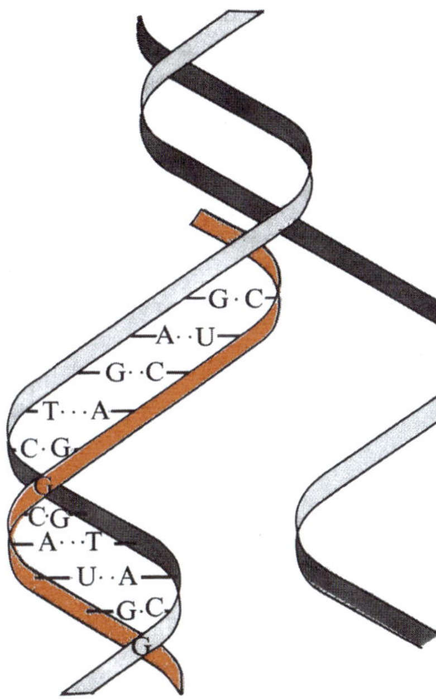

FIGURE 3.-6

Transcription de l'ADN en ARN_m

L'ARN messager (en rouge), formé d'un seul brin, est complémentaire d'un des brins de l'ADN, mais U et non T est complémentaire de A.

Au cours de la *transcription*, un ARN à un seul brin, complémentaire d'un des brins de l'ADN, est synthétisé. Cet ARN est appelé ARN messager (ARN_m). L'information génétique est ainsi transférée, « transcrite », de l'ADN à l'ARN_m dans le « langage » des bases puriques et pyrimidiques (fig. 3.-6). L'ARN_m possède une structure covalente qui ne diffère de celle de l'ADN que par deux caractères : le ribose y remplace le désoxyribose, et l'uracile y remplace la thymine (formules p. 268). Ces deux bases s'apparient avec l'adénine de manière analogue, de sorte que la complémentarité ADN-ARN_m est assurée par les couples suivants, dans lesquels la première base appartient à l'ADN, et la seconde à l'ARN_m : adénine-uracile, guanine-cytosine, cytosine-guanine, thymine-adénine. Là encore, les liaisons hydrogène assurent la fidélité de la transcription du message.

Au cours de l'étape suivante, appelée *traduction*, la séquence des bases de l'ARN_m détermine la séquence des aminoacides de la protéine qui est nouvellement synthétisée : il y a changement de langage, d'où le nom donné à ce processus. Chacun des vingt aminoacides correspond à une séquence (ou à plusieurs séquences) de trois bases de l'ARN_m, appelée *codon*. Cependant, la « reconnaissance » de l'aminoacide par son codon n'est pas directe; elle s'effectue par l'intermédiaire d'un ARN de transfert (ARN_t) spécifique à la fois d'un aminoacide donné et du codon correspondant. En présence d'une enzyme d'activation spécifique à la fois de l'aminoacide et de l'ARN_t, un acide aminé est lié par estérification avec un hydroxyle du ribose terminal de l'ARN_t qui lui correspond (fig. 3.-7) (ch. 4, II, B, 5.2.2.1.). L'ARN_t présente une séquence de trois bases caractéristiques de l'acide aminé, appelée *anticodon*, capable de « reconnaître » la séquence complémentaire des trois bases du

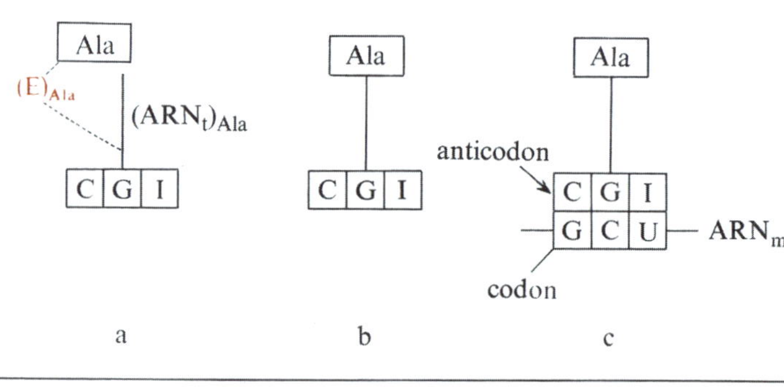

FIGURE 3.-7

Représentation schématique de la spécificité de la traduction.

a) Une enzyme $(E)_{Ala}$ « reconnaît » à la fois de façon spécifique un acide aminé, l'alanine (Ala), et l'ARN de transfert qui lui correspond $(ARN_t)_{Ala}$.

b) Grâce à cette enzyme, l'alanine est fixée sur son ARN de transfert.

c) A son tour l'$(ARN_t)_{Ala}$ « reconnaît » le codon de l'ARN_m qui lui correspond par l'intermédiaire de son anticodon (fig. 3.-8).

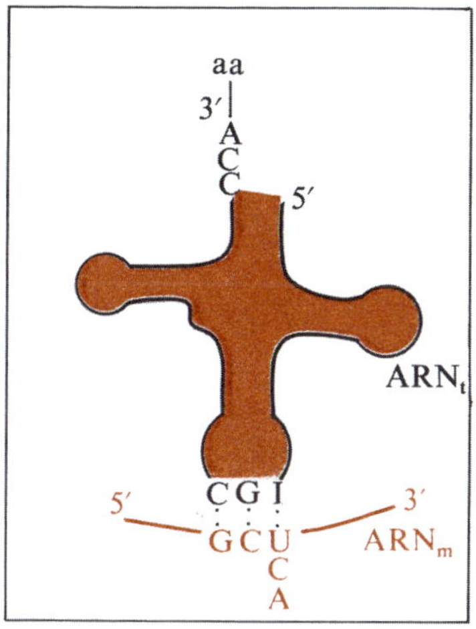

FIGURE 3.-8

La traduction : reconnaissance codon-anticodon.

Chaque aminoacide (aa) est fixé au niveau d'une extrémité 3′ qui est toujours CCA, sur un ARN$_t$ *spécifique. Grâce à son anticodon (ici IGC), l'*ARN$_t$ *« reconnaît » le codon de l'*ARN$_m$ *(ici GCU) qui lui correspond, par établissement de liaisons hydrogène entre bases complémentaires. Cependant, dans ce cas, la complémentarité n'est pas totale : I (inosine, nucléoside de l'anticodon dont la base est l'hypoxanthine, ou 6-oxopurine, formule p. 268) peut reconnaître trois nucléosides différentes (U, C et A) en troisième position du codon. Cela n'entraîne aucune erreur, car les trois codons GCU, GCC et GCA correspondent au même aminoacide : l'alanine.*

codon de l'ARN$_m$ (fig. 3.-8) : ainsi chaque acide aminé est-il placé, par l'intermédiaire de l'ARN$_t$, devant le codon correspondant de l'ARN$_m$. Il se lie alors par une liaison peptidique (ch. 4, II, B, 5.2.2.1.) à l'aminoacide précédent de la chaîne en croissance, et l'ARN$_t$ est libéré. L'ordre d'enchaînement des aminoacides dans les protéines, aussi appelé *structure primaire*, est donc entièrement déterminé par l'ordre des bases dans l'ADN (fig. 3.-9).

Comme on l'a vu précédemment, la structure primaire d'une protéine donnée détermine à son tour, dans l'environnement physiologique, les différents niveaux d'organisation de sa *structure spatiale*, secondaire, tertiaire et éventuellement quaternaire (I). Ce sont principalement les diverses liaisons et interactions entre les chaînes latérales des aminoacides, et entre ces chaînes latérales et le milieu aqueux, qui déterminent et stabilisent la structure spatiale des protéines. Il s'agit (fig. 3.-10) :

- soit de liaisons covalentes telles que les ponts disulfure, établis entre les chaînes latérales de deux cystéines (ch. 4, II, B, 2.4.2.1.);
- soit d'interactions non covalentes (électrostatiques, hydrogène et hydrophobes) (II, D).

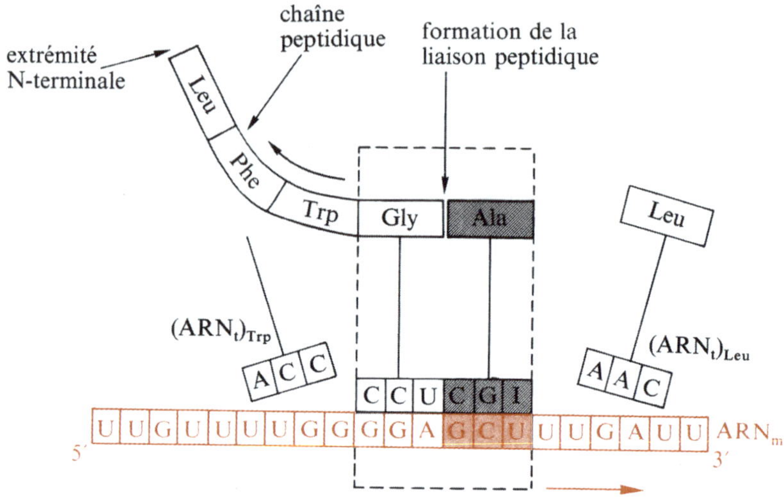

FIGURE 3.-9

Détermination génétique de la structure primaire des protéines.

Une structure appelée ribosome (en pointillés) se déplace sur l'ARN$_m$ (en rouge) dans le sens indiqué par la flèche, de l'extrémité 5′ vers l'extrémité 3′. La leucine (Leu), la phénylalanine (Phe), le tryptophane (Trp) et la glycine (Gly) ont déjà été mis en place, de l'extrémité N-terminale à l'extrémité C-terminale, dans la chaîne peptidique, tandis que l'alanine (Ala) vient d'être disposée en face de son codon GCU par l'intermédiaire de l'ARN$_t$ correspondant (fig. 3.-8). Une liaison peptidique s'établit alors entre la glycine et l'alanine; l'ARN$_t$ de la glycine sera ensuite éjecté, le ribosome se déplacera de trois bases, et la leucine sera à son tour mise en place en face de son codon UUG.
Au total, l'ordre des codons de trois bases de l'ARN$_m$, lui-même déterminé par l'ordre des bases d'un des brins d'ADN (fig. 3.-6), impose à son tour l'ordre des acides aminés de la protéine synthétisée, c'est-à-dire sa structure primaire.

Dans certaines protéines dites fibrillaires, l'ordre des aminoacides et les interactions décrites ci-dessus, s'ajoutant aux contraintes géométriques imposées par la liaison peptidique (fig. 3.-11) (II, C, 2.3.2.2.), déterminent une structure spatiale régulière, identique à elle-même sur une grande longueur : c'est la *structure secondaire*. Il en existe différents types, par exemple :

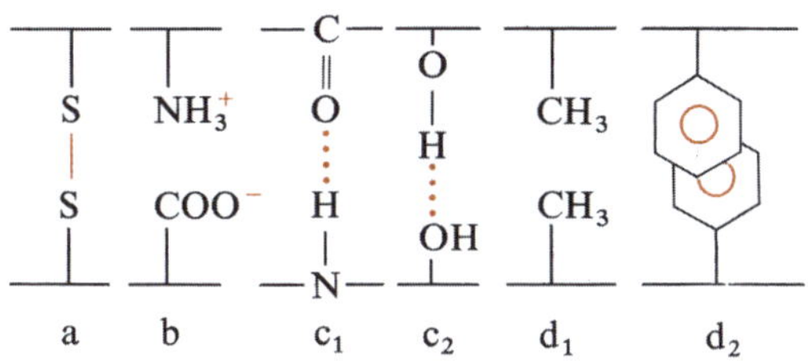

FIGURE 3.-10

Quelques exemples de liaisons et d'interactions qui déterminent et stabilisent la structure spatiale des protéines.

a) Liaison covalente : *pont disulfure entre les groupes SH de deux cystéines.*

b) Interactions électrostatiques *entre les groupes carboxylate et ammonium des chaînes latérales d'acides aminés tels que l'aspartate et le glutamate d'une part, la lysine d'autre part.*

c) Liaisons hydrogène.

c_1 – *entre groupements CO et NH de deux liaisons peptidiques différentes;*

c_2 – *entre les groupes protiques des chaînes latérales d'acides aminés, tels que la sérine, la thréonine, la tyrosine.*

d) Interactions hydrophobes.

d_1 – *entre chaînes latérales aliphatiques d'acides aminés tels que l'alanine, la valine, la leucine, l'isoleucine;*

d_2 – *entre chaînes latérales aromatiques d'acides aminés tels que la phénylalanine et le tryptophane.*

(Formules des aminoacides p. 274).

– l'*hélice* α (fig. 3.-12), caractéristique de l'α-kératine, protéine de soutien de la peau et de ses annexes (cheveux, poils, ongles, ...), et principal constituant de la laine ;

– la *structure β en feuillets plissés* (fig. 3.-13), que l'on trouve par exemple dans la fibroïne de la soie.

Dans d'autres cas, les interactions de chaînes latérales d'aminoacides entre elles et avec le milieu aqueux entraînent un repliement de la chaîne peptidique sur elle-même qui conduit à la formation d'une *protéine globulaire* de forme grossièrement sphérique. Cette *structure tertiaire* est constituée de segments organisés par exemple en hélice α ou en structure β, dont la régularité est rompue par endroits par des boucles ou replis (voir fig. I.-3, p. 7, l'exemple de la myoglobine). Des interactions hydrophobes contribuent à stabiliser cet ensemble : les chaînes latérales polaires et hydrophiles sont orientées vers le milieu extérieur aqueux, tandis que les chaînes latérales hydrophobes sont orientées vers l'intérieur de la structure.

Certaines protéines présentent une *structure quaternaire* qui est constituée de plusieurs chaînes peptidiques associées par des interactions généralement non covalentes. De

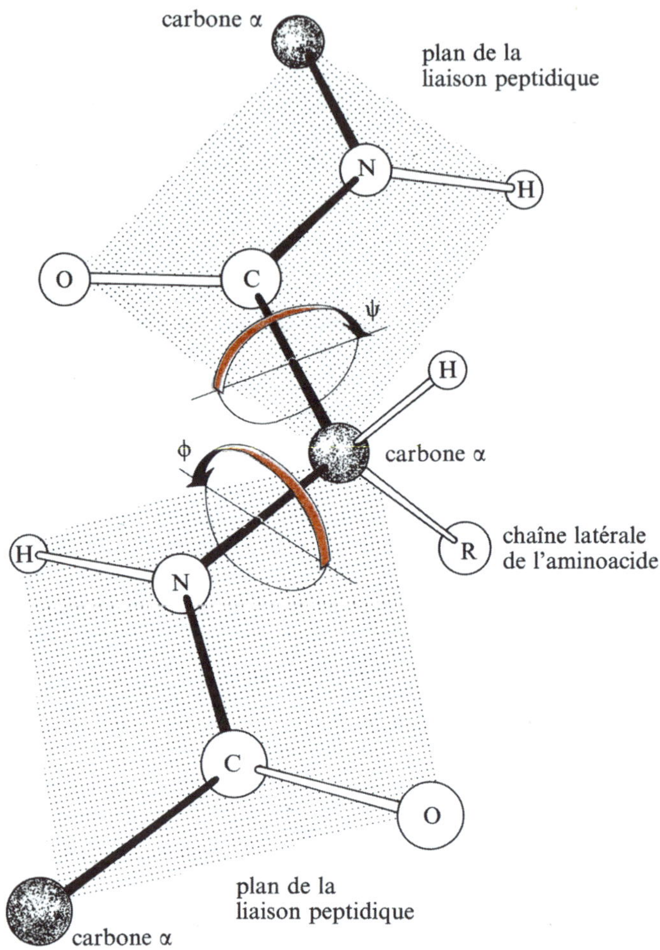

FIGURE 3.-11

Caractéristiques géométriques de la liaison peptidique.

En raison du caractère partiel de double liaison de la liaison peptidique (II, C, 2.3.2.2.), les carbones α de deux acides aminés consécutifs, ainsi que les groupes C–O *de l'un et* N–H *de l'autre, sont coplanaires. Cependant des rotations sont possibles autour de la liaison* Cα–C *(angle ψ) et de la liaison* Cα–N *(angle Φ). Mais il existe des contraintes stériques qui interdisent certaines valeurs de ces angles : ces contraintes jouent un rôle important dans l'établissement de la structure spatiale des protéines.*

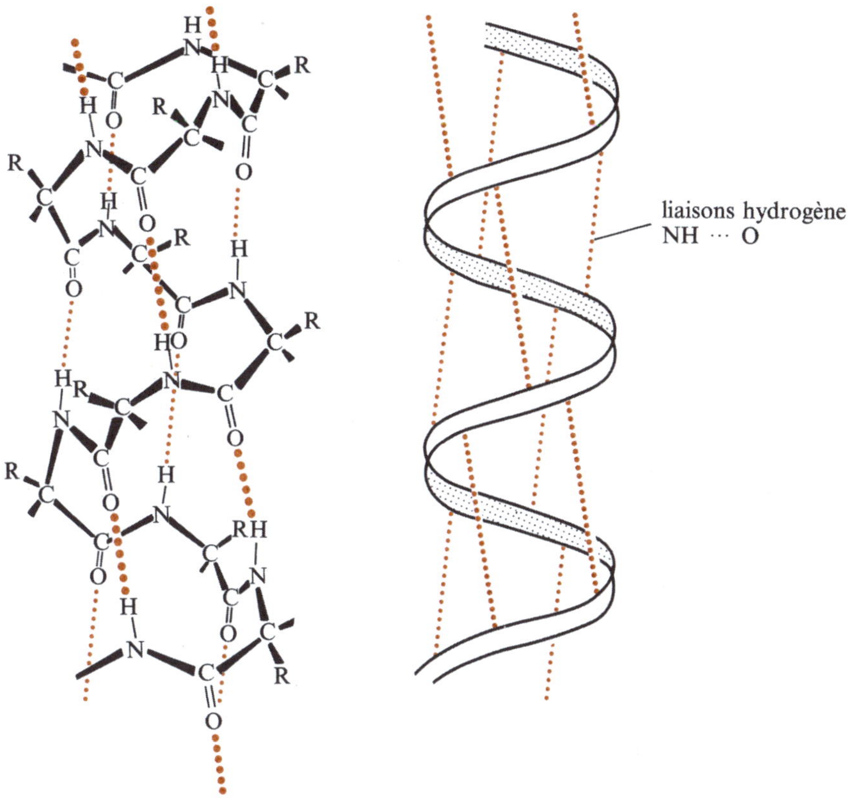

FIGURE 3.-12

L'hélice α

Elle est stabilisée par des liaisons hydrogène « intracaténaires » (à l'intérieur d'une même chaîne), qui s'établissent entre le groupement C = O *d'une liaison peptidique et le groupement* N – H *d'une autre. Ces liaisons hydrogène sont symbolisées par des pointillés rouges.*

tels oligomères se forment spontanément lorsque des chaînes peptidiques de poids moléculaire supérieur à environ 7 000 présentent une proportion insuffisante de groupes polaires à la périphérie de la structure tertiaire. Les chaînes latérales apolaires affleurent alors à la surface et tendent à s'associer avec celles d'une autre chaîne peptidique pour former un oligomère par interaction hydrophobe. Un exemple caractéristique de structure quaternaire, l'hémoglobine, a été présenté précédemment (I). Les implications biologiques de cette structure quaternaire sont évoquées dans le paragraphe (4) suivant.

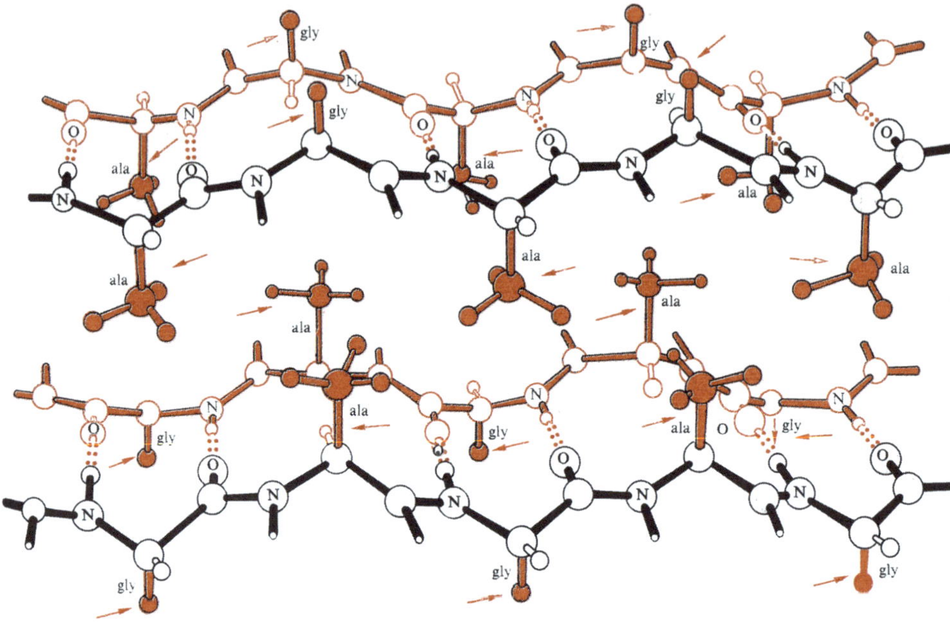

FIGURE 3.-13

La structure β en feuillets plissés de la fibroïne de la soie.

Deux feuillets superposés sont représentés.

Chaque feuillet est constitué de chaînes peptidiques qui courent parallèlement et contractent entre elles des liaisons hydrogène « intercaténaires » (en pointillés) s'établissant entre le groupe C=O *d'une liaison peptidique d'une chaîne et le groupe* N−H *d'une liaison peptidique de la chaîne voisine. Sur une grande longueur de la molécule, l'alanine (Ala) et la glycine (Gly) alternent. Il en résulte que, pour un feuillet donné, toutes les chaînes latérales de l'alanine* ($-CH_3$) *sont d'un côté, et celles de la glycine* (−H) *de l'autre.*

Deux feuillets superposés orientent l'un vers l'autre, soit les atomes d'hydrogène des glycines, soit les groupes méthyle des alanines : cette dernière situation est représentée ici. Les feuillets superposés sont essentiellement associés par des interactions de van der Waals et hydrophobes entre ces groupes.

Les interactions qui stabilisent les structures secondaire, tertiaire et quaternaire des protéines impliquent en général des énergies d'attraction faibles; néanmoins le nombre élevé de ces interactions confère une grande stabilité à la structure dite « native » de l'édifice macromoléculaire dans son environnement physiologique. Toute perturbation de cet environnement altère la stabilité de la protéine, et peut conduire à une *dénaturation* : c'est une modification, renversable ou non, de la structure spatiale

FIGURE 3.-14

Schéma de la dénaturation d'une protéine globulaire.

La structure dénaturée, qui n'a pas de conformation spatiale stable et définie, est souvent appelée « pelote statistique ».

native de la protéine, sans modification de la structure primaire. Au cours de la dénaturation, la chaîne peptidique se déplie, s'ouvre vers le solvant (fig. 3-14); les liaisons hydrogène intracaténaires sont remplacées par des liaisons hydrogène avec le solvant; les zones hydrophobes démasquées tendent à s'associer d'une chaîne à l'autre, conduisant à la formation d'agrégats qui peuvent précipiter. L'activité biologique (par exemple l'activité catalytique d'une enzyme), qui dépend de la structure spatiale native, est généralement perdue. De nombreux agents dénaturants, physiques ou chimiques, ont été décrits : ils agissent en altérant les diverses interactions impliquées dans la stabilité de la structure spatiale des protéines (D). La *température* influence cette stabilité, qui est maximale, pour la plupart des protéines, entre 20 et 50 °C. Une élévation de température, en augmentant l'agitation thermique, ou un refroidissement, en affaiblissant les interactions hydrophobes (II, D, 3.3.1), peuvent conduire à une dénaturation. Il en est de même des *acides et des bases* qui, en modifiant le pH du milieu, influencent les interactions charge-charge entre groupes ionisés. L'action dénaturante des *cations métalliques* résulte de leur fixation sur des groupes anioniques ($-CO_2^-$) ou neutres ($-$OH, imidazole) et particulièrement sur les fonctions thiol et thioester (B, 4.1.; ch. 4, II, B, 2.4.2.1., 2.4.2.2.) pour ceux des métaux lourds (Pb^{2+},

Hg^{2+}). Les *solvants organiques* agissent par divers mécanismes. S'ils sont protiques (éthanol par exemple), ils donnent des liaisons hydrogène avec les fonctions amide des liaisons peptidiques, et avec les groupes polaires de certaines chaînes latérales des acides aminés. Ces liaisons hydrogène entrent en compétition avec celles de la structure native. L'acétone, aprotique, peut aussi participer à des liaisons hydrogène par son groupe carbonyle. De plus, les solvants comme l'éthanol et l'acétone, miscibles à l'eau, solvatent moins bien qu'elle les groupes ioniques qui sont à la périphérie des protéines globulaires. Certains *composés organiques protiques*, très polaires ou ionisés, sont dénaturants à concentration élevée. Il en est ainsi de l'urée (8 mol . l^{-1}) et du chlorure de guanidinium (4 mol . l^{-1}) :

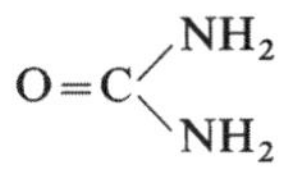

urée

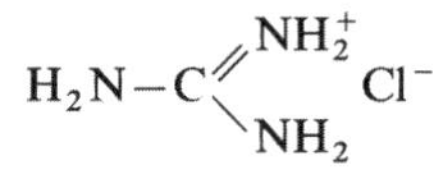

chlorure de guanidinium

Ces composés agissent en entrant en compétition avec les liaisons hydrogène intramoléculaires et les autres interactions électrostatiques de la structure spatiale native. Les *détergents* comme le dodécylsulfate de sodium (D, 3.3.2.) perturbent les associations résultant d'interactions hydrophobes entre parties apolaires de la macromolécule. Enfin, les *réducteurs* rompent les ponts disulfure par des réactions du type de celle que donne le mercaptoéthanol :

$$R-S-S-R' + 2\,HOCH_2-CH_2SH \longrightarrow R-SH + R'-SH + \begin{matrix} HOCH_2-CH_2-S \\ | \\ HOCH_2-CH_2-S \end{matrix}$$

4. Relations entre structure spatiale et fonction de l'hémoglobine

Il a été montré au paragraphe I que la structure quaternaire de l'hémoglobine était adaptée à son rôle biologique de transporteur d'oxygène entre les poumons et les tissus. Il est maintenant possible d'analyser l'implication des différents types de liaisons et d'interactions dans cette relation entre structure et fonction de l'hémoglobine.

La structure cristallographique de la désoxyhémoglobine, déterminée par diffraction des rayons X, montre que le fer (II) est pentacoordiné, et qu'il est écarté d'environ 0,06 nm du plan contenant les quatre atomes d'azote, du côté de l'histidine proximale F8 (fig. 4.-1 ; voir aussi, pour la structure de l'hème, 2. fig. 2.-2, et, pour celle de l'hémoglobine, I, fig. I.-2 et I.-3). Dans l'oxyhémoglobine par contre, le fer (II) est

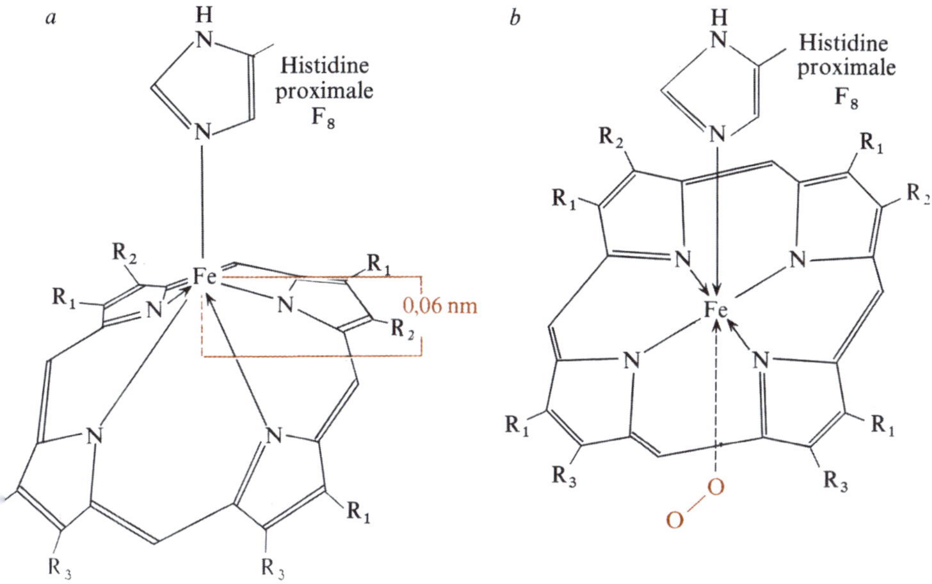

FIGURE 4.-1

Géométrie de l'hème dans la désoxy- et l'oxyhémoglobine.

a — complexe pentacoordiné à spin fort de la désoxyhémoglobine.
b — complexe hexacoordiné à spin faible de l'oxyhémoglobine.

hexacoordiné et se trouve dans le plan de la porphyrine. Perutz et ses collaborateurs ont interprété cette modification de structure, due à la coordination de l'oxygène comme sixième ligand du fer, en considérant que l'énergie libérée par la formation de la nouvelle liaison $Fe-O_2$ compense la répulsion de l'imidazole de l'histidine proximale par le cycle porphyrinique. Ils proposent que la modification de la structure électronique du fer, résultant de la coordination de l'oxygène, soit reliée au mouvement de cet atome par rapport au plan de la porphyrine :

- Dans la désoxyhémoglobine, le fer(II) pentacoordiné est à spin fort (B, 4.3.). Un électron célibataire occupe l'orbitale $d_{x^2-y^2}$ dont les lobes sont orientés vers les quatre atomes d'azote des pyrroles. Cet électron est en répulsion avec les doublets des atomes d'azote qui assurent les quatre liaisons avec le fer.
- Dans l'oxyhémoglobine, le fer(II) hexacoordiné est à spin faible. Les six électrons du métal occupent les trois orbitales d_{xy}, d_{xz}, d_{yz} (B, 4.3., fig. 4.3.-4) (on rappelle que les quatre lobes de l'orbitale d_{xy} sont situés *entre* les quatre directions Fe – N). L'orbitale $d_{x^2-y^2}$ est alors vacante, ce qui supprime la répulsion avec les électrons des quatre liaisons Fe – N et revient à réduire le « rayon » de l'atome de fer, donc favorise son insertion dans le plan de la porphyrine. Au cours de son déplacement, lié à la fixation de l'oxygène, le fer entraîne avec lui l'histidine proximale et les acides aminés voisins de l'hélice F (fig. 4.-2). Cette modification locale de la

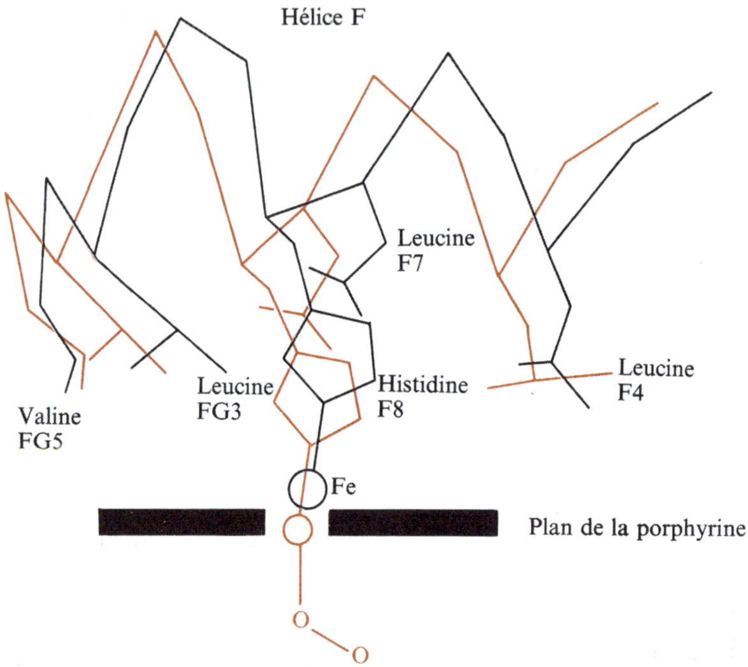

FIGURE 4.-2

Déplacement du fer, et des aminoacides de l'hélice F, lors de la fixation de l'oxygène sur l'hémoglobine.

Dans la désoxyhémoglobine (état T ou « tendu », en noir), le fer n'est pas dans le plan de la porphyrine. De ce fait, la fixation de l'oxygène est difficile. Si, néanmoins, une molécule d'oxygène se fixe, le fer vient dans le plan de la porphyrine, entraînant avec lui l'histidine proximale (F8) de l'hélice F et les acides aminés voisins (état R ou « relâché », en rouge). Le schéma présente également quelques-uns des acides aminés à chaîne latérale hydrophobe qui tapissent la poche de l'hème.

structure tertiaire se répercute sur l'ensemble de la structure tertiaire de la même sous-unité, mais aussi sur certaines liaisons avec les sous-unités voisines, donc sur la structure quaternaire. La structure spatiale de la désoxyhémoglobine est dite dans l'état T (pour « tendu »), celle de l'oxyhémoglobine dans l'état R (pour « relâché »). Les théories de *l'allostérie* cherchent à expliquer, par ce changement de conformation de la structure spatiale, la courbe sigmoïde de fixation de l'oxygène par l'hémoglobine (I, fig. I.-1. p. 2). En l'absence d'oxygène, les quatre sous-unités de l'hémoglobine sont en conformation « désoxy » : l'hémoglobine est donc sous la forme T_4 (fig. 4.-3). Le fer, placé en dehors du plan de la porphyrine, présente très peu d'affinité pour l'oxygène dont la première molécule se fixe difficilement : ainsi s'explique la faible pente du début de la courbe de fixation

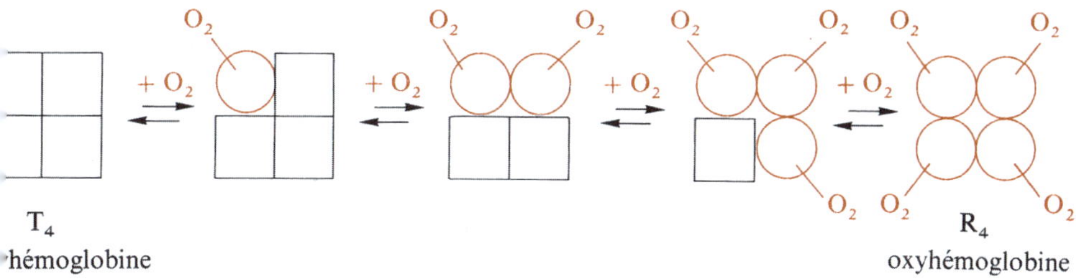

FIGURE 4.-3

Un modèle allostérique de l'hémoglobine.

La conformation T est schématisée par des carrés (en noir), et la conformation R par des cercles (en rouge).

(fig. I.-1, p. 2). Cependant, lorsqu'une molécule se fixe sur une des sous-unités, cette dernière passe en conformation R par suite du changement de position du fer. Cette « *transconformation* » se répercute sur les sous-unités voisines, conduisant à une fixation plus aisée de la seconde, de la troisième et de la quatrième molécule d'oxygène. Il en résulte une augmentation de la pente de la courbe de fixation lorsqu'on augmente la P_{O_2}. Si la fixation d'une molécule d'oxygène entraînait celle, simultanée, des trois autres, on a vu (I, p. 5) que la courbe de saturation serait une sigmoïde correspondant à un coefficient de Hill égal à 4, c'est-à-dire au nombre de sous-unités. Si, au contraire, la fixation d'une première molécule d'oxygène n'avait aucune influence sur celle des autres, la courbe de saturation obtenue serait identique à l'hyperbole équilatère que donne la myoglobine monomérique (coefficient de Hill égal à 1). La réalité expérimentale est intermédiaire, puisque le coefficient de Hill observé avec l'hémoglobine est de l'ordre de 3 : la fixation de la première molécule d'oxygène facilite, par interaction allostérique, celle des autres molécules d'oxygène, mais ne l'entraîne pas automatiquement.

La connaissance des interactions entre les acides aminés constitutifs permet aussi d'interpréter les relations entre la concentration du gaz carbonique dissous dans le milieu, le pH du milieu et l'affinité de l'oxygène pour l'hémoglobine. On appelle *effet Bohr* l'influence de la concentration du gaz carbonique dissous sur la libération de l'oxygène et *effet Haldane* l'influence de la fixation d'oxygène sur la libération du gaz carbonique. Ces deux effets, qui résultent d'un même mécanisme, peuvent être schématisés par les équations suivantes :

$$CO_2 + 2H_2O \rightleftharpoons H_2CO_3 + H_2O \rightleftharpoons HCO_3^- + H_3O^+ \quad (1)$$
$$Hb(O_2)_4 + 2H_3O^+ \rightleftharpoons Hb(H^+)_2 + 4O_2 + 2H_2O \quad (2)$$

Leur intérêt physiologique se résume ainsi :

– dans les tissus périphériques, le muscle par exemple, l'activité respiratoire des cellules libère du gaz carbonique que l'anhydrase carbonique (ch. 4, I, 1)

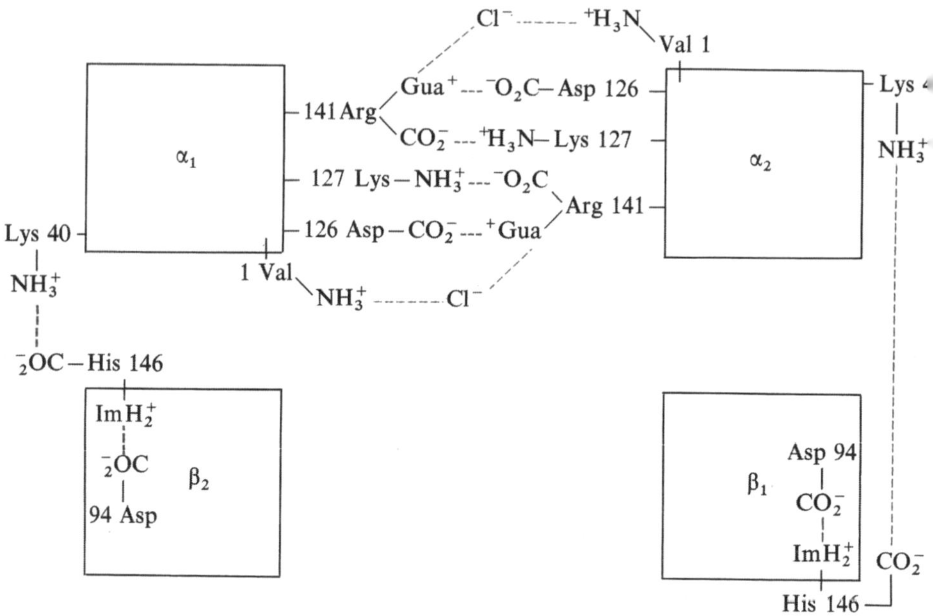

FIGURE 4.-4

Interactions charge-charge, aussi appelées « ponts salins », dans la désoxyhémoglobine.

Certains « ponts salins » s'établissent entre les deux sous-unités α (indiquées α_1 et α_2 sur le schéma) :

— entre le groupe ammonium de la valine N-terminale (Val 1) d'une des chaînes α, et le groupe guanidinium $-NH-\overset{NH_2}{\underset{NH_2}{\langle +}}$ *(Gua^+) de l'arginine C-terminale (Arg 141) de l'autre chaîne α, par l'intermédiaire d'un ion Cl^- ;*

— entre le groupe carboxylate de l'aspartate (Asp) 126 d'une chaîne, et le groupe guanidinium de l'arginine 141 de l'autre;

— entre le groupe ammonium de la lysine (Lys) 127 d'une chaîne, et le groupe carboxylate de l'arginine C-terminale (141) de l'autre.

D'autres relient une chaîne α à une chaîne β : groupe ammonium de la lysine 40 de la chaîne α_1 et groupe carboxylate de l'histidine C-terminale (His 146) de la chaîne β_2.

D'autres enfin s'établissent entre des acides aminés d'une même chaîne, par exemple ceux qui relient le groupe carboxylate de l'aspartate 94 au groupe imidazolium (ImH_2^+) de l'histidine 146 de la même chaîne β.

Ces « ponts salins » se rompent lors de la fixation de l'oxygène sur la désoxyhémoglobine, et de la transformation de l'état T vers l'état R qui en résulte. Ceux qui jouent un rôle important dans les effets Bohr et Haldane sont représentés en rouge.

transforme rapidement en acide carbonique, qui se dissocie à son tour avec formation d'ions H_3O^+ (équation (1)) (ch. 2, 1re partie, II, 3.3.2. et III). Sous l'effet de ces ions H_3O^+, la réaction (2) évolue de gauche à droite : la fixation des protons libère de l'oxygène vers les tissus et contribue à maintenir le pH physiologique; le couple oxyhémoglobine-désoxyhémoglobine joue ainsi le rôle de tampon (ch. 2, 1re partie, III).

- dans les poumons, l'oxygène se fixe sur l'hémoglobine, la réaction (2) évolue de droite à gauche, et des ions H_3O^+ sont libérés. Ces ions H_3O^+ déplacent vers la gauche les réactions de l'équation (1), ce qui facilite la libération du gaz carbonique dissous vers l'air des alvéoles pulmonaires.

La conformation de la désoxyhémoglobine est stabilisée par un certain nombre d'interactions charge-charge communément appelées « ponts salins » (fig. 4-4). Lorsque l'oxygène se fixe sur la désoxyhémoglobine, les remaniements stériques décrits ci-dessus entraînent une rupture de ces ponts salins. Deux principaux couples d'interactions charge-charge sont impliqués dans les effets Bohr et Haldane. L'un d'entre eux intéresse le groupe carboxylate de l'aspartate 94 et le groupe imidazole de l'histidine 146 d'une même chaîne β. Dans l'oxyhémoglobine, ces deux groupes se trouvent à une distance telle qu'elle exclut une éventuelle interaction charge-charge CO_2^- — — — Im H_2^+ (fig. 4.-5). Le pK_a mesuré du groupe imidazole est de 7,1 ; au pH

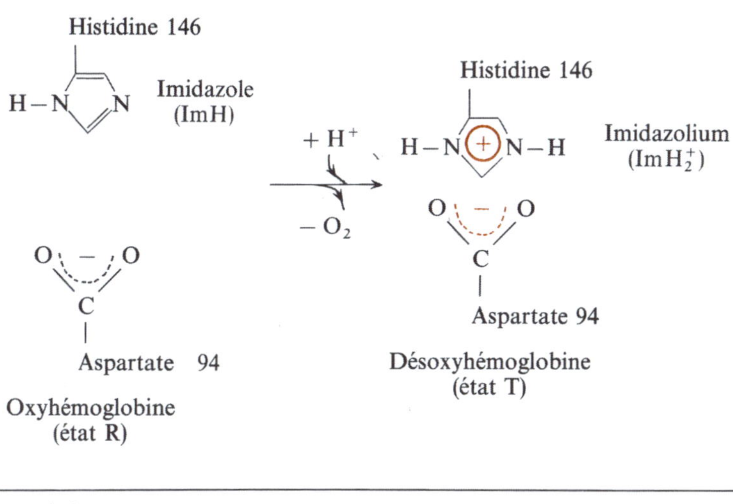

FIGURE 4.-5

Interprétation schématique des effets Bohr et Haldane au niveau d'un « pont salin » de la chaîne β de la désoxyhémoglobine humaine.

On a représenté uniquement l'espèce prédominante au pH du globule rouge, c'est-à-dire l'imidazole dans l'oxyhémoglobine, le cation imidazolium dans la désoxyhémoglobine.

du globule rouge (7,25), ce groupe existe donc un peu plus sous la forme non protonée : $\frac{[\text{Im H}]}{[\text{Im H}_2^+]} = 1{,}4$. Lors de la libération de l'oxygène, la transconformation de l'état R à l'état T rapproche les groupes carboxylate et imidazole. Du fait de la proximité de l'ion carboxylate, la forme acide conjugué de l'imidazole (ImH_2^+) est stabilisée par interaction charge-charge avec le $-\ CO_2^-$: le pK_a mesuré de l'imidazole augmente alors jusqu'à 8,0, ce qui signifie qu'au pH du globule rouge (7,25) il existe environ 4,5 fois plus de forme protonée imidazolium que de forme non protonée imidazole. Comme l'indique la figure 4-5, la libération d'oxygène à partir de l'oxyhémoglobine s'accompagne donc d'une fixation de proton. Ceci explique l'évolution de l'équilibre (2), et les effets Bohr et Haldane.

Unités du système international (SI) et principales unités dérivées

UNITÉS

longueur : mètre (m)

masse : kilogramme (kg)

temps : seconde (s)

courant électrique : ampère (A)

température thermodynamique : kelvin (K) (0 °C = 273 K)

intensité lumineuse : candela (cd)

quantité de matière : mole (mol)

> *définition de la mole :* — la mole est la quantité de matière d'un système contenant autant d'entités élémentaires qu'il y a d'atomes dans 0,012 kg de l'isotope ^{12}C du carbone — les entités élémentaires doivent être spécifiées et peuvent être des atomes, des molécules, des ions, des électrons, d'autres particules ou des groupements précisés de telles entités.

PRINCIPALES UNITÉS DÉRIVÉES

force : newton (N) $kg.m.s^{-2}$

pression* : pascal (Pa) $N.m^{-2}$

énergie** : joule (J) $kg.m^2.s^{-2}$

puissance : watt (W) $kg.m^2.s^{-3}$

charge : coulomb (C) A.s

différence de potentiel : volt (V) $kg.m^2.s^{-3}.A^{-1}$

* autres unités de pression employées

atmosphère 1 atm = 101 325 $N.m^{-2} \sim 10^5\ N.m^{-2}$

bar 1 bar = $10^5\ N.m^{-2} \sim 1$ atm

mmHg(≈ Torr) 1 atm = 760 Torr ≈ 760 mmHg

** autres unités d'énergie employées

calorie (ancienne unité d'énergie) 1 cal = 4,18 J 1 kcal = 10^3 cal = 4,18 kJ

électron-volt 1 eV = $1,6 \times 10^{-19}$ J (charge de l'électron : $e = 1,6 \times 10^{-19}$ C)

Valeurs de quelques constantes physiques

nombre d'Avogadro N
nombre d'entités élémentaires dans une mole

$$N = 6{,}022 \times 10^{23}\ mol^{-1}$$

Constante de Faraday
charge d'une mole d'électrons ($N \times 1{,}6 \times 10^{-19}$ C)

$$\mathscr{F} = 96\,500\ C.mol^{-1}$$

Constante des gaz parfaits R ($PV = nRT$)

$$R = 8{,}32\ J.K^{-1}.mol^{-1}$$

$$(R = 1{,}98\ cal.K^{-1}\ mol^{-1} \# 2)$$

$$(\text{à } 25\ °C \text{ ou } 298\ K,\ RT = 2{,}479\ kJ.mol^{-1},\ 2{,}3\ RT = 5{,}70\ kJ.mol^{-1},\ \frac{2{,}3\ RT}{\mathscr{F}} = 0{,}059 \# 0{,}06\ V)$$

Constante de Boltzmann k $k = \frac{R}{N}$

$$k = 1{,}3807 \times 10^{-23}\ J.K^{-1}$$

Constante de Planck h

$$h = 6{,}6256 \times 10^{-34}\ J.s$$

L'énergie d'une mole de photons, associés à une onde électromagnétique de fréquence ν, est l'einstein

$$E = Nh\nu$$

$\left(\nu = \frac{c}{\lambda},\ c \text{ vitesse de la lumière, } \lambda \text{ longueur d'onde de la radiation considérée}\right)$

Énergies de liaison *

(ch. 1, II, 1.2.4.3.)

	$kcal.mol^{-1}$	$kJ.mol^{-1}$		$kcal.mol^{-1}$	$kJ.mol^{-1}$
H—H	— 104	— 435	C—N	— 69,5	— 291
H—F	— 136	— 568	C=N	— 147	— 614
H—Cl	— 103	— 430	C≡N	— 213	— 890
H—Br	— 87,5	— 366	C—O	— 84	— 351
H—I	— 71,5	— 299	C=O	— 172	— 719
H—C (CH_4)	— 104	— 435	C—S	— 62	— 259
H—C (C_2H_6)	— 98	— 410	C=S	— 114	— 476
H—C (C_6H_6)	— 110	— 460	C—F	— 116	— 485
H—C	— 99	— 414	C—Cl	— 78,5	— 328
H—N (NH_3)	— 110	— 460	C—Br	— 66	— 276
H—N (CH_3NH_2)	— 103	— 430	C—I	— 57,5	— 240
H—N	— 93,5	— 391	N—N	— 38,5	— 161
H—O (H_2O)	— 119	— 497	N=N	— 100	— 418
H—O (CH_3OH)	— 104	— 435	N≡N	— 226	— 945
H—O	— 110,5	— 462	P—P	— 51,5	— 215
H—S (H_2S)	— 90	— 376	O—O	— 33	— 138
H—S	— 81	— 339	O=O	— 119	— 497
C—C (CH_3—CH_3)	— 88	— 368	S—S	— 51	— 213
C—C	— 83	— 347	F—F	— 36,5	— 153
C=C (CH_2=CH_2)	— 172	— 719	Cl—Cl	— 58	— 242
C=C	— 147	— 615	Br—Br	— 46	— 192
C≡C (HC≡CH)	— 230	— 961	I—I	— 36	— 151
C≡C	— 194	— 811			

* Valeurs issues du *Handbook of Chemistry and Physics*, 56th ed., CRC Press, 1975-1976, p. F. 215-F. 219. Les valeurs moyennes sont issues de L. Pauling, *College Chemistry*, 3rd ed., Freeman, San Francisco, 1964.

pK_a de couples acido-basiques à 298 K

(ch. 2, 1re partie, II, 2.2.)

ACIDE	BASE CONJUGUÉE	pK_a [(1) (2) (3)]
$HClO_4$	ClO_4^-	— 10
HI	I^-	— 10
H_2SO_4	HSO_4^-	— 9 (pK_{a_1})
$R{-}CH{=}\overset{+}{O}H$	$R{-}CH{=}O$	— 8
$Ar{-}SO_3H$	$Ar{-}SO_3^-$	— 7
HCl	Cl^-	— 7
$Ar{-}\overset{+}{O}H_2$	$Ar{-}OH$	— 7
$R{-}\overset{+}{S}H_2$	$R{-}SH$	— 7
$R{-}C(R){-}\overset{+}{O}H$	$R{-}C(R){-}O$	— 7
$R{-}C(OR){=}\overset{+}{O}H$	$R{-}C(OR){=}O$	— 6,5
$R{-}C(OH){=}\overset{+}{O}H$	$R{-}C(OH){=}O$	— 6
$R{-}\overset{+}{O}(R){-}H$	$R{-}O{-}R$	— 3,5
$R{-}\overset{+}{O}H_2$	$R{-}OH$	— 2
HNO_3	NO_3^-	— 1,4
$R{-}C(NH_2){=}\overset{+}{O}H$	$R{-}C(NH_2){=}O$	— 1
H_3O^+	H_2O	0

(1) Valeurs issues de : N. A. Allinger et al., *Chimie organique*, Édiscience-McGraw Hill, Paris, 1976. Traduit de *Organic Chemistry*, Worth, New York, 1971, et I.-H. Segel, *Biochemical calculations*, 2e éd., Wiley, New York, 1976.

(2) Les valeurs hors de la zone 0-14 sont approchées à cause des difficultés de détermination de K_a pour les acides forts et les bases fortes (ch. 2, 1re partie, II, 2.1.).

(3) Les pK_a des couples dépendent de la force ionique du milieu donc de la nature et de la concentration de tous les ions présents. Les valeurs données ici résultent d'extrapolations à force ionique nulle (pK_a dits thermodynamiques) (ch. 3, II, D, 3.2.3.).

ACIDE	BASE CONJUGUÉE	pK_a
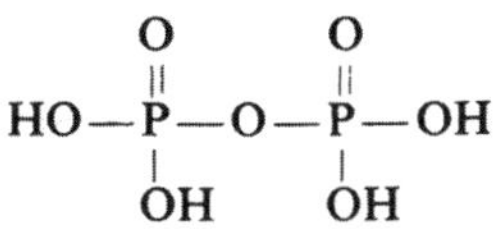 acide pyrophosphorique	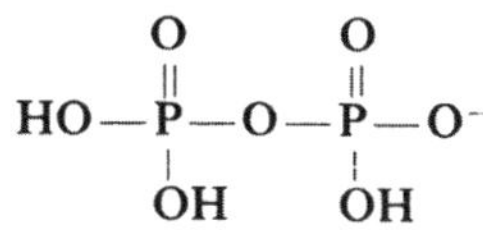	0,9 (pK_{a_1})
EDTA[4] acide éthylènediamine tétraacétique	$EDTA^-$	1,7 (pK_{a_1})
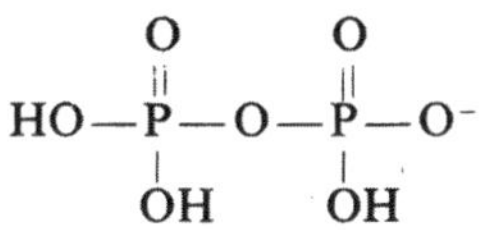	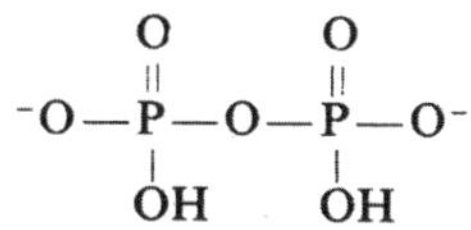	2,0 (pK_{a_2})
HSO_4^-	SO_4^{2-}	2,0 (pK_{a_2})
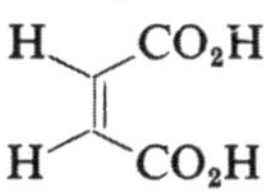 acide maléique	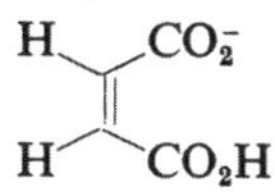	2,0 (pK_{a_1})
H_3PO_4	$H_2PO_4^-$	2,1 (pK_{a_1})
$EDTA^-$	$EDTA^{2-}$	2,6 (pK_{a_2})
$Ar—NH_3^+$	$ArNH_2$	3-5
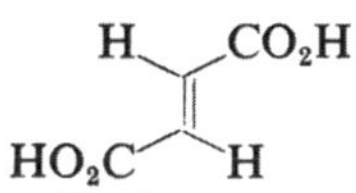 acide fumarique	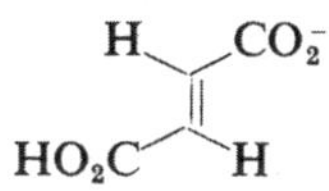	3,0 (pK_{a_1})
HF	F^-	3,2
HNO_2	NO_2^-	3,3
$HO_2C—CHOH—CH_2—CO_2H$ acide malique	$^-O_2C—CHOH—CH_2—CO_2H$	3,4
HCO_2H	HCO_2^-	3,8
$CH_3—CHOH—CO_2H$	$CH_3—CHOH—CO_2^-$	3,9
RCO_2H	RCO_2^-	4-5
$HO_2C—CH_2—CH_2—CO_2H$ acide succinique	$^-O_2C—CH_2—CH_2—CO_2H$	4,2 (pK_{a_1})

(4) 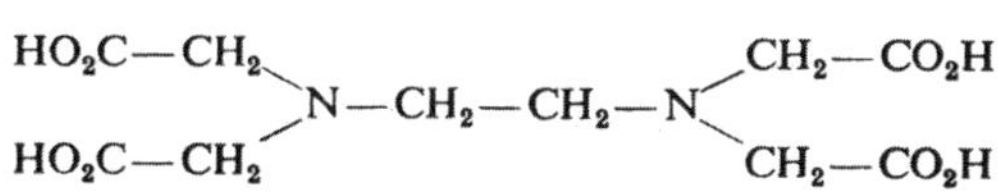 (ch. 3, II, B, 4.2.)

ACIDE	BASE CONJUGUÉE	pK_a
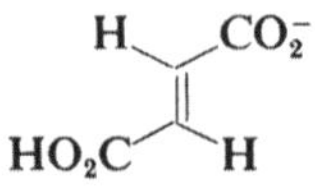	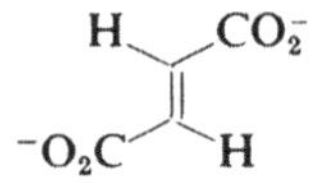	4,5 (pK_{a_2})
CH_3CO_2H	$CH_3CO_2^-$	4,8
$^-O_2C—CHOH—CH_2—CO_2H$	$O_2C—CHOH—CH_2—CO_2^-$	5,1 (pK_{a_3})
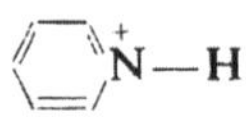	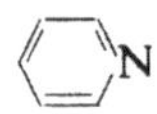	5,2
$^-O_2C—CH_2—CH_2—CO_2H$	$^-O_2C—CH_2—CH_2—CO_2^-$	5,6 (pK_{a_2})
$H_3\overset{+}{N}—OH$	$H_2N—OH$ hydroxylamine	6,0
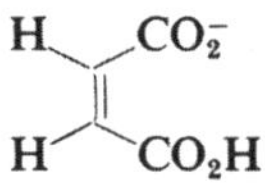	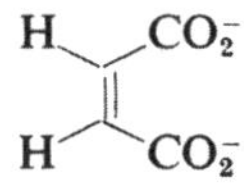	6,3 (pK_{a_2})
$EDTA^{2-}$	$EDTA^{3-}$	6,3 (pK_{a_3})
H_2CO_3	HCO_3^-	6,4 (5)
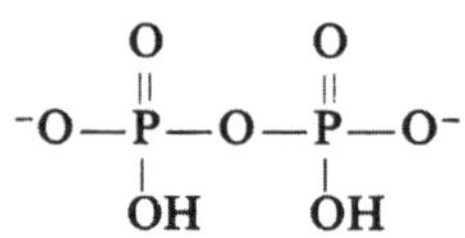	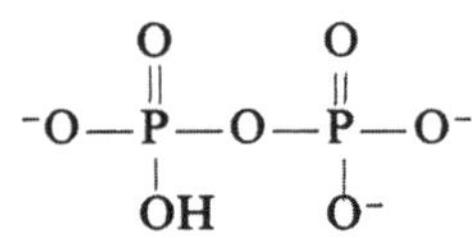	6,7 (pK_{a_3})
H_2S	HS^-	7
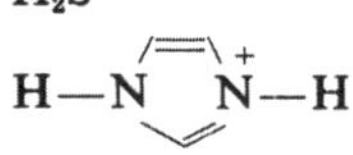	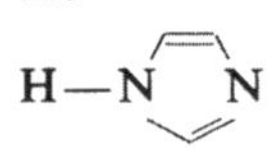	7
$H_2PO_4^-$	HPO_4^{2-}	7,2 (pK_{a_2})
$Ar—SH$	$Ar—S^-$	8
$CH_3—CO—CH_2—CO—CH_3$	$CH_3—CO—\overset{-}{C}H—CO—CH_3$	9
NH_4^+	NH_3	9,2
$Ar—OH$	$Ar—O^-$	9-11
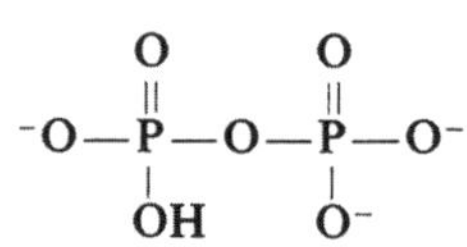	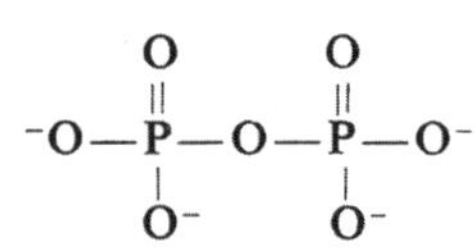	9,4 (pK_{a_4})

(5) Le pK_a pour H_2CO_3/HCO_3^- est en réalité de l'ordre de 4. La valeur 6,4 tient compte de l'équilibre $CO_2 + H_2O \rightleftarrows H_2CO_3$. A la force ionique du plasma $pK_a = 6,1$ (ch. 2, 1re partie, II, 3.3.2.).

ACIDE	**BASE CONJUGUÉE**	**pK_a**
$(CH_3)_3\overset{+}{N}H$	$(CH_3)_3N$	9,7
$R-CH_2-NO_2$	$R-\overset{-}{C}H-NO_2$	10
$R_3\overset{+}{N}H$	R_3N	10-11
$R-\overset{+}{N}H_3$	$R-NH_2$	10-11
HCO_3^-	CO_3^{2-}	10,3
$EDTA^{3-}$	$EDTA^{4-}$	10,6 (pK_{a_4})
$R_2\overset{+}{N}H_2$	R_2NH	11
$CH_3-CO-CH_2-CO_2R$	$CH_3-CO-\overset{-}{C}H-CO_2R$	11
$R-SH$	$R-S^-$	12
HPO_4^{2-}	PO_4^{3-}	12,3 (pK_{a_3})
$RO_2C-CH_2-CO_2R$	$RO_2C-\overset{-}{C}H-CO_2R$	13
H_2O	HO^-	14
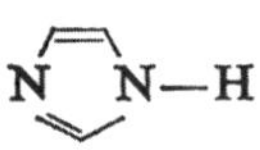		14
		14-15
CH_3OH	CH_3O^-	16
$R-CH_2-OH$	$R-CH_2-O^-$	18
R_2CH-OH	R_2CH-O^-	18
R_3C-OH	R_3C-O^-	19
$R-CH_2-CO-R$	$R-\overset{-}{C}H-CO-R$	19-20
$R-CH_2-CO_2R$	$R-\overset{-}{C}H-CO_2R$	24,5
$R-CH_2-CN$	$R-\overset{-}{C}H-CN$	25
$Ar-NH_2$	$Ar-NH^-$	25
NH_3	NH_2^-	34
CH_4	CH_3^-	40

Potentiels standard d'électrodes à 298 K

(ch. 2, 2ᵉ partie, II, 1.4.2.)

ÉLECTRODES	π^0 **(volts)**
$Li^+ + e \rightleftarrows Li$	—3,05
$K^+ + e \rightleftarrows K$	—2,92
$Ca^{2+} + 2e \rightleftarrows Ca$	—2,76
$Na^+ + e \rightleftarrows Na$	—2,71
$Mg^{2+} + 2e \rightleftarrows Mg$	—2,37
$Mn^{2+} + 2e \rightleftarrows Mn$	—1,03
$Zn^{2+} + 2e \rightleftarrows Zn$	—0,76
$Fe^{2+} + 2e \rightleftarrows Fe$	—0,41
$Cr^{3+} + e \rightleftarrows Cr^{2+}$	—0,41
$Co^{2+} + 2e \rightleftarrows Co$	—0,28
$Ni^{2+} + 2e \rightleftarrows Ni$	—0,23
$Sn^{2+} + 2e \rightleftarrows Sn$	—0,14
$Pb^{2+} + 2e \rightleftarrows Pb$	—0,13
$Fe^{3+} + 3e \rightleftarrows Fe$	—0,04
$2H^+ + 2e \rightleftarrows H_2$ (1)	0 *(par définition)*
$Cu^{2+} + e \rightleftarrows Cu^+$	+ 0,16
$Hg_2^{2+} + 2e \rightleftarrows 2Hg$	+ 0,24
$Cu^{2+} + 2e \rightleftarrows Cu$	+ 0,34
$Fe(CN)_6^{3-} + e \rightleftarrows Fe(CN)_6^{4-}$	+ 0,46
$I_2 + 2e \rightleftarrows 2I^-$	+ 0,54
$O_2 + 2H^+ + 2e \rightleftarrows H_2O_2$	+ 0,68
$Fe^{3+} + e \rightleftarrows Fe^{2+}$	+ 0,77
$Ag^+ + e \rightleftarrows Ag$	+ 0,80
$Hg^{2+} + 2e \rightleftarrows Hg$	+ 0,85
$Br_2 + 2e \rightleftarrows 2Br^-$	+ 1,07
$MnO_2 + 4H^+ + 2e \rightleftarrows Mn^{2+} + 2H_2O$	+ 1,21
$O_2 + 4H^+ + 4e \rightleftarrows 2H_2O$	+ 1,23
$Cr_2O_7^{2-} + 14H^+ + 6e \rightleftarrows 2Cr^{3+} + 7H_2O$	+ 1,33
$Cl_2 + 2e \rightleftarrows 2Cl^-$	+ 1,36
$MnO_4^- + 8H^+ + 5e \rightleftarrows Mn^{2+} + 4H_2O$	+ 1,49
$H_2O_2 + 2H^+ + 2e \rightleftarrows 2H_2O$	+ 1,78
$Co^{3+} + e \rightleftarrows Co^{2+}$	+ 1,84
$F_2 + 2e \rightleftarrows 2F^-$	+ 2,87

POUVOIR RÉDUCTEUR CROISSANT ↑

(1) Pour simplifier l'écriture, dans toutes les tables de potentiels d'électrodes, H_3O^+ est écrit H^+.

Potentiels standard de couples redox d'importance biologique[1] [2]

(ch. 2, 2e partie, II, 2.2.)

OXYDANT		RÉDUCTEUR	$\pi^{0'}$ volts
$CH_3—\overset{\overset{\displaystyle O}{\|\|}}{C}—O^- + 3H^+ + 2e^-$	$\rightleftarrows$	$CH_3—\overset{\overset{\displaystyle O}{\|\|}}{C}—H + H_2O$	— 0,60
$2H^+ + 2e^-$	$\rightleftarrows$	H_2	— 0,42
$NAD^+ + 2H^+ + 2e^-$	$\rightleftarrows$	$NADH + H^+$	— 0,32
$CH_3CHO + 2H^+ + 2e^-$	$\rightleftarrows$	CH_3CH_2OH	— 0,20
Bleu de méthylène ox $+ 2H^+ + 2e^-$	$\rightleftarrows$	Bleu de méthylène red $+ H^+$ (incolore)	+ 0,01
cyt *b* $(Fe^{III}) + 1e^-$	$\rightleftarrows$	cyt *b* (Fe^{II})	+ 0,07
cyt c_1 $(Fe^{III}) + 1e^-$	$\rightleftarrows$	cyt c_1 (Fe^{II})	+ 0,23
cyt *c* $(Fe^{III}) + 1e^-$	$\rightleftarrows$	cyt *c* (Fe^{II})	+ 0,25
cyt aa_3 $(Fe^{III}) + 1e^-$	$\rightleftarrows$	cyt aa_3 (Fe^{II})	+ 0,29
$1/2O_2 + 2H^+ + 2e^-$	$\rightleftarrows$	H_2O	+ 0,82

POUVOIR RÉDUCTEUR CROISSANT (↑)

(1) Comme dans le tableau 1.4.2.–1 des potentiels standard d'électrodes, les couples sont habituellement écrits avec H^+ à la place de H_3O^+.
(2) Les valeurs des $\pi^{0'}$ sont issues de *Handbook of Biochemistry and Molecular Biology*, 3e éd., vol. I, CRC Press, 1976, p. 123-129, et pour les cytochromes de la chaîne respiratoire mitochondriale de R. Lemberg et J. Barrett, *Cytochromes*, Academic Press, N.Y., 1973.

BASES PURIQUES, PYRIMIDIQUES – NUCLÉOSIDES – NUCLÉOTIDES

Bases

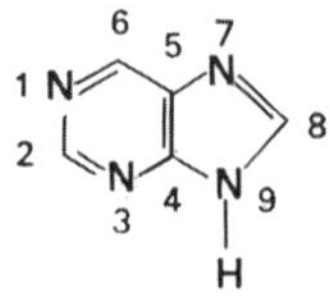
purine —
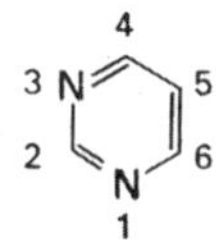
pyrimidine

Bases puriques

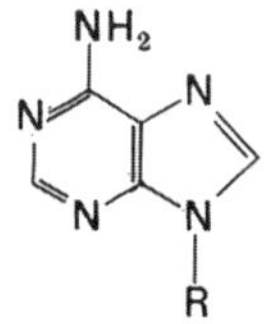
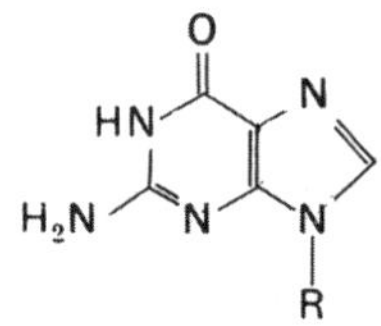
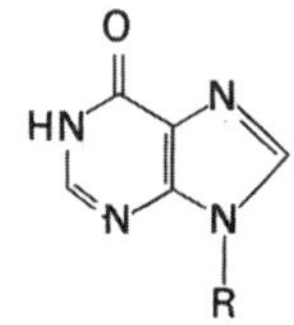

bases R = H nucléosides R = ribose ou désoxyribose	adénine adénosine A	guanine guanosine G	hypoxanthine (ARN_t) inosine I

Bases pyrimidiques

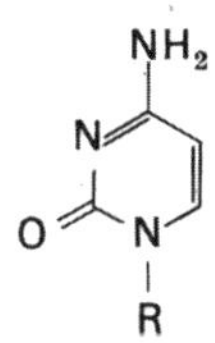
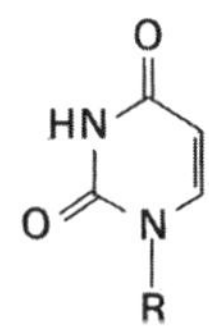
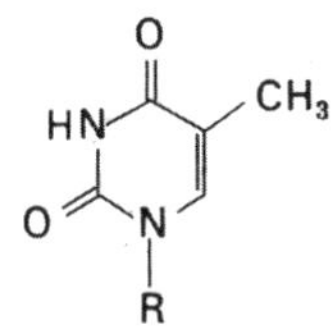

bases R = H nucléosides R = ribose ou désoxyribose	cytosine cytidine C	uracile (ARN_m) uridine U	thymine (ADN) thymidine T

Nucléosides

Ribonucléosides (ARN)
A, G, C, U. (R = ribose)

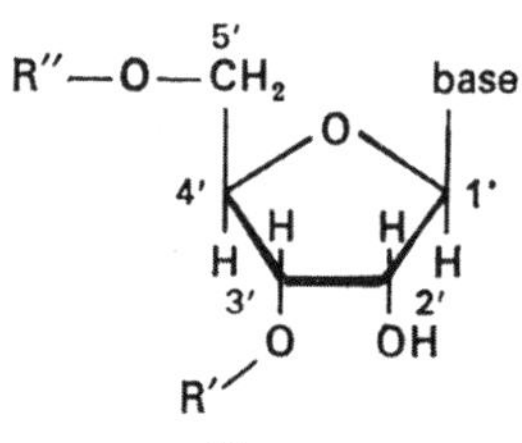

R′ = R″ = H

Désoxyribonucléosides (ADN)
dA, dG, dC, dT. (R = désoxyribose)

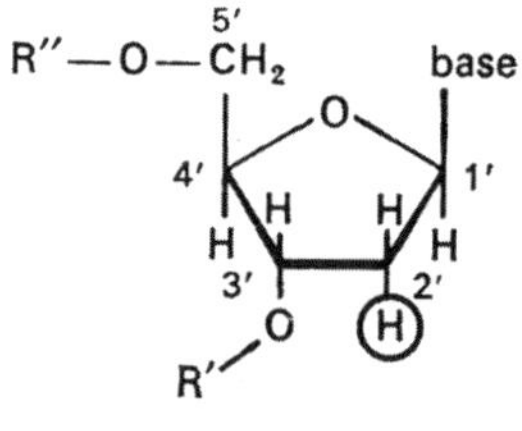

R′ = R″ = H

Nucléotides

3′-mononucléotides : R′ = $-\mathrm{P}(=\mathrm{O})(\mathrm{O}^-)-\mathrm{O}^-$ R″ = H

5′-mononucléotides : R′ = H R″ = $-\mathrm{P}(=\mathrm{O})(\mathrm{O}^-)-\mathrm{O}^-$

Polynucléotides : ponts phosphodiester (3′)—O—$\overset{\mathrm{O}}{\overset{\|}{\mathrm{P}}}$—O—(5′) entre l'hydroxyle-3′ d'un nucléoside et l'hydroxyle-5′ d'un autre.

ATP, ADP, AMP.

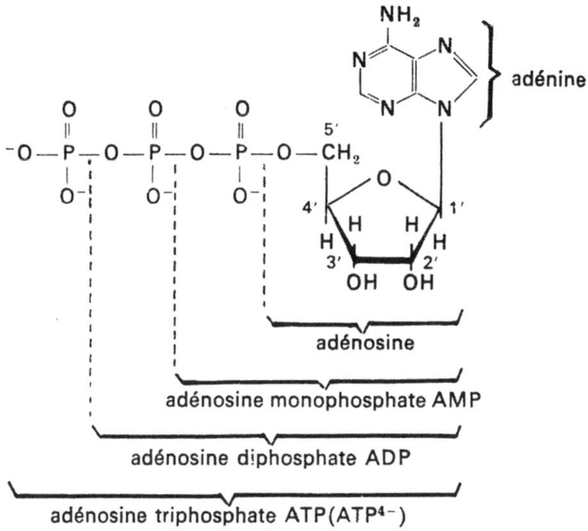

P_i (pH 7) (pK_{a_2} = 7,2)

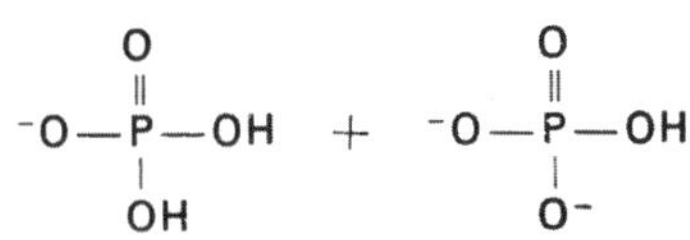

PP_i (pH 7) (pK_{a_3} = 6,7)

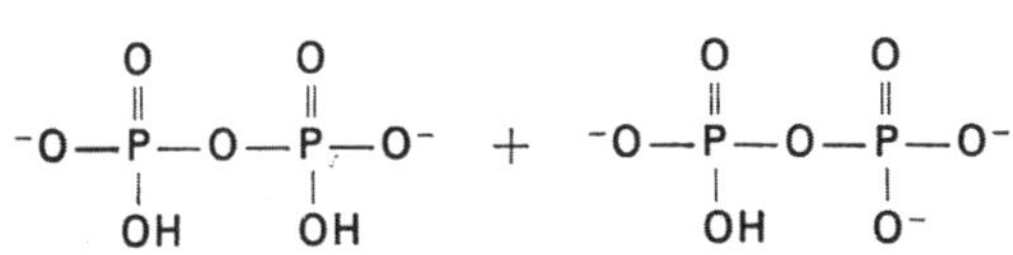

NAD$^+$, NADH ; NADP$^+$, NADPH.

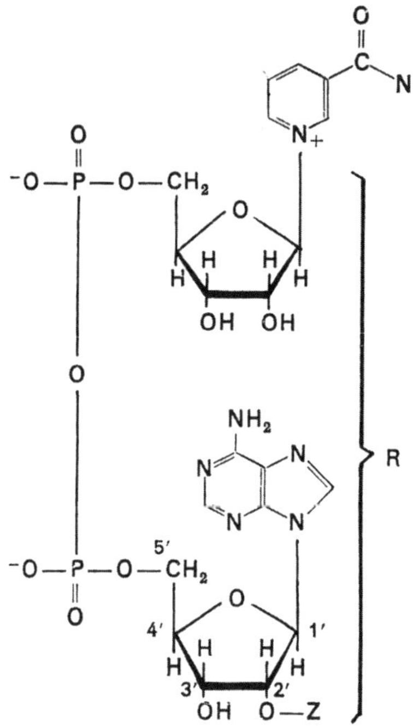

Z = H nicotinamide-adénine-dinucléotide - *forme oxydée NAD$^+$*

Z = PO_3^{2-} nicotinamide-adénine-dinucléotide-phosphate - *forme oxydée NADP$^+$*

Formes réduites : NADH, NADPH :

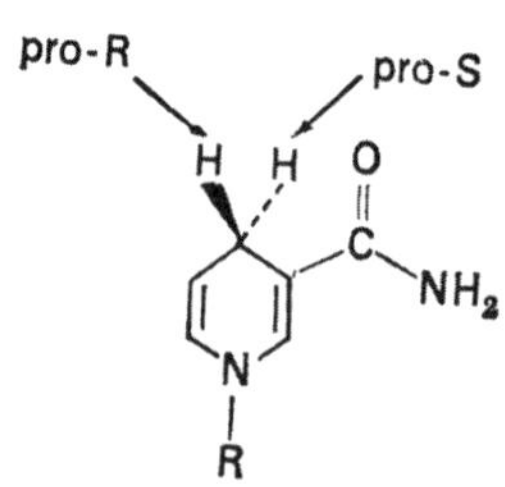

Un seul atome d'hydrogène est transféré lors des oxydo-réductions réalisées par les couples NAD$^+$/NADH et NADP$^+$/NADPH.

FMN, FMNH$_2$; FAD, FADH$_2$.

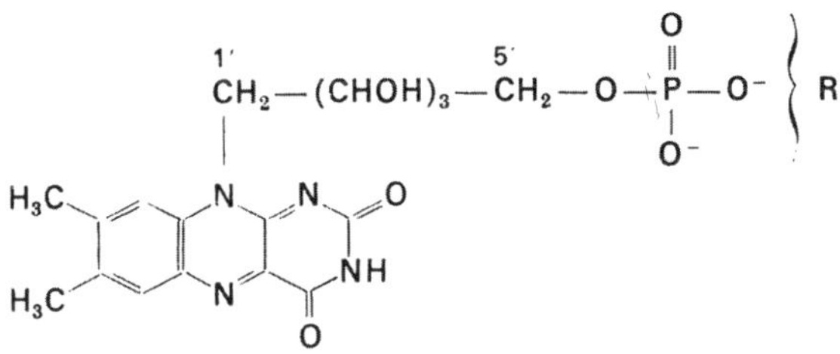

flavine-mononucléotide - *forme oxydée FMN.*

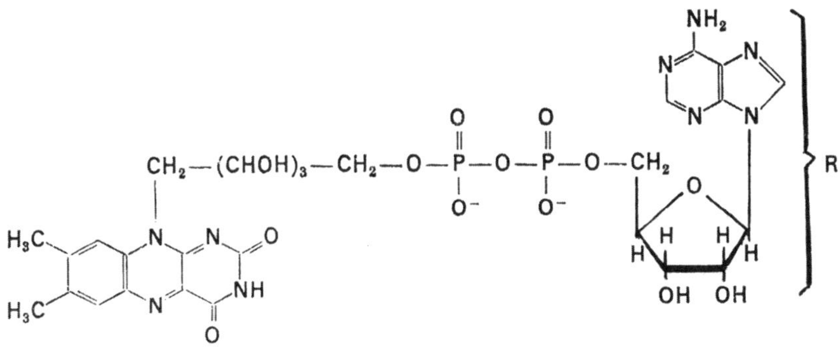

flavine-adénine-dinucléotide - *forme oxydée FAD.*

Formes réduites : FMNH$_2$, FADH$_2$:

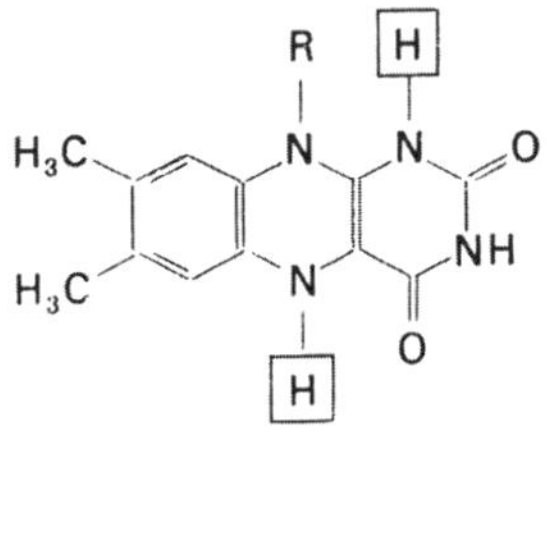

H Atomes d'hydrogène transférés lors des oxydo-réductions réalisées par les couples FMN/FMNH$_2$ et FAD/FADH$_2$.

GMP, GDP, GTP ; UMP, UDP, UTP.

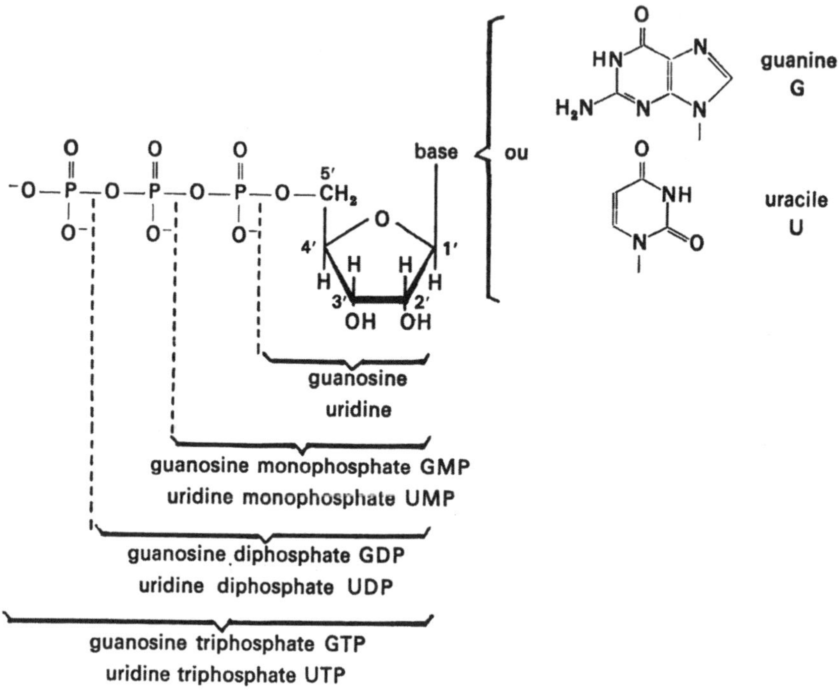

UDPG.

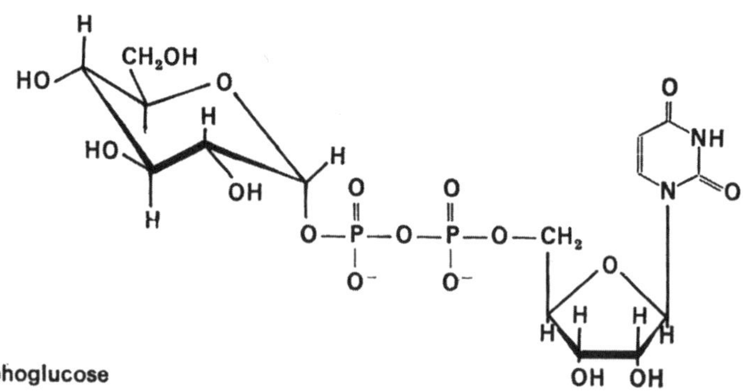

uridine-diphosphoglucose

Glucose

α-D-glucose
(α-D-glucopyranose)

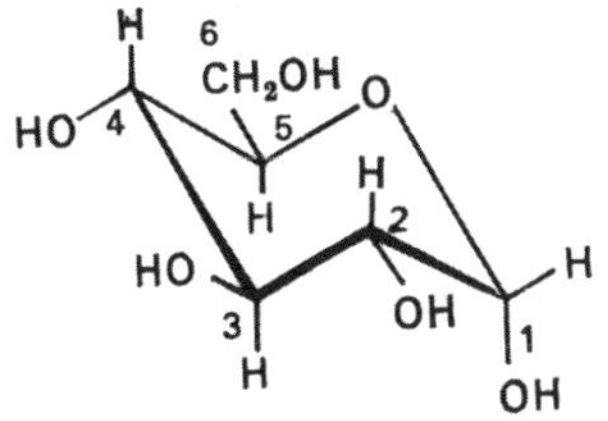

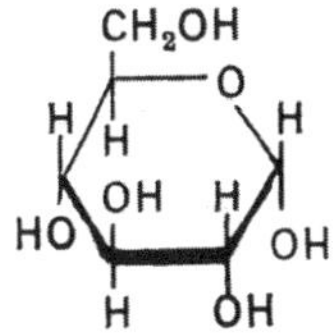

formule simplifiée
de Haworth

β-D-glucose

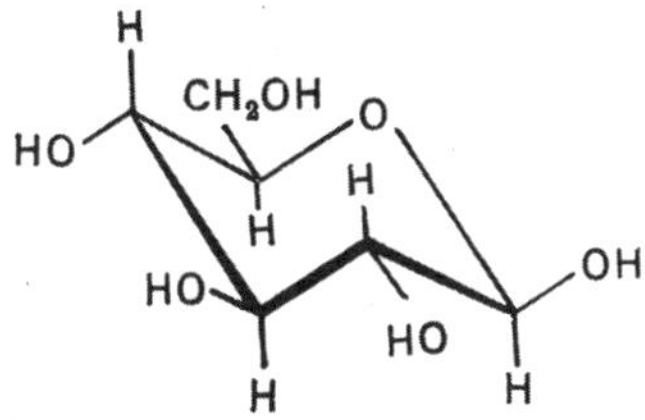

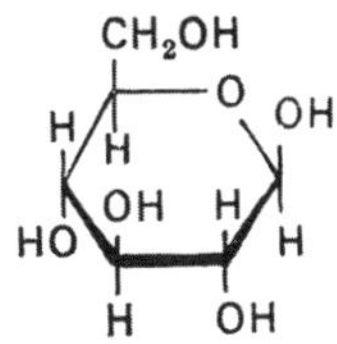

formule simplifiée
de Haworth

α-glucose-6-phosphate

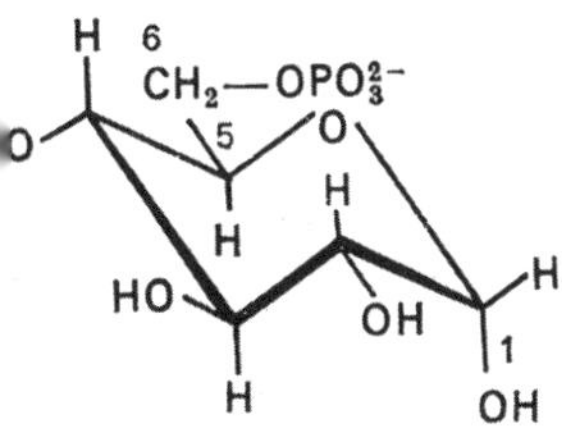

α-fructose-6-phosphate*

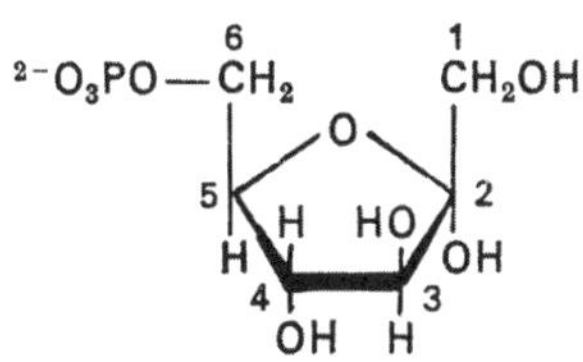

α-fructose-1,6-diphosphate*

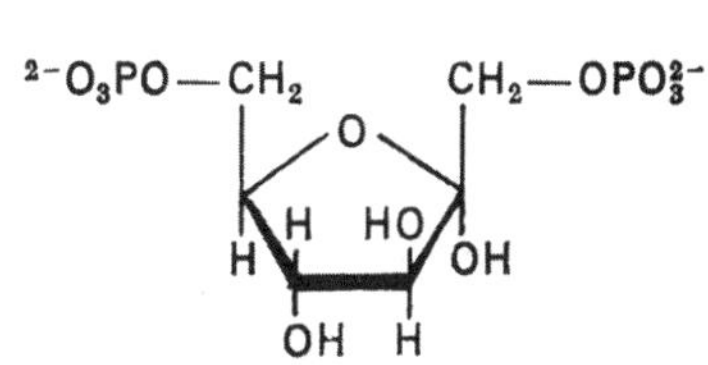

(* dérivé de l'α-D-fructofuranose)

glycéraldéhyde-
3-phosphate**

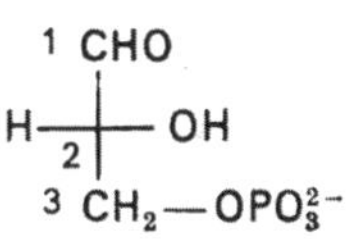

1,3-diphospho-
glycérate

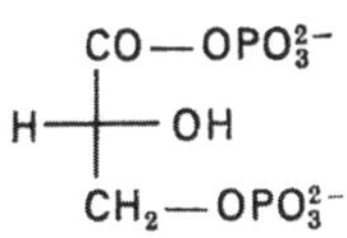

3-phospho-
glycérate

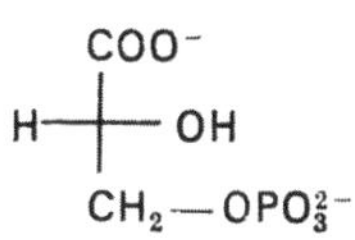

2-phospho-
glycérate

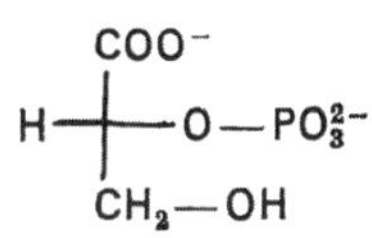

(** projection de Fischer)

phosphoénol-pyruvate

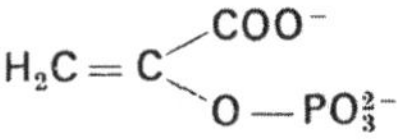

pyruvate

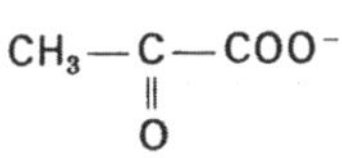

lactate

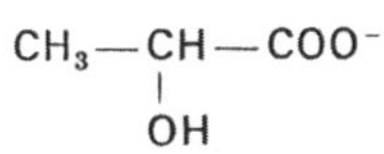

oxaloacétate

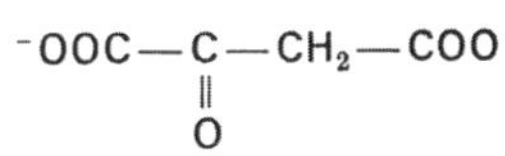

20 principaux α-aminoacides présents dans les protéines*.

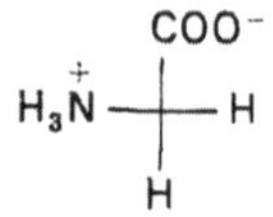

Glycocolle (Gly)
ou Glycine (2,34-9,6)

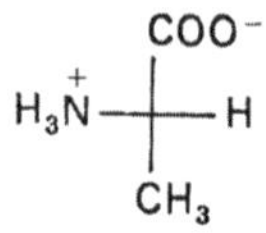

Alanine (Ala)
(2,35-9,69)

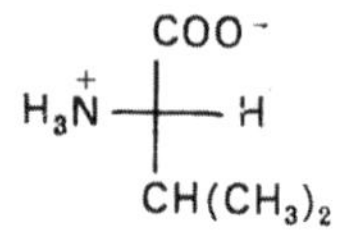

Valine (Val)
(2,32-9,62)

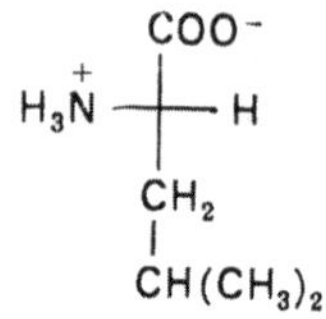

Leucine (Leu)
(2,36-9,60)

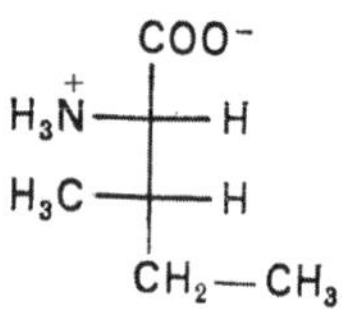

Isoleucine (Ile)
(2,36-9,68)

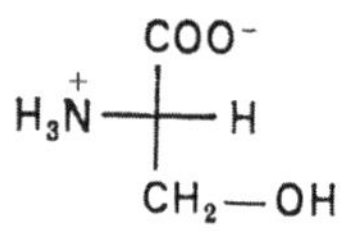

Sérine (Ser)
(2,21-9,15)

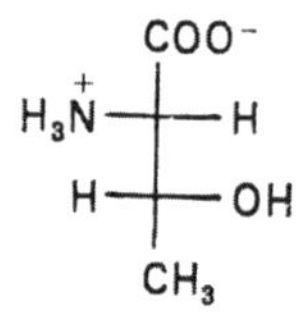

Thréonine (Thr)
(2,63-10,43)

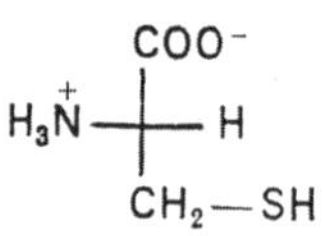

Cystéine (Cys)
(1,71 - 10,78 - 8,33)

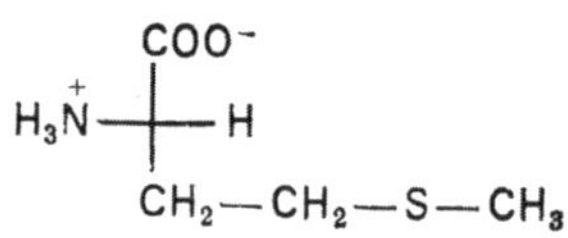

Méthionine (Met)
(2,28-9,21)

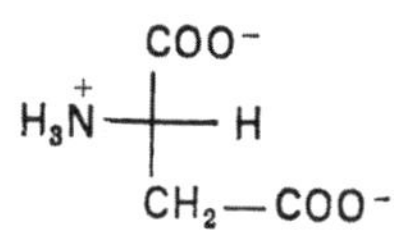

Aspartate (Asp)
(2,09-9,82-3,86)

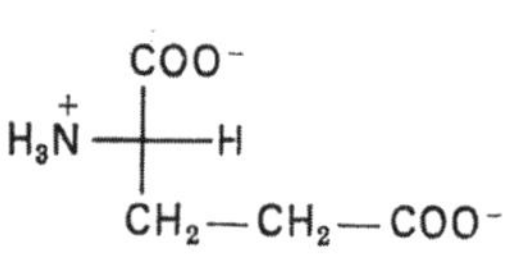

Glutamate (Glu)
(2,19-9,67-4,25)

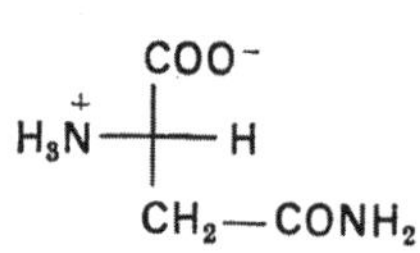

Asparagine (Asn)
(2,02-8,8)

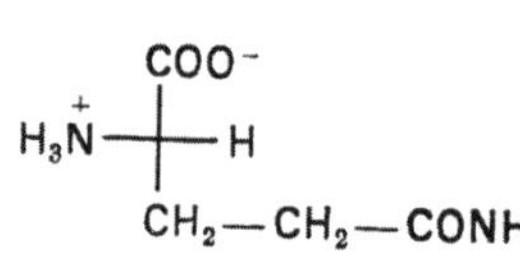

Glutamine (Gln)
(2,17-9,13)

* Représentés en projection de Fischer sous la forme prédominante à pH 7, avec les pK_a des différents couples acido-basiques dans l'ordre suivant : couples $COOH/COO^-$ et NH_3^+/NH_2 de l'aminoacide et éventuellement couple de la chaîne latérale.

α-aminoacides

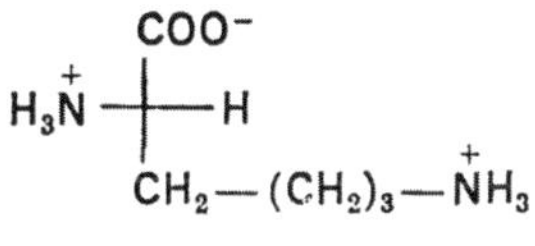

Lysine (Lys)
(2,18-8,95-10,53)

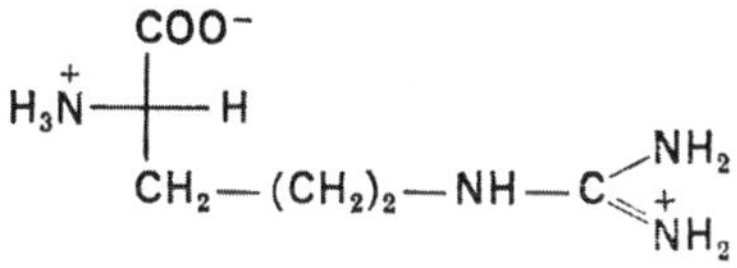

Arginine (Arg)
(2,17-9,04-12,48)

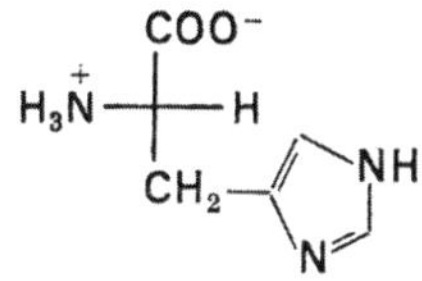

Histidine (His)
(1,82-9,17-6,0)

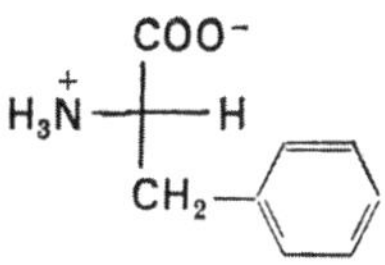

Phénylalanine (Phe)
(1,83-9,13)

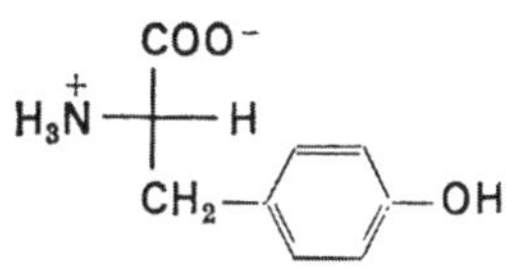

Tyrosine (Tyr)
(2,20-9,11-10,07)

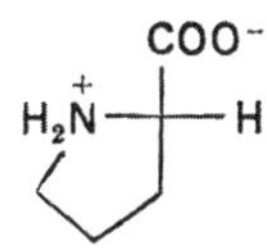

Proline (Pro)
(1,99-10,60)

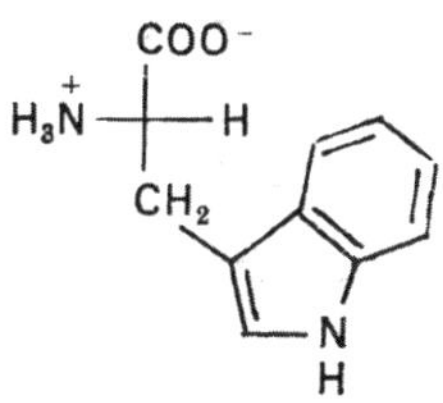

Tryptophane (Trp)
(2,38-9,39)

CLASSIFICATION PÉRIODIQUE

LÉGENDE

NUMÉRO ATOMIQUE	4
	9,0122
	1,5
rayon covalent (nm)	0,125
rayon ionique (nm) (2)	0,03 (+2)
énergie de première ionisation kJ . mol^{-1}	900
	Be
STRUCTURE ÉLECTRONIQUE	$1s^2 2s^2$
	Beryllium

Notes : (1) Noir = solide; rouge = gaz; grisé = liquide; éclairé = préparé par
(2) Pour Fe; Co; Ni rayon ionique pour un nombre de coordination é

PÉRIODE	GROUPE IA	IIA	IIIB	IVB	VB	VIB	VIIB		
1	1 H 1,00797; 2,1; 0,037; –; 1312; $1s^1$; Hydrogène								
2	3 Li 6,939; 1,0; 0,134; 0,060 (+1); 520; $1s^2 2s^1$; Lithium	4 Be 9,0122; 1,5; 0,125; 0,03 (+2); 900; $1s^2 2s^2$; Beryllium							
3	11 Na 22,9898; 0,9; 0,154; 0,095 (+1); 496; $(Ne)3s^1$; Sodium	12 Mg 24,312; 1,2; 0,145; 0,065 (+2); 738; $(Ne)3s^2$; Magnésium							
4	19 K 39,102; 0,8; 0,196; 0,133 (+1); 419; $(Ar)4s^1$; Potassium	20 Ca 40,08; 1,0; –; 0,099 (+2); 590; $(Ar)4s^2$; Calcium	21 Sc 44,956; 1,3; –; 0,081 (+3); 631; $(Ar)3d^1 4s^2$; Scandium	22 Ti 47,90; 1,5; –; 0,068 (+4); 658; $(Ar)3d^2 4s^2$; Titane	23 V 50,942; 1,6; –; 0,059 (+5); 650; $(Ar)3d^3 4s^2$; Vanadium	24 Cr 51,996; 1,6; –; 0,052 (+6); 653; $(Ar)3d^5 4s^1$; Chrome	25 Mn 54,938; 1,5; 0,139; 0,046 (+7); 717; $(Ar)3d^5 4s^2$; Manganèse	26 Fe 55,847; 1,8; 0,125; 0,069 (+3); 759; $(Ar)3d^6 4s^2$; Fer	27 0,126; 0,069 (+; 758; (Ar); Co
5	37 Rb 85,47; 0,8; –; 0,148 (+1); 403; $(Kr)5s^1$; Rubidium	38 Sr 87,62; 1,0; –; 0,113; 550; $(Kr)5s^2$; Strontium	39 Y 88,905; 1,3; –; 0,093 (+3); 616; $(Kr)4d^1 5s^2$; Yttrium	40 Zr 91,22; 1,4; –; 0,080 (+4); 660; $(Kr)4d^2 5s^2$; Zirconium	41 Nb 92,906; 1,6; –; –; 664; $(Kr)4d^4 5s^1$; Niobium	42 Mo 95,94; 1,8; –; 0,062 (+6); 685; $(Kr)4d^5 5s^1$; Molybdène	43 Tc (99); 1,9; –; –; 702; $(Kr)4d^5 5s^2$; Technétium	44 Ru 101,07; 2,2; –; –; 711; $(Kr)4d^7 5s^1$; Ruthénium	45 0,080 (+; 720; (Kr); Rhc
6	55 Cs 132,905; 0,7; –; 0,169 (+1); 376; $(Xe)6s^1$; Césium	56 Ba 137,34; 0,9; –; 0,135 (+2); 502; $(Xe)6s^2$; Baryum	57 La* 138,91; 1,1; –; 0,118 (+3); 540; $(Xe)5d^1 6s^2$; Lanthane	72 Hf 178,49; 1,3; –; 0,085 (+4); 531; $(Xe)4f^{14} 5d^2 6s^2$; Hafnium	73 Ta 180,948; 1,5; –; 0,078 (+5); 577; $(Xe)4f^{14} 5d^3 6s^2$; Tantale	74 W 183,85; 1,7; –; 0,080 (+4); 770; $(Xe)4f^{14} 5d^4 6s^2$; Tungstène	75 Re 186,2; 1,9; –; –; 760; $(Xe)4f^{14} 5d^5 6s^2$; Rhénium	76 Os 190,2; 2,2; –; 0,077 (+4); 840; $(Xe)4f^{14} 5d^6 6s^2$; Osmium	77 0,076 (+; 886; (Xe)4f; Iri
7	87 Fr (223); 0,7; –; –; –; $(Rn)7s^1$; Francium	88 Ra (226); 0,9; –; –; –; $(Rn)7s^2$; Radium	89 Ac** (227); 1,1; –; –; –; $(Rn)6d^1 7s^2$; Actinium	104 Unq (261); –; –; –; –; $(Rn)5f^{14} 6d^2 7s^2$; Unnilquadium	105 UnP (262); –; –; –; –; $(Rn)5f^{14} 6d^3 7s^2$; Unnilpentium	106 Unh (263); –; –; –; –; $(Rn)5f^{14} 6d^4 7s^2$; Unnilhexium	107 Uns (262); –; –; –; –; $(Rn)5f^{14} 6d^5 7s^2$; Unnilseptium	108 Uno –; –; –; –; $(Rn)5f^{14} 6d^6 7s^2$; Unniloctium	109 –; –; (Rn)5f; Unnil

*	6	58 Ce 140,12; 1,1; –; –; 665; $(Xe)4f^1 5d^1 6s^2$; Cérium	59 Pr 140,907; 1,1; –; –; 556; $(Xe)4f^3 5d^0 6s^2$; Praséodyme	60 Nd 144,24; 1,2; –; –; 606; $(Xe)4f^4 5d^0 6s^2$; Néodyme	61 Pm (147); –; –; –; 556; $(Xe)4f^5 5d^0 6s^2$; Prométhium	62 –; –; 540; (Xe)4f⁶; Sama
**	7	90 Th 232,038; 1,3; –; –; –; $(Rn)6d^2 7s^2$; Thorium	91 Pa (231); 1,5; –; –; –; $(Rn)5f^2 6d^1 7s^2$; Protactinium	92 U 238,04; 1,7; –; –; –; $(Rn)5f^3 6d^1 7s^2$; Uranium	93 Np (237); –; –; –; –; $(Rn)5f^4 6d^1 7s^2$; Neptunium	94 –; –; –; (Rn)5f⁶; Pluto

…ÉMENTS

…JE

…échelle de Pauling)

…omplexe de spin faible.

…	IB	IIB	IIIA	IVA	VA	VIA	VIIA	GAZ RARES
								2 4,0026 – – – 2372 **He** $1s^2$ **Hélium**
			5 10,811 2,0 0,090 0,020 (+3) 800 **B** $1s^2 2s^2 2p^1$ **Bore**	**6** 12,0111 2,5 0,077 – 1090 **C** $1s^2 2s^2 2p^2$ **Carbone**	**7** 14,0067 3,0 0,075 – 1400 **N** $1s^2 2s^2 2p^3$ **Azote**	**8** 15,9994 3,5 0,073 0,140 (−2) 1310 **O** $1s^2 2s^2 2p^4$ **Oxygène**	**9** 18,9984 4,0 0,071 0,136 (−1) 1680 **F** $1s^2 2s^2 2p^5$ **Fluor**	**10** 20,183 – – – 2080 **Ne** $1s^2 2s^2 2p^6$ **Néon**
			13 26,9815 1,5 0,130 0,050 (+3) 578 **Al** $(Ne)3s^2 3p^1$ **Aluminium**	**14** 28,086 1,8 0,118 – 786 **Si** $(Ne)3s^2 3p^2$ **Silicium**	**15** 30,9738 2,1 0,110 – 1012 **P** $(Ne)3s^2 3p^3$ **Phosphore**	**16** 32,064 2,5 0,102 0,182 (−2) 1000 **S** $(Ne)3s^2 3p^4$ **Soufre**	**17** 35,453 3,0 0,099 0,181 (−1) 1251 **Cl** $(Ne)3s^2 3p^5$ **Chlore**	**18** 39,948 – – – 1520 **Ar** $(Ne)3s^2 3p^6$ **Argon**
58,71 1,8 …) **Ni** …$d^8 4s^2$ …kel	**29** 63,54 1,9 – 0,096 (+1) 745 **Cu** $(Ar)3d^{10} 4s^1$ **Cuivre**	**30** 65,37 1,6 0,120 0,074 (+2) 906 **Zn** $(Ar)3d^{10} 4s^2$ **Zinc**	**31** 69,72 1,6 0,120 0,062 (+3) 579 **Ga** $(Ar)3d^{10} 4s^2 4p^1$ **Gallium**	**32** 72,59 1,8 0,122 – 762 **Ge** $(Ar)3d^{10} 4s^2 4p^2$ **Germanium**	**33** 74,922 2,0 0,122 0,047 (+5) 944 **As** $(Ar)3d^{10} 4s^2 4p^3$ **Arsenic**	**34** 78,96 2,4 0,117 0,198 (−2) 941 **Se** $(Ar)3d^{10} 4s^2 4p^4$ **Sélénium**	**35** 79,909 2,8 0,114 0,195 (−1) 1140 **Br** $(Ar)3d^{10} 4s^2 4p^5$ **Brome**	**36** 83,80 – – – 1350 **Kr** $(Ar)3d^{10} 4s^2 4p^6$ **Krypton**
106,4 2,2 …) **Pd** …$d^{10} 5s^0$ …dium	**47** 107,870 1,9 – 0,126 (+1) 731 **Ag** $(Kr)4d^{10} 5s^1$ **Argent**	**48** 112,40 1,7 – 0,097 (+2) 868 **Cd** $(Kr)4d^{10} 5s^2$ **Cadmium**	**49** 114,82 1,7 – 0,081 (+3) 558 **In** $(Kr)4d^{10} 5s^2 5p^1$ **Indium**	**50** 118,69 1,8 0,140 – 708 **Sn** $(Kr)4d^{10} 5s^2 5p^2$ **Etain**	**51** 121,75 1,9 0,143 – 831 **Sb** $(Kr)4d^{10} 5s^2 5p^3$ **Antimoine**	**52** 127,60 2,1 0,135 0,221 (−2) 869 **Te** $(Kr)4d^{10} 5s^2 5p^4$ **Tellure**	**53** 126,904 2,5 0,133 0,216 (−1) 1008 **I** $(Kr)4d^{10} 5s^2 5p^5$ **Iode**	**54** 131,30 – – – 1170 **Xe** $(Kr)4d^{10} 5s^2 5p^6$ **Xénon**
195,09 2,2 …) **Pt** …$5d^9 6s^1$ …tine	**79** 196,967 2,4 – 0,137 (+1) 890 **Au** $(Xe)4f^{14} 5d^{10} 6s^1$ **Or**	**80** 200,59 1,9 – 0,110 (+2) 1007 **Hg** $(Xe)4f^{14} 5d^{10} 6s^2$ **Mercure**	**81** 204,37 1,8 – 0,095 (+3) 590 **Tl** $(Xe)4f^{14} 5d^{10} 6s^2 6p^1$ **Thallium**	**82** 207,19 1,8 – 0,084 (+4) 715 **Pb** $(Xe)4f^{14} 5d^{10} 6s^2 6p^2$ **Plomb**	**83** 208,980 1,9 – 0,074 (+5) 773 **Bi** $(Xe)4f^{14} 5d^{10} 6s^2 6p^3$ **Bismuth**	**84** (210) 2,0 – – – **Po** $(Xe)4f^{14} 5d^{10} 6s^2 6p^4$ **Polonium**	**85** (210) 2,2 – – – **At** $(Xe)4f^{14} 5d^{10} 6s^2 6p^5$ **Astate**	**86** (222) – – – 1037 **Rn** $(Xe)4f^{14} 5d^{10} 6s^2 6p^6$ **Radon**

151,96 – **Eu** …$5d^0 6s^2$ …pium	**64** 157,25 1,1 – – 588 **Gd** $(Xe)4f^7 5d^1 6s^2$ **Gadolinium**	**65** 158,924 1,2 – – 647 **Tb** $(Xe)4f^9 5d^0 6s^2$ **Terbium**	**66** 162,50 – – – 656 **Dy** $(Xe)4f^{10} 5d^0 6s^2$ **Dysprosium**	**67** 164,930 1,2 – – – **Ho** $(Xe)4f^{11} 5d^0 6s^2$ **Holmium**	**68** 167,26 1,2 – – – **Er** $(Xe)4f^{12} 5d^0 6s^2$ **Erbium**	**69** 168,934 1,2 – – – **Tm** $(Xe)4f^{13} 5d^0 6s^2$ **Thulium**	**70** 173,04 1,1 – – 598 **Yb** $(Xe)4f^{14} 5d^0 6s^2$ **Ytterbium**	**71** 174,97 1,2 – 0,097 (+3) 481 **Lu** $(Xe)4f^{14} 5d^1 6s^2$ **Lutétium**
(243) – **Am** …$6d^0 7s^2$ …icium	**96** (247) – – – – **Cm** $(Rn)5f^7 6d^1 7s^2$ **Curium**	**97** (247) – – – – **Bk** $(Rn)5f^9 6d^0 7s^2$ **Berkélium**	**98** (251) – – – – **Cf** $(Rn)5f^{10} 6d^0 7s^2$ **Californium**	**99** (254) – – – – **Es** $(Rn)5f^{11} 6d^0 7s^2$ **Einsteinium**	**100** (257) – – – – **Fm** $(Rn)5f^{12} 6d^0 7s^2$ **Fermium**	**101** (258) – – – – **Md** $(Rn)5f^{13} 6d^0 7s^2$ **Mendélévium**	**102** (259) – – – – **No** $(Rn)5f^{14} 6d^0 7s^2$ **Nobélium**	**103** (260) – – – – **Lv** $(Rn) 5f^{14} 6d^1 7s^2$ **(Laurencium)**

Éléments de bibliographie

LIVRES

W. J. MOORE, *Physical Chemistry*, 5ᵉ édition, Prentice Hall, Englewood Cliffs, New Jersey, 1972.

P. W. ATKINS, *Physical Chemistry*, 2ᵉ édition, Oxford University Press, Oxford, 1982.

C. A. COULSON, *Valence*, 2ᵉ édition, Oxford University Press, Oxford, 1961.

H. B. GRAY, *Les électrons et la liaison chimique*, édition française, Ediscience, Paris, 1969.

H. B. GRAY et G. P. HAIGHT, *Principes de chimie*, édition française, Ediscience, Paris, 1973.

P. LASZLO, *Leçons de chimie*, vol. I, II et III, Hermann, Paris, 1974.

F. A. COTTON et G. WILKINSON, *Basic inorganic chemistry*, Wiley, New York, 1976.

J. E. HUHEEY, *Inorganic chemistry, principles of structure and reactivity*, 2ᵉ édition, Harper and Row, New York, 1978.

J. F. STODDART, *Nomenclature and stereochemistry*, dans Comprehensive organic chemistry, vol. 1, part. 1, Sir D. BARTON et W. D. OLLIS éditeurs, Pergamon, Oxford, 1979.

H. KAGAN, *La stéréochimie organique*, Presses universitaires de France, Paris, 1975.

K. MISLOW, *Introduction to stereochemistry*, W. A. Benjamin, New York, 1966.

B. TESTA, *Principles of organic stereochemistry*, Studies in organic chemistry, vol. 6, M. Dekker, New York, 1979.

R. BARKER, *Organic chemistry of biological compounds*, Foundations of modern biochemistry series, Prentice Hall, Englewood Cliffs, New Jersey, 1971.

J. YON, *Structure et dynamique conformationnelle des protéines*, Hermann, Paris, 1969.

R. E. DICKERSON et I. GEIS, *The structure and action of proteins*, Harper and Row, New York, 1969.

D. E. METZLER, *Biochemistry*, Academic Press, New York, 1977.

L. STRYER, *Biochemistry*, 2ᵉ édition, Freeman, San Francisco, 1981.
Ed. française, : *La Biochimie*, Flammarion, Paris, 1985.

A. L. LEHNINGER, *Principles of biochemistry*, Worth, New York, 1982.
Ed. française, : *Principes de Biochimie*, Flammarion, Paris, 1985.

ARTICLES

J. LIVAGE, La liaison chimique, *La Recherche*, 1980, *11*, 1292-1281.

P. P. JOLIVET, D. CABROL et N. LUMBROSO-BADER, Une introduction à l'étude des orbitales atomiques, *L'actualité chimique*, octobre 1979, p. 40-45.

E. A. OGRYZLO et G. B. PORTER, Contour surfaces for atomic and molecular orbitals, *Journal of chemical education*, 1963, *40*, 256-261.

C. W. DAVID, On orbital drawings, *Journal of chemical education,* 1981, *58*, 377-380.

R. J. GILLESPIE, Prévision de la géométrie moléculaire au moyen de la théorie de répulsion des paires électroniques des couches de valence, *L'actualité chimique,* avril 1973, p. 27-34, et courrier de G. BERTHIER et J. SERRE, relatif à cet article, *L'actualité chimique,* novembre 1973, p. 46-47.

R. G. PEARSON, Hard and soft acids and bases, HSAB, part I, *Journal of chemical education,* 1968, *45*, 581-587.

J. T. EDWARD, Entropy and equilibria, a reassessment of ionization data for substituted acetic acids, *Journal of chemical education,* 1982, *59*, 354-356.

R. STRANG, The theoretical and practical pK_2 of phosphoric acid, *Trends in biochemical sciences,* mai 1981, p. VII-VIII.

F. H. STILLINGER, Water revisited, *Science,* 1980, *209*, 451-457.

M. D. JOESTEN, Hydrogen bonding and proton transfer, *Journal of chemical education,* 1982, *59*, 362-366.

C. TANFORD, The hydrophobic effect and the organization of living matter, *Science,* 1978, *200*, 1012-1018.

M. PERUTZ, La structure de l'hémoglobine et le transport respiratoire, *Pour la science,* février 1979, p. 71-85.

Index

Les chiffres en **gras** renvoient aux définitions des termes ou au passage important relatif à ces termes.

Achevé d'imprimer sur les presses de l'Imprimerie BARNÉOUD
B.P. 44 - 53960 BONCHAMP-LÈS-LAVAL
Dépôt légal : Août 2005 - N° d'imprimeur : 507.073
Imprimé en France

HERMANN, ÉDITEURS DES SCIENCES ET DES ARTS